KB007873

CBT 모의고사
www.cmass21.net

어려운 시험도
사일만 공부하면
화끈하게 합격한다!

NCS
국가직무능력표준 기반
12 이용·숙박·오락·여행·스포츠 직무분야

헤어 미용사

최신 개정판

한국기술자격검정원 시험 대비

라인 뷰티 검정 연구회

씨마스

어 려운 시험도
사 일만 공부하면
화 끈하게 합격한다!

NCS
국가직무능력표준 기반
12 이용·숙박·오락·여행·스포츠 직무분야

헤어미용사

최신 개정판

한국기술자격검정원 시험 대비

씨마스

머리말

현대 사회에서 헤어의 연출은 남녀노소 모두에게 가장 좋은 장신구가 되었습니다. 그리고 미용 산업은 끊임없이 새로움을 추구하고 변화하는 유행의 흐름에 맞추어 가는 가장 역동적인 분야입니다. 때문에 헤어 미용사 자격증 취득의 필요성은 언제나 존재해 왔고, 미용 산업의 전문화·세분화의 흐름에 따라 새로운 전문가에 대한 시장의 요구는 날로 높아지고 있습니다. 이러한 흐름은 헤어 미용사 자격시험의 시행 주최인 한국 산업 인력 공단의 통계에서도 알 수 있는데, 2015년 미용사(헤어, 피부, 네일 등) 전 분야에 걸친 검정 시험에 약 20만 명이 응시한 것입니다.

미용사 자격증을 취득하면 미용실에 취업하거나 미용실을 운영할 수 있습니다. 최근 미용업계의 장비 및 기기가 과학화되고 사업 규모가 기업화되면서 미용사의 대우와 지위가 향상되고 작업 환경이 개선됨에 따라 선호하는 직업으로 더욱 인기가 높아지고 있습니다. 대학이나 직업 훈련원 등에서 미용 관련 학과가 꾸준히 성장하고 있고, 경쟁률이 높아지는 것이 이에 대한 반증이라 할 수 있을 것입니다.

따라서 씨마스에서는 새롭게 정비된 출제 기준에 맞추어 단기간에 필기 합격을 이룰 수 있도록 어사화 시리즈로 헤어 미용사 필기 교재를 출간하게 되었습니다.

1. 어사화 헤어 미용사는 수험생의 편의를 위하여 두 권으로 나누어 구성하였습니다.

2. 제1책에서는 새로 정비된 출제 기준(2016. 7. 1. ~ 2020. 12. 31.)에 따라 핵심 요약과 각 단원의 평가문제, 10회의 실전 모의고사로 구성하여 기초부터 내용 확인, 실전 연습까지 원스톱(One - Stop)으로 해결할 수 있게 하였습니다.

3. 제2책에서는 기출문제만을 따로 분석하여 그 동안의 출제 경향들을 확인하고, 바로 아래에 있는 해설을 통하여 편리하게 내용을 익힐 수 있게 하였습니다.

4. 씨마스에서 자체 개발한 CBT 실전 모의고사를 쇼핑몰(www.cmass21.net ➡ CBT 테스트)에서 제공하여 어떤 환경에서라도 실제 시험과 같은 환경을 경험할 수 있게 하였습니다.

라인 뷰티 검정 연구회 씀

어사화 도서 활용법

어려운 시험도 사일만 공부하면 화끈하게 합격한다!

핵심 이론 ➕ 평가 문제 ➕ 실전 모의고사 ➕ 기출문제 해설 ➕ CBT 실전 모의고사

핵심 이론

출제 기준을 100% 반영한 핵심 이론으로, 실제 시험에 자주 출제되는 유형의 문제와 이론이 연계되도록 구성하였습니다. 처음 학습을 시작하는 수험생도 쉽고 빠르게 습득할 수 있는 구성이 이 책의 강점입니다.

실전 모의고사

2012년부터 CBT 시험이 일반화되어 회차별로 기출 문제가 공개되지 않고 있습니다. 하지만 씨마스에서는 가장 최근의 기출 문제를 정확하게 분석하여 실제 문제와 가장 유사한 모의고사 10회분을 엄선하여 제작하였습니다.

기출문제 해설

어사화 헤어 미용사는 헤어 미용사 기출문제를 분석하여 친절한 해설을 덧붙였습니다. 특히 별책으로 구성하여 편리함을 높였습니다.

평가문제

각 단원별로 실제 시험에 반드시 출제되는 문제들을 선별하여 쉽게 파악하고 이해할 수 있도록 구성하였습니다.

CBT 실전 모의고사

2017년부터는 필기시험이 전면 CBT 방식으로 확대 시행됩니다. 이에 씨마스에서는 Self-test CBT 실전 모의고사 프로그램을 개발하여, 수험생이 실제 시험과 동일한 환경에서 익숙하게 시험에 대비할 수 있도록 하였습니다.

쇼핑몰(www.cmass21.net ➡ CBT 테스트)에서 직접 문제를 풀어 보세요.

헤어 미용사 필기 출제 기준

직무 분야	이용·숙박·여행·오락·스포츠	중직무 분야	이용·미용	자격 종목	미용사(일반)	적용 기간	2016. 7. 1. ~ 2020. 12. 31.
직무 내용	고객의 미적 요구와 정서적 만족감 충족을 위해 미용 기기와 제품을 활용하여 샴푸, 헤어 커트, 헤어 퍼머넌트 웨이브, 헤어 컬러, 두피·모발 관리, 헤어스타일 연출 등의 서비스를 제공하는 직무						
필기 검정 방법	객관식		문제 수	60	시험 시간	60분	

필기 과목명	문제 수	주요 항목	세부 항목	세세 항목
미용 이론, 공중위생 관리학, 화장품학	60	1. 미용 이론	1. 미용 총론	1. 미용의 개요 2. 미용과 관련된 인체의 명칭 3. 미용 작업의 자세 4. 고객 응대
			2. 미용의 역사	1. 한국의 미용　　　　2. 외국의 미용
			3. 미용 장비	1. 미용 도구(빗, 브러시, 가위, 레이저, 클리퍼 등) 2. 미용 기구(샴푸 도기, 소독기 등) 3. 미용 기기(세팅기, 미스트기, 히팅기 등)
			4. 헤어 샴푸 및 컨디셔너	1. 헤어 샴푸　　　　2. 헤어 컨디셔너
			5. 헤어 커트	1. 헤어 커트의 기초 이론(작업 자세 및 커트 유형, 특징 등) 2. 헤어 커트 시술
			6. 헤어 퍼머넌트 웨이브	1. 퍼머넌트 웨이브 기초 이론 2. 퍼머넌트 웨이브 시술
			7. 헤어스타일 연출	1. 헤어스타일 기초 이론 2. 헤어 세팅 작업(헤어 세팅, 헤어 아이론(iron), 블로 드라이 등)
			8. 두피 및 모발 관리	1. 두피·모발 관리의 이해 2. 두피 관리(스캘프 트리트먼트) 3. 모발 관리(헤어트리트먼트)
			9. 헤어 컬러	1. 색채 이론　　　　2. 탈색 이론 및 방법 3. 염색 이론 및 방법
			10. 뷰티 코디네이션	1. 토탈 뷰티코디네이션　　　2. 가발
			11. 피부와 피부 부속 기관	1. 피부 구조 및 기능 2. 피부 부속 기관의 구조 및 기능
			12. 피부 유형 분석	1. 정상 피부의 성상 및 특징 2. 건성 피부의 성상 및 특징 3. 지성 피부의 성상 및 특징 4. 민감성 피부의 성상 및 특징 5. 복합성 피부의 성상 및 특징 6. 노화 피부의 성상 및 특징
			13. 피부와 영양	1. 3대 영양소, 비타민, 무기질 2. 피부와 영양　　　　3. 체형과 영양
			14. 피부 장애와 질환	1. 원발진과 속발진　　　2. 피부 질환
			15. 피부와 광선	1. 자외선이 미치는 영향　　2. 적외선이 미치는 영향
			16. 피부 면역	1. 면역의 종류와 작용
			17. 피부 노화	1. 피부 노화의 원인　　2. 피부 노화 현상

필기 과목명	문제 수	주요 항목	세부 항목	세세 항목
미용 이론, 공중위생 관리학, 화장품학	60	2. 공중위생 관리학	1. 공중 보건학 총론	1. 공중 보건학의 개념 2. 건강과 질병 3. 인구 보건 및 보건 지표
			2. 질병 관리	1. 역학 2. 감염병 관리 3. 기생충 질환 관리 4. 성인병 관리 5. 정신 보건 6. 이·미용 안전사고
			3. 가족 및 노인 보건	1. 가족 보건 2. 노인 보건
			4. 환경 보건	1. 환경 보건의 개념 2. 대기 환경 3. 수질 환경 4. 주거 및 의복 환경
			5. 산업 보건	1. 산업 보건의 개념 2. 산업 재해
			6. 식품 위생과 영양	1. 식품 위생의 개념 2. 영양소 3. 영양 상태 판정 및 영양 장애
			7. 보건 행정	1. 보건 행정의 정의 및 체계 2. 사회 보장과 국제 보건 기구
			8. 소독의 정의 및 분류	1. 소독 관련 용어 정의 2. 소독 기전 3. 소독법의 분류 4. 소독 인자
			9. 미생물 총론	1. 미생물의 정의 2. 미생물의 역사 3. 미생물의 분류 4. 미생물의 증식
			10. 병원성 미생물	1. 병원성 미생물의 분류 2. 병원성 미생물의 특성
			11. 소독 방법	1. 소독 도구 및 기기 2. 소독 시 유의 사항 3. 대상별 살균력 평가
			12. 분야별 위생·소독	1. 실내 환경 위생·소독 2. 도구 및 기기 위생·소독 3. 이·미용업 종사자 및 고객의 위생 관리
			13. 공중위생 관리법의 목적 및 정의	1. 목적 및 정의
			14. 영업의 신고 및 폐업	1. 영업의 신고 및 폐업 신고 2. 영업의 승계
			15. 영업자 준수 사항	1. 위생 관리
			16. 이·미용사의 면허	1. 면허 발급 및 취소 2. 면허 수수료
			17. 이·미용사의 업무	1. 이·미용사의 업무
			18. 행정지도 및 감독	1. 영업소 출입 검사 2. 영업 제한 3. 영업소 폐쇄 4. 공중위생 감시원
			19. 업소 위생 등급	1. 위생 평가 2. 위생 등급
			20. 보수 교육	1. 영업자 위생 교육 2. 위생 교육 기관
			21. 벌칙	1. 위반자에 대한 벌칙, 과징금 2. 과태료, 양벌 규정 3. 행정처분
			22. 법령, 법규 사항	1. 공중위생관리법 시행령 2. 공중위생관리법 시행규칙
		3. 화장품학	1. 화장품학 개론	1. 화장품의 정의 2. 화장품의 분류
			2. 화장품 제조	1. 화장품의 원료 2. 화장품의 기술 3. 화장품의 특성
			3. 화장품의 종류와 기능	1. 기초 화장품 2. 메이크업 화장품 3. 모발 화장품 4. 보디(body) 관리 화장품 5. 네일 화장품 6. 방향 화장품 7. 에센셜(아로마) 오일 및 캐리어 오일 8. 기능성 화장품

차 례

미용 이론

01 미용 총론

✂ 미용의 개요

1 미용의 정의

① **일반적 정의**: 미용이란 손님의 용모에 물리적, 화학적 기교를 행하는 것

② **공중위생 관리법의 정의**: 손님의 얼굴, 머리, 피부 등을 손질하여 손님의 외모를 아름답게 꾸미는 영업

③ **미용사의 업무 범위**: 퍼머넌트, 머리카락 자르기, 머리카락 모양 내기, 머리피부 손질, 머리카락 염색, 머리감기, 손톱 손질 및 화장, 피부 미용, 얼굴 손질 및 화장

> **미용의 목적**
> • **내면적, 외면적 욕구 만족**: 자신감 형성
> • **상대에 대한 배려**: 사회생활의 만족도를 높임.

2 미용의 특수성

① **의사 표현의 제한**: 손님의 의사를 우선적으로 존중, 미용사 자신의 의사 표현이 제한

② **소재 선정의 제한**: 미용의 소재는 손님 신체의 일부이기 때문에 소재 선정에 자유롭지 않음.

③ **시간적 제한**: 주어진 시간 내에 완성해야 함.

④ **소재 변화에 따른 미적 효과의 고려**: 손님의 동작이나 표정, 의복 등의 변화를 고려하여 표현

⑤ **부용 예술로서의 제한**: 여러 가지 제한을 받는 부용 예술의 특수성을 갖고 있으므로, 미용사의 우수한 자질과 기술력이 요구됨.

3 미용의 과정

① **소재**: 제한된 신체의 일부로 다른 개성미 연출

② **구상**: 손님의 의견을 최대한 반영, 소재의 특징을 살리는 연출을 위한 연구·계획

③ **제작**: 구상에 의한 미용사의 예술적인 기교를 발휘하여 손님의 개성을 훌륭하게 표현(가장 중요한 과정)

④ **보정**: 제작의 완성 후 전체적인 모양을 종합적으로 관찰, 조화·통일에 불충분한 곳이 없는지 다시 한 번 검토하여 손님의 만족 여부 확인 후 완성

> **미용의 과정**
> 소재 → 구상 → 제작 → 보정

> **미용 시술 시 지켜야 할 유의 사항**
> 연령, 계절, 직업, 장소와 분위기, 성격 등에 따른 연출

✂ 미용과 관련된 인체의 명칭

1 얼굴 명칭

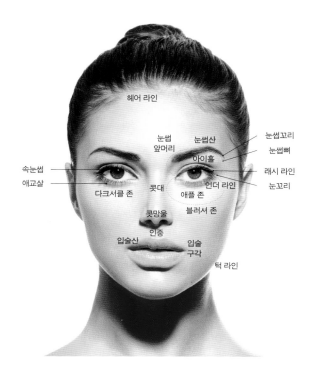

2 두부 포인트 명칭

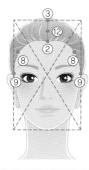
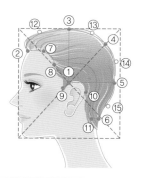

번호	기호	명칭	번호	기호	명칭
①	E.P	이어 포인트(좌, 우)	⑨	S.C.P	사이드 코너 포인트(좌, 우)
②	C.P	센터 포인트	⑩	E.B.P	이어 백 포인트(좌, 우)
③	T.P	톱 포인트	⑪	N.S.P	네이프 사이드 포인트(좌, 우)
④	G.P	골든 포인트	⑫	C.T.M.P	센터 톱 미디엄 포인트
⑤	B.P	백 포인트	⑬	T.G.M.P	톱 골든 미디엄 포인트
⑥	N.P	네이프 포인트	⑭	G.B.M.P	골든 백 미디엄 포인트
⑦	F.S.P	프런트 사이드 포인트(좌, 우)	⑮	B.N.M.P	백 네이프 미디엄 포인트
⑧	S.P	사이드 포인트(좌, 우)			－

3 두부 7라인 명칭

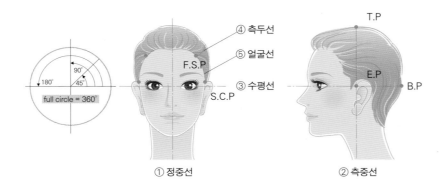

번호	명칭	설명
①	정중선	코의 중심을 통한 머리 전체를 수직으로 가른 선
②	측중선	귀 뒷부리를 수직으로 가른 선
③	수평선	E.P의 높이를 수평으로 두른 선
④	측두선	눈 끝을 수직으로 세운 머리 앞쪽에서 측중선까지 이은 선
⑤	얼굴선	S.C.P에서 S.C.P를 연결하여 전면부에 생기는 전체 선

4 손가락 명칭

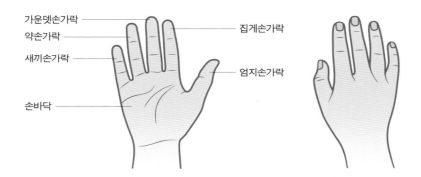

✂ 미용 작업의 자세

1 미용사의 사명

미적·문화적·위생적 측면을 고려하여 개성미의 연출, 유행의 흐름 및 시대의 풍조를 건전하게 지도, 공중위생 관리 및 안전 유지, 미용사로서 의 직업적·인간적 자질을 갖추어야 한다.

② 미용사의 교양

① **미용 기술에 관한 전문 지식 습득**: 전문적인 기술을 익힘과 더불어 새로운 미용법을 창조

② **미적 감각의 함양**: 풍부한 예술적 감각을 함양

③ **인격 도야**: 긍정적인 사고와 세련된 매너, 성실한 작업 자세 등 원만하고 품위 있는 인격 형성

④ **건전한 지식의 배양**: 여러 계층의 손님과 원만한 대화를 위한 다양한 상식, 시사 문제 습득

⑤ **위생 지식의 습득**: 공중위생의 유지와 증진

미용사의 개인 위생
- **복장**: 단순하면서도 산뜻한 디자인을 선택, 불필요한 장신구 착용 금지, 편안하고 굽 낮은 신발 착용
- **구강 위생과 청결**: 불쾌한 입 냄새, 땀 냄새, 체취 제거
- **휴식**: 충분한 수면과 여가 활용을 통한 재충전

✂ 고객 응대

① 미용 시술 시

① **샴푸 시 자세**
- 등을 곧게 편 바른 자세와 양발 사이 간격을 약 6인치 정도 유지한다.
- 등을 편 상태에서 허리를 구부리도록 하며 손님 위로 너무 가까이 구부리지 않는다.

② **헤어 스타일링 시 자세**
- 작업하기에 적당한 높이로 조절하며, 손님의 위치는 시술자의 심장 높이가 적당하다
- 손님이 앉은 의자와 시술자와의 간격을 유지한다.

③ **앉은 자세**
- 등을 곧게 펴고 히프를 의자 뒤에 밀착시킨다.
- 허리선에서 상체를 약간 앞으로 기울여 시술한다.
- 발을 의자 밑으로 넣지 않는다.

명시 거리와 자세
- **명시 거리**: 안구에서 약 25cm
- **실내의 조도**: 75Lux 정도로 밝게 유지

② 일반 응대 예절

① 예약 여부를 확인하고 문의 시 친절하게 응대한다.

② 고객의 복장이나 차림새를 보고 선입견을 갖거나 차별하지 않는다.

③ 고객의 요구 사항을 정확히 파악해 스타일을 제안하고, 시간 · 비용 · 예상 변화 등에 대해 친절히 설명한다.

④ 고객에게 사용하는 제품에 대해 전반적인 지식을 쉽게 설명해 준다.

02 미용의 역사

✂ 한국의 미용

1 삼한 시대

① 마한의 남자는 상투를 틀고 목걸이와 귀걸이를 하였다고 전해진다.

② 마한과 변한에서는 주술적인 의미 및 신분, 계급을 나타내는 글씨 문신을 하였다.

③ 진한인들은 진한 눈썹 표현과 넓은 이마를 위해 머리털을 뽑고 단정한 몸차림을 하였다.

④ 포로들은 머리를 깎아 노예임을 표시하고, 수장급은 관모를 착용하였다.

2 삼국 시대

① 고구려
  • **여인들의 모발형**: 고분 벽화로 확인 가능, 얹은머리, 쪽머리, 푼기명(식)머리, 증발 머리 등이 있음.
  • **남자**: 대부분 상투를 틀었고, 관모에 새 깃을 꽂은 조우관도 있었음.

② 백제
  • **남자**: 마한인들의 전통을 계승, 상투를 틀었음.
  • **여자**: 처녀는 두 갈래로 땋아 늘어뜨린 댕기머리를 하고, 혼인한 부인들은 머리를 두 갈래로 땋아 틀어 올린 쪽머리를 하였음.
  • **상류층**: 가체를 사용하였음.

③ 신라
  • **모발 형태**: 신분과 지위를 나타냄.
  • **얼굴 화장**: 백분과 연지, 눈썹 먹 등을 사용

신분에 따라 비단, 금, 천 등으로 만들거나 책, 관, 건, 절풍 등을 착용

백제 시대의 화장법
• 엷고 은은하며 자연스러운 화장을 하였음.
• 일본에 화장품 제조 기술과 화장 기술을 전함.

신라 시대의 화장법
• 가체의 처리 기술이 뛰어남.
• 남자도 화장을 하였으며, 향수와 향료를 제조하여 사용함.

▲ 푼기명(식) 머리

▲ 얹은머리

▲ 쪽낭자머리

3 통일 신라 시대

① 중국의 영향으로 통일 이전보다 화장이 화려해졌다.

② 빗은 본래의 용도 외에 머리에 장식용으로도 꽂았다.

③ **신분에 따른 구별**

- **평민 여자**: 뿔과 나무빗 등을 사용
- **귀족 부인**: 슬슬전대모빗(자라 등껍질에 자개 장식한 것), 자개 장식 빗, 장식이 없는 대모빗·소아빗(장식이 없는 상아로 만든 것) 등을 사용

④ 화장합이나 분을 담기 위한 토기 분합, 향유 병 등이 만들어졌다.

4 고려 시대

① 기생 중심의 짙은 화장인 분대 화장이 유행하였고, 여염집 여자들은 이와는 반대로 옅은 화장을 하였다.

② 여인들은 시집가기 전에 무늬 없는 붉은 끈으로 머리를 묶고, 그 나머지를 아래로 늘어뜨렸으며, 남자는 검은 끈으로 대신하였다.

▲ 쌍상투머리

분대 화장
분을 하얗게 바르고 눈썹을 가늘고 또렷하게 만들어 그리며, 머릿기름을 반질거릴 정도로 많이 바름.

5 조선 시대

① 분대 화장에 대한 기피 현상으로 고려 시대에 비하여 훨씬 화장이 옅어졌으며, 피부 손질 위주의 화장을 하였다.

② **모발형**: 쪽머리, 큰머리, 조짐머리, 둘레머리 등

③ **장식품**: 봉잠, 용잠, 각잠, 산호잠, 국잠, 호도잠, 석류잠 등 사용

④ **조선 중엽**

- 밑 화장으로는 참기름을 바른 후 닦아 내었다.
- 눈썹은 혼례에 앞서 모시실로 밀어내고 따로 그렸으며, 얼굴에는 연지 곤지를 찍고 분화장을 신부 화장에 사용하였다.

분화장
장분을 물에 개어 얼굴에 바르는 것

▲ 쪽머리

▲ 큰머리

▲ 둘레머리

비녀

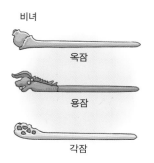

옥잠

용잠

각잠

6 현대의 미용

① **1910년 국권 피탈 이후**: 일본이나 중국 등 외부 각지를 순방하거나 공부하고 돌아온 신여성 등에 의해서 급진적인 관심과 발전이 이루어짐.

② **1920년대**: 우리나라 여성 모발형의 혁신적인 변화와 유행
- 이숙종 여사의 높은머리(다까머리)
- 김활란 여사의 단발머리

③ **1933년**: 오엽주 여사가 일본에서 미용 연구를 하고 돌아와, 화신 백화점 내에 화신 미용원을 개설하여 모발형의 개화와 변혁을 가져옴.

④ **해방 후**: 김상진 선생이 현대 미용학원을 설립

⑤ **한국 전쟁 이후**: 일본 데루미 미용학교를 졸업한 권정희 선생이 우리나라 최초로 정화 미용 고등 기술학교를 설립

중국 미용의 역사
- **하(夏) 시대**: 분 사용
- **은(殷)나라 주왕 때**: 연지 화장
- **진(秦)나라**: 백분과 연지, 눈썹을 그림.
- **당나라**: 우리나라에 많은 영향을 미침.
- 모발형: 높이 올리는 것과 내리는 것 두 가지 모양
- 홍장: 백분을 바른 후에 다시 연지를 덧바름.
- 액황: 이마에 발라 약간의 입체감을 살림.
- 십미도: 현종이 열 가지 종류의 눈썹 모양을 그리게 한 것으로 눈썹 화장에도 신경썼음을 알 수 있음.

✂ 외국의 미용

1 고대 시대

① 이집트
- 약 5000년 전 이집트에서는 가발을 즐겨 착용하였다.
- 알칼리 토양과 열을 이용하였고, 이는 퍼머넌트의 기원이 된다.
- B.C 1500년경 헤나를 진흙에 개서 모발에 바르고 태양 광선에 건조시켜 다양하게 표현하였다.(염모제의 기원)
- 아이 섀도와 아이 라인을 표현하기 위해 금속을 가루로 만들어 동물 기름과 섞어 사용하였다.
- 붉은 찰흙에 사프란(꽃)을 섞어 뺨을 붉게 칠하고 입술연지로 사용하였다.(B.C 500년에 거울, 면도날, 매니큐어용 도구, 눈썹 먹으로 사용한 연필, 크림 용기 등을 사용한 것으로 밝혀짐.)

이집트의 헤어 미용

② 그리스
- 밀로의 비너스상에서 보인 자연스럽게 묶거나 중앙에서 나눠 뒤로 틀어 올린 고전적인 스타일의 모발형이다.
- 링렛트와 나선형의 컬을 몇 겹으로 쌓아 겹친 것 같은 키프로스풍의 모발형은 로마 시대에도 사용하였다.
- 식물성 화장품과 합성 향료에 관한 연구도 하였다.
- 결발술이 크게 융성하였으며 로마까지 그 영향을 미쳤다.(처음으로 남성용 이용원이 생겨 일종의 사교 클럽형으로 유지됨.)

그리스의 헤어스타일

③ 로마

- 초기 모발형은 그리스 시대의 영향을 받았고, 이후 웨이브나 컬을 내는 등의 손질 방법이 발달하였다.
- 노예로 잡혀 온 북방 이민족들의 자연적인 금발색을 모방하여 모발에 탈색과 염색을 함께 하였다.
- 로마의 귀족이었던 후란기파니가 후란기파니 향료를 제조, 13세기경 그의 후손 멜그치 후란기파니가 향료에 알코올을 첨가하여 현대적인 향수를 제조하였다.

2 중세 시대

① 14세기 초 미용이 의학과 분리되어 독립된 전문 직업으로 개발되기 시작하였다.
② **근대 미용의 기반**: 프랑스의 캐서린 오브 메디시 여왕이 결발사, 가발사, 화장품 제조기사를 초빙하여 프랑스인들에게 교육시킴.
③ **17세기**: 전문 미용사들이 배출, 여성들의 모발 결발사로서 종사한 최초의 남자 결발사는 샴페인으로 17세기 초에 파리에서 성업함.
⑤ **18세기**: 화장수 오데 코롱이 발명됨.

3 근대 시대

① **1830년대**: 아폴로 노트 스타일 고안(프랑스의 무슈 끄로샤뜨)
② **1867년**: 블리치제로 과산화수소를 사용
③ **1875년**: 마셀 웨이브를 고안(프랑스의 마셀 그라또)
④ **1883년**: 합성 유기 염료의 개발로 모발 염색의 기원을 이루게 됨.
⑤ **1905년**: 스파이럴식 웨이브를 고안(영국의 찰스 네슬러)
⑥ **1925년**: 크로키놀식에 의한 히트 퍼머넌트 웨이빙을 고안(독일의 죠셉 메이어)
⑦ **1936년**: 화학 약품만의 작용에 의한 콜드 웨이빙을 성공(영국의 J.B 스피크먼)

기타
- 1940년대에 산성 중화 삼푸제
- 1966년의 산성 중화 헤어 컨디셔너제
- 1975년의 산성 중화 퍼머넌트제 등 개발

▲ 1920년대의 유행 머리 모양

03 미용 장비

✂️ 미용 도구

1️⃣ 빗(Comb)

① **종류**: 커트용, 비듬 제거용, 웨이브용, 세팅용, 정발용, 헤어 다이용, 결발용, 장식용 등

② **구비 조건**
- **빗몸**: 안정성이 있고, 일직선이어야 함.(빗 전체를 지탱)
- **빗살**: 빗살 끝이 가늘고 빗살 전체가 균등하게 일직선으로 나열되어야 함.(빗살과 빗살 사이 간격이 일정)
- **빗살 끝**: 직접 피부에 접촉하는 부분이므로 끝이 너무 뾰족하거나 무디지 않아야 함.
- **빗살 뿌리**: 약간 둥그스름하며 모발이 걸리지 않고 손질하기 쉬운 것
- **기타**: 두께가 일정하며 전체적으로 휘거나 비뚤어지지 않은 것

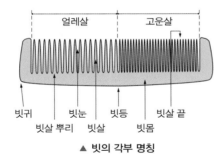

▲ 빗의 각부 명칭

빗의 손질 방법
- 빗살에 낀 모발과 먼지, 때 등을 닦아 낸 후, 심한 경우에는 비눗물에 담갔다가 브러시로 세척
- **소독**: 석탄산수, 크레졸수, 포르말린수, 자외선, 역성 비누액 등 사용(소독액에 오래 담가 두면 빗이 휘어질 수 있으므로 주의)
- 물기를 닦아 낸 다음 말려 소독장에 넣어 보관

2️⃣ 브러시(Brush)

① **종류**

헤어용	• 연질의 브러시 – 머릿기름, 헤어로션, 염모제, 탈색제 등에 사용 • 경질의 브러시 – 정발, 결발, 블로 드라이 등에 사용
비듬 제거용	경질의 브러시
메이크업용	아이브로 브러시, 마스카라 브러시, 섀도 브러시(볼터치용) 등
페이스용	얼굴이나 목의 분이나 머리카락, 비듬을 털어 내는 데 사용
네일용	매니큐어 시 손톱 끝이나 손톱 주위의 먼지를 닦아 내는 데 사용
샴푸제 도포용	월등한 세정 효과를 위해 사용(비듬 방지 두피 샴푸 시 두피 마사지 효과)

② 브러시의 선택
- 사용 목적에 따라 자연 강모, 플라스틱, 나일론, 철사 등으로 만들어진다.
- 털이 빳빳하고 탄력 있는 것이 좋으며, 촘촘하고 비늘 모양의 양질 자연 강모가 좋다.
- 나일론이나 비닐계 브러시는 표면이 매끄럽고 부드러우나 정전기 발생의 우려가 있다.

▲ 헤어용 브러시

▲ 메이크업용 브러시

▲ 네일용 브러시

브러시의 손질 방법
- 비눗물이나 탄산 소다수를 이용
- **털이 부드러운 것**: 손가락 끝으로 가볍게
- **털이 빳빳한 것**: 세정 브러시로 닦아 냄.
- **소독**: 석탄산수, 크레졸수, 포르말린수, 에탄올(알코올) 등 사용. 청결 유지
- 헹굼 후 털을 아래쪽으로 하여 그늘에서 말림.

❸ 가위(Scissors)

① 구조

가위 끝	정인과 동인의 뾰족한 앞쪽 끝, 피부에 난 불필요한 털을 자르고 헤어라인을 다듬는 데 사용
날 끝	정인(고정부)과 동인(동인부)의 안쪽 면
정인	약지에 의해 조절되는 도신, 커팅 시 고정시켜 주는 역할
동인	커팅할 때 엄지에 의해서 조작되는 도신
피봇나사(회전축)	양쪽 도신을 하나로 고정시켜 주는 나사
다리	피봇나사와 환 사이의 부분
환	정인에 연결된 원형의 고리와 동인에 연결된 원형의 고리
소지걸이	약지환에 연결된 것으로 소지를 걸기 위한 곳

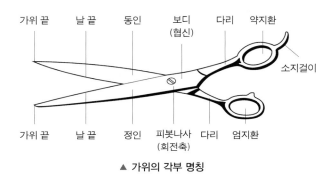

가위 끝 날 끝 동인 보디(협신) 다리 약지환

소지걸이

가위 끝 날 끝 정인 피봇나사(회전축) 다리 엄지환

▲ 가위의 각부 명칭

가위의 선택
- **협신**: 가볍고, 날 끝으로 갈수록 자연스럽게 구부러진 것이 좋음.
- **날의 견고성**: 양날의 견고함이 동일해야 함.
- **날의 두께**: 날이 얇고 양다리가 강한 것이 좋음.

② 종류

재질에 따라	• **전강 가위**: 전체가 특수강으로 만들어짐. • **착강 가위**: 전강 가위에 비해서 부분적인 수정을 할 때 조작하기가 쉬우며, 날은 특수강으로 되어 있고 협신부에 사용된 강철은 연강으로 되어 있음.
사용 목적에 따라	• **커팅 가위**: 모발을 커트하고 셰이핑하는 데 사용 • **틴닝(시닝) 가위**: 모발의 길이 변화 없이 숱만 쳐낼 때 사용
형태에 따라	• **R 가위**: 세밀한 부분의 수정이나 모발 끝의 커트 라인을 정돈, 스트로크 커트에 사용 • **빗 겸용 가위**: 하나의 도구로 두 가지 작용, 가위의 날 등에 빗이 부착되어 빗 부분을 잡고 모발을 커트하는 것 • **미니 가위**: 정밀한 블런트 커트에 사용

가위의 손질 방법
• **소독**: 자외선, 석탄산수, 크레졸수, 포르말린수, 알코올 등을 사용
• 소독 후에 마른 수건으로 충분히 닦은 후, 녹이 슬지 않게 기름칠을 함.

4 헤어 아이론(Hair Irons)

① 종류

• **전열식**: 전기를 이용하여 가열
• **화열식**: 화덕이나 석탄 등을 이용하여 가열(마셀 아이론)

② 구조와 명칭

• **프롱**: 둥근 모양으로 그루브와 함께 모발의 형태를 변화시킴.
• **그루브**: 홈이 파여 있는 부분으로 프롱과 그루브 사이에 모발을 끼워 형태를 만듦.
• **손잡이**: 그루브와 프롱에 각각 연결된 손잡이 부분

헤어 아이론
• 모발의 구조에 일시적인 변화를 주어 웨이브를 만드는 것
• 120 ~ 140℃의 열을 이용

헤어 아이론 손질 방법
샌드페이퍼로 표면을 닦고 기름칠을 함.

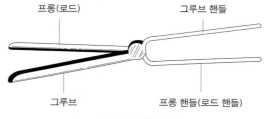

프롱(로드)　　　　그루브 핸들

그루브　　　프롱 핸들(로드 핸들)

▲ 아이론의 각부 명칭

③ 아이론 선택 시의 주의 사항

• 프롱과 그루브 접촉 면에 요철이 없고 부드러워야 한다.
• 녹이 슬거나 갈라짐이 없고, 비틀리거나 구부러지지 않아야 한다.
• 스크루가 느슨해서는 안 되며 양쪽 핸들이 똑바로 되어 있어야 한다.
• 발열과 절연 상태가 양호하고, 전체에 열이 고르게 전달되어야 한다.

5 레이저(면도날)

① 종류

• **오디너리 레이저(일상용 레이저)**: 잘리는 부위가 넓어서 능률적이고 세밀한 작업이 용이하지만, 숙련자에게 적합함.

- **세이핑 레이저(헤어 셰이퍼)**: 초보자에게 적합하고 안전하나, 속도가 느려 비능률적임.

② 레이저의 선택

- 양면의 콘케이브가 균일한 곡선이고, 두께는 일정한 것이 좋다.
- 날 등과 날 끝이 비틀리지 않고 평행한 것이어야 한다.
- 각 손님마다 소독한 것으로 사용한다.

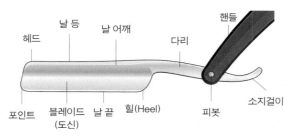

▲ 레이저의 각부 명칭

레이저의 손질 방법
- **소독**: 석탄산수, 크레졸수, 포르말린수, 에탄올, 역성 비누 등 사용
- 사용 후 반드시 소독하여 보관
- 레이저(면도날)를 교환하여 사용하는 것 → 사용 전에 교환
- **날을 교환하지 않는 레이저**
  - 사용 전에 칼날을 갈아 주고, 사용 후에는 붙어 있는 머리카락이나 이물질을 잘 닦아 냄.
  - 소독한 후 녹이 슬지 않도록 기름칠을 해 둠.

6 클리퍼(Clipper)

① 남성의 커트나 여성의 쇼트 커트 시 블런트 커트에 사용한다.
② 커트 시 모발의 단면을 직선으로 자르는 데 사용한다.

클리퍼

7 기타 도구

① 헤어 핀

- 헤어 핀(열린 핀), 보비 핀(닫힌 핀)이 있다.
- 웨이브를 갖추는 여러 가지 미용 기술에 따라 사용한다.

② 헤어 클립

- 컬 클립, 웨이브 클립 등이 있다.
- 헤어 핀과 같은 목적으로 사용하며, 헤어 핀의 기능을 보조한다.

③ 컬링 로드

- 모발을 감는 위치에 따라 대, 중, 소로 구분한다.
- 웨이브를 형성하기 위하여 모발을 감는 데 사용한다.

④ 롤

- 원통의 직경에 따라 대, 중, 소로 구분한다.
- 헤어 세팅 시 모발에 볼륨감을 주기 위해 사용한다.

▲ 헤어 핀

▲ 컬링 로드

▲ 롤

✂ 미용 기구

1 샴푸 도기

① 냉, 온수가 잘 나와야 하며, 고객의 목이 편안한 것으로 사용한다.

② 샤워기 구멍은 수압 조절이 일정한 것이 좋다.

▲ 샴푸 도기

2 자외선 멸균 소독기

① 미용에 쓰이는 소도구를 소독 및 보관할 때 사용하는 기계이다.

② 기구들을 30분 정도 자외선 멸균기에 넣어 두면 뜨겁지 않으며 깨끗하게 보관된다.

③ 물건을 꺼내기 위해 멸균기의 문을 열면 자외선이 자동으로 차단되어 인체에 해를 끼치지 않는다.

▲ 자외선 멸균 소독기

✂ 미용 기기

1 세팅기(헤어 드라이어)

① 기능: 모발 건조, 헤어 스타일링 완성

▲ 헤어 드라이기

② **종류**

- **블로 타입**: 일반적인 드라이어
- **웨이빙 드라이**: 롤 브러시, 아이론, 빗 등을 부착하여 드라이와 함께 스타일링하는 방식
- **스탠드 타입(블로 타입과 후드 타입)**: 후드 타입은 바람의 순환과 선회를 이용한 것으로 건조 효과가 빠름.

2 히팅기(캡)

① **기능**: 열을 가해 모발이나 두피에 바른 오일이나 크림 등이 잘 스며들도록 도와줌.

② **사용법**: 모발에 얇은 플라스틱 캡이나 종이를 씌운 후 히팅 캡을 쓰면 깨끗하게 사용할 수 있음.

> **히팅 캡을 사용하는 경우**
> - 헤어트리트먼트(모발 손질)
> - 스캘프 트리트먼트(두피 손질)
> - 가온식 콜드액 시술 시

3 헤어 미스트기(스티머)

① **기능**

- 온도를 높여 약액의 침투를 촉진하고, 피부와 조직을 이완시킨다.
- 퍼머넌트, 헤어 다이(모발 염색), 스캘프 트리트먼트, 헤어트리트먼트, 미안술 등에 사용한다.(180~190℃의 스팀을 발생시킴.)

② **선택 방법**

- 사용 시 조절이 가능해야 한다.
- 증기 입자가 미세하고, 후드 내부의 분무 증기가 균일해야 한다.

③ **사용 방법**

- 약 10~15분이 적당하고, 두피·모발이 건조하거나 손상을 입었을 때 사용한다.
- 오일이나 스캘프 크림을 바르고 스캘프 매니플레이션(두피 마사지)을 시행한 후 사용한다.

> **헤어 스티머를 사용하는 경우**
> - **콤아웃**: 로션의 침투를 돕는 데 이용
> - **퍼머넌트 웨이브**: 와인딩을 끝내고 사용
> - **헤어트리트먼트**: 손상된 모발에 약액의 작용을 촉진, 두피의 혈액 순환을 도와줌.

04 헤어 샴푸 및 컨디셔너

✂ 헤어 샴푸

1 헤어 샴푸의 정의 및 목적

① 정의

샴푸잉	• 미용업의 가장 기본이며, 헤어 드레싱 기술의 기반이 되는 서비스 • 비누나 세제를 사용하여 모근의 이물질을 제거하는 세발 과정
미용 기술상의 헤어 샴푸	• 두피와 모발의 성질과 상태에 맞는 시술 방법을 사용 • 스캘프 트리트먼트와 스캘프 매니플레이션 등을 함께 실시하여 두피 와 모발의 건강을 유지할 수 있도록 시술

샴푸의 성질
• 두피, 모발, 눈에 대한 안전성을 고려
• 적당한 세정성 함유, 지속적인 거품 생성
• 샴푸잉 후 모발에 윤기 및 유연성 부여

② 목적

• 두피 및 모발의 청결과 상쾌함을 유지한다.

• 모발의 건강한 발육을 촉진한다.

• 모발 시술을 쉽게 해 주고, 만족할 만한 효과를 얻을 수 있게 한다.

③ 주의 사항

• 지나친 세정 작용은 모발을 건조하게 하고, 윤기를 빼앗아 손상을 유발한다.

• 때로는 두피에 질병을 일으키는 경우도 있다.

2 샴푸의 종류

(1) 웨트 샴푸

① 세정 효과를 주로 한 샴푸

• 물을 사용해서 실시하는 가장 일반적인 방법으로, 합성 세제나 비누로 사용하기도 한다.

• 소프 샴푸제에 비해 탈지력이 너무 강해서 피지를 지나치게 제거한다.

• 샴푸 후, 헤어크림 등으로 지방분을 보충해야 한다.

② 시술 효과를 위한 샴푸

토닉 샴푸	• 살균 작용, 비듬 예방, 청결 유지가 목적
핫 오일 샴푸	• 두피 및 모발이 건조해졌을 때 지방을 공급하기 위한 방법 • 식물성유나 트리트먼트 크리닉을 모발에 발라 흡수시킴. • 적외선이나 헤어 스티머를 사용하기도 함.
에그 샴푸	• 모발이 지나치게 건조·표백·노화·염색의 실패, 피부가 민감해서 염증이 일어나기 쉬운 상태일 때 사용 • 노른자: 모발을 매끄럽게 하고 광택과 영양 성분을 주어서 아름답게 가꿔 줌. • 흰자: 흰자로 거품을 내서 샴푸제로 사용, 약알칼리성으로 모발의 단백질을 유연하게 하고 두피의 피지를 지나치게 없애지 않으면서도 비듬이나 때를 제거시켜 모발을 청결하게 함.

(2) 드라이 샴푸

① **분말 드라이 샴푸**: 카올린, 탄산마그네슘, 붕사 등을 섞어서 사용(지방성 물질을 흡수)

② **에그 파우더 드라이 샴푸**: 달걀흰자를 거품 내어 사용

③ **리퀴드 드라이 샴푸**: 벤젠 등 휘발성 용제나 에탄올 등을 사용(가발 세정에 이용)

3 샴푸의 선정

① **모발과 두피가 정상일 때**: 플레인 샴푸, pH 7.5~8.5 정도인 알칼리성 샴푸, pH 4.5 정도의 약산성 샴푸를 사용

② **비듬이 있을 때**
- 비듬 제거용 샴푸제: 유화 셀렌과 같은 특수한 유황 화합물을 배합한 것으로, 노화 각질을 용해시키는 작용을 함.
- 항비듬성 샴푸(약용 샴푸제): 살균제의 일종인 징크피리치온이 함유되어 있어 비듬의 원인이 되는 미생물을 안정적이고 효과적으로 살균함.(지성 모발용과 건성 모발용이 있음.)

③ **지방성일 때**: 중성 세제나 합성 세제 타입이 적당(비누를 주제로 한 샴푸제보다 세정력이 뛰어나 탈지 효과가 큼.)

④ **염색한 모발일 때**: 논스트리핑 샴푸제 사용(pH가 낮은 산성으로 모발을 자극하지 않음.)

⑤ **다공성모일 때**: 단백질, 콜라겐을 원료로 만드는 프로테인 샴푸제(다공성모 속에 침투해 간충 물질로서 작용하여 모발의 탄력을 회복시키고 강도도 높여 줌.)

샴푸제의 기본 3유형
• 비누를 세정 주제로 한 샴푸제
• 세제를 세정 주제로 한 샴푸제
• 드라이 샴푸제
– 물을 사용하지 않음.
– 거동이 힘든 환자인 경우에 주로 사용

징크피리치온 = 아연피리치온
• 모발 컨디셔닝제, 살균 보존제로 1.0% 배합
• 기타 제품에는 배합 금지

염색 모발 샴푸제의 주의 사항
• 산성 샴푸제라도 그 성분 중에 기포제가 다량 함유되어 있으면 모발을 탈색시킬 수 있음.
• 염색 전이나 콜드 웨이브 시술 전의 샴푸에는 두피를 너무 자극하지 않도록 중성 샴푸제를 사용

4 주의 사항

물	• 합성 세제를 주제로 한 샴푸제는 경수에서도 세정력이 있고, 거품을 잘 냄. • 비누를 주제로 한 샴푸제는 경수에서 세정력이 떨어지고, 거품이 잘 나지 않으며, 헹궈도 모발에서 제거되지 않음. • 요즘은 일반적으로 수돗물을 사용하고, 연수이므로 큰 지장은 없음.
횟수	• 일반적으로 일주일에 2 ~ 3회 • 피지가 과다 분비되는 사람, 운동량이 많은 사람 등 개인차가 있음.
온도	• 샴푸 시 물의 온도는 38 ~ 40℃가 적당 • 스프레이어(샴푸용 분무기) 사용 시에는 갑작스런 온도 변화 등에 유의
기타	• 눈과 귀에 샴푸제가 들어가지 않도록 깨끗한 탈지면 또는 거즈로 귀를 막아 둠. • 퍼머넌트 웨이브나 염색 전에 샴푸를 할 경우에는 두피 자극 성분이 함유된 샴푸제의 사용을 금함.

준비물
빗, 넥스트립, 헤어 브러시, 샴푸 케이프, 샴푸제, 타월, 린스제 등

드레이핑
• 손님의 피부나 의복을 손상시키지 않기 위하여 손님이 받을 시술 내용을 점검, 그에 맞게 드레이프
• **염색, 퍼머넌트 웨이빙 또는 곱슬머리 펴기인 경우:** 타월을 샴푸 케이프 밑에 댐.
• **헤어 커트나 샴푸, 헤어 세트 시:** 타월 대신에 넥스트립만을 사용
• 넥스트립, 샴푸 케이프 등은 목에 직접 닿지 않도록 함.

✂ 헤어 컨디셔너

1 목적

① 샴푸로 인해 건조해진 모발에 지방을 공급하고, 정전기를 방지한다.

② 샴푸 후 모발에 남아 있는 금속성 피막과 비눗물에 불용성인 알칼리 성분을 제거한다.(모발의 엉킴을 방지하고 윤기를 더함.)

2 종류

① 플레인 린스
• 미지근한 물로 헹구는 가장 일반적인 방법으로, 38~40℃ 정도의 연수를 사용한다.
• 콜드 퍼머넌트 웨이브 시 제1액을 씻어 내기 위한 중간 린스로 사용하기도 한다.

② 지방성 린스(적당한 유지분 공급)
• 오일 린스: 올리브유 등을 따뜻한 물에 타서 모발을 헹굼.
• 크림 린스
 - 헤어크림 등의 지방성 화장 재료를 물에 타거나 액상의 린스제 또는 올리브유, 라놀린 등을 사용한다.
 - 고급 지방산(스테아르산이나 미리스틴산)과 고급 알코올(세틸알코올, 스테아린알코올)에 라놀린, 레시틴 등의 유지를 유화시켜서 친수성 크림이나 유액상으로 만든 것이다.

크림 린스
• 약산성
• 모발의 불용성 알칼리 성분은 제거하지 못함.
• 중성 세제 샴푸 후의 린스제로 효과적임.

③ **산성 린스**

- 미지근한 물에 산성의 린스제를 녹여서 사용한다.
- 남아 있는 비누의 불용성 알칼리 성분을 중화시키고 금속성 피막을 제거한다.
- 모발을 엉키지 않게 하고 광택을 주지만 크림 린스와 같이 모발을 부드럽게 하지는 못한다.
- 콜드 퍼머넌트 후 pH 3 ～ 4의 산성 린스제를 사용한다.
- 모발에 남아 있는 알칼리 성분을 중화시켜 모발의 pH를 정상 상태로 환원시켜 준다.
- 퍼머넌트 웨이빙 시술 전의 샴푸 뒤에는 산성 린스를 사용하지 않는다.
- 농도가 지나치게 높은 산성 린스는 단백질을 응고시켜 모발을 손상시키므로, 비누 이외의 중성 세제를 사용한 샴푸의 후에는 필요하지 않다.

④ **약용 린스**

- 경증의 비듬과 그밖의 가벼운 두피 질환에 효과가 있고, 모발에 윤기를 더해 준다.
- 모발과 두피의 표면에 전체적으로 발라 사용하며, 두피 마사지를 1분 정도 하면 효과가 나타난다.

⑤ **컬러 린스(워터 린스)**: 다음 샴푸 전까지 일시적인 착색 효과를 준다.(컬러 샴푸와 비슷함.)

▲ 플레인 린스 사용

▲ 약용 린스 사용

산성 린스의 종류
- **식초 린스(비니거 린스)**: 식초, 초산을 10배 정도로 희석시켜 사용, 지용성 모발에 좋음.
- **레몬 린스**: 레몬 생즙을 5 ～ 6배 희석시켜 사용
- **구연산 린스**: 구연산의 결정 1.5g을 따뜻한 물 0.5L에 타서 사용
- **맥주 린스**: 맥주를 바른 다음 5 ～ 10분 후 헹구면, 모발을 부드럽고 윤기 있게 해줌.

계면 활성제의 분류
- **비이온 계면 활성제**: 가장 피부 자극이 적어 화장품에 주로 사용 (기초 화장품, 화장수, 크림, 클렌징크림 등)
- **양성 이온 계면 활성제**: 피부 자극이 적고 세정 작용에 사용(저자극성 샴푸, 베이비 샴푸 등)
- **음이온 계면 활성제**: 세정·기포 형성 작용(비누, 샴푸, 클렌징폼, 면도용 거품 크림, 치약 등)
- **양이온 계면 활성제**: 정전기 방지 효과, 살균·소독 작용, 유연 효과 (헤어 린스, 헤어트리트먼트)

계면 활성제의 피부 자극의 순서
양이온 〉 음이온 〉 양쪽 이온성 〉 비이온 계면 활성제

05 헤어 커트

✂ 헤어 커트의 기초 이론

1 헤어 커트의 종류

① 웨트 커트
- 모발에 물을 적셔서 커트하는 방법으로, 커트가 쉽다.
- 헤어를 손상시키지 않으면서 정확한 커트를 할 수 있다.

② 드라이 커트
- 물을 사용하지 않고 손상모 등을 간단하게 잘라 낼 때 사용한다.
- 웨이브나 컬 상태의 모발에서 길이의 많은 변화없이 수정할 때 이용한다.
- 전체적인 형태 파악에 효과적이다.

2 헤어 커트에 필요한 도구

① **가위**: 모발을 커트하고 셰이핑(형태 만들기)하는 데 사용
② **틴닝**: 전체적으로 숱을 감소시키며 모발의 길이에 변화를 주지 않음.
③ **레이저**: 물을 적셔서 면도날을 이용하는 커트
  - **오디너리 레이저**: 숙련자용
  - **셰이핑 레이저**: 초보자용
④ **클리퍼**: 네이프 부분, 사이드 부분을 짧게 커트할 때 사용
⑤ **빗**: 모발을 빗어 분배·조정·스트랜드를 떠올리거나 매만지는 데 사용
⑥ **클립**: 모발을 나누어 구분하여 고정시키는 도구

헤어 커트
- 헤어스타일을 만들기 위한 기본적인 기술
- 퍼머넌트 웨이브나 헤어 세팅의 헤어스타일은 모두 커트 기술에 의해서 미리 형태가 만들어짐.
- 헤어 커팅(헤어 셰이핑)이란 용어는 두발을 잘라 짧게 하는 것뿐만 아니라, 지나친 숱도 쳐 주는 행위

프리 커트
퍼머넌트 웨이빙 시술 전 하는 커트
애프터 커트
퍼머넌트 웨이빙 시술 후 하는 커트

헤어 커트 도구

클리퍼
= 바리깡
= 트리머

✂ 헤어 커트 시술 ✂

1 블런트 커트

① 원 랭스 커트(솔리드형 커트)

- 스파니엘 커트, 이사도라 커트, 패러럴 커트(일자 커트), 머시룸 커트 (바가지 또는 버섯 모양) 등이 있다.
- 모발에 층을 주지 않고, 같은 선으로 떨어지는 보브 스타일 기법이다.

블런트 커트
- 모발을 뭉툭하고 일직선상으로 커트하는 기법
- 원 랭스 · 스퀘어 · 그러데이션, 레이어 커트 등

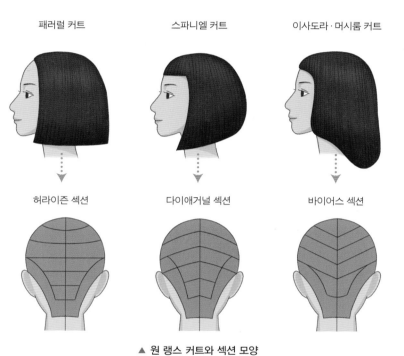

패러럴 커트　　스파니엘 커트　　이사도라 · 머시룸 커트

허라이즌 섹션　　다이애거널 섹션　　바이어스 섹션

▲ 원 랭스 커트와 섹션 모양

원 랭스 커트
모발
두피

② 스퀘어 커트

- 모발의 길이가 자연스럽게 연결되도록 할 때 이용한다.
- 사각형과 직각의 두 가지 의미를 갖고 있는 커트이다.
- 두피로부터 $90°$ 가 되도록 커트하여 전체의 두발 길이가 같게 한다.

스퀘어 커트

③ 그러데이션 커트

- 상부는 길고 하부로 갈수록 짧아지는 커트로, 단차가 작은 커트 기법이다.
- 각도에 따라 로우($20°$), 미디엄($45°$), 하이($60°$)로 나누어진다.
- 머시룸 스타일은 짧은 헤어스타일에 많이 이용한다.

그러데이션 커트

④ 레이어 커트

- 두피에서 $90°$ 이상의 각도로 자르는 커트로, 두발 길이에 관계없이 응용할 수 있다.
- 각도에 따라 로우(low), 미디엄(medium), 하이(high)로 나누어진다.
- 유니폼 레이어형, 인크리스 레이어형이 있다.

레이어 커트

2 스트로크 커트

① 가위로 커트하는 기법으로 모발 끝에서 모근 쪽으로 향하며 커트한다.
- **쇼트 스트로크 커트**: 모발에 대한 가위의 각도가 0~10° 정도
- **미디엄 스트로크 커트**: 모발에 대한 가위의 각도가 10~45° 정도
- **롱 스트로크 커트**: 모발에 대한 가위의 각도가 45~90° 정도

② 모발의 길이와 볼륨의 효과를 동시에 나타낼 수 있다.

▲ 쇼트 스트로크 커트   ▲ 미디엄 스트로크 커트   ▲ 롱 스트로크 커트

3 테이퍼링(패더링)

① 모발 끝을 가늘게 한다는 뜻으로, 레이저를 이용해서 가늘게 커트한다.

▲ 셰이핑 레이저를 쥐는 법   ▲ 레이저를 이용한 테이퍼링

② **종류**
- **엔드 테이퍼링**: 모발 양이 적을 때, 스트랜드 끝부분에서 1/3 정도 테이퍼링하는 방법
- **노멀 테이퍼링**: 모발 양이 보통일 때, 스트랜드 끝부분에서 1/2 정도 테이퍼링하는 방법
- **딥 테이퍼링**: 모발 양이 많을 때, 스트랜드 끝부분에서 2/3 정도 테이퍼링하는 방법

4 틴닝(숱 치기)

① **틴닝 가위를 사용**: 모발에 길이를 짧지 않게 하면서 전체적인 모발의 숱을 감소시킴.

② **커트나 테이퍼하기 전**: 모발의 질, 길이, 조밀도, 헤어스타일에 따라 모발의 양을 미리 조절하는 데 효과적임.

▲ 틴닝

콘벡스 라인
머리의 둥근 형태에 따라서 U자 형태로 되어 있는 라인

콘케이브 라인
머리의 둥근 형태와는 역으로 아치 형태로 되어 있는 라인

모발의 질
- **굵고 억센 두발**: 모근 가까이에서 커트하게 되면 위층의 두발이 뻗치게 되므로 모근 가까이에서 커트하지 않도록 주의
- **가는 두발**: 모근에서 멀어지면 두피 가까이에 눕게 되므로 모근 가까이에서 시술

모발의 길이
전체 두발의 길이가 일률적인 스트랜드일 때는 스트랜드의 두발 길이가 각각 다른 경우보다 틴닝을 더해 주어야 함.

모발의 조밀도
조밀도가 큰 모발은 틴닝을 더 많이 함.(평균적으로 1평방인치당 150~400개)

헤어스타일
부푼 스타일보다 완성된 헤어스타일이 두부의 형태에 맞춰서 이루어진 경우는 틴닝을 더해 주어야 함.

5 슬리더링

① 가위를 사용하여 모발 끝을 미끄러지듯 틴닝하는 방법으로, 모발의 길이는 짧게 하지 않는다.

② 모근 쪽을 향해 움직일 때는 가위를 닫으면서 모발을 자른다.

③ 모발 끝으로 갈 때는 가위를 벌리면서 자른다.

▲ 슬리더링

6 싱글링

① 주로 남자 커트에 이용하고, 가위나 클리퍼를 사용하여 모발에 빗을 대고 위로 이동시키면서 네이프 부분을 45° 각도로 커트한다.

② **시술 방법**: 빗을 천천히 위쪽으로 이동시키면서 가위의 개폐를 빨리하여 빗이 위쪽으로 갈수록 길게 자른다.

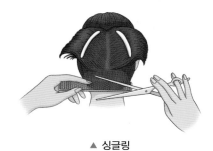

▲ 싱글링

7 커트 시 주의 사항

① 밑머리에서 윗머리 순으로 시술한다.

② 카우릭과 모발의 성장 방향에 주의한다.

③ 끝이 갈라진 열모의 양 및 모발의 질과 양을 고려한다.

④ 원하는 헤어스타일을 고려한다.

⑤ 두부의 골격 구조와 형태를 생각하며 스타일링한다.

트리밍
커트가 거의 끝난 후, 최종적으로 정돈하기 위해 가볍게 모발을 다듬어 주는 것

클리핑
클리퍼(바리깡)나 가위를 사용하여 삐져나온 모발을 잘라내는 것

백코밍
모근쪽을 강하게 거꾸로 빗질함으로써 볼륨을 주는 것

커트 시술 순서
위그 → 수분 → 빗질 → 블로킹 → 슬라이스 → 스트랜드(머리단)

06 헤어 퍼머넌트 웨이브

퍼머넌트 웨이브 기초 이론

1 퍼머넌트 웨이브의 구조와 원리

① 모발은 케라틴이라는 단단한 경단백질로 구성되어 있고, 나선형 구조이다.

② 케라틴은 각종 아미노산의 펩타이드 결합(쇠사슬 구조)을 이루는데, 이로 인하여 늘었다가 줄어드는 탄성을 발휘한다.

③ 자연 상태에서는 쉽게 절단되지 않는 시스틴 결합을 화학적으로 절단(**환원 작용**)하여 모발에 웨이브를 내고, 이 웨이브 그대로 다시 시스틴을 결합시켜(**산화 작용**) 웨이브를 반영구적으로 안정시키는 원리이다.

• 웨이브를 쉽게 만들기 위해 알칼리성 약제를 사용한다.

• 시스틴 결합을 절단하기 위해 환원제를 사용한다.

2 모발의 구성과 퍼머넌트의 성질

① 모발은 모표피, 모피질, 모수질 등으로 구성되는데, 탄성이 풍부한 단백질 결합이다.

② 황(S)은 케라틴을 형성하는 아미노산 중에서도 가장 비중이 높은 시스틴에 함유되어 있다.

③ 시스틴 결합은 물, 알코올, 약산성, 소금류에 강한 저항력을 갖고 있는 반면, 알칼리에는 약하다.(알칼리에서 팽윤)

3 종류와 특징

① 히트 퍼머넌트 웨이브

• 모발에 100~110℃의 열을 가해 형성한다.(지금은 거의 사용하지 않음.)

• 머신 웨이브: 전기나 증기, 기계 등을 이용

• 프리히트 웨이브: 전기를 사용하지 않고 특수 금속으로 된 히팅 클립을 이용하는 방법

• 머신리스 웨이브: 현재도 가끔 사용하며, 특수 약품의 화학 작용에 의해 발열

퍼머넌트 웨이브

• **정의**: 자연 상태의 모발에서 화학적, 물리적 방법으로 웨이브를 유지할 수 있도록 하는 것

• **역사**

– 퍼머넌트의 기원: 고대 이집트에서 흙과 나무막대를 이용해 태양열로 건조시켜 모발에 웨이브를 만들었음.

– 1905년 영국의 찰스 네슬러: 스파이럴식 웨이브를 고안(모근에서 모발쪽으로)

– 1925년 조셉 메이어: 크로키놀식 웨이브를 고안(모발에서 모근쪽으로)

– 1936년 J.B 스피크먼: 콜드 웨이브를 개발

두발의 신장률

• **평상시**: 1.3 ~ 1.4

• **건조시킨 두발 무게의 35% 가량 되는 수분을 함유**: 1.5 ~ 1.7

퍼머넌트 웨이브의 종류

• **히트 웨이브**: 모발에 열을 가함.

• **콜드 웨이브**: 약제를 사용함. (1욕법, 2욕법)

② 콜드 퍼머넌트 웨이브

- 환원제(알칼리 성분)의 환원 작용을 이용하여 시스틴 결합을 절단시킨다.
- 웨이브를 만든 후 산화제를 도포하여 다시 시스틴 결합을 원위치로 돌려 오랫동안 지속되도록 한다.
- 콜드 퍼머넌트 웨이브 종류

1욕법	• 1종의 용액(퍼머약)과 제1액(환원제)만 사용(현재는 거의 사용하지 않음.) • 제2액(산화제)은 산소로, 자연 산화시킴.
2욕법	• 2종류의 용액인 제1액과 제2액을 사용하는 방법으로 가장 많이 쓰임. • 제1액(프로세싱 솔루션)은 웨이브를 만들고, 제2액은 웨이브를 고정함.
3욕법	• 2욕법에 추가로 연화제, 보호제 등을 사용(원리는 산화 작용) • 퍼머넌트 전에 손상모, 다공성모 등에 사용

4 퍼머넌트의 성분과 역할

① 제1액(환원제 = 프로세싱 솔루션)

- 독성이 적으면서도 두발에 대한 환원 작용이 좋은 티오글리콜산이 가장 많이 사용된다.
- 일반적으로 적정 농도는 2~7%, pH 9~9.6 정도가 가장 많이 사용되며, 알칼리 상태에서 환원력이 강해진다.
- 수소를 공급하고 산소를 빼내는 작용이다.
- 맑은 액체로, 시스테인보다 웨이브 형성 시간이 빠르며(탄력 있는 웨이브), 강모·경모·버진 헤어에 적합하다.
- 침투제, 습윤제, 양모제, 안정제, 향료, 지질 등도 첨가되어 있다.

② 제2액(산화제 = 중화제 = 고착제 = 뉴트럴라이저)

- pH 5.0~7.5로, 산소를 공급하고 수소를 빼내는 산화 작용을 한다.
- 흔히 사용하는 중화제로 과산화수소, 취소산나트륨(브롬산나트륨) 등을 사용한다.

③ 사용 시의 주의 사항

- 손상된 모발에는 낮은 농도의 제1액을 사용한다.
- 제1액 사용 후에는 손을 깨끗이 씻는다.
- 모발에 유분이 있으면 제1액 작용이 저하되므로 깨끗이 샴푸한다.
- 오버 프로세싱을 주의하고, 제2액 사용 시간을 충분히 주도록 한다.
- 퍼머넌트 용액은 공기와 광선, 열 등에 의해 화학적 반응을 일으키기 쉬우므로, 사용 후 남은 용액은 버린다.
- 제1액과 제2액은 따로 분류하여 밀폐된 냉암소에 보관한다.

2욕법의 종류

- **가온 2욕법**
  - 제1액을 바른 후 히팅 캡이나 헤어 스티머 등을 사용하여 60℃ 이하로 가온해서 사용
  - 제1액의 티오글리콜산 농도의 알칼리의 pH가 상온에서 사용하는 것보다 낮음.
- **무가온 2욕법**
  - 콜드 2욕법을 의미
  - 제1액의 티오글리콜산에 의한 환원 작용과 제2액의 취소산 염류 등에 의한 산화 작용만을 이용
- **산성 퍼머넌트**
  - 티오글리콜산은 그대로 사용, 보조제로 사용되는 암모니아수 등의 알칼리제는 전혀 사용하지 않음.
  - 모발 손상이 없어 염색모, 탈색모, 다공성모에 적당(웨이브 형성이 약함.)
- **시스테인 퍼머넌트**
  - 일반적인 콜드 웨이브 용액은 티오글리콜산을 환원제로 사용하지만, 시스테인은 아미노산을 사용하여 모발을 환원시킴.
  - 모발에 손상을 주지 않으며, 시간이 경과되더라도 웨이브가 안정됨.
  - 냄새와 손상도가 적고, 손상모, 다공성모, 표백모, 가는 모발에 적합함.
- **거품 퍼머넌트**
  - 제1액과 제2액 속에 계면 활성제를 넣어 거품기로 거품을 일으켜 사용
  - 거품 자체에 보온성이 있어 가온을 하지 않아도 됨.

환원제 = 제1용액
자극적인 냄새와 손상도가 심함.

✂ 퍼머넌트 웨이브 시술 ✂

1 시술 전 진단 사항

① **두피 상태**: 두피에 상처나 염증 등 질환이 있으면 시술하지 않음.

② **모발의 다공성 진단**
- 반드시 사전 진단이 필요하고, 퍼머 유액이 모발에 얼마나 흡수되는지에 따라 콜드 퍼머넌트 웨이빙의 프로세싱 타임과 제1액의 강도가 결정된다.
- **다공성모**: 모발 조직인 간충 물질이 손실되어 건조해지기 쉬운 손상모로, 다공성 정도가 클수록 프로세싱 타임을 짧게 함.
- **정상모**: 모발의 큐티클층(모표피)이 밀착되어 빈 구멍(공동)이 거의 없는 상태로, 솔루션의 흡수가 적으므로 프로세싱 타임을 길게 함.

③ **모발의 질**: 모발의 다공성이 같을 경우에는 굵은 모발보다 가는 모발이 용액의 흡수가 빠름.

④ **모발의 탄력성**
- 탄력성이 없는 모발은 로드의 직경이 약간 작은 것을 사용한다.
- 탄력성이 좋은 모발은 웨이브가 오래 지속된다.

⑤ **모발의 밀집도(표준 약 8 ~ 10만 개)**
- 모발의 굵기가 가는 것: 블로킹을 크게, 로드도 큰 것을 사용
- 모발의 굵기가 굵은 것: 블로킹을 작게, 로드도 작은 것을 사용

2 전처치

① 모발과 두피 진단에 따라 제1액을 사용하기 전 시술하는 특수 처리법이다.
② 모발의 손상을 방지하고 웨이브가 균등하게 이루어지도록 한다.
③ 단백질을 분해하여 만든 PPT 용액을 다공성모에 도포하여 사용한다.
④ 발수성모(지방 과다모)에는 특수 활성제를 바르고, 스티머를 조사하여 프로세싱 타임이 오래 걸리지 않도록 한다.

3 블로킹과 와인딩

① **블로킹**: 모발을 구분하는 것으로, 파팅을 나눠 놓는 섹션
② **와인딩**: 모발을 로드에 감는 기술, 텐션을 일정하게 유지해야 함.
③ **와인딩의 각도**
- 120°: 일반적인 각도
- **볼륨을 살리고자 할 때**: 앞쪽으로 90°로 말아 줌.

진단 방법
모발의 스트랜드를 잡아 빗어 엄지와 검지로 잡고, 다른 손가락으로 모발 끝에서 두피쪽으로 밀었을 때 밀려나가는 모발이 많으면 다공성모이다.

- **모발의 직경**: 가는 모발, 보통 모발, 굵은 모발
- **모발의 감촉**: 거친 모발, 연한 모발(부드러운 모발)

콜드 퍼머넌트 웨이브의 시술 순서
두피 및 모발 진단 → 샴푸 → 타월 드라이 → 셰이핑 → 블로킹 → 와인딩 → 테스트 컬 → 중간 린스(제1액을 물로 씻어 냄.) → 산화 작용(중화) → 플레인 린스 → 블로 드라이 → 콤아웃

시술 후 주의점
시술 후 샴푸를 하면 웨이브의 탄력성과 형태가 약해짐.

컬링 로드
빳빳한 모발(경모)과 긴머리(장발), 과밀 모발 등에는 블로킹을 작게 함.

- **볼륨을 줄이고자 할 때**: 뒤쪽으로 눕혀 $60°$로 말아 줌.
- **수직 말기**: 가장 기본적인 방법
- **빗겨 말기**: 컬의 좌우 한쪽 방향으로 흐름을 형성하기 위하여 스트랜드를 한쪽으로 모아서 마는 방법

4 프로세싱과 테스트 컬

① 제1액

- 모발 가장자리에 보호 크림을 바르고, 거즈나 헤어밴드를 한다.
- 두피나 피부에 흘러내리지 않게 충분히 바르고, 비닐 캡을 씌운다(솔루션의 작용 촉진).
- 휘발성 알칼리(암모니아)의 증발을 막는다.

② 프로세싱 타임

- 프로세싱 타임은 캡을 씌운 후 $10 \sim 15$분 정도이다.
- 모발에 제1액을 도포하고 와인딩을 한 후, 시간이 경과되면 로드를 풀어 웨이브의 탄력 정도를 확인한다.(테스트 컬)
- **웨이브의 탄력성이 부족할 경우**: 다시 말아 프로세싱 타임을 계속 진행(오버 프로세싱이 되지 않도록 주의)

③ 시술 시 주의 사항

적당한 프로세싱	웨이브 형성이 잘 이루어짐.
언더 프로세싱	프로세싱 타임을 짧게 한 것, 웨이브가 잘 나오지 않을 수 있음.
오버 프로세싱	모발의 성질과 상태, 개인차, 용액의 강도, 온도 등에 의해 결정되며, 프로세싱 타임을 길게 한 것(모발을 자지러지게 할 수 있는 원인)
모발 끝을 너무 당겨서 말린 경우	모발 끝의 웨이브가 형성되지 않음.

5 중간 린스

① 모발에 도포된 제1액을 미지근한 물로 헹궈 내는 것으로, 플레인 린스라고 한다.
② 제2액의 산화 작용이 효과적으로 이루어지도록 해 준다.

6 제2액의 도포

① 제2액은 웨이브의 형태를 고정시켜 주는 역할로, 보통 $5 \sim 10$분 정도가 적당하다.
② 마지막으로 플레인 린스를 한다.

퍼머넌트 웨이브가 잘 나오지 않는 경우
- 저항성모나 발수성모일 경우
- 모발 손상이 많거나 탄력이 없는 경우
- 금속성 염모제를 사용할 경우
- 프로세싱 시간이 너무 적었을 경우

제1액으로부터 피부염을 막는 방법
특수 정제의 라놀린을 바름.

모발 끝이 자지러지는 원인
- 오버 프로세싱의 경우
- 너무 강한 약을 도포했을 경우
- 제1액을 바르고 방치 시간이 길었을 경우
- 사전 커트 시 모발 끝을 심하게 테이퍼링했을 경우

07 헤어스타일 연출

✂ 헤어스타일 기초 이론

1 헤어 파팅(가르마)

① **센터 파트(5:5 파트):** 전두부의 헤어 라인 중심에서 두정부를 향한 직선 가르마로 앞가르마

② **사이드 파트**
- 옆가르마로, 6:4, 7:3, 8:2가 있다.
- 전두부와 한쪽 측두부를 나누는 경계선의 앞 헤어 라인 지점으로부터 뒤쪽을 향해서 수평하게 직선으로 나눈다.

③ **라운드 사이드 파트:** 사이드 파트가 곡선상으로 이루어진 파트로, 골든 포인트를 향해서 구상으로 둥그스름한 느낌을 살려 나눈 파트

▲ 센터 파트

▲ 사이드 파트

▲ 라운드 사이드 파트

④ **업 다이애거널 파트:** 사이드 파트 분할선의 뒤쪽을 향해서 위로 경사지게 올려진 파트

⑤ **다운 다이애거널 파트:** 사이드 파트의 분할선이 뒤쪽으로 향해서 아래로 경사지게 내려진 파트

⑥ **크라운 투 이어 파트:** 사이드 파트의 파트 뒷부분으로부터 귓바퀴 상부를 향해 수직으로 나누는 파트

▲ 업 다이애거널 파트

▲ 다운 다이애거널 파트

▲ 크라운 투 이어 파트

미용에서의 세트(set)
'모발형을 만들어 마무리하다.'라는 뜻임.

헤어 세팅 종류
- **오리지널 세트(기초가 되는 최초의 세트):** 헤어 파팅, 헤어 셰이핑, 헤어 컬링, 헤어 롤링, 헤어 웨이빙
- **리세트(마무리 세트):** 원하는 헤어 스타일을 실제로 만들어 마무리
  - 브러시 아웃: 브러시로 끝을 맺는 것
  - 콤 아웃: 빗으로 끝내는 것(일반적으로 끝 마무리를 뜻함.)

헤어 파팅(모발을 가르다, 나누다)
얼굴형의 단점을 보완해 주고, 장점을 강조해 줌.

⑦ **이어 투 이어 파트**: 한쪽 귀 상부에서 두정부를 지나 다른 한쪽 귀 상부를 향해서 수직으로 나눈 파트

⑧ **센터 백 파트**: 후부두를 정중앙선으로 나눈 파트

⑨ **렉탱귤러 파트**: 이마의 양쪽에서 사이드 파트하여 두정부에서 직사각형으로 나눈 파트

▲ 이어 투 이어 파트   ▲ 센터 백 파트   ▲ 렉탱귤러 파트

⑩ **스퀘어 파트**: 이마의 양쪽에서 사이드 파트하여 두정부 근처에서 이마의 헤어 라인에 수평하게 나눈 파트

⑪ **V 파트(3각 가르마)**: 이마의 양쪽과 두정부 정점을 연결하여 V자형으로 나눈 파트

⑫ **카우릭 파트**: 두정부의 가마로부터 방사상으로 나눈 파트

▲ 스퀘어 파트   ▲ V 파트   ▲ 카우릭 파트

2 헤어 셰이핑(빗질)

① 모발을 마무리 짓는 컬이나 웨이브를 만들기 위한 기초 기술이다.

② '모발의 결, 모양을 만들다.'라는 의미로, 헤어 커팅의 의미와 헤어 세팅의 의미를 지닌다.

③ 각도에 따라 업 셰이핑, 다운 셰이핑, 스트레이트 셰이핑, 인커브 셰이핑(돌려빗기), 아웃커브 셰이핑(바깥쪽 돌려빗기) 등이 있다.

▲ 각도에 따른 빗질

3 헤어 컬링(핀 컬)

① 정의: 웨이브와 볼륨을 만들어 모발 끝에 변화와 움직임을 주는 것

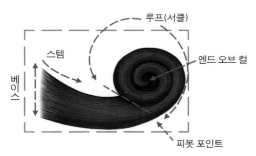

▲ 컬의 각부 명칭

② **컬의 구성 요소**: 셰이핑, 스템의 방향, 슬라이싱, 텐션, 루프의 크기, 베이스, 모발 끝

헤어 셰이핑	• 업 셰이핑: 허라이즌 라인(수평선)보다 위쪽을 향해 빗어 올리는 것(30° 이상) • 다운 셰이핑: 허라이즌 라인(수평선)보다 각도를 내려 빗질하는 것(30° 이하)
스템의 방향	• 컬의 효과를 변화, 방법은 무한함. • 스템의 방향과 두피가 이루는 각도에 따라 웨이브 구성과 볼륨이 달라짐. – 풀 스템: 컬의 움직임이 가장 크고, 모발에 컬의 형태와 방향만 부여 – 하프 스템: 어느 정도 움직임을 유지한 반 정도의 스템 – 논 스템: 움직임이 가장 적고, 스템이 없는 컬로 오래 지속
슬라이싱	• 파트된 선이 슬라이스 선 • 하나의 스트랜드에서 컬링을 할 만큼 모발의 양을 갈라 잡는 것 • 슬라이싱의 폭에 따라 로드에 마는 방법과 세우기가 변함.
루프의 크기	• 루프(컬) 지름 × 3.14(파이) = 원둘레(웨이브의 길이) • 일반적으로 직경이 작은 루프는 작고 빈틈없이 꼭 맞는 움직임을, 직경이 큰 루프는 크고 여유 있는 움직임을 만들어 냄.
베이스	• 베이스 컬: 스트랜드의 근원 • 스퀘어 베이스, 오블롱 베이스, 트라이 앵귤러 베이스, 아크 베이스 등

▲ 스퀘어 베이스

▲ 오블롱 베이스

▲ 트라이 앵귤러 베이스

▲ 아크 베이스(오른쪽 말기)

▲ 아크 베이스(왼쪽 말기)

③ 컬의 상태에 따른 분류
- **스탠드 업 컬**: 루프가 두피에서 90°로 세워져 있는 것으로, 볼륨을 내기 위해 주로 사용

포워드 스탠드 업 컬	컬의 루프가 얼굴 앞쪽으로 말린 컬
리버스 스탠드 업 컬	컬의 루프가 얼굴 뒤쪽으로 말린 컬

- **플랫 컬**: 두피에 루프가 0°로 평평하고 납작하게 형성되어 있는 컬

스컬프처 컬	모발 끝이 컬의 중심이 된 컬로, 리지가 높고 트로프가 낮은 웨이브
핀 컬	모발 끝이 컬의 바깥쪽으로 되는 것으로 메이폴 컬이라고도 하며, 전체적으로 웨이브 흐름보다 부분적인 나선형 컬이 필요할 때 쓰임.

- **리프트 컬**
  - 두피에 루프가 45°로 세워진 컬로, 스탠드 업 컬보다는 스템의 방향성(웨이브의 흐름)이 있다.
  - 현재에는 롤러의 보급으로 롤러와 플랫 컬을 연결시켜 주는 데에도 자주 사용한다.

④ 컬을 마는 방향에 따른 분류
- **클록 와이즈 와인드 컬(C컬)**: 모발을 오른쪽(시계 방향)으로 말기
- **카운터 클록 와이즈 와인드 컬(CC컬)**: 모발을 왼쪽(반시계 방향)으로 말기
- **포워드 컬**: 컬의 루프가 얼굴 앞쪽 방향으로 말리는 스탠드 업 컬
- **리버스 컬**: 컬의 루프가 얼굴 뒤쪽 방향으로 말린 스탠드 업 컬

스탠드 업 컬

플랫 컬

메이폴 컬(핀 컬)

스컬프처 컬

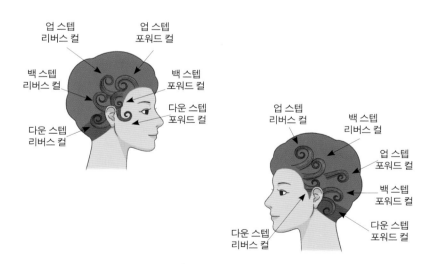

▲ 컬과 스템의 방향

4 컬 피닝

① 완성된 컬을 핀이나 클립을 사용하여 적당한 위치에 고정시키는 것이다.

② 고정 위치
- **각도가 길게 형성된 컬**: 루프를 스트랜드 위에 고정
- **각도가 짧게 형성된 컬**: 베이스 부위에 고정
- **컬과 웨이브가 교대로 이루어진 중복 컬**: 웨이브를 진행시켜 나가면서 웨이브 위에 컬을 고정

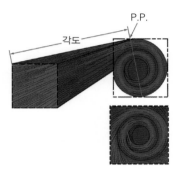

▲ 긴 각도 컬의 루프 고정 위치　　　▲ 중복 컬의 루프 고정 위치

③ 컬의 종류에 따른 컬 피닝
- **스탠드 업 컬의 피닝(90° 각도)**: 베이스의 중심에 고정시키고 루프에 대해 직각으로 피닝
- **핀 컬(메이폴)의 피닝**: U자 핀을 루프의 내부에 양면 꽂기로 꽂고, 다시 이것과 X자형으로 U자 핀으로 꽂아 루프의 외부를 고정
- **스컬프처 컬의 피닝(셰이핑의 경우)**: 루프의 중심으로부터 핀을 넣고 피봇 포인트에서 고정시켜 스템과 루프를 고정
- **스컬프처 컬의 피닝(패널의 경우)**: 스템 쪽에서 핀을 넣어 루프를 양면 꽂기로 집거나 그 반대 쪽에서 핀을 넣어 루프를 양면 꽂기로 고정

④ 컬 피닝 시 주의 사항
- 시술된 컬이 일그러지지 않아야 하며, 모발이 젖어 있는 상태이므로 클립이나 핀 자국이 나지 않도록 주의한다.
- 컬을 고정시킬 때는 핀이나 클립의 끝부분으로 고정시키고, 루프를 안정감 있게 1/3 정도씩 연결하여 고정시켜야 한다(단, 교차 고정은 제외).
- 모발을 드라잉할 때에 가열된 핀이나 클립이 손님의 귀나 피부에 닿지 않도록 주의한다.

고정 방법과 도구
- **수평 고정**: 실핀, 싱글핀, W핀
- **사선 고정**: 실핀, 싱글핀, W핀
- **교차 고정**: U핀

5 롤러 컬(세트 롤)

① 롤러 컬의 종류

논 스템 롤러 컬	• 모발을 전방 45°(후방 135°)의 각도로 셰이프하고 모발의 끝에서부터 말아 롤러를 베이스 중앙에 위치시킴. • 크라운에 많이 사용되며 볼륨감이 큼.
하프 스템 롤러 컬	• 스트랜드를 베이스에 약 90°(수직)로 잡아 올려서 셰이프하고 콜드 퍼머넌트 웨이빙의 와인딩과 같이 말아 줌. • 논 스템 롤러 컬에 비해 볼륨감이 적음.
롱 스템 롤러 컬	• 스트랜드를 약 45° 후방에 셰이프하고 말아 줌. • 네이프 부분에서 많이 사용

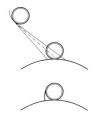 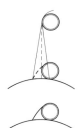 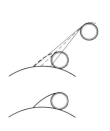

▲ 논 스템 롤러 컬　　　　▲ 하프 스템 롤러 컬　　　　▲ 롱 스템 롤러 컬

② 롤러 컬의 와인딩

- 스트랜드의 모발 끝을 롤러에 말 때는 모발 끝을 롤러의 폭으로 넓혀서 만들어 준다.
- 콤아웃 시 모발 끝이 갈라지는 것을 방지한다.
- 모발 끝을 모아서 롤러의 중앙에 대고 마는 경우: 볼륨을 내는 경우, 특별히 방향을 정하는 경우 등

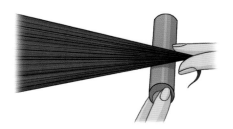

롤러 컬 실습

롤러 컬
- 원통상의 롤러를 사용해서 만든 컬
- 자연스럽고 부드러운 웨이브를 형성하는 동시에 볼륨을 살려 줌.
- **세팅 롤**: 스트레이트 퍼머넌트에서 짧은 모발에 볼륨을 주거나 웨이브가 없는 다발에 업 스타일 시 사용
- **롤러 롤**: 퍼머넌트 웨이브 후 자연스럽고 부드러운 컬을 만들 때 사용

✂ 헤어 세팅 작업

1 헤어 웨이빙

① 각 부의 명칭

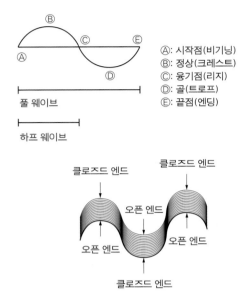

Ⓐ: 시작점(비기닝)
Ⓑ: 정상(크레스트)
Ⓒ: 융기점(리지)
Ⓓ: 골(트로프)
Ⓔ: 끝점(엔딩)

풀 웨이브

하프 웨이브

클로즈드 엔드
클로즈드 엔드
오픈 엔드
오픈 엔드
오픈 엔드
클로즈드 엔드

② 모양에 따른 종류
- **와이드 웨이브**: 크레스트가 가장 뚜렷한 웨이브
- **섀도 웨이브**: 크레스트가 뚜렷하지 않아 가장 자연스러운 웨이브
- **내로우 웨이브**: 물결상이 극단적으로 많은 웨이브(곱슬하게 된 퍼머넌트 웨이브)

③ 위치에 따른 종류
- **버티컬 웨이브**: 웨이브의 리지가 수직으로 되어 있는 웨이브
- **허라이즌탈 웨이브**: 웨이브의 리지가 수평으로 되어 있는 웨이브
- **다이애거널 웨이브**: 웨이브의 리지가 사선 방향으로 되어 있는 웨이브

▲ 버티컬 웨이브

▲ 허라이즌 웨이브

▲ 다이애거널 웨이브

④ 만드는 방법에 따른 종류
- **아이론 웨이브**: 마셀 아이론 등 열로 형성된 웨이브
- **핑거 웨이브**: 세트 로션 또는 물을 사용해서 모발을 적시고 빗과 손가락으로 형성하는 웨이브

헤어 웨이빙의 종류
컬 웨이브, 핑거 웨이브, 아이론 웨이브

핑거 웨이브의 종류
- **하이 웨이브**: 리지가 높은 웨이브
- **로 웨이브**: 리지가 낮은 웨이브
- **레프트 다이애거널 웨이브**: 두부의 왼쪽만 웨이브한 것
- **라이트 다이애거널 웨이브**: 두부의 오른쪽만 웨이브한 것
- **올 웨이브**: 가르마가 없이 두부 전체를 웨이브한 것
- **덜 웨이브**: 리지가 뚜렷하지 않고 느슨한 웨이브
- **스윙 웨이브**: 큰 움직임을 보는 듯한 웨이브
- **스월 웨이브**: 물결이 소용돌이치는 것과 같은 형태의 웨이브

2 오리지널 세트

① **뱅**: 이마에 내려뜨린 앞머리로 헤어스타일에 알맞게 적절한 분위기를 연출할 수 있다.

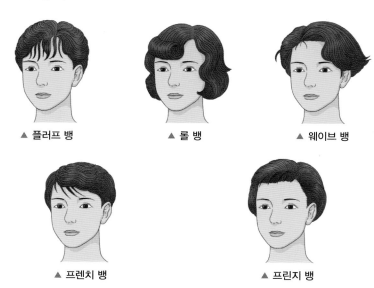

▲ 플러프 뱅   ▲ 롤 뱅   ▲ 웨이브 뱅

▲ 프렌치 뱅   ▲ 프린지 뱅

뱅의 종류
• **롤 뱅**: 롤을 형성한 뱅
• **플러프 뱅**: 컬을 부풀려서 볼륨을 준 뱅
• **웨이브 뱅**: 풀 웨이브 또는 하프 웨이브로 형성한 뱅(모발 끝을 라운드 플러프로 처리)
• **프렌치 뱅**: 프랑스식의 뱅, 모발 끝이 너풀너풀하게 부풀린 느낌의 뱅
• **프린지 뱅**: 가르마 가까이에 작게 낸 뱅

② **엔드 플러프**: 모발 끝을 불규칙한 모양의 형태로 너풀너풀한 느낌이 나게 표현한다.
   • **라운드 플러프**: 모발 끝이 원형 또는 반원형으로 플러프된 것(업 라운드 플러프, 다운 라운드 플러프)
   • **페이지 보이 플러프**: 갈고리 모양의 반원형의 플러프로 한 줄로 늘어서면 리지가 서 보이는 플러프
   • **덕 테일 플러프**: 모발 끝이 가지런히 위로 구부러진 것

③ **리세트(끝맺음 세트)**
   • **백 코밍**: 90° 직각으로 세워 빗을 모발 뿌리 쪽을 향해 내리 빗으면서 머리털을 세우는 것
   • **브러시 아웃**: 브러시로 끝맺음한 것

④ **비기닝**
   • **포워드 비기닝**: 웨이브의 방향을 귓바퀴 방향으로 한 것
   • **리버스 비기닝**: 웨이브의 방향을 귓바퀴 반대 방향으로 한 것

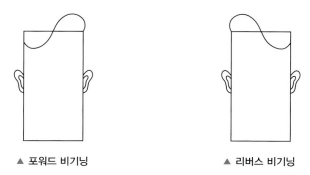

▲ 포워드 비기닝   ▲ 리버스 비기닝

⑤ **엔딩**: 두피에서 벗어난 길이의 모발을 핀 컬이나 웨이브로 고정·처리하는 과정(펑거 웨이브의 끝맺음)

▲ 포워드 엔딩

▲ 리버스 엔딩

▲ 얼터네이트 엔딩

엔딩의 종류
- **포워드 엔딩**: 양측 면에서 모아진 웨이브의 끝 방향이 포워드 핀 컬이나 포워드 웨이브의 형태로 고정되는 경우
- **리버스 엔딩**: 양측 면에서 모인 웨이브의 끝 방향이 뒤쪽을 향한 리버스 핀 컬이나 리버스 웨이브의 형태로 고정되는 경우
- **얼터네이트 엔딩**: 양측 면에서 모아진 웨이브의 끝 방향이 서로 다른 형태로 고정되는 경우

3 헤어 아이론

① **구조와 명칭**
- **그루브**: 홈이 파져 있는 반원형(셀)
- **그루브 핸들**: 그루브 손잡이(업 핸들)
- **프롱(로드)**: 둥근 막대형(로드)
- **프롱 핸들**: 프롱 손잡이(로드 핸들, 다운 핸들)

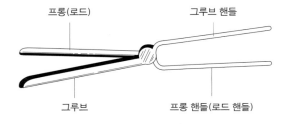

프롱(로드)　　　　　그루브 핸들

그루브　　　　　프롱 핸들(로드 핸들)

아이론의 적정 온도
- 120 ~ 140℃(일정하게 유지)
- 흰 종이나 신문지를 아이론에 끼우고 연기가 나지 않을 정도

헤어 아이론 시술

② **마셀 웨이브**
- 프랑스의 마셀 그라또가 창안하여 서기 1845년에 발표한 것으로, 아이론의 열에 의해 웨이브를 형성하는 방법이다.
- 특징
  - 자연스럽고 부드러운 웨이브를 표현하는 데 효과적이다.
  - 부드러운 S자형의 물결 모양이 연속되어 이루어지며, 반원형이 좌우로 나란히 늘어지고 폭도 가지런하게 이루어지도록 하는 것이 중요하다.
- 마셀 웨이브의 시술
  - 근원의 2~4cm 지점에서 3~4cm 폭으로 적당한 두께를 잡아 아이론을 스트랜드의 근원에서부터 넣는다.
  - 빗을 두발에 대해 직각이 되도록 하되, 완성된 웨이브에 손상을 주지 않도록 주의한다.
  - 빗은 웨이브를 만들고자 하는 부분에 고정시키고 아이론을 닫아 정방으로 45° 정도 회전시키고 빗을 왼쪽 또는 오른쪽으로 당긴다.

- 두발에 끼운 아이론을 시술 자리 방향으로 1회전시켜, 전과 같은 상태로 놓아 두발에 열이 가해지도록 몇 초간 유지한 후 손가락의 힘만을 사용하여 원래 상태로 되돌린다.
- 아이론을 열어 리지의 아래쪽에 아이론을 위치시키고 아이론을 닫는다.
- 아이론을 빗의 2.5cm 위에, 미용사 쪽으로 45°로 위치시킨다.
- 빗은 처음 하프 웨이브를 형성할 때의 반대 방향으로 잡아당기면서 아이론을 시술자 반대쪽으로 1회전시킨다.
- 쥐었던 아이론을 약간 풀어 두발의 스트랜드 2.5cm 아래로 내린다.

4 블로 드라이

① 두발에 열풍을 가함으로써 일시적인 변화를 주어 헤어스타일을 만드는 기술이다.

② 특징

- 모발을 말리면서 빗이나 브러시로 손질하는 기술로, 빠른 시간 안에 헤어스타일을 완성시킬 수 있다.
- 모발의 성질이나 손상 정도, 웨이브, 길이 등을 고려해서 적절한 거리를 유지하여야 한다.
- 적당한 온도와 브러시의 정확한 조작, 텐션 등을 가한다.
- 자연스러움, 기능성, 추구하는 풍조와 근대적 커트 이론을 주장한 비달 사순의 등장에 힘입어 블로 드라이 기술은 널리 번창해 왔다.

▲ 블로 드라이 시술

③ 사용 시 주의할 점

- 드라이어 사용하기 전에 먼지나 기름때, 두발이 끼어 있는지 확인한다.
- 바람이 두피에서 모발 끝쪽을 향하도록 한다.
- 뜨거운 바람이 직접 모발에 닿지 않도록 한다.
- 모발에 적당한 수분이 있어야 한다.
- 모발 보호제 등을 사용하여 모발이 손상되지 않도록 유의한다.
- 드라이어 뒤쪽의 공기 흡입구가 막히지 않게 한다.
- 드라이어의 전기선이 손님의 어깨나 얼굴에 닿지 않도록 한다.

핸드 드라이어의 각도
- 0 ~ 90°
 - 모발이 흩어지는 것을 방지하고 스트레이트로 펴 줄 때 사용
 - 스트랜드와 평행
- 90 ~ 180°
 - 볼륨을 주거나 두발에 탄력을 줄 때 사용
 - 스트랜드에 직각
- 180 ~ 360°
 - 두발 끝에 탄력을 주고, 와인딩 되어 있는 두발 면에 컬을 얹으려 할 때 사용
 - 모발의 아랫부분

08 두피 및 모발 관리

✂ 두피·모발 관리의 이해

① 두피 관리(스캘프 트리트먼트)의 이해

① **정의**: 두피 손질, 두피 처치나 처리의 의미, 두피 및 모발의 건강과 아름다움을 유지·관리하는 방법

② **기능**

- 혈액 순환을 왕성하게 하여 두피의 생리 기능을 높인다.
- 비듬과 가려움증을 제거하고, 모근에 자극을 주어 탈모 방지와 두피 발육 촉진에 도움을 준다.
- 두피와 모발에 지방을 보급하여 모발을 윤기 있게 해 준다.

③ **종류**

- **플레인 스캘프 트리트먼트(노멀 스캘프 트리트먼트)**: 일반 두피용
- **드라이 스캘프 트리트먼트**: 건조성 두피용
- **오일리 스캘프 트리트먼트**: 지방성 두피용
- **댄드러프 스캘프 트리트먼트**: 비듬성 두피용

④ **시술 목적**

- 건강한 두피나 모발을 위해서는 항상 브러싱 및 스캘프 트리트먼트와 스캘프 매니플레이션(두피 마사지)이 필요하다.
- 1차: 브러싱은 샴푸 전에 모발 및 두피에 부착된 먼지나 노폐물, 비듬을 제거하고 모발에 윤기를 더해 주며, 빠진 모발이나 헝클어진 모발을 고른다.
- 2차: 두피의 근육과 신경을 자극하여 피지선의 활동과 혈액 순환을 촉진시키고 두피 조직에 영양을 공급한다.

⑤ **시술 순서**

- 톱 → 왼쪽 귀 상부 → 네이프의 순으로 반원을 그리듯 브러싱을 한다.
- 마지막에 크라운 부분을 브러싱한다.

두피 관리의 주의 사항
- 샴푸 시술을 할 때에는 목적과 효과를 염두에 두고 시술
- 두피에 찰과상이나 질병이 있을 경우, 퍼머넌트 웨이브 및 염색, 탈색 등을 하기 직전에는 삼가
- 항상 샴푸와 병용하는 스캘프 트리트먼트를 해야 함.

스캘프 트리트먼트의 시술 방법
- **물리적 방법**: 빗, 브러싱, 스팀 타월, 헤어 스티머 습열, 자외선·적외선 전류, 스캘프 매니플레이션 등
- **화학적 방법**: 양모제, 헤어 토닉, 헤어로션, 헤어크림, 스캘프 트리트먼트제 등

스캘프 트리트먼트 시술 준비
- 자연 강모 브러시 사용
- 두피의 이상 유무 확인
- 헤어 핀의 제거

2 모발 관리(헤어트리트먼트)의 이해

① 헤어트리트먼트의 목적

- 다공성모 및 손상 모발의 모표피를 단단하게 한다.
- 모발의 수분 함량(약 10%)을 원래 상태로 회복시킨다.

② 모발 손상의 원인

- 커트 시술이 미숙한 경우
- 지나친 브러싱과 백코밍 시술로 모표피를 일으킨 경우
- 헤어 드라이기를 장시간 사용했을 경우
- 헤어 아이론의 온도를 과열시켜 사용했을 경우
- 샴푸제 및 콜드 웨이브 용액, 염모제(화학 약품) 등의 알칼리 성분이 지나치게 높거나 오버 프로세싱된 경우
- 자외선 노출, 바닷물의 염분, 풀장의 소독용 표백 성분 등으로 손상된 경우

두피·모발의 관리

✂ 두피 관리(스캘프 트리트먼트)

1 스캘프 매니플레이션(두피 마사지)

① 목적

- 두피의 근육, 피지선을 자극하고 혈액 순환을 촉진시킨다.
- 두피의 비듬성 질환과 가려움증을 없애 주고, 모발의 모유두에서 분비된 영양분에 의해 모발과 두피의 보호 상태를 호전시킨다.
- 매니플레이션을 실시할 때는 두부와 목 부분의 혈관 및 신경, 근육의 분포에 대한 기초적인 지식이 있어야 한다.

② 기본 동작

- 사이드에 양손을 넣어 미끄러지듯 올라가며 나선형으로 두피를 마사지한다.(귀 윗부분 – 전두부 – 후두부 – 헤어 라인 순)
- 귀 밑에서부터 크라운 쪽을 향해 엄지손가락으로 마사지한다.
- 두개골의 밑면을 따라 오른쪽 귀에서 왼쪽 귀를 향해 나선형으로 그리면서 마사지한다.
- 목 밑에서부터 어깨선을 따라 내려와 견갑골을 지나 등의 척추에 이르도록 마사지한다.
- 승모근(견갑골 라인)을 풀어 주고 마무리한다.

두피 마사지의 종류
- **압박법**: 힘을 주어 누르거나 두드리는 방법
- **마찰법(강찰법)**: 손가락이나 손바닥으로 압력을 가하는 방법
- **경찰법(쓰다듬기)**: 피부의 표면에 직선이나 원을 그리면서 부드럽고 가볍게 스치듯이 문지르는 방법
- **유연법(니딩)**: 손과 손가락으로 피부와 근육을 집고 잡아 올려 비트는 방법
- **진동법(바이브레이션)**: 피부를 흔들어서 펴는 동작, 경련과 마비에 가장 효과적이며 경직된 근육을 풀어 주는 방법
- **고타법(퍼커션, 터포트먼트)**: 규칙적으로 두드리는 방법
  - 슬리핑: 손바닥을 사용하는 방법
  - 태핑: 손가락 옆면을 사용
  - 커핑: 손바닥을 오목하게 하여 사용
  - 해킹: 손의 바깥 측면으로 양손 교대로 두드림.
  - 비이팅: 살짝 주먹을 쥐고 두드림.

2 플레인 스캘프 트리트먼트

① 정상 두피 상태에서 하는 간단한 손질 방법이다.

② 시술 순서
- 손님의 의복을 더럽히지 않도록 샴푸 케이프를 두른다.
- 의자에 편안하게 앉게 하여 헤어 핀 등을 뺀 후, 5분 정도 브러싱하고 샴푸잉한다.
- 트리트먼트제를 도포하고 혈액 순환을 원활하게 하기 위해 열을 가한다.(헤어 스티머, 적외선, 스팀 타월 등을 이용하여 10~15분 정도)
- 10~20분 정도 두피 마사지를 하고, 샴푸잉한다.
- 타월 드라이 후 헤어로션이나 토닉을 발라 헤어스타일을 완성한다.

플레인 스캘프 트리트먼트

3 드라이 스캘프 트리트먼트

① 지방분의 부족으로 두피 및 모발이 건조할 때 실시하는 두피 손질 기술이다.

② 건조하게 된 원인은 탈지력이 강한 샴푸제를 사용하거나 잦은 샴푸, 자극성이 있는 헤어 토닉이나 헤어로션 등을 사용한 경우이다.

③ 피부 상태에 따른 트리트먼트 시술 순서

드라이 스캘프 트리트먼트	• 브러싱 • 오일이나 컨디셔너제를 탈지면에 묻혀 도포 • 스티머를 사용(7~10분 정도) • 건성용 샴푸제로 샴푸잉 • 타월 드라이 후 보안경을 쓰고 고주파 전류를 5분 정도 쬐어 헤어스타일을 완성
오일리 스캘프 트리트먼트	• 브러싱 • 컨디셔너제를 탈지면에 묻혀 도포 • 적외선(약 5분 정도) 조사 • 스캘프 매니플레이션을 실시 • 지성용 샴푸제를 사용하여 샴푸잉 • 타월 드라이 후 고주파 전류를 직접 3~5분 정도 쬐고, 헤어 토닉이나 아스트린젠트를 바른 후 스타일을 완성
댄드러프 스캘프 트리트먼트	• 브러싱 • 적당한 컨디셔너제를 탈지면에 묻혀 도포 • 적외선 조사 • 스캘프 매니플레이션을 실시 • 항비듬성 샴푸제로 샴푸잉 • 타월 드라이 후 고주파 전류를 3~5분 정도 쬔 후 헤어스타일을 완성

✂ 모발 관리(헤어트리트먼트)

1 일반적인 모발 관리 방법

① 헤어 리컨디셔닝(개선제)
- 건성의 경우: 핫오일 트리트먼트 사용
- 열을 가하는 경우: 크림 컨디셔너제를 사용

② 클리핑
- 모표피가 벗겨졌거나 끝이 갈라진 모발을 제거하는 목적이다.
- 모발 숱을 적게 잡아 비틀어 꼰 후 갈라진 모발에서 삐져나온 것을 가위로 모발 끝에서 모근쪽으로 잘라 낸다.

③ 헤어 팩
- 건성모, 모표피가 많이 일어난 모발, 다공성모에 효과적이다.
- 샴푸 후에 트리트먼트 크림을 충분히 발라 마사지하고, 45~50℃의 온도로 10분간 스티밍한 후 플레인 린스를 행한다.

④ 신징
- 끝이 잘리거나 갈라진 모발로부터 영양분이 흘러나가는 것을 막는다.
- 온열 자극에 의해 두부의 혈액 순환을 촉진한다.
- 신징 왁스나 전기 신징을 사용해서 모발을 적당히 그슬린다.

헤어 리컨디셔닝
이상이 있거나 손상된 모발을 정상 상태로 회복시키는 것

2 컨디셔너제

① 목적
- 모발에 보습과 윤기를 더한다.
- 상한 모발의 모표피를 부드럽게 한다.
- 시술 과정에서 모발이 손상되는 것을 막아 주고, 모발 상태의 악화를 방지한다.
- 퍼머넌트 웨이브, 염색, 블리치 후 알칼리성을 산성으로 중화시켜 알칼리화를 방지하는 역할을 하면서 적당한 산성을 유지시킨다.

② 사용 오일
- 미네랄 오일: 액체 파라핀 등
- 라놀린 오일: 라놀린의 피부 흡수력을 이용
- 식물성 오일: 아몬드, 올리브 등을 이용
- 실리콘 오일: 열모(모발이 갈라지는 것) 방지

컨디셔너제로 사용되는 오일

3 탈모 방지제, 양모제

① 모발의 수명은 3~6년 정도로, 하루 평균 50~60가닥 정도는 샴푸나 브러싱할 때 '정상 탈모'된다.

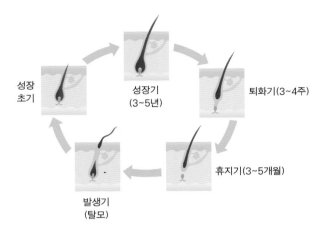

▲ 정상 탈모의 과정

② 신경성, 비듬 과다, 유전적 요인 등과 같은 정상 탈모 이외의 원인에 의한 '이상 탈모'가 있다.

③ 비타민 등 각종 영양제를 배합한 '양모제'는 모발의 모유두 조직에 작용하고, 혈액 순환과 모낭 세포의 조직을 활발하게 작용시키는 '발모 촉진제'로 많이 사용한다.

이상 탈모의 종류
원형 탈모증, 지루성 탈모증, 결발 탈모증, 광범위 탈모증, 비강성 탈모증 등

4 헤어 리컨디셔닝 시술 방법

① 모발을 브러싱하고, 모발 상태에 따라 샴푸잉 후 건조한다.

② 스트랜드를 작은 폭으로 나눠 잡고, 분할된 선을 따라 두피 전체에 헤어 컨디셔너제를 바른다.

③ 스캘프 매니플레이션을 행하고, 히팅 캡이나 적외선 및 헤어 스티머를 10~15분 정도한다.

④ 스트랜드를 작은 폭으로 나눠 양손을 엄지와 검지, 중지에 끼워 잡는다.

⑤ 모근에서부터 모발 쪽으로 왼손과 오른손으로 바꾸어 가면서 3~4회 정도 반복하여, 스트랜드 전체를 쓸어 당기며 헤어 스타일링을 완성한다.

탈모 방지를 위한 헤어 트리트먼트
브러싱 → 두피용 약용 연고 → 적외선 램프 조사 → 스캘프 매니플레이션 → 패러딕 전류 및 고주파 전류 조사(5분) → 샴푸잉 후 타월 드라이 → 고주파 전류 직접 조사(5분) → 두피용 약용 로션 → 어깨, 목 등의 윗부분에 스캘프 매니플레이션 반복 → 헤어 스타일링 완성

09 헤어 컬러

✂ 색채 이론

1 색의 속성

① **색**: 일반적으로 색상, 명도, 채도로 나타낼 수 있는 모든 사물의 성질

② **색채 지각의 3요소**: 빛, 물체, 시각

③ **빛의 3원색**: 가법 혼색(흰색) = 빨강 + 초록 + 파랑

④ **안료의 3원색**: 감법 혼색(검은색) = 빨강 + 노랑 + 파랑

빛의 3원색
• **무채색**: 흑색, 백색, 회색
• **유채색**: 무채색을 제외한 모든 색
• **3원색**: 황색, 적색, 청색

색의 3요소
• 명도, 채도, 색상

2 색의 혼합

① **1차색**: 삼원색(빨강, 노랑, 파랑)

② **2차색**: 1차색을 1 : 1로 혼합한 색

③ **3차색**: 1차색과 2차색을 1 : 1의 동일한 비율로 혼합한 색

④ **보색**: 색상환에서 서로 마주보는 위치에 있으며, 혼합하면 무채색이 되는 두 가지 색

⑤ **가법 혼합**: 색광의 혼합으로 색을 더하면 밝아짐.

⑥ **감법 혼합**: 색료의 혼합으로 색을 더하면 탁하고 어두워짐.

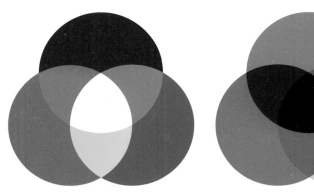

▲ 가법 혼색   ▲ 감법 혼색

3 색의 대비(color contrast)

① 색의 근접하는 다른 색과 상호 영향을 주어 그 차이가 강조되어 지각되는 효과이다.

동시 대비	2가지 색을 동시에 보았을 때 그 색의 보임이 상호 영향을 주는 것
계시 대비	앞서 관찰하던 색의 진상색이 그 다음에 본 색 자극에 겹쳐 가볍 혼색이 된 상태(빨강 색지를 보다가 초록 색지를 보면 더 선명한 초록색으로 보임.)

② 대비 현상의 종류

명도 대비	어둡고 밝음의 대비
색상 대비	서로 다른 색의 잔상으로 나타나는 심리 보색의 방향으로 변화
채도 대비	물체의 채도가 다를 때 영향을 주는 변화
보색 대비	보색끼리의 배색에 있어 각각의 잔상의 색이 상대편의 색상과 같아지기 위해 서로의 채도를 높이게 되어 색을 강조함.

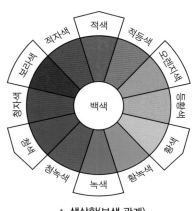

▲ 색상환(보색 관계)

✂ 탈색 이론 및 방법

1 헤어 블리치(탈색)

① **정의**: 헤어 라이트닝, 모발의 인공적·자연적 색채를 전체, 또는 부분적으로 탈색

② **원리**: 제1제는 모발을 팽창, 제2제는 산소를 발생시킴(멜라닌 색소를 산화시켜 색을 결정).

③ **목적**: 색을 밝게 하거나 얼룩진 모발을 수정, 컬러 체인지 등이 이유

시술 과정
• **시술 전 상담 과정**: 상담 → 패치 테스트 → 모발 진단 → 고객 카드 작성 → 모발 염색 결정
• **버진 헤어**
 - 처음으로 블리치 시술을 행하는 모발
 - 모근으로부터 약 2cm 떨어진 곳에서 모발 끝을 향해 바름.
 - 모근은 열에 의해 탈색이 빨리 일어나므로 맨 나중에 바름.

④ 약품 성분
- 산화제: 과산화수소를 6%로 희석시켜 사용
- 조제 비율: 과산화수소(6%) 90cc + 암모니아수(28%) 3 ~ 4cc

2 종류

① 블리치제의 상태에 따른 분류

액상 블리치	• 탈색 작용이 빠르고, 탈색의 진행 상태를 보며 할 수 있음. • 단점: 탈색이 지나치게 될 수 있음.
호상 블리치	• 블리치제를 이중으로 바를 필요가 없음. • 시술 과정 중 과산화수소가 건조될 염려가 없음. • 단점: 샴푸를 두 번 해야 하고, 모발의 탈색 정도를 알기 어려움.

② 산화제의 형태에 따른 분류

크림형	• 가장 일반적으로 사용되는 타입 • 라놀린을 첨가해서 과산화수소 용액을 크림형으로 만드는 것 • 그 밖에 컨디셔닝제가 함유
오일 베이스	• **컬러 오일 베이스**: 일시적인 착색 효과와 블리치 • **뉴트럴 오일 베이스**: 헤어 틴트 시술 전 두발을 연화시키는 데 이용(착색 효과는 없고 블리치 작용만 함.) • **분말상**: 과붕산나트륨, 탄산마그네슘 같은 산소의 발생을 도와주는 보조제와 표현 활성제가 첨가되어 있어서 작용이 강하고 빠르나, 두피를 자극하고 모발을 건성화할 우려가 있음.

✂ 염색 이론 및 방법

1 헤어 컬러링

① 모발을 염색하는 기술을 헤어 컬러링
(좁은 의미), 헤어 다이, 헤어 틴트라고
한다.
- **헤어 다이**: 착색을 의미
- **헤어 틴트**: 색조를 만드는 의미

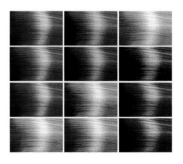

② 고대 이집트 시대에 이미 모발 염색을
행하였고, 옛날에는 식물의 뿌리·꽃·
열매·잎·나무껍질 등의 자연물 또는 아주 불완전한 광물성 염모제가
사용되었다.

③ 착색이나 탈색에 의해 모발의 색을 변화시키는 기술로, 크게 헤어 틴트
와 블리치로 구분된다.

탈색 시 암모니아수의 역할
- 과산화수소 사용 전 분해 방지
- 산소의 발생 촉진. 약산성 pH를 중화시킴.

탈색 소요 시간
10 ~ 30분 정도

크림형 라놀린의 기능
점성을 더해 도포 중에 흘러내리거나 건조되지 않도록 도와주며, 두피와 모발을 보호

터치업 시술
블리치한 모발이 새로 자란 경우 자라난 모발에 블리치를 하는 것

헤어 틴트(염색)
- 모발에 인공적으로 염색하는 기술. 모발 전체 염색
- 고대 이집트에서 처음 시작되었음.
- 헤어 다이 = 영구적 염색

2 일시적 염모제

① 특성

- 모발의 표면만 일시적으로 입혀지는 것으로, 샴푸하면 제거된다.
- 모발 손상없이 간단하게 다양한 색상 변화를 줄 수 있다.

② 종류

컬러 린스	• 물에 혼입한 염모제를 린스제로 사용하여 윤기가 없는 두발을 적당한 색조로 착색하는 것
컬러 파우더	• **분말 착색제**: 전분, 소맥분 및 초크 등이 원료임. • 모발에 부분적으로 사용됨.
컬러 스프레이	• **분무식 착색제**: 염료 등을 넣어서 두발의 표면에 염색하는 것
컬러 크림	• 컬러 크레용과 같은 성분을 포함한 크림 모양의 착색료로, 브러시 등에 칠해서 사용
헤어 마스카라	• 일시적인 염모제에 포함.

염모제의 종류
• 일시적 염모제
• 반영구적 염모제
• 영구적 염모제

3 반영구 염모제(반 지속성 염모제 - 코팅, 매니큐어)

① 특성

- 모발의 표면에 입혀지는 동시에 모표피에도 침투한다.
- 모발의 기본적인 분자 구조를 변화시키지는 않는다.
- 시간은 15~20분이며, 자연 방치하거나 열처리 후 냉온 처리를 한다.
- 4~6주 동안은 지속되며, 영구 염모제에 비해 지속 기간이 짧다.
- 샴푸할 때마다 색이 빠지고, 횟수가 많을수록 지속 기간이 짧아진다.

② 종류

컬러 린스	• 영구 염모제의 일종인 아미노페놀, 파라페닐렌디아민(PPD)을 사용 • 함유량이 극히 적어 사용상 안전도가 높고, 기법상으로도 간단함. • 빨리 탈색되고, PPD로 인하여 패치 테스트를 해야 함.
프로그레시브 샴푸 틴트	• 컬러 샴푸, 반영구의 컬러 린스제와 거의 같은 성분(점효성 염색) • 염색제가 모발에 침투할 때까지 방치한 후 마지막에 씻어 냄. • 염색제로 PPD가 함유된 경우, 컬러 린스와 마찬가지로 패치 테스트 해야 함.
산화 염모제 (헤어 매니큐어)	• 무색 저분자량의 산화 염료를 모발 중에 침투, 산화 중합 작용에 의해 색소를 생성시켜 염색하는 원리 • 모발 본래의 색에 따라 색을 나타내는 약제 • 밝은 색과 어두운 색이 있지만, 시간이 지남에 따라 원래 모발 색으로 돌아옴.
컬러 크림	• 헤어크림 속에 디아민계의 염료나 유기 염료 등을 넣어 정발할 때 염색함. • 공기 중의 산소에 의해 산화 발색시키는 것, 즉시 염색되지 않음. • 발색 정도도 컬러 샴푸보다 약함.

반영구 염모제의 단점
피부에 묻으면 잘 지워지지 않으며 어두운 모발을 밝게 염색하기 어려움.

4 영구적 염모제(지속성 염모제)

① 식물성 염모제

- 색상이 한정되어 있다.
- 독성이나 자극성이 없다.
- 고대 이집트와 페르시아에서 오래전부터 사용하였다.
- 헤나, 샐비어, 인디고 등이 주요 재료였다.

② 광물성(금속성) 염모제

- 많이 사용되는 것은 납 화합물이며, 그 밖에 구리, 니켈, 코발트 등의 화합물이 사용된다.(독성이 강해 현재는 사용하지 않음.)
- 케라틴 속에 존재하는 유황과 금속이 반응하고, 모발에 금속의 피막이 형성되어 색이 나온다.
- 금속에는 독성이 강한 것이 있기 때문에 염색 후에는 콜드 웨이브가 나오지 않는다.

③ 유기 합성 염모제(산화 염모제, 알칼리 염모제)

제1액(알칼리제)	제2액(산화제)
• 휘발성. 일반적으로 암모니아 사용 • 모발 침투를 보조하는 계면 활성제(침투제, 유화제), 모발 손상 방지를 위한 유성분(양모제) 첨가	• 과산화수소 • 모발의 멜라닌 색소를 파괴하여 탈색을 일으키는 동시에 산화 염료를 산화하여 발색시킴.

유기 합성 염모제의 색상

파라페닐렌디아민	흑색
파라트릴렌디아민	다갈색이나 흑색
모노니트로페닐렌디아민	적색
올소아마노페놀	황갈색
4-아미노 2페놀설폰산	황금색
레조시놀	황갈색

- 염색 시에는 제1액과 제2액을 혼합하여 사용
- 혼합 시 산화 염료의 용액인 알칼리에 의해 과산화수소의 분해가 먼저 시작됨.
- 혼합물이 모피질 속에 침투, 과산화수소의 분해 시 생기는 산소로 인하여 발색
- 현재 가장 많이 사용하고, 모발의 손상이 적으며, 색을 오래 유지할 수 있음.
- 알레르기 반응을 일으킬 수 있으므로 주의

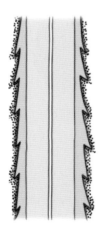

▲ 일시적 염모제

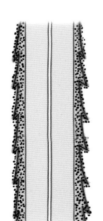

▲ 반영구적 염모제

▲ 영구적 염모제

탈염

- 염색한 모발의 색을 제거하는 것 (다이 리무버)
- 모발을 진한 색에서 밝은색으로 교정할 때 사용

5 염모제 사용 시의 주의 사항

① **패치 테스트(문진)**: 귀 뒤나 팔꿈치 안쪽에 동전 크기만큼 바른 후 24~48시간 후 확인(알레르기 반응 검사)

② **스트랜드 테스트**
- 모발 색상과 작용 시간을 테스트한다.
- 염모제를 바르고 35~45분 후 색과 소요 시간을 결정한다.

③ **염색 시간**
- 정상모: 20~30분
- 손상모: 15~20분
- 발수성모: 35~40분

④ 염모제는 직광선이 들지 않는 냉암소에 보관한다.

▲ 헤어 다이의 과정

6 사전 연화 시술

① 프리소프트닝이라고 하며, 저항성모와 같이 염모제의 침투가 잘 이루어지지 않는 두발에 실시한다.

② 헤어 다이의 기술 효과는 모발을 연화시켜서 염모제의 침투를 용이하게 할 수 있다.

연화 작용 → 암모니아

③ **탈색과 서로 다른 점**: 과산화 수소수와 암모니아수의 사용량이 1/3 정도로 되어 있음.(방법은 동일한 원리)

다이 터치업(리터치)
모발이 성장함에 따라 모근부(뿌리)에 새로 자라난 자연 색조의 두발에 헤어 다이하는 것

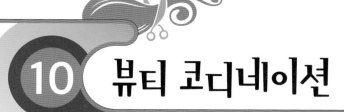

10 뷰티 코디네이션

✂ 토탈 뷰티 코디네이션

1 헤어 디자인

① 아름다운 부분을 강조하고 결점이 드러나지 않도록 헤어 디자인을 연출해 아름다운 헤어스타일이 완성되도록 하는 것이 중요하다.

② 얼굴형, 측면 윤곽, 헤어 라인, 목의 형태, 신장, 두발의 질을 고려해서 전체와의 조화를 이루도록 한다.

2 얼굴형에 따른 헤어스타일

① **달걀형**: 이상적인 얼굴형으로, 윤곽을 가리지 않고 그대로 살려 준다.

② **원형**
- 달걀형에 가깝게 보이기 위해 실제 얼굴 길이보다 길어 보이게 연출한다.
- 헤어 파트는 6 : 4 또는 7 : 3을 활용한다.

③ **장방형**
- 전두부를 낮게 하고 옆에 볼륨을 준다.
- 사이드 파트를 활용하고, 센터 파트는 피한다.

④ **사각형**: 이마의 모난 부분을 감춰 부드러운 느낌을 살려주고, 옆에 폭을 좁아 보이게 연출한다.

⑤ **삼각형**: 옆선을 강조한 뱅이나, 이마를 감출 수 있는 큰 뱅을 연출하고, 양 볼의 선이 좁아 보이도록 업스타일로 마무리한다.

⑥ **역삼각형**: 이마를 좁아 보이게 하는 디자인을 활용한다.

⑦ **마름모형(다이아몬드형)**: 이마가 넓어 보이게 연출하면서 옆은 부드러운 컬로 연출한다.

3 얼굴선에 따른 헤어스타일

① **일직선상**: 이상적인 측면의 윤곽으로 모든 헤어스타일에 적절하게 적용될 수 있다.

얼굴형에 따른 헤어스타일

- 삼각형 얼굴

- 역삼각형 얼굴

- 마름모형 얼굴

- 장방형 얼굴

- 사각형 얼굴

- 달걀형 얼굴

- 원형 얼굴

② 콘케이브상

- 이마의 돌출 부분을 감추기 위해서 볼륨이 있는 뱅을 앞이마에 내려
  준다.
- 네이프와 양 옆의 귀 아래에서 모발을 작고 부드러운 컬이나 웨이브로
  볼륨을 살리고, 얼굴 가까이로 끌어내어 튀어나온 턱을 부드럽게 완화
  시켜 준다.

③ 콘백스상

- 이마에 컬이나 뱅을 위치시켜서 들어간 이마를 감춰 준다.
- 뱅은 짧게 살짝 늘어뜨리도록 한다.
- 네이프와 양 옆의 모발은 얼굴의 윤곽과 균형을 이루도록 얼굴 가까이
  로 끌어낸다.

④ 낮은 이마와 돌출된 턱

- 이마 위의 뱅이나 컬을 톱 부분에 높이 세워 주도록 한다.
- 관자놀이 부분에서 두발을 위로 쓸어 올려 턱선 위에 부드럽게 컬시킴
  으로써 뾰족한 턱을 보완할 수가 있다.

4 목의 형태에 따른 헤어스타일

① 짧은 목

- 목덜미 부분에 볼륨을 주는 헤어스타일은 피하도록 한다.
- 목이 길어 보이도록 두발을 위로 쓸어 올리거나 양 옆 가까이로 끌어
  낸다.

② 길고 가는 목

- 업 스타일식의 헤어스타일은 피한다.
- 부드러운 웨이브나 컬로 목 부분을 감싼다.

③ 굵고 살찐 목(폭넓고 각진 어깨)

- 수평선상의 헤어스타일은 피한다.
- 부드럽게 컬된 다이애거널 웨이브의 헤어스타일을 한다.

5 헤어 라인에 따른 헤어 디자인

헤어 라인에 따라	• 헤어 라인이 뒤로 들어가 있는 경우는 모발을 얼굴 가까이 끌어냄. • 헤어 라인이 얼굴에 근접해 있는 경우는 모발을 뒤쪽으로 빗어 넘겨서 스타일링함.
신장에 따라	신장이 작은 경우는 두발을 짧게 하고, 롱 헤어스타일은 피함.
모발의 질에 따라	• 가는 모발은 볼륨이 있어 보이는 헤어스타일을 함. • 굵은 모발은 숱을 강조하지 않는 곡선상의 헤어스타일을 함.

얼굴형에 따른 헤어스타일
- 일직선상

• 콘케이브상

• 콘백스상

• 낮은 이마와 돌출된 턱

✂ 가발

1 역사

① 고대 이집트인들이 B.C. 4000년 직사 일광으로부터 두부를 보호하기 위해서 처음으로 사용하였다.

② 17세기 이후 프랑스를 중심으로 장식용 가발이 유행, 루이 13세·루이 14세도 가발을 애용하였고 이 영향으로 귀족층의 남녀 모두 화려한 가발을 사용하였다.

③ 1957년 유럽으로부터 미국으로 전파되었고, 1966년경부터 절정을 이루면서 대중화되었다.

가발의 목적
• 직사 일광으로부터의 머리 보호
• 장식용
• 결점 보완

2 종류

① **위그**
• 모발 전체를 덮을 수 있는 가발이다.
• 숱이 적거나 탈모일 때 이를 보완하기 위하여 착용하였다.

② **헤어 피스(부분 가발)**
• **폴**: 짧은 스타일에 부착시켜 긴 머리 스타일로 변화를 주는 것
• **스위치**: 웨이브 상태에 따라서 땋거나 스타일을 만들어 부착하는 것
• **캐스케이드**: 길고 풍성한 스타일을 연출할 때 사용
• **위글렛**: 두부의 특정 부위를 높이거나 볼륨 등의 특별한 효과를 연출하기 위해서 사용

가발의 세정
• **인모 가발**
– 2 ～ 3주에 한 번씩 샴푸(리퀴드 드라이 샴푸)
– 플레인 샴푸잉하는 경우: 알칼리도가 낮은 양질의 샴푸제를 사용(38℃ 정도의 미지근한 물로 세정)
– 때가 묻은 부분은 브러싱을 하여 응달에서 말림.
– 헤어 피스를 물에 담가 두면 파운데이션이 약해져서 모발의 지지력이 감소됨.
• **인조 가발**: 인모의 경우보다 세정 방법이 자유로움.

3 구성

① **파운데이션**: 위그 또는 헤어 피스의 기초가 되는 중요한 부분
② **네팅(뜨는 방법)**
• **손 뜨기**: 여러 가닥의 모발이 동시에 각각 파운데이션의 네트에 꿰매지는 방식
• **기계 뜨기**: 모발을 심는 가늘고 긴 조각을 베이스인 네트에 박아 넣는 방식

손 뜨기의 특징
모발의 흐름을 자유롭게 바꿀 수가 있으므로 디자인이 다양하고, 가벼우며, 헤어 라인 등이 정교함.

기계 뜨기의 특징
• 가격 저렴(모발의 흐름이 정해져 있음.)
• 정교함이 부족하며 무거움.

▲ 손 뜨기

▲ 기계 뜨기

4 인모와 인조

① 인모
- 불에 태웠을 때 딱딱하고 작은 덩어리로 뭉친다.
- 퍼머넌트 웨이브나 염색 등 화학 처리가 가능하다.

② 인조
- **원료**: 나일론, 아크릴 섬유 등, 불에 태웠을 때 유황 냄새가 남.
- **장점**: 가격이 저렴, 색의 종류가 다양
- **단점**: 약액 처리가 안 되고 자연미가 없음.

인조 가발
- **수지 가공**: 모표피를 손질하기 위해서 수지로 막을 입히는 처리 방법
- **특수 처리**: 모표피의 미늘상을 약품으로 제거해서 모발이 엉키지 않도록 처리하는 방법

5 치수 측정

① 두상의 흐름과 형태, 모양, 크기를 정확하게 파악해야 한다.
② 가발의 치수를 측정할 때에는 모발을 빗질한 후에 핀 처리하고 줄자를 사용한다.
③ **길이**: 이마 정중앙선의 헤어 라인에서 네이프의 헤어 라인까지
④ **둘레**: 페이스 라인을 걸쳐 귀의 1cm 위 부분을 지나 네이프 미디엄
⑤ **높이**: 좌측 귀 톱 부분의 헤어 라인에서 우측 귀 톱 헤어 라인까지
⑥ **이마 폭**: 페이스 헤어 라인의 양쪽 끝에서 끝까지
⑦ **네이프 폭**: 네이프 양쪽의 사이드 코너에서 코너까지

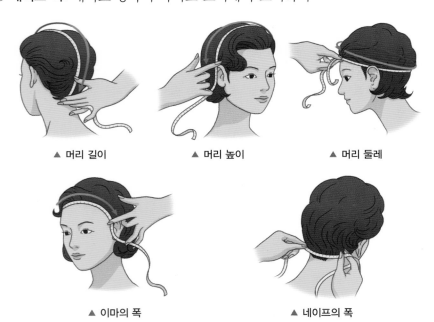

▲ 머리 길이   ▲ 머리 높이   ▲ 머리 둘레

▲ 이마의 폭   ▲ 네이프의 폭

11 피부와 피부 부속 기관

피부 구조 및 기능

1 피부의 구조

① 피부는 신체의 표면을 덮고 있는 기관으로, 신체를 보호한다.

② 감각 수용기(머켈 세포)를 통하여 외부 환경으로부터 자극을 받아들인다.(표피, 진피, 피하 조직의 3층 구조)

- 가장 얇은 곳: 눈꺼풀, 고막
- 가장 두꺼운 곳: 손바닥, 발바닥

피부의 기능
- 보호 기능, 체온 조절 기능
- 감각 기능, 분비 · 배출 기능
- 저장 기능, 비타민 합성 기능
- 호흡 · 흡수 기능

2 표피의 구조

① **각질층**: 피부의 가장 바깥층에 위치한 무핵층
- 각질 형성 세포가 분열하여 죽은 세포로 변한 부분으로, 10~20개의 층으로 겹겹이 쌓여 있다.
- 케라틴, 각질 형성 세포 간 지질, 천연 보습 인자 등으로 구성된다.

② **투명층**: 무색 · 무핵의 납작하고 투명한 2~3개층의 상피 세포로 구성
- 주로 손, 발바닥에 존재한다.
- 엘라이딘이라는 물질이 함유되어 투명하게 보인다.
- 빛과 수분을 차단한다.

③ **과립층**: 각질화 과정이 일어나는 층(유핵과 무핵 세포가 공존)
- 체내의 수분 유출 방지 및 피부 보호 역할을 한다.
- 피부염과 피부 건조를 방지한다.

④ **유극층**
- 표피의 대부분을 차지하며 살아 있는 유핵 세포로 구성되어 있다.
- 면역 기능을 담당하는 **랑게르한스 세포**가 존재한다.
- 세포 사이에 림프액이 흘러 혈액 순환과 영양 공급에 관여한다.

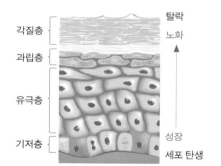

각질층 ── 탈락 / 노화
과립층
유극층 ── 성장
기저층 ── 세포 탄생

▲ 표피의 구조

표피의 특징
- 피부의 가장 상부층에 위치
- 신경과 혈관이 없음.
- 세균, 유해 물질, 자외선으로부터 피부를 보호

⑤ **기저층**: 표피의 가장 깊은 곳에 위치하는 층
- 케라틴을 만드는 각질 형성 세포와 색소 형성 세포인 멜라닌 세포를 갖고 있다.(진피와 경계를 이루는 물결 모양)
- 산소와 영양분 흡수 및 이산화탄소와 노폐물 배출을 한다.
- 표피의 성장과 새로운 세포를 생성을 담당한다.
- 상처를 입으면 세포 재생이 어려워 흉터가 남게 된다.

3 표피의 구성 세포

① **각질 형성 세포**: 표피의 주요 구성 성분으로 표피 세포의 80%를 차지

② **멜라닌 세포**
- 색소 형성 세포로 기저층에 있다.
- 자외선을 흡수 또는 산란시켜 자외선으로부터 피부를 보호한다.
- 멜라닌 세포의 수는 피부색에 관계없이 일정하다.
- 피부색은 멜라닌 색소의 양에 의하여 결정된다.

③ **랑게르한스 세포**: 유극층에 존재하며 피부의 면역에 관계

④ **머켈 세포**: 기저층에 위치하며 촉각을 감지

> 각질화 과정
> 기저층에서 각질을 만들어 유극층 – 과립층 – 투명층 – 각질층으로 이동시켜 사세포로 탈락

4 진피의 구조

① **유두층**: 표피와 진피의 경계 부분
- 유두를 형성하고 미세한 교원질(콜라겐)과 섬유 사이의 빈 공간으로 이루어져 있다.
- 표피의 각화 현상으로 피부를 매끄럽게 한다.
- 모세 혈관, 신경 종말이 풍부하게 분포되어 있고, 신경 말단의 일부는 촉각과 통각이 위치한다.

② **망상층**: 진피층에서 가장 두꺼운 층, 그물 모양
- 콜라겐, 엘라스틴 섬유가 유두층보다 더 많이 함유되어 있어 탄력성과 팽창성이 더 크다.
- 혈관, 피지선, 한선, 신경층 등이 복잡하게 분포되어 있으며, 모세 혈관은 거의 없다.

> 진피의 특징
> - 피부의 90%를 차지, 표피보다 20 ~ 40배 정도 두꺼움.
> - 교원 섬유, 탄력 섬유 등의 섬유성 단백질로 구성
> - 교감 신경, 부교감 신경이 지나가고, 혈관과 림프가 있어 표피에 영양분을 공급

5 진피의 구성 물질

① **교원 섬유(교원질, 콜라겐)**
- 진피의 90%를 차지하고 있는 단백질로, 콜라겐으로 구성되어 있다.
- 노화가 진행되면서 피부 탄력 감소와 주름 형성의 원인이 된다.

② 탄력 섬유(엘라스틴)

- 탄력성이 강한 단백질이며 신축성과 탄력성이 있어 1.5배까지 늘어난다.
- 섬유 아세포에서 생성되며, 피부 이완과 주름에 관여한다.

③ **기질**: 진피의 결합 섬유와 세포 사이를 채우고 있는 물질

- 친수성 다당체로, 물에 녹아 끈적끈적한 점액 상태이다.
- 히알루론산, 콘드로이틴황산, 프로테오글리칸 등으로 구성된다.

피하 조직
- 망상 조직으로 진피와 근육, 뼈 사이에 위치
- 체온 유지, 수분 조절, 탄력성 유지, 외부의 충격으로부터 몸을 보호

✂ 피부 부속 기관의 구조 및 기능

1 한선(땀샘)의 특징과 위치

	에크린한선(소한선)	아포크린선(대한선)
특징	• 진피 깊숙이 위치하며 나선형 땀구멍을 갖고 있음. • pH 3.8 ~ 5.6의 약산성인 무색, 무취의 맑은 액체 • 체온 조절에 중요한 역할(온열성 발한, 정신성 발한, 미각성 발한)	• 에크린한선보다 크고, 피부 깊숙이 존재하며 나선형 땀구멍을 갖고 있음. • pH 5.5 ~ 6.5의 점성이 있고, 우윳빛을 띠는 액체로 단백질 함유하여 특유의 짙은 체취를 냄. • 사춘기 이후에 주로 발달 • 흑인에게 가장 많고 백인, 동양인 순임.
위치	전신에 분포	귀 주변, 겨드랑이, 유두, 배꼽, 성기 등 특정한 부위에만 존재

한선
- 땀샘
- 진피와 피하 지방의 경계부에 위치
- 1일 700 ~ 900cc 정도 분비
- 체온 조절, 피부 습도 유지, 노폐물 배출, 산성 보호막을 형성

2 피지선(기름샘, 모낭)

① **특징**

- 주로 T-존, 목, 가슴 등에 많으며, 손바닥과 발바닥을 제외한 신체의 대부분에 분포되어 있다.
- 진피의 망상층에 위치하며 모낭과 연결되어 피지선을 통해 피지를 배출한다.

② **기능**

- 피부의 pH를 약산성으로 유지시켜 세균과 이물질의 침투를 막고 피부를 보호한다.
- 체온 저하를 막아 주며, 피부와 모발에 촉촉함과 윤기를 더해 준다.
- 피지의 지방 성분은 땀과 기름을 유화시키는 역할을 한다.

독립 피지선
- 털과 연결되어 있지 않은 곳
- 입술, 성기, 눈꺼풀, 유두, 구강 점막 등

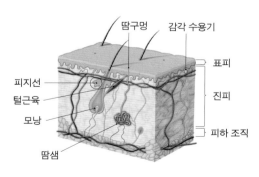

▲ 한선과 피지선

3 모발

① 모발의 분류
- **연모**: 우리 몸의 대부분을 덮고 있는 가늘고 솜털 같은 것
- **경모**: 굵고 긴 털로 머리카락, 수염, 겨드랑이, 음모 등 긴 것은 장모, 짧은 것은 단모

② 특징
- 경단백질인 케라틴이 주성분이고, 약 130~140만 개 정도 분포한다.
- 온몸에 퍼져 있는 솜털이 감각을 느낄 수 있다.

③ 구조
- **모근**: 모발 성장의 근원이 되는 부분
- **모구**: 모근의 뿌리 부분으로, 털이 성장하는 부분
- **모유두**: 모발의 영양을 관장하는 혈관과 신경 세포가 분포
- **모낭**: 피지선과 연결된 부분
- **모간**: 피부 위로 솟아 있는 부분
- **모모세포**: 세포 분열과 증식에 관여하여 새로운 모발을 형성
- **기모근(입모근)**: 자율 신경에 영향을 받으며 춥거나 무서울 때 외부의 자극에 의해 수축이 되어 모발을 곤두서게 함.

모간 · 땀구멍
표피 · 진피 · 피하 조직
모세 혈관 · 한선 · 모공

▲ 모발의 구조

모발의 기능
보호 기능, 지각 기능, 장식 기능

모발의 주기

1단계 성장기	• 전체 모발의 80 ~ 90% • 모발의 생성, 성장 • **평균 성장 기간** 　남성 3~5년, 여성 4~6년
2단계 퇴화기	• 전체 모발의 1 ~ 2% • 수명 1 ~ 1.5개월 정도 • 모발의 성장 정지 • 모유두와 모구가 분리되고, 모근이 위쪽으로 올라감.
3단계 휴지기	• 전체 모발의 5 ~ 15% • 모낭이 수축되고 모근이 위쪽으로 올라가 탈락 • 가벼운 물리적 자극에도 탈락

4 손·발톱(조갑)

① 의미
- 경단백질인 케라틴과 아미노산으로 이루어진 피부의 부속 기관이다.
- 표피의 각질층과 투명층이 변형된 반투명의 각질판이다.

② 구조
- **조근**: 손톱 뿌리
- **조체**: 손톱 본체
- **자유연**: 손톱 끝
- **조상**: 손톱 밑의 피부, 신경 조직과 모세 혈관이 존재
- **조모**: 손톱 뿌리 밑에서 세포 분열을 통해 손톱을 생산해 내는 부분
- **반월**: 완전히 각질화되지 않아 반달 모양으로 희게 보이는 손톱 아랫부분

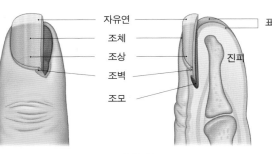

자유연 · 조체 · 조상 · 조벽 · 조모 · 표피 · 진피

▲ 손톱의 구조

12 피부 유형 분석

✂ 정상 피부의 성상 및 특징

1 성상 및 특징

① 가장 이상적인 피부이며 세안 후 당김이 없다.

② 피지 분비 및 수분 공급이 적절하고, 화장이 잘 받으며 지속력이 좋다.

③ 피부 탄력이 좋고 저항력이 있다.

④ 피부 결이 섬세하고 피부 표면이 매끄럽고 부드럽다.

2 피부 관리

① 클렌징
   • 부드러운 클렌징 크림으로 노폐물을 제거한다.
   • 딥클렌징은 주 1회 효소 등을 사용한다.

② **화장수**: 정상 피부용 화장수를 사용

③ **매뉴얼 테크닉**: 주 1회, 보습·영양 크림 또는 마사지 크림 사용

④ **팩**: 주 1회, 보습 팩과 영양 팩을 사용

⑤ **마무리**: 보습·영양 크림과 자외선 차단제 사용, 유분과 수분의 균형 유지

✂ 건성 피부의 성상 및 특징

1 성상 및 특징

① 세안 후 손질하지 않으면 당기는 느낌이 든다.

② 수분과 유분이 부족해 건조하고 윤기가 없다.

③ 피부가 얇아 잔주름이 생기기 쉽고, 노화 현상이 빨리 온다.

④ 피지 보호막이 얇아 피부가 손상되면 색소 침착이 되어 기미, 주근깨가 생길 수 있다.(모공이 작고 피부 결 섬세)

2 피부 관리

클렌징	부드러운 로션이나 크림 타입을 선택하여 노폐물을 제거, 딥클렌징은 주 1회 효소 타입 사용
화장수	유분과 수분을 공급하는 유연 화장수를 사용
매뉴얼 테크닉	주 1~2회, 보습·영양 크림이나 마사지 크림을 사용
팩	주 1~2회, 보습 팩(히알루론산, 세라마이드)과 영양 팩(콜라겐) 사용
마무리	보습·영양 크림과 자외선 차단제 사용, 수분을 충분히 공급

✂ 지성 피부의 성상 및 특징

1 성상 및 특징

① 피지 분비가 많아 이마, 코, 턱 등에 여드름과 뾰루지가 생기기 쉽다.

② 피부가 섬세하지 못하고 모공이 넓다.

③ 화장이 잘 지워지고, 유분으로 인해 끈적거리고 이물질이 묻기 쉽다.

2 피부 관리

클렌징	오일 성분이 없는 클렌징 젤을 사용, 딥클렌징은 주 1회 효소, 고마쥐 등을 사용하여 각질과 피지를 제거
화장수	모공 수축과 피지 분비를 조절해 주는 수렴 화장수를 사용
매뉴얼 테크닉	주 1회, 지성용 보습 크림, 유분 함량이 적은 보습 크림 사용
팩	주 1~2회, 보습과 피지 흡착 팩(머드, 황토) 사용
마무리	지성 피부용 보습 크림, 자외선 차단제 사용, 지방과 당분이 함유된 식품을 피함.

✂ 민감성 피부의 성상 및 특징

① 피부가 얇고 섬세하며 모공이 거의 보이지 않는다.

② 외부 자극에 민감한 반응을 나타내는 피부 유형이다.

③ 수분 부족 현상과 피부 당김 현상이 일어난다.

④ 발진, 알레르기 등 피부 트러블이 쉽게 생긴다.

⑤ 색소 침착 현상이 나타난다.

민감성 피부의 관리
- **클렌징**
  - 저자극의 민감성 전용 클렌징
  - 딥클렌징은 2주에 한 번 효소를 사용
- **화장수**: 유연 화장수 사용(알코올이 적은 저자극성 제품)
- **매뉴얼 테크닉**: 민감성 보습 크림을 사용(부드럽고 짧게 실시)
- **팩**: 주 1회, 보습 팩과 진정 팩을 사용
- **마무리**
  - 심한 온도 차이를 피함.
  - 피부의 진정, 보습력이 뛰어난 제품 사용

✂ 복합성 피부의 성상 및 특징

① 성상 및 특징

① 부위에 따라 다른 피부 유형이 복합적으로 공존한다.
- T-존 부위: 피지 분비가 많아 번들거리고 모공이 큼.
- U-존 부위: 세안 후 당김 현상이 있고 건조

② 볼 부위에 색소 침착이 나타나는 경우가 많고 눈가에 잔주름이 많다.

② 피부 관리

① 클렌징
- 부드러운 로션이나 크림 타입을 선택하여 노폐물을 제거한다.
- 딥클렌징 시 T-존은 물리적 제품(고마쥐, 스크럽), U-존은 효소 타입을 사용한다.

② 보습 효과가 있는 유연 화장수와 수렴 효과가 있는 화장수를 선택한다.

③ **매뉴얼 테크닉**: 주 1회, 보습·영양 크림이나 마사지 크림을 이용

④ **팩**: T-존은 피지 흡착 효과가 높은 클레이(머드, 황토, 카오린) 팩을 U-존은 보습·영양 효과가 있는 팩을 사용한다.

⑤ **마무리**: 보습용 크림과 자외선 차단제를 사용한다.

> 피부 부위에 따라 차별화된 관리가 필요

✂ 노화 피부의 성상 및 특징

① 노화의 종류와 특징

① 생리적 노화
- 표피와 진피의 구조적 변화가 나타난다.
- 세포와 조직의 탈수 현상으로 건조하고, 잔주름이 생긴다.
- 탄력 섬유와 교원 섬유가 감소되고, 변성된다.

② 환경적 노화
- 외부 자극, 환경, 생활 습관으로 발생하는 노화이다.
- 모세 혈관의 확장, 트러블, 색소 침착 등이 나타난다.

② 피부 관리

① 규칙적인 생활과 운동, 비타민 C, E 등의 섭취가 있다.

② 자외선 등 외부 자극으로부터 피부를 보호하고, 노화 각질 제거 및 영양 공급을 해 준다.

> **노화 피부**
> 피부 탄력이 떨어지고 주름이 발생하는 피부
>
> **노화의 원인**
> 유전이나 환경 자극, 기계적 요인 여성의 에스트로겐 결핍, 자외선 등
>
> **노화의 증상**
> 수분과 피지 부족으로 잔주름, 갈색 반점(검버섯), 잡티, 노인성 반점 등
>
> **노화의 종류**
> - 일반적 노화
> - 피부 표면 전체에서 나이와 관련된 피부 기능, 구조, 모양의 변화
> - 광 노화
> - 햇빛, 음주, 스트레스, 흡연, 생활 습관 등에 의한 노화

13 피부와 영양

✂ 3대 영양소, 비타민, 무기질

1 3대 영양소의 종류와 기능

종류	설명
단백질	• 피부 구성 성분, 생체 물질, 에너지 발생원(1g당 4kcal) • 조직의 pH 조절, 신체 조직, 효소 및 호르몬 구성 • 피부의 윤택, 탄력, 저항력을 증진 • 각화 작용에 필수적이며, 보습 작용 강화
지방	• 체내에서 합성되지 않음, 에너지를 발생(1g당 9kcal) • 결핍되면 성장이 멈춤. • 필수 지방산: 리놀레산, 리놀렌산, 아라키돈산 등
탄수화물	• 소장에서 포도당 형태로 흡수, 에너지를 발생(1g당 4kcal) • 혈당을 유지 • 단당류(포도당, 과당, 갈락토오스), 이당류(맥아당, 유당 등), 다당류

3대 영양소의 기능
• 에너지원
• 생명 유지에 필요

단백질 중 필수 아미노산
아이소류신, 류신, 리신, 페닐알라
닌, 메티오닌, 트레오닌, 트립토판,
발린, 아르기닌, 히스티딘 등

2 비타민

① 지용성 비타민

비타민 A	• 피부 세포의 분화와 증식, 신진대사, 콜라겐 합성, 신체 성장 등 • 건조 피부의 회복과 재생 크림으로 이용
비타민 D	• 자외선에 의해 스스로 생성되는 비타민 • 체내의 칼슘과 인의 흡수를 촉진(뼈와 치아 구성에 영향)
비타민 E	• 노화 방지 및 피부 재생
비타민 K, P	• 모세 혈관 벽 강화, 홍반에 효과적임. • 혈액 응고에 관여

비타민
• 소량으로 생리 작용 조절
• 에너지 공급원은 아님.

② 수용성 비타민

비타민 B_1	피부의 상처 치유, 면역력을 증진, 탄수화물 대사 촉진, 조혈 작용
비타민 B_2	피부 보습과 탄력 증대, 피지 분비 조절, 모세 혈관 순환을 촉진
비타민 B_6	피지 분비 조절, 피부 염증 예방, 노화 방지
비타민 B_{12}	조혈 작용, 신경 조직의 유지 및 신진 대사 촉진
비타민 C	멜라닌 색소의 생성 억제

③ 무기질(미네랄)

칼슘	• 골격과 치아의 구조를 형성 • 근육의 수축과 이완 작용을 조절 • 체액 교환, 신경 자극 및 감수성 유지, 산과 알칼리 평형 및 조절 기능
인	• 체액의 pH를 유지 • 골격과 치아의 경조직 구성을 강화, 세포의 핵산과 세포막 구성
나트륨	체내의 수분, pH 균형 유지
마그네슘	pH 균형 유지, 삼투압 조절, 근육 이완, 신경 안정 기능
철분	헤모글로빈의 구성 성분
요오드	기초대사율 조절, 갑상선과 부신 기능 향상, 모세 혈관의 기능 정상화
아연	호르몬 생산 및 기능에 관여, 면역 기능 강화
기타 무기질	염소, 크롬, 구리, 유황, 코발트, 불소, 망간 등

무기질
• 신체 조직을 형성
• 혈액 응고, 인체 구성, 기능 조절, 세포 기능 활성화에 필요

✂ 피부와 영양

① 균형 잡힌 식단과 섭취

① 적당한 칼로리의 섭취와 비타민, 미네랄의 균형이 중요하다.
- **영양소 과다 섭취**: 비만이나 셀룰라이트 발생
- **영양소 결핍**: 식욕 감퇴, 우울증, 각질화, 탈모, 손·발톱 이상 등 증세

② 균형 잡힌 식단을 통하여 피부 건강 유지가 가능하다.

셀룰라이트
• 우리 몸의 대사 과정에서 배출되는 노폐물, 독소 등이 배설되지 못하고 피부 조직에 남아 비만으로 보임.
• 미세 혈액 순환이나 림프 순환의 장애가 원인
• 오렌지 껍질 피부 모양으로 표현
• 에스트로겐과 관련이 있으며 여성에게 많음(허벅지, 둔부, 상완 등).

② 충분한 수분 공급

① 피부에 영양을 공급해 주고, 노폐물을 제거해 준다.

② 수분이 부족하면 피부가 건조해지면서 보습력이 저하되어 잔주름 및 피부 노화의 원인이 된다.

③ 식생활 및 생활 습관

① 체내의 노폐물을 제거하는 등 근본적인 문제 해결을 위해 기본적인 생활 습관을 점검해야 한다.

② 영양분을 충분히 공급하여도 식습관이 나쁘면 영양분이 신체 내부에 제대로 공급되기 어렵다.

③ 원활한 혈액 순환이나 신진대사를 위하여 식습관의 문제점을 해결해야 한다.

✂ 체형과 영양

1 체형과 개선 방법

① 체형에 영향을 미치는 요소
- 유전
- 영양 상태
- 생활 습관

② 아름답고 건강한 체형을 위한 방법
- 영양소의 균형이 잡힌 식단
- 건강한 생활 습관

2 영양 섭취 방법

① 충분한 수분 및 3대 영양소와 비타민, 미네랄 등 균형 잡힌 영양소 섭취가 필요하다.

② 섭취량과 배설량의 적절한 조절로, 지방이 축적되지 않도록 충분한 운동 습관을 가진다.

③ **비만 관리 요법**: 운동 요법, 식이 요법, 약물 요법, 행동 수정 요법 등

체질량 지수(Body Mass Index)

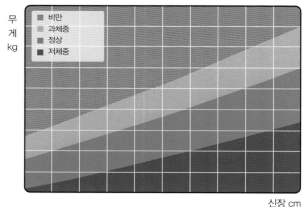

무게 kg

- 비만
- 과체중
- 정상
- 저체중

신장 cm

체질량 지수(BMI)
- $BMI = \dfrac{체중(kg)}{키(m)^2}$

WHO의 서양인 기준
- **비만**: 30 이상
- **과체중**: 25 이상

14 피부 장애와 질환

원발진과 속발진

1 원발진

종류	특징
팽진	일시적 두드러기 증상
구진	돌출되어 있고 경계가 뚜렷하며 통증이 느껴짐.
결절	구진보다 크고 단단함.
농포	농을 포함한 작은 융기
낭종	진피층까지 화농 상태이며 심한 통증이 있음.
반점	융기, 함몰이 없고 피부색이 변화하는 것
소수포	1cm 미만의 맑은 액체(화상이나 대상 포진)
대수포	1cm 이상의 수포
종양	2cm 이상 크기의 결절 섬유종, 흑색종 등

원발진
- 피부 초기에 나타남.
- 1차적 장애

2 속발진

종류	특징
인설	피부 표면의 비듬, 죽은 각질 세포
균열	구순염, 무좀 등
가피	혈액, 농 등이 피부 표면에 마른 것
궤양	진피층의 세포 붕괴로 흔적이 남음.
찰상	벗겨지거나 긁힌 상처
미란	흉터 없이 표피가 떨어져 나간 상태
반흔	흉터, 세포의 재생이 되지 않음.
위축	콜라겐, 엘라스틴의 감소
태선화	표피, 진피가 건조하여 가죽처럼 두꺼워지는 현상

속발진
- 피원발진에서 진행
- 2차적 장애

✂ 피부 질환

1 온도 및 열에 의한 피부 질환

① 한진: 땀띠, 고온 다습한 환경에서 땀을 배출하지 못하여 발생

② 화상: 열, 전기·방사능, 화학 물질, 온도 등에 의한 세포 파괴

③ 동상: 한냉에 의한 홍반 등 심할 경우 조직의 괴사와 수포 발생

2 바이러스로 인한 피부 질환

① 수두: 전염성이 강한 유행성 바이러스 질환으로 기도를 통하여 감염

② 대상 포진: 면역력 저하로 발생하며 가려움과 통증 동반(면역이 생김.)

③ 단순 포진: 점막이나 피부에 생기는 수포성 질환(흉터 없이 치유됨.)

④ 사마귀: 과각질화 현상(양성 종양 바이러스·비바이러스성 감염)

⑤ 홍역: 발열·발진 등 소아에게 발병(전염성이 높은 바이러스성 질환)

3 박테리아로 인한 피부 질환

① 봉소염: 용혈성 연쇄 구균이 피하 조직에 침투하여 발생

② 농가진: 포도상 구균과 연쇄상 구균이 원인(전염성이 강함.)

③ 절종: 모낭염 질환으로 모낭과 주변 조직이 괴사

④ 옹종: 절종이 여러 개 뭉쳐진 상태의 질환

4 진균성 피부 질환

① 족부 백선: 피부 사상균의 곰팡이균에 의해 발생(발의 무좀)

② 조갑 백선: 피부 사상균의 침입에 의한 질환(손발톱에 생김.)

③ 두부 백선: 피부 사상균에 의해 발생(두피의 모낭과 그 주위에 생김.)

④ 칸디다증: 가렵고 붉은 반점 및 통증을 동반(곰팡이의 증식)

▲ 조갑 백선 사례

기계적 손상에 의한 질환
- **티눈**: 각질층 증식 현상, 중심부에 핵이 있으며 통증 동반
- **굳은살**: 압력에 의해 발생되는 국소적인 과각화증
- **욕창**: 오래 누워 있는 환자에게 생기며, 지속적인 압력을 받은 부위에 발생하는 궤양

습진에 의한 질환
- **접촉 피부염**: 원발형(자극성), 알레르기성, 광독성, 광알레르기성 접촉 피부염 등
- **아토피 피부염**: 피부가 건조하고 예민, 만성 습진의 일종
- **지루 피부염**: 피지의 과다 분비에 의한 만성 염증성 피부염
- **신경 피부염**: 건조하기 쉬운 부위로 긁어서 발생하며 만성 단순 태선

15 피부와 광선

✂ 자외선이 미치는 영향

1 자외선의 종류

종류	파장	특징
단파장(UV−C)	200 ～ 290nm	• 살균 및 소독 작용 • 표피의 각질층까지 도달(가장 강한 자외선)
중파장(UV−B)	290 ～ 320nm	• 홍반, 결막염 및 피부암 유발 • 표피의 기저층, 진피 상부까지 도달 • 비타민 D 형성
장파장(UV−A)	320 ～ 400nm	• 광노화 촉진, 색소 침착, 백내장 원인 • 피부의 진피층까지 침투

자외선 = 화학선
피부에 자극적인 화학 반응을 일으킴.

2 자외선에 의한 피부 반응

① 홍반 반응
- 자외선 조사 1시간 후 피부가 붉어지는 현상이다.
- 혈액 순환 증진, 피지 감소 효과가 있으나, 심할 경우 통증·부종·물집 등이 생긴다.

② 색소 침착: 홍반의 강도에 따라 피부 색깔이 검어지는 현상

③ 일광 화상
- 자외선 B에 의해 발생하며 피부가 검어지고, 표피의 두께가 두꺼워져 피부가 칙칙해진다.
- 심한 경우 표피 세포가 죽고 피부가 벗겨지며, 염증·오한·발열·물집 등이 발생한다.

④ 광과민 반응
- 햇빛에 예민하여 과도한 일광 화상을 보인다.
- 광과민성 반응, 광독성 반응, 광알레르기 반응 등이 있다.

UVB UVA
표피
진피
피하 조직

▲ 자외선의 피부 침투

자외선의 긍정적 영향
살균 및 소독 효과, 비타민 D의 활성화(구루병 예방, 면역력 강화, 칼슘 수치의 향상) 등

자외선의 부정적 영향
홍반 반응, 멜라닌 색소 형성, 광노화 촉진, 피부암 유발 등

⑤ 광노화

- 피부가 건조해지고 기저층의 각질 형성, 세포 증식이 빨라져 피부가 두꺼워진다.
- 피부 탄력 감소, 주름 유발, 진피 내의 모세 혈관 확장, 기미 증가, 검버섯 발생 등이 나타난다.

✂ 적외선이 미치는 영향

1 적외선의 정의와 종류

① 정의

- 스펙트럼에서 가시광선의 적색 바깥쪽에 나타나는 광선으로, 가시광선보다 파장이 길다.
- 눈에 보이지는 않지만 강력한 열이 감지되기 때문에 '열선'이라고도 한다.

② 종류

- 근적외선: 진피 침투, 자극 효과
- 원적외선: 표피 전 층 침투, 진정 효과

2 적외선에 의한 피부 반응

① 인체의 혈관을 팽창시켜 혈액 순환을 용이하게 한다.
② 피부 깊숙이 영양분이 침투한다.
③ 피지선이나 한선 기능을 활성화하여 피부 노폐물의 배출을 돕는다.
④ 신진대사 촉진 및 세포 내 화학적 변화를 증가시킨다.

▲ 적외선을 이용한 온열 요법

16 피부 면역

✂ 면역의 종류와 작용

1 면역의 종류

① **자연 면역**: 태어날 때부터 가지고 있는 저항력
- **신체적 방어력**: 피부(인체 내부 보호), 호흡기(기침, 재채기 등)
- **화학적 방어력**: 입, 코, 목구멍, 위의 산성 내부 점액질

② **획득 면역(후천 면역)**: 전염병 감염 후나 예방 접종 등
- **능동 면역**: 자연 능동 면역, 인공 능동 면역
- **수동 면역**: 자연 수동 면역, 인공 수동 면역

2 면역 작용

① **면역계**: 외부로부터 박테리아, 바이러스, 독소, 기생충 등의 공격에 대한 신체의 방어 작용을 하는 세포나 기관의 연결망을 의미

② **피부의 면역 반응**
- **식세포 면역 반응**: 백혈구가 이물질을 잡아먹는 식균 작용
- **체액성 면역 반응**: B 림프구에서 특이 항체를 생산
- **세포성 면역 반응**: T 림프구에서 항원에 대한 정보를 림프절로 전달, 림포카인을 방출하여 항원을 제거

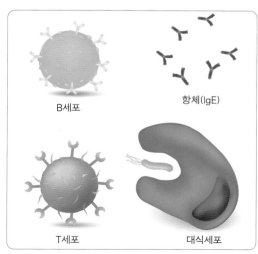

B세포

항체(IgE)

T세포

대식세포

▲ 면역계 세포

면역
외부로부터 침입하는 미생물이나 화학 물질을 침입자로 인식하고 이들을 공격하여 제거함으로써 생체를 방어하는 기능

면역 관련 용어
- **항원(Antigen)**: 생체 면역계를 자극하여 면역 반응을 유발시키는 이물질, 면역원
- **항체(Antibody)**
  – 림프구에 의해 생산되는 단백질
  – 항원을 특이적으로 인식하는 부분과 면역에 관여하는 세포에 결합하거나 보체를 활성화하는 부분 등을 함유(=면역 글로불린)
- **대식세포(Macrophage)**: 상해를 받은 조직이나 세포, 세균 등을 제거하는 역할
- **식세포(Phagocytes)**: 미생물이나 다른 이물질을 잡아먹는 세포를 총칭

17 피부 노화

✂ 피부 노화의 원인

1 생리적 노화(내인성 노화)

정의	25세 전후로 인체를 구성하는 모든 기관의 기능이 자연스럽게 저하되는 것
원인	유전, 연령의 증가, 혈액 순환의 저하, 내장 기능의 장애, 영양학적 요인, 면역 기능의 이상, 호르몬의 영향 등

2 환경적 노화(외인성 노화)

정의	주변 환경이나 생활 여건 등의 외적 영향을 받아 일어나는 노화
원인	일광, 추위, 더위, 바람, 건조, 습기, 공해, 스모그, 흡연 등

✂ 피부 노화 현상

1 생리적 노화

① 표피 두께가 얇아지고, 색소 침착이 유발된다.(피부 면역력 감소)

② 진피 두께가 얇아지고, 혈액 순환과 점액 다당질이 감소된다.(콜라겐, 엘라스틴이 감소)

2 광노화

① 표피 두께가 두꺼워지고, 색소 침착이 증가하며 피부암까지 발생할 수 있다.

② 진피 두께가 두꺼워지고, 콜라겐 변성과 파괴가 일어나며, 점액 다당질이 증가한다.

평가 문제

01 고객이 추구하는 미용의 목적과 필요성을 시각적으로 느끼게 하는 과정은 어디에 해당하는가?

① 소재　　　　　　② 구상
③ 제작　　　　　　✓ 보정

 미용은 소재를 관찰하고 구상하여 제작하며 고객이 추구하는 미용의 목적과 필요성을 보정하는 방법으로 이루어진다.

02 두부 라인의 명칭 중에서 코의 중심을 통해 두부 전체를 수직으로 나누는 선은?

✓ 정중선　　　　　② 측중선
③ 수평선　　　　　④ 측두선

 • 측중선: 양쪽 귓바퀴의 위쪽 끝을 연결한 선
• 수평선: E.T.P의 높이를 수직으로 가른 선
• 측두선: 눈 끝을 수직으로 세워 머리 앞쪽에서 측중선까지의 선

03 미용의 필요성으로 가장 거리가 먼 것은?

① 인간의 심리적 욕구를 만족시키고 생산 의욕을 높이는 데 도움을 준다.
② 미용 기술로 외모의 결점까지도 보완하여 개성미를 연출해 주므로 필요하다.
✓ 노화를 전적으로 방지해 주므로 필요하다.
④ 현대 생활에서는 상대방에게 불쾌감을 주지 않는 것이 중요하므로 필요하다.

 미용은 노화를 전적으로 방지해 주는 것이 아니라, 관리 시 노화 예방 효과가 있다.

04 미용의 특수성에 해당하지 않는 것은?

✓ 자유롭게 소재를 선택한다.
② 시간적 제한을 받는다.
③ 손님의 의사를 존중한다.
④ 여러 가지 조건에 제한을 받는다.

 신체 일부인 머리가 미용의 소재이므로, 자유롭게 선택하고 바꿀 수 없어 소재의 제한이 있다.

05 전체적인 머리 모양을 종합적으로 관찰하여 수정·보완시켜 완전히 끝맺도록 하는 것은?

① 통칙　　　　　　② 제작
✓ 보정　　　　　　④ 구상

06 헤어스타일 또는 메이크업에서 개성미를 발휘하기 위한 첫 단계는?

① 구상　　　　　　② 보정
✓ 소재의 확인　　　④ 제작

미용은 미용사가 하나의 미용 작품을 완성하기까지 밟는 경로이다.

07 미용 과정이 바른 순서로 나열된 것은?

✓ 소재 → 구상 → 제작 → 보정
② 소재 → 보정 → 구상 → 제작
③ 구상 → 소재 → 제작 → 보정
④ 구상 → 제작 → 보정 → 소재

08 조선 중엽 상류 사회 여성들이 얼굴의 밑 화장으로 사용한 기름은?

① 동백기름　　　　② 콩기름
✓ 참기름　　　　　④ 피마자기름

분화장은 장분을 물에 개어서 얼굴에 발랐으며, 밑 화장으로는 참기름을 바른 후 닦아 냈다.

09 삼한 시대의 머리형에 관한 설명으로 틀린 것은?

① 포로나 노비는 머리를 깎아서 표시했다.

② 수장급은 모자를 썼다.

③ 일반인은 상투를 틀게 했다.

✔ 귀천의 차이가 없이 자유롭게 했다.

 삼한 시대에 수장급은 모자를 쓰고, 포로나 노비는 머리를 깎아 표시했다.

10 고대 중국 미용에 대한 설명으로 틀린 것은?

① 하(夏) 시대에는 분이, 은(殷)의 주왕 때에는 연지 화장이 사용되었다.

② 아방궁 3천 명의 미희들에게 백분과 연지를 바르게 하고 눈썹을 그리게 했다.

③ 액황이라고 하여 이마에 발라 약간의 입체감을 주었으며, 홍장이라고 하여 백분을 바른 후 다시 연지를 덧발랐다.

✔ 두발을 짧게 깎거나 밀어 내고 그 위에 일광을 막을 수 있는 대용물로써 가발을 즐겨 썼다.

 가발은 고대 이집트에서 사용하였다.

11 화장법으로는 흑색과 녹색의 두 가지 색으로 위 눈 꺼풀에 악센트를 넣었으며, 붉은 찰흙에 샤프란(꽃)을 조금씩 섞어 볼에 붉게 칠하고 입술연지로도 사용한 시대는?

① 고대 그리스　　② 고대 로마

✔ 고대 이집트　　④ 중국 당나라

 고대 이집트 시대는 헤나와 샤프란을 사용한 기록이 남아 있다.

12 현대 미용에 있어서 1920년대에 최초로 단발머리를 함으로써 우리나라 여성들의 머리형에 혁신적인 변화를 일으키게 된 계기가 된 사람은?

① 이숙종　　　✔ 김활란

③ 김상진　　　④ 오엽주

• 1920년대 이숙종의 높은머리, 김활란의 단발머리
• 1933년대 오엽주의 화신 미용실, 다나까 미용학교
• 해방 후 김상진 현대 미용학원 설립

13 염모제로서 헤나를 처음으로 사용했던 나라는?

① 그리스　　　✔ 이집트

③ 로마　　　　④ 중국

 이집트인들은 그들의 자연적인 흑색 모발을 다양하게 보이기 위하여 헤나를 진흙에 개서 모발에 바르고 태양 광선에 건조시켰다.

14 첩지에 대한 내용으로 틀린 것은?

① 첩지의 모양은 봉황과 개구리 등이 있다.

② 첩지는 조선 시대 사대부의 예장 때 머리 위 가르마를 꾸미는 장식품이다.

✔ 왕비는 은 개구리 첩지를 사용하였다.

④ 첩지는 내명부나 외명부의 신분을 드러내는 중요한 표시이기도 했다.

 왕비는 도금한 용첩지를 사용하였고, 신분에 따라 도금하거나 흑각으로 만든 개구리 첩지를 사용하였다.

15 한국 현대 미용사에 대한 설명 중 옳은 것은?

① 경술국치 이후 일본인들에 의해 미용이 발달하였다.

② 1933년 일본인이 우리나라에 처음으로 미용원을 열었다.

③ 해방 전 우리나라 최초의 미용 교육 기관은 정화 고등 기술학교이다.

✔ 오엽주 씨가 화신 백화점 내에 미용원을 열었다.

16 한국 고대 미용의 발달사를 설명한 것 중 틀린 것은?

✔ 헤어스타일(모발형)에 관해서 문헌에 기록된 고구려 벽화는 없었다.

② 헤어스타일(모발형)은 신분의 귀천을 나타냈다.

③ 헤어스타일(모발형)은 조선 시대 때 쪽머리, 큰머리, 조짐머리가 성행하였다.

④ 헤어스타일(모발형)에 관해서 삼한 시대에 기록된 내용이 있다.

 고구려 고분 벽화를 통해 5가지 형태로 모발형을 나눈다.

17 옛 여인들의 머리 모양 중 뒤통수에 낮게 머리를 땋아 틀어 올리고 비녀를 꽂은 머리 모양은?

① 민머리 ② 얹은머리
③ 풍기명식 머리 ✔ 쪽머리

18 다음 명칭 중 가위에 속하는 것은?

① 핸들 ✔ 피봇
③ 프롱 ④ 그루브

 핸들, 프롱, 그루브는 헤어 아이론에 속한다.

19 레이저(razor)에 대한 설명 중 가장 거리가 먼 것은?

① 셰이핑 레이저를 이용하여 커팅하면 안정적이다.
✔ 초보자는 오디너리 레이저를 사용하는 것이 좋다.
③ 솜털 등을 깎을 때 외곡선상의 날이 좋다.
④ 녹이 슬지 않게 관리한다.

 오디너리 레이저는 일상용 면도날로 시간상 능률적이고, 세밀한 작업이 용이하나, 초보자에게는 부적합하다.

20 브러시 세정법으로 옳은 것은?

① 세정 후 털은 아래로 하여 양지에서 말린다.
✔ 세정 후 털은 아래로 하여 응달에서 말린다.
③ 세정 후 털은 위로 하여 양지에서 말린다.
④ 세정 후 털은 위로 하여 응달에서 말린다.

브러시는 털의 형태가 변형될 수 있으므로, 털을 아래로 하여 응달에 말려야 한다.

21 빗의 보관 및 관리에 관한 설명 중 옳은 것은?

① 빗은 사용 후 소독 액에 계속 담가 보관한다.
② 소독 액에서 빗을 꺼낸 후 물로 닦지 않고 그대로 사용해야 한다.
③ 증기 소독은 자주 하는 것이 좋다.
✔ 소독 액은 석탄산수, 크레졸 비누액 등을 사용한다.

 빗은 증기 소독을 자주하거나 오랜 시간 소독 액에 보관하면 좋지 않으며, 소독 후 잘 닦아서 사용한다.

22 빗(comb)의 손질법에 대한 설명으로 틀린 것은?(단, 금속 빗은 제외)

① 빗살 사이의 때는 솔로 제거하거나 심한 경우는 비눗물에 담근 후 브러시로 닦고 나서 소독한다.
✔ 증기 소독과 자비 소독 등 열에 의한 소독과 알코올 소독을 한다.
③ 빗을 소독할 때는 크레졸수, 역성 비누액 등이 이용되며, 세정이 바람직하지 않은 재질은 자외선으로 소독한다.
④ 소독 용액에 오랫동안 담가 두면 빗이 휘어지는 경우가 있어 주의하고, 끄집어 낸 후 물로 헹구고 물기를 제거한다.

 빗은 3%의 수용액을 사용한 석탄산으로 소독하는데, 거의 모든 균에 효과가 있어서 사용 범위가 넓다.

23 가위에 대한 설명 중 틀린 것은?

① 양날의 견고함이 동일해야 한다.
② 가위의 길이나 무게가 미용사의 손에 맞아야 한다.
✔ 가위 날이 반듯하고 두꺼운 것이 좋다.
④ 협신에서 날 끝으로 갈수록 약간 내곡선인 것이 좋다.

 가위는 두꺼운 것보다는 날렵한 것이 좋다.

24 동물의 부드럽고 긴 털을 사용한 것이 많고 얼굴이나 턱에 붙은 털이나 비듬 또는 백분을 떨어내는 데 사용하는 브러시는?

① 포마드 브러시 ② 쿠션 브러시
✔ 페이스 브러시 ④ 롤 브러시

 ①, ②, ④는 두발용 브러시이다.

25 헤어 세트용 빗의 사용과 취급 방법에 대한 설명 중 틀린 것은?

① 두발의 흐름을 아름답게 매만질 때는 빗살이 고운 살로 된 세트 빗을 사용한다.
② 엉킨 두발을 빗을 때는 얼레빗을 사용한다.
③ 빗은 사용 후 브러시로 털거나 비눗물에 담가 브러시로 닦은 후 소독하도록 한다.
☑ 빗의 소독은 손님 약 5인에게 사용했을 때 1회씩 하는 것이 적합하다.

 빗은 항상 깨끗하게 소독하고 사용한다.

26 마셀 웨이브 시술에 관한 설명 중 틀린 것은?

☑ 프롱은 아래쪽, 그루브는 위쪽을 향하도록 한다.
② 아이론의 온도는 120 ~ 140℃를 유지시킨다.
③ 아이론을 회전시키기 위해서는 먼저 아이론을 정확하게 쥐고, 반대쪽에 45° 각도로 위치시킨다.
④ 아이론의 온도가 균일할 때 웨이브가 일률적으로 완성된다.

 프롱은 위쪽, 그루브는 아래쪽을 고정한다.

27 헤어 샴푸잉 중 드라이 샴푸 방법이 아닌 것은?

① 리퀴드 드라이 샴푸
☑ 핫 오일 샴푸
③ 파우더 드라이 샴푸
④ 에그 파우더 샴푸

 핫 오일 샴푸는 지방성 효과를 주로 한 웨트 샴푸 방법이다.

28 두피에 지방이 부족하여 건조한 경우에 하는 스캘프 트리트먼트는?

① 플레인 스캘프 트리트먼트
② 오일리 스캘프 트리트먼트
☑ 드라이 스캘프 트리트먼트
④ 댄드러프 스캘프 트리트먼트

 플레인은 정상 두피, 오일리는 지성 두피, 댄드러프는 비듬성 두피이다.

29 콜드 퍼머넌트 웨이브 시술 시 두발에 부착된 제1액을 씻어 내는 데 가장 적합한 린스는?

① 에그 린스(egg rinse)
② 산성 린스(acid rinse)
③ 레몬 린스(lemon rinse)
☑ 플레인 린스(plain rinse)

 플레인 린스는 38 ~ 40℃의 미지근한 물로 헹구는 방법으로, 웨이브 시술 시 적합한 린스 방법이다.

30 헤어 린스의 목적과 관계 없는 것은?

① 두발의 엉킴 방지
② 모발의 윤기 부여
☑ 이물질 제거
④ 알카리성을 약산성화

 이물질 제거는 샴푸와 관련 있다.

31 헤어 샴푸의 목적과 가장 거리가 먼 것은?

☑ 두피와 두발에 영양을 공급
② 헤어트리트먼트를 쉽게 할 수 있는 기초
③ 두발의 건전한 발육 촉진
④ 청결한 두피와 두발을 유지

 헤어 샴푸는 두피와 두발을 청결하게 유지하고, 영양 공급이 아닌 성질이나 상태에 따라 건전한 발육을 촉진한다.

32 누에고치에서 추출한 성분과 난황 성분을 함유한 샴푸제로서 모발에 영양을 공급해 주는 샴푸는?

① 산성 샴푸(acid shampoo)
② 컨디셔닝 샴푸(conditioning shampoo)
☑ 프로테인 샴푸(protein shampoo)
④ 드라이 샴푸(dry shampoo)

 프로테인 샴푸제는 다공성모 속에 침투해 간충 물질로서 작용하며, 두발의 탄력을 어느 정도 회복시키고 강도도 강하게 해 준다.

33 산성 린스의 종류가 아닌 것은?

① 레몬 린스　　② 비니거 린스
③ 오일 린스　　④ 구연산 린스

 오일 린스는 식물성유를 따뜻한 물에 섞어 모발을 헹구는 것으로, 건성화된 모발에 유분기를 공급하기 위해 사용하였다.

34 비듬이 없고 두피가 정상적인 상태일 때 실시하는 것은?

① 댄드러프 스캘프 트린트먼트
② 오일리 스캘프 트린트먼트
③ 플레인 스캘프 트린트먼트
④ 드라이 스캘프 트린트먼트

35 스캘프 트리트먼트(scalp treatment)의 시술 과정에서 화학적 방법과 관련 없는 것은?

① 양모제　　　② 헤어 토닉
③ 헤어크림　　④ 헤어 스티머

 헤어 스티머는 스팀을 발생시키는 기기이다.

36 염색 시술 시 모표피의 안정과 염색의 퇴색을 방지하기 위해 가장 적합한 것은?

① 샴푸(shampoo)
② 플레인 린스(plain rinse)
③ 알칼리 린스(alkali rinse)
④ 산성 균형 린스(acid balanced rinse)

37 두발이 지나치게 건조해 있을 때나 두발의 염색에 실패했을 때 가장 적합한 샴푸 방법은?

① 플레인 샴푸　　② 에그 샴푸
③ 약산성 샴푸　　④ 토닉 샴푸

 에그 샴푸는 모발이 지나치게 건조하거나 표백되어 있을 때, 모발의 염색에 실패했을 때, 노화된 모발일 때, 피부가 민감해서 염증이 일어나기 쉬운 상태일 때 적당하다.

38 두피 타입에 알맞은 스캘프 트리트먼트(scalp treatment) 시술 방법의 연결이 틀린 것은?

① 건성 두피: 드라이 스캘프 트리트먼트
② 지성 두피: 오일리 스캘프 트리트먼트
③ 비듬성 두피: 핫 오일 스캘프 트리트먼트
④ 정상 두피: 플레인 스캘프 트리트먼트

 비듬성 두피에는 댄드러프 트리트먼트가 적당하다.

39 샴푸제의 성분이 아닌 것은?

① 계면 활성제　　② 점증제
③ 기포 증진제　　④ 산화제

 산화제는 퍼머넌트 웨이브 시 이용된다.

40 두상의 특정한 부분에 볼륨을 줄 때 사용되는 헤어 피스(hair piece)는?

① 위글렛(wiglet)　　② 스위치(switch)
③ 폴(fall)　　　　　④ 위그(wig)

 위글렛은 두부의 특정 부위를 높이거나 볼륨 등의 특별한 효과를 연결해 내기 위해서 사용한다.

41 커트 시술 시 두부(頭部)를 5등분으로 나누었을 때 관계없는 명칭은?

① 톱(top)　　　② 사이드(side)
③ 헤드(head)　　④ 네이프(nape)

 블로킹은 10, 9, 5, 4등분으로 나뉘며, 5등분 시 톱을 중심으로 전두부와 후두부로 크게 나눈다.

42 빗을 천천히 위쪽으로 이동시키면서 가위의 개폐를 재빨리 하여 빗에 끼어 있는 두발을 잘라 나가는 커팅 기법은?

① 싱글링(shingling)
② 틴닝 시저스(thinning scissors)
③ 레이저 커트(razor cut)
④ 슬리더링(slithering)

 빗을 천천히 위쪽으로 이동시키면서 가위의 개폐를 빨리하여, 빗이 위쪽으로 갈수록 길게 자르는 것이 싱글링의 기술이다.

43 스트로크 커트(stroke cut) 테크닉에 사용하기 가장 적합한 것은?

① 리버스 시저스(reverse scissors)
② 미니 시저스(mini scissors)
③ 직선날 시저스(cutting scissors)
☑ 곡선날 시저스(r-scissors)

 가위가 미끄러지듯이 커팅하는 방법인 스트로크 커트를 하기 위해서는 곡선날 시저스가 적당하다.

44 두발의 양이 많고, 굵은 경우 와인딩과 로드의 관계가 옳은 것은?

① 스트랜드를 크게 하고, 로드의 직경도 큰 것을 사용
☑ 스트랜드를 적게 하고, 로드의 직경도 작은 것을 사용
③ 스트랜드를 크게 하고, 로드의 직경도 작은 것을 사용
④ 스트랜드를 적게 하고, 로드의 직경도 큰 것을 사용

 굵은 모발은 스트랜드를 적게 하고 로드의 직경도 작은 것을 사용한다.

45 컬의 목적으로 가장 옳은 것은?

① 텐션, 루프, 스템을 만들기 위해
☑ 웨이브, 볼륨, 플러프를 만들기 위해
③ 슬라이싱, 스퀘어, 베이스를 만들기 위해
④ 세팅, 뱅을 만들기 위해

46 업스타일을 시술할 때 백코밍의 효과를 크게 하고자 세모난 모양의 파트로 섹션을 잡는 것은?

① 스퀘어 파트　　☑ 트라이앵귤러 파트
③ 카우릭 파트　　④ 렉탱귤러 파트

47 주로 짧은 헤어스타일의 헤어 커트 시 두부 상부에 있는 두발은 길고 하부로 갈수록 짧게 커트해서 두발의 길이에 작은 단차가 생기게 한 커트 기법은?

① 스퀘어 커트(square cut)
② 원 랭스 커트(one length cut)
③ 레이어 커트(layer cut)
☑ 그러데이션 커트(gradation cut)

 스퀘어 커트는 정방형, 원 랭스는 보브 커트의 기본, 레이어 커트는 층이 있는 형태이다.

48 커트를 하기 위한 순서로 가장 옳은 것은?

☑ 위그 → 수분 → 빗질 → 블로킹 → 슬라이스 → 스트랜드
② 위그 → 수분 → 빗질 → 블로킹 → 스트랜드 → 슬라이스
③ 위그 → 수분 → 슬라이스 → 빗질 → 블로킹 → 스트랜드
④ 위그 → 수분 → 스트랜드 → 빗질 → 블로킹 → 슬라이스

49 원 랭스의 정의로 가장 적합한 것은?

① 두발의 길이에 단차가 있는 상태의 커트
☑ 완성된 두발을 빗으로 빗어 내렸을 때 모든 두발이 하나의 선상으로 떨어지도록 자르는 커트
③ 전체의 머리 길이가 똑같은 커트
④ 머릿결을 맞추지 않아도 되는 커트

 원 랭스는 동일선상 외측과 내측의 단차를 주지 않고 일직선상으로 자른 단발머리 형태이다.

50 레이어드 커트(layered cut)의 특징이 아닌 것은?

☑ 커트 라인이 얼굴 정면에서 네이프 라인과 일직선인 스타일이다.
② 두피 면에서의 모발의 각도를 90도 이상으로 커트한다.
③ 머리형이 가볍고 부드러워 다양한 스타일을 만들 수 있다.
④ 네이프 라인에서 탑 부분으로 올라가면서 모발의 길이가 점점 짧아지는 커트이다.

 얼굴 정면에서 네이프 라인과 일직선인 스타일은 원 랭스 커트이다.

51 다음 용어의 설명 중 틀린 것은?

  ☑ 버티컬 웨이브(vertical wave): 웨이브 흐름이 수평

  ② 리세트(reset): 세트를 다시 마는 것

  ③ 허라이즌탈 웨이브(horizontal wave): 웨이브 흐름이 가로 방향

  ④ 오리지널 세트(original set): 기초가 되는 최초의 세트

 버티컬 웨이브는 웨이브 흐름이 수직이다.

52 두발 커트 시 두발 끝 1/3 정도를 테이퍼링하는 것은?

  ① 노멀 테이퍼링   ② 딥 테이퍼링

  ☑ 앤드 테이퍼링   ④ 보스 사이드 테이퍼링

 엔드 테이퍼링은 두발 끝 1/3 정도, 딥 테이퍼링은 스트랜드 2/3 지점에서 테이퍼링한다.

53 다음 중 옳게 짝지어진 것은?

  ① 아이론 웨이브: 1830년 프랑스 무슈 끄로샤뜨

  ☑ 콜드 웨이브: 1936년 영국 스피크먼

  ③ 스파이럴 퍼머넌트 웨이브: 1925년 영국 조셉 메이어

  ④ 크로키놀식 웨이브: 1875년 프랑스의 마셀 그라또

54 플랫 컬의 특징을 가장 잘 표현한 것은?

  ☑ 컬의 루프가 두피에 대하여 0° 각도로 평평하고 납작하게 형성되어진 컬이다.

  ② 일반적으로 컬 전체를 말한다.

  ③ 루프가 반드시 90° 각도로 두피 위에 세워진 컬로 볼륨을 내기 위한 헤어스타일에 주로 이용된다.

  ④ 두발의 끝에서부터 말아 온 컬을 말한다.

 플랫 컬은 두피에 루프가 0°로 평평하고 납작하게 형성되어 있는 컬이다.

55 완성된 두발선 위를 가볍게 다듬어 커트하는 방법은?

  ① 테이퍼링(tapering)

  ② 틴닝(thinning)

  ☑ 트리밍(trimming)

  ④ 싱글링(shingling)

 트리밍은 이미 형태가 이루어진 모발 선을 최종적으로 정돈하기 위해 삐져나온 모발을 잘라내는 것이다.

56 다음 중 블런트 커트와 같은 의미인 것은?

  ☑ 클럽 커트   ② 싱글링

  ③ 클리핑   ④ 트리밍

 블런트 커트: 직선으로 커트하는 방법, 클럽 커트

57 두정부의 가마로부터 방사상으로 나눈 파트는?

  ☑ 카우릭 파트   ② 이어 투 이어 파트

  ③ 센터 파트   ④ 스퀘어 파트

 카우릭 파트는 머리 흐름에 따라 사방으로 나누는 방법으로, 두정부의 가마로부터 방사상으로 나눈 파트이다.

58 핑거 웨이브(finger wave)와 관계없는 것은?

  ① 세팅 로션, 물, 빗

  ② 크레스트, 리지, 트로프

  ③ 포워드 비기닝, 리버스 비기닝

  ☑ 테이퍼링, 싱글링

 테이퍼링과 싱글링은 헤어 커트에서 사용하는 방법이다.

59 스퀘어 파트에 대하여 바르게 설명한 것은?

  ☑ 이마의 양쪽은 사이드 파트를 하고, 두정부 가까이에서 얼굴의 두발이 난 가장자리와 수평이 되도록 모나게 가르마를 타는 것

  ② 이마의 양각에서 나누어진 선이 두정부에서 함께 만난 세모꼴의 가르마를 타는 것

  ③ 사이드(side) 파트로 나눈 것

  ④ 파트의 선이 곡선으로 된 것

 스퀘어 파트는 간단하게 모발을 네모 모양으로 나누는 것이다.

60 컬의 목적이 아닌 것은?

① 플러프(fluff)를 만들기 위해서
② 웨이브(wave)를 만들기 위해서
✓ 컬러의 표현을 원활하게 하기 위해서
④ 볼륨을 만들기 위해서

 컬러를 표현하기 위해서는 헤어 컬러링을 한다.

61 퍼머넌트 웨이브 시술 시 정확한 프로세싱 타임을 결정하고 웨이브의 형성 정도를 조사하는 것은?

✓ 테스트 컬   ② 패치 테스트
③ 스트랜드 테스트   ④ 컬러 테스트

62 퍼머넌트 웨이브 시술 시 산화제의 역할이 아닌 것은?

✓ 퍼머넌트 웨이브의 작용을 계속 진행시킨다.
② 1액의 작용을 멈추게 한다.
③ 시스틴 결합을 재결합시킨다.
④ 1액이 작용한 형태의 컬로 고정시킨다.

 산화제는 1액의 작용을 멈추게 하고, 시스틴 재결합을 시키며, 웨이브 형태를 고정시킨다.

63 스탠드 업 컬에 있어 루프가 귓바퀴 반대 방향으로 말린 컬은?

① 플랫 컬
② 포워드 스탠드 업 컬
✓ 리버스 스탠드 업 컬
④ 스컬프처 컬

 리버스 스탠드 업 컬: 컬의 루프가 얼굴 뒤쪽으로 말린 컬

64 콜드 웨이브 시술 후 머리끝이 자지러지는 원인에 해당되지 않는 것은?

① 모질에 비하여 약이 강하거나 프로세싱 타임이 길었다.
② 너무 가는 로드(rod)를 사용했다.
③ 텐션이 약하여 로드에 꼭 감기지 않았다.
✓ 사전 커트 시 머리 끝을 테이퍼(taper) 하지 않았다.

65 퍼머넌트 웨이브 시술 중 테스트 컬을 하는 목적으로 가장 적합한 것은?

① 2액의 작용 여부를 확인하기 위해서이다.
② 굵은 모발, 혹은 가는 두발에 로드가 제대로 선택되었는지 확인하기 위해서이다.
③ 산화제의 작용이 미묘하기 때문에 확인하기 위해서이다.
✓ 정확한 프로세싱 시간을 결정하고 웨이브 형성 정도를 조사하기 위해서이다.

 1액의 작용 여부를 판단하여 정확한 프로세싱 시간을 결정하고 웨이브 형성을 확인한다.

66 가는 로드를 사용한 콜드 퍼머넌트 직후에 나오는 웨이브로 가장 가까운 것은?

✓ 내로우 웨이브(narrow wave)
② 와이드 웨이브(wide wave)
③ 섀도 웨이브(shadow wave)
④ 허라이즌탈 웨이브(horizontal wave)

 내로우 웨이브는 리지의 폭이 좁고 급하여 극단적인 웨이브가 나온다.

67 퍼머 약의 제1액 중 티오글리콜산의 적정 농도는?

① 1 ~ 2%   ✓ 2 ~ 7%
③ 8 ~ 12%   ④ 15 ~ 20%

 티오글리콜산염의 종류는 티오글리콜산암모늄과 티오글리콜산이 있으며 적정 농도는 2 ~ 7%이다.

68 퍼머 2액의 취소산 염류의 농도로 맞는 것은?

① 1 ~ 2%   ✓ 3 ~ 5%
③ 6 ~ 7.5%   ④ 8 ~ 9.5%

 2액의 주제인 취소산 염류는 3 ~ 5%의 수용액으로 사용한다.

69 콜드 퍼머넌트 시 제1액을 바르고 비닐 캡을 씌우는 이유로 거리가 가장 먼 것은?

① 체온으로 솔루션의 작용을 빠르게 하기 위하여
② 제1액의 작용이 두발 전체에 골고루 행하여지게 하기 위하여
③ 휘발성 알칼리의 휘산 작용을 방지하기 위하여
✓ 두발을 구부러진 형태대로 정착시키기 위하여

 구부러진 형태로 정착시키는 것은 2액에서 이루어진다.

70 물에 적신 모발을 와인딩 한 후 퍼머넌트 웨이브 1 제를 도포하는 방법은?

　① 워터 래핑　　　　② 슬래핑
　③ 스파이럴 랩　　　④ 크로키놀 랩

 워터 래핑이란 제1액을 바르지 않고 두발을 촉촉하게 해서 와인 딩 한 후 제1액을 도포하는 방법이다.

71 두발에서 퍼머넌트 웨이브의 형성과 직접 관련이 있는 아미노산은?

　① 시스틴(cystine)　　② 알라닌(alanine)
　③ 멜라닌(melanin)　　④ 티로신(tyrosine)

 시스틴 함량은 모발의 강도와 탄성에 관계하며, 모발의 퍼머넌트 웨이브 형성에 영향을 미친다.

72 퍼머 제1액 처리에 따른 프로세싱 중 언더 프로세싱 의 설명으로 틀린 것은?

　① 언더 프로세싱은 프로세싱 타임 이상으로 제 1액을 두발에 방치한 것을 말한다.
　② 언더 프로세싱일 때에는 두발의 웨이브가 거 의 나오지 않는다.
　③ 언더 프로세싱일 때에는 처음에 사용한 솔루 션보다 약한 제1액을 다시 사용한다.
　④ 제1액의 처리 후 두발의 테스트 컬로 언더 프 로세싱 여부가 판명된다.

 프로세싱 타임 이상으로 제1액을 두발에 방치한 것은 오버 프로 세싱이다.

73 아이론의 열을 이용하여 웨이브를 형성하는 것은?

　① 마셀 웨이브　　　② 콜드 웨이브
　③ 핑거 웨이브　　　④ 섀도 웨이브

 마셀 웨이브는 아이론의 열을 이용, 콜드 웨이브는 콜드 액체를 이용, 핑거 웨이브는 콜드 액체로 핀 컬을 만든 것이다.

74 시스테인 퍼머넌트에 대한 설명으로 틀린 것은?

　① 아미노산의 일종인 시스테인을 사용한 것이다.
　② 환원제로 티오글리콜산염이 사용된다.
　③ 모발에 대한 잔류성이 높아 주의가 필요하다.
　④ 연모, 손상모의 시술에 적합하다.

 환원제로 시스테인이 사용된다.

75 과산화수소(산화제) 6%의 설명이 맞는 것은?

　① 10볼륨　　　　② 20볼륨
　③ 30볼륨　　　　④ 40볼륨

 3%는 10볼륨, 6%는 20볼륨, 9%는 30볼륨, 12%는 40볼륨이다.

76 헤어 컬러링 시 활용되는 색상환에 있어 적색의 보 색은?

　① 보라색　　　　② 청색
　③ 녹색　　　　　④ 황색

 적색의 보색은 녹색, 보라색은 연두색, 청색은 황색이다.

77 헤어 블리치 시술상의 주의 사항에 해당하지 않는 것은?

　① 미용사의 손을 보호하기 위하여 장갑을 반드 시 낀다.
　② 시술 전 샴푸를 할 경우 브러싱을 하지 않는다.
　③ 두피에 질환이 있는 경우 시술하지 않는다.
　④ 사후 손질로서 헤어 리컨디셔닝은 가급적 피 하도록 한다.

78 두발을 탈색한 후 초록색으로 염색하고 얼마 동안 의 기간이 지난 후 다시 다른 색으로 바꾸고 싶을 때 보색 관계를 이용하여 초록색의 흔적을 없애려 면 어떤 색을 사용하면 좋은가?

　① 노란색　　　　② 오렌지색
　③ 적색　　　　　④ 청색

79 헤어 컬러링 기술에서 만족할 만한 색채 효과를 얻기 위해서는 색채의 기본적인 원리를 이해하고 이를 응용할 수 있어야 하는데, 색의 3속성 중의 명도만을 갖고 있는 무채색에 해당하는 것은?

① 적색　　　　② 황색
③ 청색　　　　✓ 백색

 무채색은 백색부터 회색, 검정까지 이어지는 색이다.

80 유기 합성 염모제에 대한 설명 중 틀린 것은?

① 유기 합성 염모제 제품은 알칼리성의 제1액과 산화제인 제2액으로 나누어진다.
② 제1액은 산화 염료가 암모니아수에 녹아 있다.
✓ 제1액의 용액은 산성을 띠고 있다.
④ 제2액은 과산화수소로서 멜라닌 색소의 파괴와 산화 염료를 산화시켜 발색시킨다.

 제1액은 알칼리제에 색소, 계면 활성제와 항산화제를 띠고 있다.

81 헤어 블리치에 관한 설명으로 틀린 것은?

① 과산화수소는 산화제이고 암모니아수는 알칼리제이다.
② 헤어 블리치는 산화제의 작용으로 두발의 색소를 옅게 한다.
③ 헤어 블리치제는 과산화수소에 암모니아수 소량을 더하여 사용한다.
✓ 과산화수소에서 방출된 수소가 멜라닌 색소를 파괴시킨다.

 탈색 시 1제(알칼리제)는 모발을 팽창시키고, 2제(과산화수소)는 산소를 발생시킬 수 있도록 작용한다.

82 영구적 염모제에 대한 설명 중 틀린 것은?

① 제1액의 알칼리제로는 휘발성이라는 점에서 암모니아가 사용된다.
✓ 제2제인 산화제는 모피질 내로 침투하여 수소를 발생시킨다.
③ 제1제 속의 알칼리제가 모표피를 팽윤시켜 모피질 내 인공 색소와 과산화수소를 침투시킨다.
④ 모피질 내의 인공 색소는 큰 입자의 유색 염료를 형성하여 영구적으로 착색된다.

 제2제 산화제는 과산화수소와 물로 구성되어 탈색과 발색이 이루어진다.

83 모발의 성장 단계를 옳게 나타낸 것은?

① 성장기 → 휴지기 → 퇴화기
② 휴지기 → 발생기 → 퇴화기
③ 퇴화기 → 성장기 → 발생기
✓ 성장기 → 퇴화기 → 휴지기

 모발은 1단계 성장기, 2단계 퇴화기, 3단계 휴지기를 거친다.

84 다공성 모발에 대한 사항 중 틀린 것은?

① 다공성모란 두발의 간충 물질이 소실되어 두발 조직 중에 공동이 많고 보습 작용이 적어져서 두발이 건조해지기 쉬운 손상모를 말한다.
② 다공성모는 두발이 얼마나 빨리 유액을 흡수하느냐에 따라 그 정도가 결정된다.
③ 다공성의 정도에 따라서 콜드 웨이빙의 프로세싱 타임과 웨이빙 용액의 정도가 결정된다.
✓ 다공성의 정도가 클수록 모발의 탄력이 적으므로 프로세싱 타임을 길게 한다.

 모발의 다공성 정도가 클수록 프로세싱 타임을 짧게 하도록 한다.

85 땋거나 스타일링 하기에 쉽도록 3가닥 혹은 1가닥으로 만들어진 헤어 피스는?

① 웨프트　　　✓ 스위치
③ 폴　　　　　④ 위글렛

 스위치는 모발의 양은 적지만 길이 20cm 이상의 1~3가닥으로 땋거나 꼬거나 웨이브 등의 방법으로 만든다.

86 모발의 측쇄 결합으로 볼 수 없는 것은?

① 시스틴 결합(cystine bond)
② 염 결합(salt bond)
③ 수소 결합(hydrogen bond)
✓ 폴리펩타이드 결합(polypeptide bond)

 폴리펩타이드 결합은 주쇄 결합으로 강한 결합이다.

87 모발의 결합 중 수분에 의해 일시적으로 변형되며, 드라이어의 열을 가하면 다시 재결합되어 형태가 만들어지는 결합은?

① S : S 결합　　　② 펩타이드 결합
✓ 수소 결합　　　④ 염 결합

 수소 결합은 2개 원자 사이에 수소가 결합되어 일어나는 화학적 결합이다.

88 건강 모발의 pH 범위는?

① pH 3 ~ 4　　　✓ pH 4.5 ~ 5.5
③ pH 6.5 ~ 7.5　　　④ pH 8.5 ~ 9.5

 모발이 가장 건강한 상태의 pH는 약 4.5 ~ 6.5 정도이다.

89 모발의 구조와 성질을 설명한 내용 중 맞지 않는 것은?

① 두발은 주요 부분을 구성하고 있는 모표피, 모피질, 모수질 등으로 이루어졌으며, 주로 탄력성이 풍부한 단백질로 이루어져 있다.
② 케라틴은 다른 단백질에 비하여 유황의 함유량이 많은데, 황(S)은 시스틴(Cystine)에 함유되어 있다.
✓ 시스틴 결합은 알칼리에는 강한 저항력을 갖고 있으나 물, 알코올, 약 산성이나 소금류에 대해서 약하다.
④ 케라틴의 폴리펩타이드는 쇠사슬 구조로서, 두발의 장축 방향(長軸方向)으로 배열되어 있다.

90 표피에서 촉각을 감지하는 세포는?

① 멜라닌 세포　　　✓ 머켈 세포
③ 각질 형성 세포　　　④ 랑게르한스 세포

- 머켈 세포 : 촉각을 감지하는 세포
- 멜라닌 세포 : 색소 세포
- 각질 형성 세포 : 피부의 각질을 만드는 세포
- 랑게르한스 세포 : 면역 세포

91 콜라겐과 엘라스틴이 주성분으로 이루어진 피부 조직은?

① 표피 상층　　　② 표피 하층
✓ 진피 조직　　　④ 피하 조직

 진피 조직은 콜라겐과 엘라스틴이 주를 이루는 성분이다.

92 피부 색상을 결정짓는 데 주요한 요인이 되는 멜라닌 색소를 만들어 내는 피부 층은?

① 과립층　　　② 유극층
✓ 기저층　　　④ 유두층

93 피부에 있어 색소 세포가 가장 많이 존재하고 있는 곳은?

① 표피의 각질층　　　② 진피의 망상층
③ 진피의 유두층　　　✓ 표피의 기저층

 기저층에는 각질 형성 세포, 멜라닌 세포, 머켈 세포(촉각 세포)가 존재한다.

94 피부 각질 형성 세포의 일반적 각화 주기는?

① 약 1주　　　② 약 2주
③ 약 3주　　　✓ 약 4주

 피부 각질 형성 세포의 일반적 각화 주기는 약 4주로 28일이다.

95 피부의 천연 보습 인자(NMF)의 구성 성분 중 가장 많은 분포를 나타내는 것은?

✓ 아미노산　　　② 요소
③ 피롤리돈 카복실산　　　④ 젖산 염

천연 보습 인자(NMF)
- 피지 막의 친수성 부분으로 각질층의 건조를 방지한다.
- 아미노산 40%, 피롤리돈 카복실산 12%, 젖산 염 18.5%, 요소 7%로 이루어진다.

96 천연 보습 인자(NMF)의 구성 성분 중 40%를 차지하는 성분은?

① 요소   ② 젖산염

③ 무기염   ✓ 아미노산

97 피부의 색소와 관계가 가장 먼 것은?

✓ 에크린선   ② 멜라닌

③ 카로틴   ④ 헤모글로빈

- 에크린선 : 땀샘   · 멜라닌 : 흑색
- 카로틴 : 황색   · 헤모글로빈 : 적색

98 다음 중 땀샘의 역할이 아닌 것은?

① 체온 조절   ② 분비물 배출

③ 땀 분비   ✓ 피지 분비

피지 분비는 피지선에서 일어난다.

99 인체 기관 중 피지선이 전혀 없는 곳은?

① 이마   ② 코

③ 귀   ✓ 손바닥

손바닥과 발바닥에는 피지선이 없다.

100 유분이 많은 화장품보다는 수분 공급에 효과적인 화장품을 선택하여 사용하고, 알코올 함량이 많아 피지 제거 기능과 모공 수축 효과가 뛰어난 화장수를 사용하여야 할 피부 유형은?

① 건성 피부   ② 민감성 피부

③ 정상 피부   ✓ 지성 피부

101 일반적으로 피부 표면의 pH는?

✓ 약 4.5~5.5   ② 약 9.5~10.5

③ 약 2.5~3.5   ④ 약 7.5~8.5

정상적인 피부 pH는 5.5로, 피부 속은 촉촉하고 피부 겉은 얇은 유분막이 덮여 있어 각종 세균과 유해 환경으로부터 피부를 건강하게 지킬 수 있는 상태를 말한다.

102 건성 피부를 관리하는 방법으로 가장 적당한 것은?

✓ 적절한 수분과 유분 공급

② 적절한 일광욕

③ 단백질 섭취

④ 카페인 섭취 줄이기

건성 피부는 유분과 수분이 부족한 피부로 이를 적절하게 공급해 주며 관리해 주어야 한다.

103 광노화 현상이 아닌 것은?

① 표피 두께 증가

② 멜라닌 세포 이상 항진

✓ 체내 수분 증가

④ 진피 내의 모세 혈관 확장

광노화 현상
- 모세 혈관 확장으로 피부 세포가 손상되고, 염증이 발생하여 피부 결이 거칠어진다.
- 표피의 두께가 두꺼워지고 불규칙한 색소 침착이 발생한다.

104 탄수화물에 대한 설명으로 옳지 않은 것은?

① 당질이라고도 하며 신체의 중요한 에너지원이다.

② 장에서 포도당, 과당, 갈락토오스로 흡수된다.

✓ 지나친 탄수화물의 섭취는 신체를 알칼리성 체질로 만든다.

④ 탄수화물의 소화 흡수율은 99%에 가깝다.

지나친 탄수화물의 섭취는 지방으로 전환될 수 있다.

105 결핍되면 피부 표면이 경화되어 거칠어지는 물질은?

   ☑ 비타민 A와 단백질   ② 지방

   ③ 탄수화물   ④ 무기질

- 비타민 A는 상피 보호 물질로 신진대사를 원활하게 하고 피부 세포를 형성한다.
- 단백질은 신체 조직의 구성 성분으로 모발이나 근육 및 피부의 조직을 구성한다.

106 칼슘과 인의 대사를 도와주고, 자외선에 의해 합성되며, 발육을 촉진시키는 비타민은?

   ① 비타민 A   ② 비타민 C

   ③ 비타민 B   ☑ 비타민 D

비타민 D는 자외선에 의해 합성되는 지용성 비타민으로 칼슘과 인의 대사를 도와준다.

107 다음 중 비타민(Vitamin)과 그 결핍증을 연결한 것으로 틀린 것은?

   ① Vitamin B_2 - 구순염

   ② Vitamin D - 구루병

   ③ Vitamin A - 야맹증

   ☑ Vitamin C - 각기병

- 각기병: 비타민 B_1의 결핍증
- 비타민 C의 결핍증: 괴혈병

108 피부의 기능이 아닌 것은?

   ① 보호 작용

   ② 체온 조절 작용

   ☑ 비타민 A 합성 작용

   ④ 호흡 작용

피부는 자외선에 의해 비타민 D 합성 작용을 한다.

109 다음 중 적외선에 관한 설명으로 옳지 않은 것은?

   ① 피부에 생성물이 흡수되도록 돕는다.

   ② 혈류의 증가를 촉진시킨다.

   ☑ 노화를 촉진시킨다.

   ④ 피부에 열을 가하여 피부를 이완시키는 역할을 한다.

적외선은 신진 대사를 촉진하여 세포 재생을 도와 노화가 아닌 혈액 순환을 촉진시킨다.

110 자외선이 피부에 미치는 영향이 아닌 것은?

   ① 색소 침착   ② 살균 효과

   ③ 홍반 형성   ☑ 비타민 A 합성

피부에 자외선을 쏘이면 프로비타민 D가 비타민 D로 합성된다.

111 표피의 구조 순서로 알맞은 것은?

   ① 각질층 → 기저층 → 유극층 → 투명층 → 과립층

   ② 각질층 → 과립층 → 기저층 → 유극층 → 투명층

   ☑ 각질층 → 투명층 → 과립층 → 유극층 → 기저층

   ④ 각질층 → 유극층 → 투명층 → 과립층 → 기저층

112 자외선을 많이 쪼이면 나타나는 부정적인 효과는?

   ☑ 홍반 반응   ② 강장 효과

   ③ 살균 효과   ④ 비타민 D 형성

자외선을 많이 쪼이면 홍반 반응, 광과민증, 색소 침착, 피부 노화 등의 부정적인 효과가 나타난다.

113 광노화 현상에 대한 설명과 거리가 먼 것은?

① 점다당질이 증가한다.

② 섬유 아세포 수가 감소한다.

☑ 콜라겐이 비정상적으로 늘어난다.

④ 피부 두께가 두꺼워진다.

 피부의 노화가 진행되면 콜라겐과 엘라스틴은 파괴되기 쉽다.

114 노화 피부의 증세와 가장 관련이 깊은 현상은?

☑ 유분과 수분이 부족하다.

② 항상 촉촉하고 매끈하다.

③ 수분이 80% 이상이다.

④ 지방이 과다 분비한다.

 노화된 피부는 유분과 수분이 부족해지므로 지속적인 관리가 필요하다.

115 태어날 때부터 가지고 있는 저항력으로 병을 치유해 나가는 면역으로 알맞은 것은?

① 획득 면역 　　　☑ 자연 면역

③ 능동 면역 　　　④ 수동 면역

116 피부 침투력이 가장 높아 인체 깊숙한 곳에 영향을 미치는 광선은?

① 자외선 　　　② 적외선

☑ 원적외선 　　　④ 가시광선

 • 파장의 길이가 길수록 에너지는 약하지만 침투력은 좋다.
• 파장의 길이 : 자외선 〈 가시광선 〈 적외선 〈 원적외선

117 원발진으로만 짝지어진 것은?

① 궤양, 동상 　　　② 흉터, 티눈

③ 찰상, 색소 침착 　　　☑ 수포, 농포

 원발진 : 1차적 피부 장애, 반점, 홍반, 구진, 농포, 팽진, 소수포, 대수포, 결절, 종양, 낭종 등

118 단백질, 지방, 탄수화물을 총괄적으로 지칭하는 것은?

① 기능 영양소 　　　☑ 열량 영양소

③ 조절 영양소 　　　④ 구성 영양소

 • 열량 영양소 : 탄수화물, 단백질, 지방
• 조절 영양소 : 무기질, 비타민
• 구성 영양소 : 단백질, 지질, 무기질

119 색의 혼합에 대한 설명으로 바르지 않는 것은?

① 감산 혼합은 색료 혼합이다.

☑ 가산 혼합의 삼원색은 빨강, 노랑, 파랑이다.

③ 흰색, 원색은 어떤 혼합으로도 만들 수 없다.

④ 빛과 안료를 혼합한 색은 다르다.

 가산 혼합의 삼원색은 빨강, 초록, 파랑이다.

120 자연 노화(생리적 노화)에 의한 피부 증상이 아닌 것은?

① 망상층이 얇아진다.

② 피하 지방 세포가 감소한다.

☑ 각질층의 두께가 감소한다.

④ 멜라닌 세포의 수가 감소한다.

 노화 피부 : 수분과 피지가 부족하여 잔주름이 생기고 탄력이 부족하며 각질화된 피부

공중위생 관리학

01 공중 보건학 총론

✂ 공중 보건학의 개념

1 공중 보건학의 정의

① **일반 정의**: 체계적인 지역 사회의 노력을 통해 치료보다는 예방에 중점을 두어 건강을 유지·증진시킴으로써 질병 예방, 수명 연장, 건강 증진을 목적으로 하는 학문

② **윈슬로의 정의**: "공중 보건학이란 조직적인 지역 사회의 노력을 통해서 질병을 예방하고 생명을 연장시키며, 신체적·정신적 효율을 증대시키는 기술이며, 과학이다."

2 공중 보건의 대상

① **대상**: 개인이 아닌 지역 사회의 인간 집단, 국민 전체

② **범위**: 감염병 예방학, 산업 보건학, 환경 위생학, 모자 보건학, 식품 위생학, 정신 보건학, 보건 통계학, 직업병 예방 사업, 학교 보건학 등

③ **보건 행정**
  • 국민 보건의 향상을 위해 국가나 지방 단체가 행하는 공공 활동
  • 예방 보건 행정, 모자 보건 행정, 의료 보험 행정으로 구분

✂ 건강과 질병

1 세계보건기구(WHO)의 건강에 대한 정의

보건 헌장에서는 "건강(Health)이란 단순한 질병이나 허약하지 않은 상태만을 의미하는 것이 아니고 육체적·정신적·사회적으로 모두 완전한 상태"를 의미한다고 정의하였다.

세계보건기구(WHO, World Health Organization)
• **창설과 본부**: 1948년 4월 7일, 스위스 제네바
• **우리나라의 가입과 소속**: 1949년 6월(65번째), 필리핀의 마닐라에 본부를 둔 서태평양 지역
• **주요 기능**
– 국제적인 보건 사업의 지휘 및 조정
– 회원국에 대한 기술 지원 및 자료 공급
– 전문가 파견에 의한 기술 자문 활동

2 질병의 이해

① **질병 발생 결정 인자**: 병인적 인자, 숙주적 인자, 환경적 인자

② **질병 예방 분류**

1차 예방	질병 발생 전 예방 접종, 건강 관리, 환경 개선 등으로 저항력을 높임.
2차 예방	조기 진단 및 치료로 악화 방지
3차 예방	치료 후 재활 및 사회 복귀, 적응 등

인구 보건 및 보건 지표

1 인구 구조

① **인구의 정의**: 일정한 시점에 일정 지역에 거주하는 사람들의 총 수

② **인구의 구성 형태**

피라미드형(인구 증가)	후진국형, 출생률 증가, 사망률 감소
종형(인구 정지)	가장 이상적인형, 출생률과 사망률이 낮음.
방추형(인구 감소)	선진국형, 출생률 〈 사망률
별형(도시 유입)	생산 연령 인구 유입
표주박형(농촌)	생산 연령 인구 유출

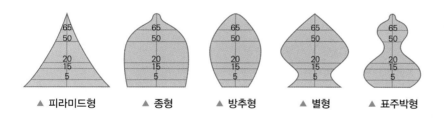

▲ 피라미드형   ▲ 종형   ▲ 방추형   ▲ 별형   ▲ 표주박형

오늘날 인류 생존에 위협이 되는 3P
- 인구(Population)
- 환경 오염(Pollution)
- 빈곤(Poverty)

인구론
- 최초의 인구학자는 맬더스
- 인구는 기하급수적으로 증가하고 식량은 산술급수적으로 증가한다.
- 신맬더스주의: 피임에 의한 산아 조절을 주장
- 적정 인구론: 생활 수준에 맞는 산아 조절을 주장

2 공중 보건 수준과 건강 수준의 평가 지표

① **WHO의 3대 건강 지표**: 평균 수명, 조사망률, 비례 사망 지수

② **한 국가의 건강 수준을 나타내는 지표**: 영아 사망률

③ 연간 영아 사망률 $= \dfrac{\text{연간 생후 1년 미만 사망아 수}}{\text{연간 총 출생아 수}} \times 1,000$

02 질병 관리

✂ 역학

① **정의**: 집단 안에서 일어나는 전염병 및 질병의 여러 가지 발생 요인을 연구하여 예방과 관리 대책을 세우는 학문
② **목적**: 질병의 발생 원인 규명 및 효율적인 예방
③ **구분**: 기술 역학, 분석 역학

✂ 감염병 관리

1 감염병의 발생 과정

병원체 → 병원소(병원체가 생육하며 전파될 수 있는 상태로 저장되는 장소) → 병원소로부터의 병원체 탈출 → 병원체 전파 → 새로운 숙주로 침입 → 숙주의 감염

2 법정 감염병

구분	의미	종류
제1군 감염병	마시는 물 또는 식품을 매개로 발생하고, 집단 발생의 우려가 커 발생 또는 유행 즉시 방역 대책을 수립해야 하는 감염병	콜레라, 장티푸스, 파라티푸스, 세균성 이질, 장출혈성 대장균 감염증, A형 간염
제2군 감염병	예방 접종을 통하여 예방 및 관리가 가능하여 국가 예방 접종 사업의 대상이 되는 감염병	디프테리아, 백일해, 파상풍, 홍역, 유행성 이하선염, 풍진, 폴리오, B형 간염, 일본 뇌염, 수두, B형 헤모필루스 인플루엔자, 폐렴구균
제3군 감염병	간헐적으로 유행할 가능성이 있어 계속 그 발생을 감시하고, 방역 대책의 수립이 필요한 감염병	말라리아, 결핵, 한센병, 성홍열, 수막구균성 수막염, 레지오넬라증, 비브리오 패혈증, 발진티푸스, 발진열, 쯔쯔가무시증, 렙토스피라증, 브루셀라증, 탄저, 공수병, 신증후군 출혈열, 인플루엔자, 후천 면역 결핍증(AIDS), 매독, 크로이츠펠트-야콥병(CJD) 및 변종 크로이츠펠트-야콥병(vCJD)

기술 역학
- 질병의 발생과 관련이 있다고 의심되는 속과 질병 발생의 분포, 경향 등을 기술하여 조사하고 연구
- 생물학적 변수, 사회적 변수, 지역적 변수, 시간적 변수가 영향을 줌.

분석 역학
- 기술 역학의 결과를 바탕으로 의도적으로 계획하고 설정하여 인과 관계를 밝힘.
- 단면적 연구, 환자-대조군 연구, 코호트 연구(특정 인구 집단 연구)가 있음.

질병 발생의 3대 원인
- **병인**: 질병이 발생하는 직접적인 원인으로, 숙주의 침입 및 감염 능력에 따라 감염의 속도와 환자 수 증가가 빨라진다.
- **숙주**: 연령, 성별, 영양 상태, 저항력, 유전, 생활 습관에 따라 감염 양상과 관리가 달라진다.
- **환경**: 물리적, 화학적, 생물학적, 사회적, 경제적 환경에 따라 감염 양상과 관리가 달라진다.

급성 감염병
- **호흡기계**: 홍역, 유행성 이하선염, 풍진, 디프테리아, 백일해, 천연두
- **소화기계**: 세균성 이질, 장티푸스, 콜레라, 폴리오, 유행성 간염, 파라티푸스
- **동물 매개 감염병**: 일본 뇌염, 말라리아, 페스트, 발진티푸스, 유행성 출혈열, 광견병, 탄저, 렙토스피라증, 브루셀라증

만성 감염병
결핵, 나병, 매독, 임질, 후천 면역 결핍증, 유행성 간염, 트라코마

제4군 감염병	국내에서 새롭게 발생하였거나 발생할 우려가 있는 감염병 또는 국내 유입이 우려되는 해외 유행 감염병으로, 보건복지부령으로 정하는 감염병	중동 호흡기 증후군(MERS), 페스트, 황열, 뎅기열, 바이러스성 출혈열, 두창, 보툴리눔 독소증, 중증 급성 호흡기 증후군(SARS), 동물 인플루엔자 인체 감염증, 신종 인플루엔자, 야토병, 큐열(Q熱), 웨스트나일열, 신종 감염병 증후군, 라임병, 진드기 매개 뇌염, 유비저(類鼻疽), 치쿤구니야열, 중증 열성 혈소판 감소 증후군(SFTS), 지카(zika) 바이러스 감염증
제5군 감염병	기생충에 감염되어 발생하는 것으로, 정기적인 조사를 통한 감시가 필요하여 보건복지부령으로 정하는 감염병	회충증, 편충증, 요충증, 간흡충증, 폐흡충증, 장흡충증

✂ 기생충 질환 관리

1 선충류, 조충류, 흡충류

① 선충류

회충	야채, 손, 파리에 의해 감염
요충	오염된 음식 및 손에 의해 감염
구충	토양, 야채에 의해 감염
편충	야채, 손, 파리에 의해 감염
말레이사상충	모기에 의해 감염

② 조충류

- 갈고리촌충(유구조충): 덜 익은 돼지고기에 의해 감염
- 민촌충(무구조충): 덜 익은 소고기에 의해 감염

③ 흡충류

- 간디스토마: 민물고기의 생식으로 전파
- 폐디스토마: 감염된 게나 가재의 생식으로 전파

2 해충에 의한 질병

① **모기**: 일본 뇌염, 말라리아, 사상충, 황열병, 뎅기열 등

② **파리**: 세균성 이질, 콜레라, 결핵, 장티푸스, 식중독, 파라티푸스, 디프테리아, 회충, 요충, 편충, 촌충, 소아마비 등

③ **바퀴벌레**: 장티푸스, 결핵, 세균성 이질, 콜레라, 살모넬라, 디프테리아, 회충, 요충, 편충, 촌충, 소아마비 등

④ **쥐**: 살모넬라증, 유행성 출혈열, 페스트, 서교열, 렙토스피라증, 발진열, 이질, 선모충증 등

✂ 성인병 관리 ⌒

1 고혈압

① 고혈압은 병명이라기보다는 증세라고 할 수 있으며, 최고 혈압 150~160mmHg 이상, 최저 혈압 90~95mmHg 이상을 고혈압으로 간주한다.

② **고혈압의 분류**
  • **본태성(1차성) 고혈압**: 원인을 알 수 없는 것으로 유전적인 요소를 가지며, 고혈압의 90~95% 정도를 차지함.
  • **속발성(2차성) 고혈압**: 원인을 알 수 있는 것

③ **주요 증상**: 뇌신경 증상, 심장과 신장 증상 등

④ **예방**: 고염식을 피하고 과식을 하지 않으며, 체중을 적절히 유지하면서 양질의 단백질을 충분히 섭취하여 발생 요인을 감소시킨다.

2 당뇨병

① 당뇨병은 인슐린 부족으로 혈액 중 포도당이 높아져 소변으로 포도당이 배출되는 만성 질환이다.

② 완치가 불가능하며, 진행을 정지시킴과 동시에 합병증 발생을 예방해야 한다.

③ **주요 증상**: 다뇨, 다갈, 다식, 권태, 체중 감소, 당뇨성 산중독(혼수) 등

3 동맥 경화증

① 혈관에 콜레스테롤, 중성 지질 등이 침착하여 혈관 내강을 좁히고 탄력을 잃게 하는 병변이다.

② 가장 중요한 발생 원인은 고혈압이며, 체내 지질 대사 이상, 호르몬 대사 이상, 유전적 요인, 식생활 등에 의해 일어난다.

③ 주요 병변은 전신에서 일어날 수 있으나 대동맥, 뇌, 심장, 신장 등의 혈관에 나타나 문제가 된다.

④ **예방**: 비만이 되지 않도록 체중 관리에 적합한 영양 섭취를 하며, 과로와 자극을 피하고 규칙적인 생활을 한다.

4 뇌졸중

① 뇌의 혈액 순환 장애로 인해 급격한 의식 장애와 운동 마비를 수반하는 증후군으로, 뇌출혈에서 많이 나타난다.

② 뇌출혈의 가장 큰 원인은 고혈압, 뇌경색의 중요 원인은 혈전 형성이다.

성인병의 원인
노화가 진행되면서 생체 항상성의 부조화가 야기되어 신진대사가 원활하지 않고 여러 기능이 감퇴

성인병의 발생
성인병은 내분비 계통의 이상 및 변화와 원인 환경에의 반복적인 노출과 면역학적 기전의 변화 등에 의해 발생

③ **예방**: 급격한 온도 변화나 충격을 피하고 규칙적인 생활과 적합한 식이 요법을 하며, 정기적인 건강 진단을 실시하여 조기 발견과 치료에 노력한다.

✂ 정신 보건

1 기본 이념

① 모든 정신 질환자는 인간으로서의 존엄·가치 및 최적의 치료와 보호를 받을 권리를 보장받는다.

② 모든 정신 질환자는 부당한 차별 대우를 받지 않는다.

③ 미성년자인 정신 질환자에 대해서는 특별히 치료, 보호, 필요한 교육권 등이 보장되어야 한다.

④ 입원 치료가 필요한 정신 질환자에 대하여서는 항상 자발적인 입원이 권장되어야 한다.

⑤ 입원 중인 정신 질환자에게 가능한 한 자유로운 환경과 타인과의 자유로운 의견 교환이 보장되어야 한다.

기본 원칙
• 전체 국민을 대상으로 한 정신 건강 증진과 예방, 환경 조성을 강조
• 서비스 접근성을 확보(지역 사회 인프라 강화 → 정보 시스템 → 협력 체계 구축)
• 국가 정신 건강 증진 사업의 리더십을 강화
• 정확한 정보와 근거를 기반으로 정신 건강 정책과 사업을 수행

2 정신 질환자 및 관련 개념

① **정신 질환자**: 정신병·인격 장애·알코올 및 약물 중독, 기타 비정신병적 정신 장애를 가진 자

② **정신 분열증**: 양성 증상(망각, 환각, 행동 장애 등), 음성 증상(무언어증, 무욕증 등)

③ **신경증**: 공황 장애, 강박 장애, 고소 공포증, 폐쇄 공포증 등

✂ 이·미용 안전사고(화학 물질 취급 시 안전 관리)

① 작업장의 공기를 자주 환기시켜 냄새가 머물지 않도록 한다.

② 피부에 직접 닿지 않도록 주의하며 호흡 중 흡입되지 않도록 한다.

③ 라벨링을 통해 제품을 혼동하지 않게 하고, 사용 후 마개를 닫아서 보관한다.

④ 화기성 제품이 화재에 노출되지 않도록 주의한다.

⑤ 사용 방법과 주의 사항을 반드시 확인하고 유해 정보를 숙지한다.

작업 시의 안전 관리
• 손 소독 등 시술 전후 청결 유지
• 도구 사용 시 상처를 입지 않도록 주의
• 감염성 질환에 주의
• 마스크 착용 및 소독으로 시술자와 고객 사이에 전염 방지

03 가족 및 노인 보건

✂ 가족 보건

1 모자 보건의 정의

① 모성의 생명과 건강을 보호하고 건전한 자녀의 출산과 양육을 통하여 가족의 건강과 가정 복지의 증진을 도모한다.

② **모자 보건의 대상**: 가임 여성과 6세 미만의 영·유아를 비롯한 임신, 분만, 산욕기, 수유기 여성 등

③ **모성 사망의 3대 요인**: 출혈, 임신 중독증, 자궁 외 임신 등

모자 사망 원인의 보고
• **영아 사망 원인**: 선천적 기형, 장염 및 설사, 폐렴 및 기관지염, 신생아의 고유 질환 및 사고 등
• **조산아 관리**: 체온 보호, 감염 방지, 호흡 관리, 영양 관리 등

2 영유아 보건

① **영아 사망률**: 1000명당 1년 이내의 사망 지수를 뜻하고, 그 사회의 건강 수준을 평가하는 대표적인 지표가 된다.

② 초생아는 생후 1주일, 신생아는 생후 1개월 정도의 상태를 뜻한다.

영아 사망률
$$\frac{\text{연간 1년 미만 사망아 수}}{\text{연간 총 출생아 수}} \times 1000$$

✂ 노인 보건

1 성인 보건

환경 및 개인의 식습관, 음주, 약물, 폭음 등으로 인한 고혈압, 동맥 경화, 당뇨, 암 등의 성인병 발생을 줄이도록 노력하는 데 있다.

혈압 관리

2 노인 보건

① 고령화 사회로 인한 노화 현상과 유전적인 질병에 대한 관심이 점점 높아지고 있다.

② 사회적 역할이 중요시되고 있으며, 건강 교육·건강 상담·건강 진단 기능 훈련·방문 지도 등이 있다.

건강 상담

04 환경 보건

✂ 환경 보건의 개념 ✂

1 환경 보건

① **목적**: 생활 환경을 조정 및 개선하여 쾌적하고 건강한 생활을 영위할 수 있게 한다.

② **환경 보건에 영향을 미치는 기후 요인**

기온	실내에서의 쾌적 온도: 18±2℃, **침실**: 15±1℃
습도	• **쾌적 습도**: 40 ~ 70%(인체의 적당한 습도 60 ~ 65%) • **불쾌지수(D.I.)** − DI > 70 일부 사람이 다소 불쾌 − DI > 75 절반 이상의 사람이 불쾌 − DI > 80 모든 사람이 불쾌 − DI > 85 모든 사람이 매우 불쾌
기류	• **무풍**: 0.1m/sec • **쾌감 기류**: 1m/sec • **불감 기류**: 0.2 ~ 0.5m/sec

2 자연적 환경 요인으로서의 일광

① **자외선**
- 파장이 가장 짧고, 범위는 2,000 ~ 4,000Å(200 ~ 400nm)이다.
- 살균 작용이 가장 강한 선은 2,500 ~ 2,800Å(250 ~ 280nm)이고, 도노선(Dorno, 비타민선, 건강선)은 2,800 ~ 3,100Å(280 ~ 310nm)이다.

② **가시광선**
- 명암을 구분할 수 있는 파장으로, 범위는 3,000 ~ 7,000Å(300 ~ 700nm)이다.
- 가장 강한 빛을 느끼는 파장의 범위는 5,500Å(550nm)이다.

③ **적외선(열선)**
- 방사선 치료와 온실 효과와 관련 있고, 범위는 7,800 ~ 30,000Å(7,800nm 이상)이다.
- 피부 온도의 상승, 혈관 확장, 화상(피부 장애), 백내장, 열사병, 일사병 등을 발생시킨다.

환경
자연적 환경, 사회적 환경

환경 위생
인간의 물리적 생활 환경에 있어서의 모든 요소를 통제하는 것

생활 환경 요인의 분류
- **자연적 환경 요인**: 기후, 일광, 공기, 소리, 물 등
- **인위적 환경 요인**: 채광, 냉방, 환기, 상하수도, 오물 처리, 공해, 의복 등
- **사회적 환경 요인**: 교통, 문화, 인구, 종교, 정치, 경제, 교육 등

자외선이 인체에 미치는 영향
- 식품, 의복, 공기, 조리 기구 등의 살균 작용
- 신진대사 촉진, 혈압 강하 작용, 구루병 예방, 적혈구 생성 촉진, 관절염 치료 작용
- 색소 침착, 피부 홍반, 피부암, 부종, 수포 형성, 결막염, 각막염, 백내장 등 유발

3 인위적 환경 요인으로서의 빛

① 채광

자연 조명	태양 광선을 이용하는 것
창의 면적	바닥 면적의 1/5 ~ 1/7 이상, 벽 면적의 70%가 적당
개각	4 ~ 5°, 입사각 27 ~ 28° 이상, 채광의 방향은 남향
창 높이	높을수록 밝으며, 천장에 있는 경우 약 3배나 밝음.

② 인공 조명의 종류

- **직접 조명**: 눈부심과 강한 음영으로 눈에 피로와 불쾌감을 준다.
- **간접 조명**: 반사된 빛으로 밝혀지기 때문에 온화하고, 눈의 피로감이 적다(가장 이상적).
- **반간접 조명**: 절충식으로 광선을 분산하여 비추고 반사시키므로, 빛이 온화하다.

조명
- 백열전구나 형광등과 같은 인공광
- **작업장의 조명도**: 50 ~ 100lx

인공 조명 시 고려할 사항
- 조도는 균등하며 충분할 것
- 광색은 주광색에 가까울 것
- 취급이 간단하고 경제적일 것
- 발화나 폭발의 위험이 없을 것
- 유해 가스의 발생이 없을 것
- 광원은 간접 조명이 좋고, 좌 상방에 위치할 것

대기 환경

1 대기 오염의 개념

① 유해 물질이 발생하거나 존재하는 물질의 농도가 증가되어 대기가 더럽혀지는 현상이다.

② 오염 물질에 의해 불쾌감 및 공중 보건상의 위해를 끼쳐 쾌적한 생활과 식물 성장을 방해하는 실내·외의 대기 상태를 의미한다.

2 대기 오염의 영향 및 대책

① 대기 오염은 지구의 온난화, 오존층(O_3) 파괴, 산성비 등 지구 환경뿐만 아니라 인간과 동·식물에도 영향을 미친다.

② 대기 오염 방지에 대한 법적 규제, 에너지 사용 조절, 오염 방지 기술을 위한 노력 등이 방안이다.

대기 오염 물질
- **매연(Smoke)**: 연소 시 발생하는 유리 탄소를 주로 하는 미세한 입자상 물질
- **검댕(Soot)**: 연소 시 발생하는 유리 탄소가 응결하여 입자의 지름이 1마크론 이상인 물질
- **아황산가스(SO_2)**: 대기 오염의 측정 지표로 사용

기온 역전(Temperature Inversion)
상부 기온이 하부 기온보다 높은 상태

3 대기 오염 물질의 분류

1차 오염 물질	먼지, 매연, 검댕, 연무 등 각종 발생원으로부터 직접 대기로 방출되는 물질
2차 오염 물질	오존, 과산화아세틸, 알데히드, 스모그 등 1차 오염 물질 간 또는 다른 물질이 반응하여 생성된 물질
가스상 물질	황산화물, 일산화탄소, 질소 산화물 등 물질의 연소·합성·분해 시 발생되거나 물리적 성질에 의하여 발생하는 기체상의 물질

✂ 수질 환경

1 수질 오염

① 수질 오염의 지표

생화학적 산소 요구량(BOD)	• 20℃에서 5일간 용존 산소의 손실량을 측정하여 오염된 물의 수 질을 표시하는 지표 • 20ppm 이하여야 하며 적을수록 오염이 없다는 것을 나타냄.
용존 산소량(DO)	• 용액 속에 남아 있는 유리 산소의 양으로 측정 • 4 ~ 5ppm 이상이어야 함.
화학적 산소 요구량(COD)	인위적으로 분해시킬 때 소비되는 산화제의 양을 산소의 양으로 환 산한 값
부유 물질(SS)	물에 용해되지 않는 물질로, 오염된 물의 수질을 표시하는 지표

수질 오염
농약과 화학 약품, 도시 하수나 공업용 약품에 의해 오염되며 감염병을 초래하는 원인

② **수질 오염 물질**: 농약, 은(Ag), 카드뮴(Cd), 수은(Hg), 비소(As), 시안(CN), 폴리염화비닐(PCB) 등

③ **대책**: 자가 폐수 처리장의 설치, 실태 파악과 오염 방지 계몽, 처리 기술 개발 등 수질에 대한 철저한 예방과 관리가 필요

수질 오염의 피해
이타이이타이 병(카드뮴), 미나마타병(수은), 가네미유증(PCB), 부영양화, 적조, 농작물의 고사, 상수원의 오염, 악취 등

2 오물 처리

① **오물**: 쓰레기, 재, 오니, 분뇨, 동물의 사체 등

② **분뇨**: 위생적인 처리로 소화기계 전염병, 기생충 질환 등을 방지

오물 처리 방법

2분법	주개와 잡개를 분리하여 처리
매립법	땅에 묻는 방법
소각법	가장 위생적이지만, 대기 오염의 원인임.
비료화법	음식물 처리에 효과적이며 화학 분해하여 퇴비로 사용

✂ 주거 및 의복 환경

1 주거 환경

① **쾌적한 실내 온도**: 거실 18±2℃, 침실 15±1℃, 병실 21±2℃, 실내 습도 40 ~ 70%

② **채광과 조명**: 평상시 생활하는 데는 100 ~ 1,000lx 정도의 조명이 필요

2 의복 환경

의복의 보온력을 나타내는 단위인 클로(clo)는 기온이 21.0℃, 상대 습도 50% 이하, 기류 10cm/sec의 환경 조건하에서 의자에 편히 앉아 있는 안정 상태의 사람이 쾌적감을 느끼는 평균 온도인 33.3℃를 유지할 수 있는 보온력을 의미한다.

• 클로 = 의복의 보온력

05 산업 보건

✂ 산업 보건의 개념 ✂

1 산업 보건의 정의

① 모든 근로자들의 육체적, 정신적, 사회 복지를 고도로 증진하고 유지하는 데 있다.

② 세계보건기구(WHO)와 국제노동기구(ILO)의 정의
"모든 산업장 직업인들의 육체적, 정신적, 사회 복지를 최고도로 증진, 유지하기 위하여 작업 조건으로 인한 질병을 예방하고 건강에 유해한 작업 조건으로부터 근로자들을 보호하여, 그들을 정서적으로나 생리적으로 알맞은 작업 조건에서 일하도록 배치하는 것"

2 산업 보건 사업의 기본 원칙

대치	물질의 변경, 공정의 변경, 시설의 변경, 작업 환경의 변경, 유해 물질 관리 방법 중 가장 기본적이고 우선적으로 해야 하는 원칙임.
격리	저장 물질의 격리, 시설의 격리, 공정의 격리, 작업자의 격리
환기	깨끗한 공기로 희석
보호	개인 보호구 착용
교육	작업장의 청결 및 정돈, 직업병으로부터 자신을 보호하여 건강 관리 능력을 증진

3 산업 피로

① **의미**: 정신적·육체적·신경적 노동의 부하로 인하여 충분한 휴식을 취하였음에도 회복되지 않는 피로

② **본질**: 생체의 생리적 변화, 피로 감각, 작업량의 변화 등

③ **종류**: 정신적 피로(중추신경계), 육체적 피로(근육)

④ **대책**: 작업 방법의 합리화, 개인차를 고려한 작업량 분배, 적절한 휴식, 효율적인 에너지 소모 등

산업 보건의 목적과 관리 대상
• **목적**: 근로자의 안전과 보건을 유지하고 증진함으로써 노동 생산성을 향상시키는 데 있다.
• **관리 대상**: 근로자와 작업 환경을 중심으로 구성하고, 담당 부서는 고용 노동부가 된다.

산업 피로

✂ 산업 재해

1 산업 재해 일반 사항

① **의미**: 산업 과정에서 발생하는 사고로 인해 발생하는 인적, 물적 피해

② **이론**: 하인리히는 사고의 98%는 예방이 가능하고, 피할 수 없는 사고는 2%에 불과하다고 주장

③ **분류**: 업무상 사고, 업무상 질병, 과로사 등

2 재해 지표

① **의미**: 재해의 정도를 분석하여 재해의 실상을 파악하고, 그 방지 대책을 마련할 때 중요 자료로 활용

② **종류**: 건수율, 도수율, 강도율 등

건수율	• 조사 시간 동안 산업체 종사자의 재해 발생 건수 • 일정 기간 중의 재해 건수 / 일정 기간 중의 평균 종업원 수 × 1,000
도수율	• 산업 재해의 발생 빈도를 국제·국내 산업 간에 상호 비교하기 위한 표준적인 지표 • 일정 기간 중의 재해 건수 / 일정 기간 중의 연작업 시간 수 × 1,000,000
강도율	• 연 근로 시간당 작업 손실 일수로 재해에 의한 손상의 정도를 나타냄. • 일정 기간 중의 작업 손실 일 수 / 일정 기간 중의 연 작업 시간 수 × 1,000

3 주요 직업병

① **구분**

기압 이상 장애	고기압 – 잠함병, 저기압 – 고산병(항공병)
진동 이상 장애	레이노드 증후군(Raynaud's Phenomenon)
분진 작업 장애	진폐증(규소 폐증) – 유리 규산, 석면 폐증
저온 작업 장애	참호족, 동상
소음 작업 장애	소음성 난청(직업성 난청)
중독에 의한 장애	납·수은·비소·카드뮴·크롬 중독 등

② **특징**
- 만성의 경과를 밟게 되지만, 예방도 가능하다.
- 특수하게 발병되며, 특수 건강 검진으로 판정된다.
- 고정된 것이 아니라, 그 시대의 산업 추이에 따라 변화한다.

산업 재해 환자의 관리
- 사고 발생에 대비하여 응급 시설을 갖춤.
- 응급 환자의 신속한 관리 체계 및 후송 체계 수립
- 세밀한 관찰과 검사로 영구 손상 방지
- 재활과 직업 복귀에 치료의 초점을 둠.

직업병
근로자들이 어떤 특정 직업에 종사하거나 특수한 작업 환경에 노출됨으로써 발생하는 질환을 일반적으로 직업병, 직업성 질환이라고 함.

잠함병의 4대 증상
- 피부 소양감 및 사지 관절통
- 척추 전색증 및 마비
- 내이장애
- 뇌내 혈액 순환 및 호흡기 장애

06 식품 위생과 영양

✂ 식품 위생의 개념 ✂

1 식품 위생에 대한 정의

① **세계보건기구(WHO)의 정의**: "식품 위생이란 식품의 생육·생산·제조 과정을 거쳐 최종적으로 사람이 섭취할 때까지의 모든 단계에서 식품의 안정성·건전성 및 무결성을 확보하기 위하여 필요한 모든 수단이다."

② **우리나라 식품 위생법의 목적**: 식품으로 인하여 생기는 위생상의 위해를 방지하고, 식품 영양의 질적 향상을 도모하며, 식품에 관한 올바른 정보를 제공하여 국민 보건 증진에 이바지함을 목적으로 한다.

2 식품을 통한 감염

① **채소를 통한 질환**
- **요충**: 직장 내 기생하는 성충이 항문 주위에 산란하여 경구 침입
- **회충**: 파리나 바퀴벌레 등에 의해 식품이나 음식물에 오염되어 경구 침입
- **구충**: 경구 감염 빛 경피 침입
- **편충**: 특히 맹장에 기생하며 신경증과 빈혈, 설사증을 일으킴.
- **동양모양선충**: 위, 소장, 십이지장 등에 기생
- **아니사키스증**: 제1중간 숙주는 크릴새우 등 바다 갑각류, 제2중간 숙주는 해수어

② **수육을 통한 질환**
- **돼지고기**: 유구조충(갈고리촌충, 돼지고기촌충으로 돼지고기 생식에 의해 감염), 선모충
- **소고기**: 무구조충(민촌충, 쇠고기촌충으로 급속 냉동으로도 사멸되지 않음.)

③ **담수어를 통한 질환**
- **왜우렁이, 담수어**: 간디스토마[제1중간 숙주 왜우렁이, 제2중간 숙주 민물고기(참붕어)], 간흡충, 광절열두조충[긴촌충으로 제1중간 숙주 물벼룩, 제2중간 숙주 민물고기(송어, 연어 등)]

감염의 종류
- **경구 감염병**: 식품을 통해서 감염 (겨울철보다 여름철에 많음.)
- **세균성 감염병**: 세균성 이질, 장티푸스, 파라티푸스, 콜레라 등
- **바이러스성 감염병**: 소아마비, 유행성 간염 등
- **인수 공통 감염병**: 탄저, 결핵, 브루셀라, 야토병, 돈단독 등

- 다슬기, 가재, 게: 폐디스토마(제1중간 숙주 다슬기, 제2중간 숙주 가재, 게), 요코가와흡충[제1중간 숙주 다슬기, 제2중간 숙주 민물고기(은어)], 이형흡충 등

④ **해수어(갑각류, 고등어, 갈치, 전갱이, 청어, 대구, 조기)를 통한 질환:** 아니사키스증

3 식중독

① **의미**
- 미생물 대사 산물인 독소, 유독 화학 물질, 식품 재료 등의 음식물 섭취에 의해 발생되는 위장염을 동반한 장애이다.
- 발생 지역이 국한되어 있고, 주로 여름철에 집단 발병된다.

② **분류**

세균성 식중독	살모넬라 식중독	• 동물성 식품, 유제품, 어패류 등에 의한 발병 • 급성 위장염과 함께 발열, 오한을 동반함.
	장염 비브리오 식중독	• 어패류와 가공품 등에 의해 발병, 2~5%의 식염에서 성장 • 열에 약하고 담수에 의해 사멸되므로 생식을 피하고, 위생적인 조리 기구를 사용해야 함.
	병원성 대장균	• 사람에서 사람에게로 감염되는 질병 • 잠복기는 10~30시간 정도 • 급성 위장염·두통·발열·구토·설사·복통 등의 증상
독소형 식중독	포도상구균	• 화농성 질환으로 장독소가 원인 • 120℃에서 20분간 가열하여도 거의 파괴되지 않음. • 218~248℃에서 30분이면 파괴
	보툴리누스균	• 신경계 증상이 주요 증상으로 치명률이 가장 높은 식중독 • 통조림, 소시지의 위생적 보관 및 가공 처리로 예방 가능
동물성 자연독	복어	• 복어의 난소나 간 등에 많이 함유 • 내열성이 강하여 가열해도 파괴되지 않음.
	패류	• 모시조개·굴·바지락, 홍합(검은조개, 대합조개, 섭조개) 등의 중독으로 말초 신경 마비가 나타남.
유독 금속류에 의한 중독	납(Pb)	• 조리 기구에 의해 중독 • 구토·위통·혼수·체중 감소·지각 소실·사지 마비 등을 일으킴.
	비소(As)	• 농약의 잔류, 불량 기구 등에 의해 발병 • 연하곤란 및 설사, 구토 등을 일으킴.
	구리(Cu)	• 식기에서 용출 • 구토, 복통, 발한, 경련, 호흡 곤란 등을 일으킴.
	카드뮴(Cd)	• 식기나 용기 등의 도금에 이용 • 중독 시 구토, 복통, 설사, 신장 장애, 골연화증, 요통을 유발
	수은(Hg)	• 체내에 장기간 축적되면 만성 중독이 됨.

내장에 맹독이 들어 있는 복어

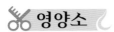

영양소

① 에너지원: 열량 영양소(탄수화물, 단백질, 지방)

② 비에너지원: 조절 영양소(무기질, 비타민)

영양소	작용
무기질	• 신체의 기능 조정을 하는 조절 영양소, 부족 시 생리적 이상 • **철분(Fe)**: 혈액의 구성 성분(간, 고기, 노른자 등에 함유) • **인(P)**: 뼈와 치아, 뇌 신경의 주성분, 지방과 탄수화물의 에너지 대사 • **요오드(I)**: 갑상선 기능 유지(해조류에 함유)
비타민	• 식품을 통해 섭취해야 하며 대사 작용 조절 물질(보조 효소의 역할) • 지용성 비타민 부족 시 A－야맹증·안구 건조증, D－구루병, E－노화 촉진·불임증, K－혈액 응고 지연 • 수용성 비타민 부족 시 B_1－각기병, B_2－구순염, B_6－피부염, B_{12}－악성 빈혈, C－괴혈병, 나이아신－펠라그라

영양 상태 판정 및 영양 장애

1 영양 상태의 판정

① **보건 영양학**: 영양 문제를 사회적 요인과의 관계로 취급하여 영양 개선에 응용하는 것으로 인구 집단 또는 지역 사회의 영양 상태 및 식생활을 평가하고, 더 나아가 질병 예방 및 건강 증진을 위해 계획·실행한다.

② **국민 영양 조사**: 최초 실시 년도 1969년, 3년마다 실시

2 영양 장애

① 식사 부적합으로 일어나는 감염병
  • 과식이나 과다 지방식: 비만증, 고혈압, 당뇨병, 관상 동맥 질환, 심장 질환, 골 관절염 등
  • 식염의 과다 섭취와 자극적인 음식: 고혈압, 신장병, 심장병 등
  • 비타민이나 무기질이 부족한 식사: 각기병, 구루병, 펠라그라, 빈혈, 갑상선종, 충치 등
  • 만성 감염병: 결핵, 나병, 성병, AIDS(후천 면역 결핍증) 등

② 부모로부터 전염되거나 유전되는 감염병
  • 감염병: 매독, 두창, 풍진 등
  • 비감염성 질환: 고혈압, 당뇨병, 알레르기, 혈우병, 통풍, 정신 발육 지연, 시력 및 청력 장애 등

판정 방법
• 주관적 판정법: 시진, 촉진
• 객관적 판정법: 신체 계측에 의한 판정

정기 예방 접종 감염병
• 특별도지사 또는 시장, 군수, 구청장은 질병에 따라 보건소나 의료 기관을 통해 예방 접종을 실시
• 홍역, 결핵, 폴리오, 디프테리아, 백일해, 풍진, 파상풍, 유행성 이하선염, B형 간염, 수두, 일본 뇌염, 콜레라, 소아마비 등

영양 장애의 유형

구분	의미
결핍증	필요 영양소가 부족하여 발생되는 병적인 상태
저영양	영양 섭취가 부족한 상태
영양 실조증	영양소의 공급이 질적·양적으로 부족한 건강하지 못한 상태
기아 상태	저영양과 영양 실조증이 함께 발생된 상태
비만증	체지방의 이상 과다 축적 상태

07 보건 행정

보건 행정의 정의 및 체계

1 보건 행정의 정의

① 보건 행정
- 보건 지식과 기술을 하나로 묶은 기술 행정
- 공중 보건학의 원리를 통해 목적을 달성하기 위해 수행하는 행정 활동
- 공공의 책임으로 국민 보건 향상을 위하여 시행하는 활동의 총칭

② 보건 행정의 효율적 수행 방향: 보건 교육, 보건 봉사, 보건 관계 법규

> 보건 행정의 특성
> 공공성, 사회성, 봉사성, 교육성, 과학성을 갖추어야 함.

2 보건 행정의 체계

일반 보건 행정	위생·의무·약무·예방 보건·모자 보건 행정 등의 공중 위생 행정
산업 보건 행정	산업 재해 예방, 근로자의 건강 유지 및 증진, 근로 복지 시설의 관리 및 안전 교육 등의 작업 환경에 대한 질적 향상 행정
학교 보건 행정	학교 급식, 건강 교육, 학교 체육 등의 학교 보건 행정

3 보건 행정의 범위와 분류

① 범위
- 보건 관련 기록 보존
- 환경 위생
- 감염 질환의 관리
- 보건 간호
- 대중에 대한 보건 교육
- 모자 보건
- 의료

> 공중 보건 사업의 요건
> 보건 행정, 보건법, 보건 교육(가장 효율적인 사업)

② 분류
- 일반 보건 행정은 보건 복지부 보건 정책국 및 환경부 소관이며, 예방 보건 행정·모자 보건 행정, 의료 보험 행정으로 구분한다.
- 보건 복지부의 일반 보건 행정, 교육부의 학교 보건 행정, 고용 노동부의 근로 보건 행정이 있다.

✂ 사회 보장과 국제 보건 기구

1 사회 보장 제도

① **사회 보장 제도**: 질병, 노령, 장애, 실업, 사망 등의 사회적 위험으로부터 모든 국민을 보호하고, 빈곤을 해소하며, 국민 생활의 질을 향상시키기 위하여 제공되는 사회 보험, 공공 부조, 공공 서비스 등을 의미

② **의료 보장 제도**: 사회 구성원에게 건강의 위험이 발생하였을 때 의료상의 위험을 사회적으로 보호하기 위한 사회 보장 제도(국민 건강 보험과 의료 급여 제도)

사회 보장 제도의 종류
• 사회 보험: 소득 보장, 의료 보장
• 공공 부조: 기초 생활 보장, 의료 급여
• 공공 서비스: 사회 복지 서비스, 보건 의료 서비스

2 국제 보건 기구

① **유엔아동기금(UNICEF)**
  • 원조 물품을 접수하여 필요한 국가에 원조하고, 정당한 분배와 이용을 확인한다.
  • 특히 모자 보건 향상에 기여한다.

② **세계보건기구(WHO)의 주요 기능**
  • 국제적인 보건 사업의 지휘 및 조정

유엔식량농업기구(FAO)
인류의 영양 기준 및 생활 향상을 목적으로 설치된 기구이다.

  • 회원국에 대한 기술 지원 및 자료 공급

  • 전문가 파견에 의한 기술 자문 활동

08 소독의 정의 및 분류

✂ 소독 관련 용어

소독	병원성 미생물을 죽이거나 약화시켜 감염력이나 증식력을 없애는 조작
멸균	병원균, 아포 등의 미생물을 무균 상태로 완전히 제거하는 것
살균	미생물을 물리적·화학적 작용에 의해 급속하게 죽이는 것(내열성 포자 잔존)
소독	유해한 미생물을 파괴시켜 감염력을 없애는 것(세균의 포자에는 미치지 못함.)
방부	병원성 미생물의 발육과 작용을 저지시키는 것

✂ 소독 기전

① 단백질의 변성과 응고 작용을 일으켜 균체의 기능을 상실케 한다.

② 세포막 또는 세포벽을 파괴하여 살균한다.

③ 화학적 길항 작용을 통해 특이 활성 분자들의 활성을 저해하고, 완전 정지시킨다.

④ 계면 활성제를 통해 타 물질과의 접촉을 방해한다.

✂ 소독법의 분류

① **자연적 소독법**: 희석, 태양 광선, 한랭

② **물리적 소독법**: 건열 멸균법, 습열 멸균법

③ **화학적 소독법(소독약)**: 승홍, 석탄산, 크레졸, 생석회, 포르말린, 과산화수소 등을 이용

✂ 소독 인자

① **온도** : 온도의 영향을 받는다.

② **수분** : 적절한 수분이 필요하다.

③ **시간** : 소독제에 따라 농도와 시간을 지킨다.

소독의 효과
멸균 〉 살균 〉 소독 〉 방부

소독 인자
온도, 수분, 시간, 농도, 빛 등

건열 멸균법
화염 멸균법, 소각 소독법

습열 멸균법
자비 소독법, 고압 증기 멸균법, 저온 소독법, 간헐 멸균법, 초고온 순간 멸균법

소독약의 살균 기전
산화 작용, 불활화 작용, 가수 분해 작용, 탈수 작용 등

석탄산 계수
소독약의 희석 배수 / 석탄산의 희석 배수×100

09 미생물 총론

미생물의 정의

① 광학 현미경으로 관찰이 가능한 미세한 생물로, 주로 단일 세포 또는 균사로 몸을 이루고 있다.

② 원생동물류, 조류, 균류, 사상균류, 효모류와 바이러스 등이 속한다.

▲ 원생동물류

▲ 조류

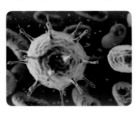
▲ 균류

▲ 사상균

▲ 효모류

③ 병원성, 비병원성, 유용 미생물로 나눌 수 있다.
- **병원성 미생물**: 식중독이나 각종 질병을 유발하는 미생물
- **비병원성 미생물**: 공중 및 지중에 있는 병원성이 없는 미생물
- **유용 미생물**: 술, 간장, 된장 등의 발효 식품을 만드는 미생물

미생물의 역사

① 17~18세기에 보일, 레벤 훅, 스팔란자니 등이 발견하였다.

② 미생물의 역사
- **자연 발생설**: 그리스 철학자 아리스토텔레스가 주장
- **생물 속생설**: 레디의 대조 실험 → 니담 → 파스퇴르 실험을 통해 확립

③ 미생물의 발견
- **로버트 훅(Robert Hooke)**: 1665년 광학 현미경으로 썬 코르크를 관찰하였으며, 세포(cell)라는 용어를 만듦.

• 안톤 반 레벤훅(Anton van Leeuwenhoeck): 1673년 단일 렌즈 현미경으로 살아 있는 미생물을 최초로 관찰

미생물의 분류

세균의 형태별 분류
구균, 간균, 나선균, 대장균 등

세균	• 병원성 미생물의 대부분 • 경구 감염병, 감염형 식중독의 원인, 독소형 식중독을 유발 • 분열법으로 증식하여 증식 속도가 빠르며 중성 pH, 수분 활성도가 높은 곳에서 잘 증식함.
효모	• 출아법으로 증식, 최적 온도 25 ~ 30℃ • 양조, 알코올 제조, 제빵 등 발효에 이용되는 미생물
곰팡이	• 포자가 발아한 후 실 모양의 균사체를 형성, 균사상으로 발육 • 건조 식품 변질의 원인이 되며, 온도·습도·pH 상관없이 증식 • 냉동으로 사멸시키지 못하고 가열 조리로 파괴되지 않음.
리케차	• 발진티푸스, 발진열 등의 원인, 세균과 바이러스의 중간에 속함.
바이러스	• 생체 세포에서만 증식, 크기가 가장 작은 초여과성 미생물 • 가열 조리나 냉동에서 살아남아 질병(간염, 전염성 설사)을 유발

미생물의 증식

① **수분**: 보통 40% 이상 필요하며, 몸체를 구성하고 생리 기능을 조절

② **온도**

- **저온균**: 최적 온도 15 ~ 20℃
- **중온균**: 최적 온도 25 ~ 37℃(대부분의 병원성 세균임.)
- **고온균**: 최적 온도 50 ~ 60℃

③ **수소 이온 농도(pH)**: pH 6.5 ~ 7.5에서 가장 잘 증식

④ **산소**

- **호기성균**: 곰팡이, 결핵균, 디프테리아균 등(산소를 필요로 함.)
- **혐기성균**: 산소를 필요로 하지 않는 균

⑤ **삼투압**: 일반 세균은 3% 정도의 식염에서 증식이 억제

⑥ **광선 방사선**

- 가시광선
- 자외선: 260nm 파장에서 살균력이 가장 강함.
- 방사선: 자외선보다 파장이 짧고 투과력이 높음.

생육에 필요한 수분량(Aw)
• 세균(Aw 0.94) > 효모(Aw 0.88) > 곰팡이(Aw 0.80)
• Aw 0.6 이하에서는 미생물 증식이 억제됨.

혐기성 세균
파상풍균, 유산균 등

10 병원성 미생물

✂ 병원성 미생물의 분류

1 바이러스

① **정의**: 살아 있는 생명체 중 20~300nm 크기로 가장 작다.

② **특징**

- 생존에 필요한 물질로 숙주에 의존해서 살아간다.
- 소독제로 56°C 이상에서 30분 이상 가열 시 감염력이 상실된다.
- 질병을 일으키며 접촉을 통해 다른 사람을 전염시킨다.

③ **분류**

- 동물 바이러스: 폴리오 바이러스, 폭스 바이러스 등
- 식물 바이러스: 식물 세포를 감염시키는 것
- 세균 바이러스: 세균에 침입하는 바이러스

바이러스 = 여과성 미생물

2 세균

① **개념**

- 번식 속도가 빠르고 유해 물질을 발생시켜 질병을 전염시킨다.
- 인간에게 감염시키는 질병의 가장 큰 원인이다.
- 미생물이라고도 하며, 동물의 조직에 침입하여 서식한다.

② **분류**: 간균, 구균, 나선균

3 리케차

① 세균보다 작고 바이러스보다 큰 짧은 막대 모양이다.

② 사람과 가축, 동물 등에 감염되는 인수 공통 미생물 병원체이다.

③ **유발 질환**: 발진티푸스, 발진열, 지중해열, 쯔쯔가무시병 등

4 진균

① **종류**: 곰팡이, 효모, 버섯 등에서 서식

② **유발 질환**: 무좀, 백선 등의 피부병

✂ 병원성 미생물의 특성

1 병원성 미생물 총론

① 사람이나 동물에 감염되어 다양한 형태의 질병을 유발하는 병원성을 띤 미생물이다.

② 변질과 부패를 방지하기 위해 미생물 오염 및 증식을 억제하는 것이 중요하다.

③ 사람에게는 무생물에서 증식하여 파상풍을 일으키며, 분비물과 대변 등에 의해 전파된다.

> 병원성 미생물의 분류
> 세균, 바이러스, 리케차, 진균

2 특성

구분	세균	바이러스
특성	감염형, 독소형이 있으며 균 자체, 균이 생산하는 독소에 의하여 식중독이 발병함.	DNA 또는 RNA가 단백질 외피에 둘러싸여 있으며 공기, 물, 접촉 등으로 전염
증식	온도, 습도, 영양 성분 등이 적정하면 자체 증식 가능	반드시 숙주가 존재하여야 증식 가능하며, 자체 증식이 불가능
발병량	일정량 이상의 균이 존재하여야 발병 가능	미량으로도 발병 가능
치료	일부 균은 백신이 개발되었으며, 항생제 등으로 치료 가능함.	일반적 치료법이나 백신이 없음.
2차 감염	2차 감염되는 경우는 거의 없음.	대부분 2차 감염됨.

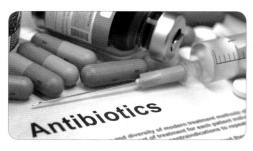

▲ 세균 감염 치료에 효과가 있는 항생제

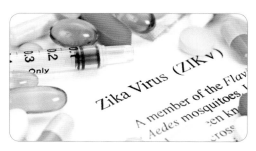

▲ 치료제 없는 지카 바이러스

11 소독 방법

✂ 소독 도구 및 기기(물리적 소독)

1 건열 멸균법

화염 멸균법	• 20초 이상 불꽃 속에 접촉하여 살균하는 방법 • 금속류, 유리봉, 백금 루프, 도자기류의 소독
소각법	• 오물을 태우는 방법 • 화염 멸균법 중 가장 강력한 멸균력
건열 멸균법	• 170℃, 1 ～ 2시간 • 유리기구, 주사침, 글리세린, 분말, 금속류 등에 사용

2 습열 멸균법

자비 소독법	• 물 100℃ 이상 15 ～ 20분간 • 아포균이 완전하게 소독되지 않아 완전 멸균은 불가능
고압 증기 멸균법	• 121℃, 1.5기압, 20분 • 포자균 멸균에 가장 좋은 방법
간헐 멸균법	• 100℃ 증기, 30 ～ 60분 가열 • 코흐(Koch) 멸균법 사용
저온 소독법	• 60 ～ 65℃에서 30분 소독 • 고온 처리가 불가능한 물품 소독
초고온 순간 멸균법	• 135℃에서 2초간

3 비열처리법

자외선 멸균법	• 2,650Å의 파장 사용 • 무균실, 제약실, 수술실 등의 기구와 용기 등을 소독
초음파 멸균법	• 8,800cycle 음파, 200,000Hz 이상의 진동으로 살균 • 식품, 액체 약품, 시약 등을 멸균
방사선 멸균법	• 세포 내 핵의 DNA나 RNA의 작용으로 단시간 살균 • ^{50}C, ^{137}CS 등 방사능으로 멸균 • 각종 용기, 플라스틱, 포장 등을 멸균
냉동법	• 살균 효과는 없지만, 균의 번식 및 활동 억제
세균 여과법	• 화학·액체 물질(열을 이용할 수 없는 시약, 주사제)에 이용
무균 조작법	• 미생물의 오염 방지 • 멸균된 물체의 오염 방지(무균 작업대, 무균실 등)
희석	• 일정 농도 이상의 균주 소독

자연적 소독법
- **희석**: 살균 효과 없이도 균수를 감소시킴.
- **태양 광선**: 도노선(290 ～ 320nm) 파장의 강한 살균 작용
- **한랭**: 세균의 발육 저지, 사멸되지 않음.

화학적 소독법(소독약 사용)
- **종류**: 석탄산, 크레졸, 승홍, 생석회(산화 칼슘), 염소와 그 유도체, 알코올, 포르말린, 과산화수소, 역성 비누, 약용 비누
- **소독력의 지표**

$$석탄산\ 계수 = \frac{소독약의\ 희석\ 배수}{석탄산의\ 희석\ 배수} \times 100$$

- **소독력 순서**: 멸균 〉소독 〉방부
- **소독약의 구비 조건**
  - 살균력이 강할 것
  - 물품의 부식성, 표백성이 없을 것
  - 용해성이 높고, 안정성이 있을 것
  - 경제적이고 사용 방법이 간편할 것

✂ 소독 시의 유의 사항(화학적 소독)

① **석탄산(Phenol)**
- 3 ~ 5%의 수용액(온수)을 사용하며, 단백질 응고 작용이 있다.
- 금속 부식성, 피부 점막 자극, 냄새와 독성이 강하다.

② **크레졸**
- 크레졸 비누액 3%에 물 97%의 비율로 크레졸 비누액을 만들어 손, 오물, 객담 등의 소독에 사용한다.
- 피부 자극은 적고, 소독력은 석탄산보다 강하다.

③ **승홍**
- 승홍 1 + 식염 1 + 물 1,000의 비율(0.1%의 농도)로 만들어 사용하며 온도가 높을수록 살균력도 증가한다.
- 더운물에 녹는 맹독성으로, 식기나 피부 소독에는 적당하지 않다.

④ **생석회**: 분변, 하수, 오수, 오물, 토사물 등의 소독에 적당하다.

⑤ **과산화수소**
- 3%의 수용액을 사용한다.
- 자극성이 적어 구내염, 인후염, 입안 세척, 상처 등에 사용한다.

⑥ **알코올**: 손, 피부 및 기구 소독에 사용하며, 상처 · 눈 · 구강 · 비강 · 음부 등의 점막에는 사용하지 않는다.

⑦ **머큐로크롬**: 점막 및 피부 상처에 사용하고, 자극성은 없으나 살균력이 강하지 않다.

⑧ **역성 비누**: 과일, 채소, 식기 등에는 0.01 ~ 0.1%로, 손 소독에는 10% 용액을 200 ~ 400배 희석하여 사용한다.(무미 · 무해 · 무독성)

> 승홍 = 이염화 수은
> 수은에 염소를 접촉시켜 만드는 무색의 바늘 모양 결정

> 그 밖의 소독 약품
> - **약용 비누**: 비누에 살균제를 첨가한 것으로, 손 · 피부 소독에 주로 사용
> - **포르말린**: 포름알데히드를 물에 녹여 35 ~ 37.5% 수용액으로 만든 것(의류, 도자기, 목제품, 셀룰로이드, 고무제품 등에 사용)
> - **포름알데히드(HCHO)**: 저온 살균이 가능하며, 강한 환원력
> - **염소제**: 표백분, 차아염소산나트륨 등으로, 냉암소에 보관

✂ 대상별 살균력 평가

대소변, 배설물, 토사물	소각법, 생석회 분말, 석탄산수, 크레졸수 등
의복, 침구류, 모직물	일광 · 증기 · 자비 소독, 석탄산수, 크레졸수 등
유리기구, 목죽제품, 도자기류	승홍수, 증기 · 자비 소독, 석탄산수, 크레졸수 등
고무제품, 피혁제품, 모피, 칠기	포르말린수, 석탄산수, 크레졸수 등
화장실, 쓰레기통, 하수구	분변에는 생석회, 변기 또는 화장실 내부는 포르말린수, 석탄산수, 크레졸수 등
병실	포르말린수, 석탄산수, 크레졸수 등
환자 및 환자 접촉자	승홍수, 역성 비누, 석탄산수, 크레졸수 등

12 분야별 위생·소독

✂ 실내 환경 위생·소독

1 공중 이용 시설의 실내 공기 위생 관리 기준

24시간 평균 실내 미세 먼지의 양이 150μg/m³를 초과하는 경우에는 실내 공기 정화 시설(덕트) 및 설비를 교체 또는 청소하여야 한다.

2 오염 물질의 종류와 오염 허용 기준

오염 물질의 종류	오염 허용 기준
미세 먼지(PM-10)	24시간 평균치 150μg/m³ 이하
일산화탄소(CO)	1시간 평균치 25ppm 이하
이산화탄소(CO_2)	1시간 평균치 1,000ppm 이하
포름알데히드(HCHO)	1시간 평균치 120μg/m³ 이하

미용업(종합)의 설비 기준
- 소독기·자외선 살균기 등 소독하는 장비를 갖추어야 함.
- 작업 장소, 응접 장소, 상담실 등 설치된 칸막이에 출입문이 있는 경우, 출입문의 3분의 1 이상을 투명하게 함.(탈의실은 제외)
- 피부 미용 업무에 필요한 베드(온열 장치 포함), 미용기구, 화장품, 수건, 온장고, 사물함 등을 갖추어야 함.
- 작업 장소 내 베드와 베드 사이에 설치된 칸막이에 출입문이 있는 경우, 그 출입문의 3분의 1 이상은 투명하게 함.

✂ 도구 및 기기 위생·소독

① **자외선 소독**: 1cm²당 85μW 이상의 자외선을 20분 이상 쬐어 준다.

② **건열 멸균 소독**: 섭씨 100℃ 이상의 건조한 열에 20분 이상 쐬어 준다.

③ **증기 소독**: 섭씨 100℃ 이상의 습한 열에 20분 이상 쐬어 준다.

④ **열탕 소독**: 섭씨 100℃ 이상의 물속에서 10분 이상 끓여 준다.

⑤ **석탄산수 소독**: 석탄산수(석탄산 3%, 물 97%)에 10분 이상 담가 둔다.

⑥ **크레졸 소독**: 크레졸수(크레졸 3%, 물 97%)에 10분 이상 담가 둔다.

⑦ **에탄올 소독**: 에탄올 수용액(에탄올이 70%)에 10분 이상 담가 두거나, 에탄올 수용액을 머금은 면 또는 거즈로 기구의 표면을 닦아 준다.

▲ 가정용 자외선 살균기

▲ 병원용 고압 증기 멸균기

▲ 가정의 에탄올 소독

✂ 이·미용업 종사자 및 고객의 위생 관리

① 점 빼기·귓불 뚫기·쌍꺼풀 수술·문신·박피술 그 밖에 이와 유사한 의료 행위를 하여서는 아니 된다.

② 피부 미용을 위하여 「약사법」에 따른 의약품 또는 「의료기기법」에 따른 의료 기기를 사용하여서는 아니 된다.

③ 미용 기구 중 소독을 한 기구와 소독을 하지 아니한 기구는 각각 다른 용기에 넣어 보관하여야 한다.

④ 1회용 면도날은 손님 1인에 한하여 사용하여야 한다.

⑤ 영업장 안의 조명도는 75룩스 이상이 되도록 유지하여야 한다.

⑥ 영업소 내부에 미용업 신고증 및 개설자의 면허증 원본을 게시한다.

⑦ 영업소 내부에 최종 지불 요금표를 게시 또는 부착하여야 한다.

⑧ 신고한 영업장 면적이 66제곱미터 이상인 영업소의 경우 영업소 외부에도 손님이 보기 쉬운 곳에 「옥외 광고물 등 관리법」에 적합하게 최종 지불 요금표를 게시 또는 부착하여야 한다. 이 경우 최종 지불 요금표에는 일부 항목(5개 이상)만을 표시할 수 있다.

▲ 빗 살균기

▲ 금속 도구 살균기

▲ 이·미용 UV 살균기

공중위생 관리법의 목적 및 정의

✂ 목적 및 정의

1 공중위생 관리법의 목적

이 법은 공중이 이용하는 영업과 시설의 위생 관리 등에 관한 사항을 규정함으로써 위생 수준을 향상시켜 국민의 건강 증진에 기여함을 목적으로 한다.

2 공중위생 관리법의 정의

① 공중위생 영업

다수인을 대상으로 위생 관리 서비스를 제공하는 영업으로서 숙박업·목욕장업·이용업·미용업·세탁업·위생 관리 용역업을 말한다.

② 공중위생업의 종류

숙박업	• 손님이 잠을 자고 머물 수 있도록 시설 및 설비 등의 서비스를 제공하는 영업 • 농어촌에 소재하는 민박 등 대통령령이 정하는 경우는 제외
목욕장업	• 물로 목욕을 할 수 있는 시설 및 설비 등의 서비스 • 맥반석·황토·옥 등을 직접 또는 간접 가열하여 발생되는 열기 또는 원적외선 등을 이용하여 땀을 낼 수 있는 시설 및 설비 등의 서비스 • 숙박업 영업소에 부설된 욕실 등 대통령령이 정하는 경우는 제외
이용업	• 손님의 머리카락 또는 수염을 깎거나 다듬는 등의 방법 • 손님의 용모를 단정하게 하는 영업
미용업	손님의 얼굴·머리·피부 등을 손질하여 손님의 외모를 아름답게 꾸미는 영업
세탁업	의류, 기타 섬유 제품이나 피혁 제품 등을 세탁하는 영업
위생 관리 용역업	공중이 이용하는 건축물·시설물 등의 청결 유지와 실내 공기 정화를 위한 청소 등을 대행하는 영업 ▲ 경기장　　▲ 공원　　▲ 공중화장실

공중 이용 시설
• 다수인이 이용함으로써 이용자의 건강 및 공중 위생에 영향을 미칠 수 있는 건축물, 시설(대통령령이 정함.)
• 업무 시설, 복합 건축물, 예식장, 공연장, 실내 체육 시설 등

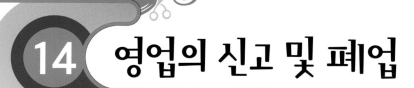

14 영업의 신고 및 폐업

영업의 신고 및 폐업 신고

1 공중위생 영업의 신고

① 공중위생 영업을 하고자 하는 자는 공중위생 영업의 종류별로 보건복지부령이 정하는 시설 및 설비를 갖추고 시장·군수·구청장에게 신고하여야 한다. 보건복지부령이 정하는 중요 사항을 변경하고자 하는 때에도 또한 같다.

② 규정에 의한 신고의 방법 및 절차 등에 관하여 필요한 사항은 보건복지부령으로 정한다.

2 변경 신고

① 영업 신고 사항 변경 시 보건복지부령이 정하는 중요 사항의 변경인 경우에는 시장·군수·구청장에게 변경 신고를 해야 한다.

② 보건복지부령이 정하는 중요한 사항일 경우
- 영업소의 명칭 또는 상호
- 영업소의 소재지
- 신고한 영업장 면적의 3분의 1 이상의 증감
- 대표자의 성명(또는 생년월일)
- 숙박업 업종 간 변경
- 미용업 업종 간 변경

③ 시장·군수·구청장에게 제출할 서류
- 영업 신고증
- 변경 사항을 증명하는 서류

영업 신고 시 필요한 서류
- 영업 시설 및 설비 개요서
- 교육필증(미리 교육을 받은 경우)
- 면허증 원본(이·미용업의 경우)

미신고자
- 1년 이하의 징역
- 1000만 원 이하의 벌금

3 폐업 신고

① 규정에 의하여 공중위생영업의 신고를 한 자(이하 "공중위생영업자"라 한다)는 공중위생영업을 폐업한 날부터 20일 이내에 시장·군수·구청장에게 신고하여야 한다. 다만, 제11조에 따른 영업정지 등의 기간 중에는 폐업신고를 할 수 없다.

② 시장·군수·구청장은 공중위생영업자가 「부가가치세법」 제8조에 따라 관할 세무서장에게 폐업신고를 하거나 관할 세무서장이 사업자등록을 말소한 경우에는 신고 사항을 직권으로 말소할 수 있다.

③ 규정에 의한 신고의 방법 및 절차 등에 관하여 필요한 사항은 보건복지부령으로 정한다.

영업의 승계

① 공중위생 영업자가 그 공중위생 영업을 양도하거나 사망한 때 또는 법인의 합병이 있는 때에는 그 양수인·상속인 또는 합병 후 존속하는 법인이나 합병에 의하여 설립되는 법인은 그 공중위생 영업자의 지위를 승계한다.

② 민사집행법에 의한 경매, 「채무자 회생 및 파산에 관한 법률」에 의한 환가나 국세징수법·관세법 또는 「지방세기본법」에 의한 압류 재산의 매각 그 밖에 이에 준하는 절차에 따라 공중위생 영업 관련 시설 및 설비의 전부를 인수한 자는 이 법에 의한 그 공중위생 영업자의 지위를 승계한다.

③ 규정에 불구하고 이용업 또는 미용업의 경우에는 제6조의 규정에 의한 면허를 소지한 자에 한하여 공중위생 영업자의 지위를 승계할 수 있다.

④ 규정에 의하여 공중위생 영업자의 지위를 승계한 자는 **1월** 이내에 보건복지부령이 정하는 바에 따라 시장·군수 또는 구청장에게 신고하여야 한다.

영업 승계 시 필요 서류
• **영업 양도의 경우**
양도·양수를 증명할 수 있는 서류 사본 및 양도인의 인감증명서
• **상속의 경우**
가족관계증명서 및 상속인임을 증명할 수 있는 서류
• **그 외의 경우**
해당 사유별로 영업자의 지위를 승계하였음을 증명할 수 있는 서류

15 영업자 준수 사항

✂ 위생 관리

1 공중위생 영업자의 위생 관리 의무

① 공중위생 영업자는 그 이용자에게 건강상 위해 요인이 발생하지 아니하도록 영업 관련 시설 및 설비를 위생적이고 안전하게 관리하여야 한다.

② 미용업을 하는 자는 다음의 사항을 지켜야 한다.

- 의료 기구와 의약품을 사용하지 아니하는 순수한 화장 또는 피부 미용을 할 것
- 미용 기구는 소독을 한 기구와 소독을 하지 아니한 기구로 분리하여 보관하고, 면도기는 1회용 면도날만을 손님 1인에 한하여 사용할 것 (이 경우 미용 기구의 소독 기준 및 방법은 보건복지부령으로 정함.)
- 미용사 면허증을 영업소 안에 게시할 것

2 공중 이용 시설의 위생 관리

① 공중 이용 시설의 소유자·점유자 또는 관리자는 시설 이용자의 건강에 해가 없도록 다음의 사항을 지켜야 한다. 다만, 위생 관리에 관하여 다른 법령의 규정이 있는 경우에는 그러하지 아니하다.

② 실내 공기는 보건복지부령이 정하는 위생 관리 기준에 적합하도록 유지하여야 한다.

③ 영업소·화장실 기타 공중 이용 시설 안에서 시설 이용자의 건강을 해할 우려가 있는 오염 물질이 발생되지 아니하도록 해야 한다.(오염 물질의 종류와 오염 허용 기준은 보건복지부령으로 정함.)

허용 기준을 초과한 경우 실내 공기 정화 시설 및 설비 등에 대한 교체 또는 청소 등의 개선을 명할 수 있음.

오염 물질의 종류	오염 허용 기준
미세 먼지(PM-10)	24시간 평균치 150μg/m^3 이하
일산화탄소(CO)	1시간 평균치 25ppm 이하
이산화탄소(CO$_2$)	1시간 평균치 1,000ppm 이하
포름알데히드(HCHO)	1시간 평균치 120μg/m^3 이하

16 이·미용사의 면허

✂ 면허 발급 및 취소

① 면허 발급 등

① 이용사 또는 미용사가 되고자 하는 자는 다음에 해당하는 자로서 보건 복지부령이 정하는 바에 의하여 시장·군수·구청장의 면허를 받아야 한다.

- 전문대학 또는 이와 동등 이상의 학력이 있다고 교육부 장관이 인정하 는 학교에서 이용 또는 미용에 관한 학과를 졸업한 자
- 대학 또는 전문대학을 졸업한 자와 동등 이상의 학력이 있는 것으로 인정되어 이용 또는 미용에 관한 학위를 취득한 자
- 고등학교 또는 이와 동등의 학력이 있다고 교육부 장관이 인정하는 학 교에서 이용 또는 미용에 관한 학과를 졸업한 자
- 교육부 장관이 인정하는 고등 기술학교에서 1년 이상 이용 또는 미용 에 관한 소정의 과정을 이수한 자
- 국가 기술 자격법에 의한 이용사 또는 미용사의 자격을 취득한 자

② 다음에 해당하는 자는 이용사 또는 미용사의 면허를 받을 수 없다.

- 피성년 후견인
- 정신 질환자(다만, 전문의가 이용사 또는 미용사로서 적합하다고 인정 하는 사람은 그러하지 아니하다.)
- 공중의 위생에 영향을 미칠 수 있는 감염병 환자로서 보건복지부령이 정하는 자
- 마약 기타 대통령령으로 정하는 약물 중독자
- 면허가 취소된 후 1년이 경과되지 아니한 자

③ 면허를 받으려는 자는 다음의 서류를 첨부하여 제출하여야 한다.

- 졸업증명서 또는 학위증명서 1부
- 이수증명서 1부
- 최근 6개월 이내의 의사의 진단서 또는 이를 증명할 수 있는 전문의의 진단서 1부
- 최근 6개월 이내에 찍은 가로 3.5cm 세로 4.5cm의 탈모 정면 상반신 사진 2매

④ 신청을 받은 시장·군수·구청장은 행정 정보의 공동 이용을 통하여 다음의 서류를 확인하여야 한다.(다만, 신청인이 확인에 동의하지 아니하는 경우에는 해당 서류를 첨부하도록 하여야 한다.)

- 학점 은행제 학위 증명
- 국가 기술 자격 취득 사항 확인서

⑤ 보건복지부령이 정하는 자란 결핵환자를 말한다.

⑥ 시장·군수·구청장은 이용사 또는 미용사 면허증 발급 신청을 받은 경우에는 그 신청 내용이 요건에 적합하다고 인정되는 경우에는 면허증을 교부하고, 면허 등록 관리 대장을 작성·관리하여야 한다.

2 면허 취소 등

① 시장·군수·구청장은 이용사 또는 미용사가 다음에 해당하는 때에는 그 면허를 취소하거나 6월 이내의 기간을 정하여 그 면허의 정지를 명할 수 있다.

- 규정에 의한 명령에 위반한 때
- 금치산자 내지 마약 기타 대통령령으로 정하는 약물 중독자에 해당하게 된 때
- 면허증을 다른 사람에게 대여한 때
- 국가기술자격법에 따라 자격이 취소되거나 자격정지처분(정지처분 기간만)을 받은 때
- 이중으로 면허를 취득한 때(나중에 발급받은 면허를 말한다)
- 면허정지 처분을 받고도 그 정지처분 중에 업무를 한 때
- 성매매 알선 등 행위의 처벌에 관한 법률이나 풍속영업의 규제에 관한 법률을 위반하여 관계 행정기관의 장으로부터 그 사실을 통보받은 때

② 면허 취소·정지 처분의 세부적인 기준은 그 처분의 사유와 위반의 정도 등을 감안하여 보건복지부령으로 정한다.

✂ 면허 수수료

① 규정에 따른 수수료는 지방 자치 단체의 수입 증지 또는 정보 통신망을 이용한 전자 화폐·전자 결제 등의 방법으로 시장·군수·구청장에게 납부하여야 한다.

② 수수료
- 신규(5,500원)
- 재교부(3,000원)

면허증의 반납 등
- 면허가 취소되거나 면허의 정지 명령을 받은 자는 지체 없이 관할 시장·군수·구청장에게 면허증을 반납하여야 한다.
- 면허의 정지 명령을 받은 자가 반납한 면허증은 그 면허 정지 기간 동안 관할 시장·군수·구청장이 이를 보관하여야 한다.

면허증 재교부 신청
① 사유
- 이용사 또는 미용사는 면허증의 기재 사항에 변경이 있는 때
- 면허증을 잃어버린 때
- 면허증이 헐어 못쓰게 된 때
② 서류(시장·군수·구청장)
- 면허증 원본(기재 사항이 변경되거나 헐어 못쓰게 된 경우에 한한다.)
- 최근 6개월 이내에 찍은 가로 3cm, 세로 4cm의 탈모 정면 상반신 사진 1매
③ 면허증을 잃어버린 후 재교부 받은 자가 그 잃어버린 면허증을 찾은 때에는 지체 없이 관할 시장·군수·구청장에게 이를 반납해야 함.

17 이·미용사의 업무

✂ 이·미용사의 업무

1 이용사 및 미용사의 업무 범위 등

① 이용사 또는 미용사의 면허를 받은 자가 아니면 이용업 또는 미용업을 개설하거나 그 업무에 종사할 수 없다. 다만, 이용사 또는 미용사의 감독을 받아 이용 또는 미용 업무의 보조를 행하는 경우에는 그러하지 아니하다.

② 이용 및 미용의 업무는 영업소 외의 장소에서 행할 수 없다. 다만, 보건복지부령이 정하는 특별한 사유가 있는 경우에는 그러하지 아니하다.

③ 이용사 및 미용사의 업무 범위에 관하여 필요한 사항은 보건복지부령으로 정한다.

> **보건복지부령이 정하는 특별 사유**
> • 질병이나 그 밖의 사유로 영업소에 나올 수 없는 자에 대하여 이용 또는 미용을 하는 경우
> • 혼례나 그 밖의 의식에 참여하는 자에 대하여 그 의식 직전에 이용 또는 미용을 하는 경우
> • 사회 복지 시설에서 봉사 활동으로 이용 또는 미용을 하는 경우
> • 방송 등의 촬영에 참여하는 사람에 대하여 그 촬영 직전에 이용 또는 미용을 하는 경우
> • 특별한 사정이 있다고 시장·군수·구청장이 인정하는 경우

2 업무 범위

① 공중위생 관리법 제6조 제1항 제1호부터 제3호까지에 해당하는 자와 2007년 12월 31일 이전에 미용사 자격을 취득한 자로서 미용사 면허를 받은 자: 영업에 해당하는 모든 업무

② 2008년 1월 1일 이후부터 2015년 4월 16일까지 미용사(일반) 자격을 취득한 자로서 미용사 면허를 받은 자: 파마·머리카락 자르기·머리카락 모양 내기·머리피부 손질·머리카락 염색·머리 감기, 의료기기나 의약품을 사용하지 아니하는 눈썹 손질, 얼굴의 손질 및 화장, 손톱과 발톱의 손질 및 화장

③ 2015년 4월 17일 이후 미용사(일반) 자격을 취득한 자로서 미용사 면허를 받은 자: 파마·머리카락 자르기·머리카락 모양 내기·머리피부 손질·머리카락 염색·머리 감기, 의료기기나 의약품을 사용하지 아니하는 눈썹 손질, 얼굴의 손질 및 화장

④ 미용사(피부) 자격을 취득한 자로서 미용사 면허를 받은 자: 의료기기나 의약품을 사용하지 아니하는 피부 상태 분석·피부 관리·제모·눈썹 손질

⑤ 미용사(네일) 자격을 취득한 자로서 미용사 면허를 받은 자: 손톱과 발톱의 손질 및 화장

> **이용사의 업무 범위**
> 이발, 아이론, 면도, 머리피부 손질, 머리카락 염색 및 머리 감기

18 행정지도 및 감독

✂ 영업소 출입 검사

① 특별시장·광역시장·도지사 또는 시장·군수·구청장은 공중위생 관리 상 필요하다고 인정하는 때에는 공중위생 영업자 및 공중 이용 시설의 소유자 등에 대하여 필요한 보고를 하게 하거나 소속 공무원으로 하여 금 영업소·사무소·공중 이용 시설 등에 출입하여 공중위생 영업자의 위생 관리 의무 이행 및 공중 이용 시설의 위생 관리 실태 등에 대하여 검사하게 하거나 필요에 따라 공중위생 영업 장부나 서류를 열람하게 할 수 있다.

② 관계 공무원은 그 권한을 표시하는 증표를 지녀야 하며, 관계인에게 이를 내보여야 한다.

✂ 영업 제한

시·도지사는 공익상 또는 선량한 풍속을 유지하기 위하여 필요하다고 인정하는 때에는 공중위생 영업자 및 종사원에 대하여 영업 시간 및 영업 행위에 관한 필요한 제한을 할 수 있다.

✂ 영업소 폐쇄

① 시장·군수·구청장은 공중위생 영업자가 명령에 위반하거나 또는 관계 행정 기관의 장의 요청이 있는 때에는 6월 이내의 기간을 정하여 영업 의 정지 또는 일부 시설의 사용 중지를 명하거나 영업소 폐쇄 등을 명 할 수 있다.

② 영업의 정지, 일부 시설의 사용 중지와 영업소 폐쇄 명령 등의 세부적인 기준은 보건복지부령으로 정한다.

③ 시장·군수·구청장은 공중위생 영업자가 영업소 폐쇄 명령을 받고도 계속하여 영업을 하는 때에는 관계 공무원으로 하여금 당해 영업소를 폐쇄하기 위하여 다음의 조치를 하게 할 수 있다.

- 당해 영업소의 간판 기타 영업 표지물의 제거
- 당해 영업소가 위법한 영업소임을 알리는 게시물 등의 부착
- 영업을 위하여 필수불가결한 기구 또는 시설물을 사용할 수 없게 하는 봉인

✂ 공중위생 감시원

1 공중위생 감시원의 자격 및 임명

① 특별시장·광역시장·도지사 또는 시장·군수·구청장은 다음에 해당하는 소속 공무원 중에서 공중위생 감시원을 임명한다.

- 위생사 또는 환경기사 2급 이상의 자격증이 있는 자
- 대학에서 화학·화공학·환경공학 또는 위생학 분야를 전공하고 졸업한 자 또는 이와 동등 이상의 자격이 있는 자
- 외국에서 위생사 또는 환경기사의 면허를 받은 자
- 1년 이상 공중위생 행정에 종사한 경력이 있는 자

② 시·도지사 또는 시장·군수·구청장은 위에 해당하는 자만으로는 공중위생 감시원의 인력 확보가 곤란하다고 인정되는 때에는 공중위생 행정에 종사하는 자 중 공중위생 감시에 관한 교육 훈련을 2주 이상 받은 자를 공중위생 행정에 종사하는 기간 동안 공중위생 감시원으로 임명할 수 있다.

2 공중위생 감시원의 업무 범위

① 시설 및 설비의 확인
② 공중위생 영업 관련 시설 및 설비의 위생 상태 확인·검사, 공중위생 영업자의 위생 관리 의무 및 영업자 준수 사항 이행 여부의 확인
③ 위생 지도 및 개선 명령 이행 여부의 확인
④ 공중위생 영업소의 영업의 정지, 일부 시설의 사용 중지 또는 영업소 폐쇄 명령 이행 여부의 확인
⑤ 위생 교육 이행 여부의 확인

명예 공중위생 감시원의 자격
- 시·도지사가 다음에 해당하는 자 중에서 위촉
  - 공중위생에 대한 지식과 관심이 있는 자
  - 소비자 단체, 공중위생 관련 협회 또는 단체의 소속 직원 중에서 당해 단체 등의 장이 추천하는 자
- **명예 감시원의 업무**
  - 공중위생 감시원이 행하는 검사 대상물의 수거 지원
  - 법령 위반 행위에 대한 신고 및 자료 제공
  - 그 밖에 공중위생에 관한 홍보·계몽 등 공중위생 관리 업무와 관련하여 시·도지사가 따로 정하여 부여하는 업무
- 시·도지사는 명예 감시원의 활동 지원을 위하여 예산의 범위 안에서 시·도지사가 정하는 바에 따라 수당 등을 지급할 수 있다.
- 명예 감시원의 운영에 관하여 필요한 사항은 시·도지사가 정한다.

19 업소 위생 등급

위생 평가

① 시·도지사는 공중위생 영업소의 위생 관리 수준을 향상시키기 위하여 위생 서비스 평가 계획을 수립하여 시장·군수·구청장에게 통보하여야 한다.

② 시장·군수·구청장은 평가 계획에 따라 관할 지역별 세부 평가 계획을 수립한 후 공중위생 영업소의 위생 서비스 수준을 평가하여야 한다.

③ 시장·군수·구청장은 위생 서비스 평가의 전문성을 높이기 위하여 필요하다고 인정하는 경우에는 관련 전문 기관 및 단체로 하여금 위생 서비스 평가를 실시하게 할 수 있다.

④ 위생 서비스 평가의 주기·방법, 위생 관리 등급의 기준 기타 평가에 관하여 필요한 사항은 보건복지부령으로 정한다.

위생 등급

① 시장·군수·구청장은 보건복지부령이 정하는 바에 의하여 위생 서비스 평가의 결과에 따른 위생 관리 등급을 해당 공중위생 영업자에게 통보하고 이를 공표하여야 한다.

② 공중위생 영업자는 제1항의 규정에 의하여 시장·군수·구청장으로부터 통보받은 위생 관리 등급의 표지를 영업소의 명칭과 함께 영업소의 출입구에 부착할 수 있다. 〈개정 2005.3.31.〉

③ 시·도지사 또는 시장·군수·구청장은 위생 서비스 평가의 결과 위생 서비스의 수준이 우수하다고 인정되는 영업소에 대하여 포상을 실시할 수 있다. 〈개정 2005.3.31.〉

④ 시·도지사 또는 시장·군수·구청장은 위생 서비스 평가의 결과에 따른 위생 관리 등급별로 영업소에 대한 위생 감시를 실시하여야 한다. 이 경우 영업소에 대한 출입·검사와 위생 감시의 실시 주기 및 횟수 등 위생 관리 등급별 위생 감시 기준은 보건복지부령으로 정한다.

위생 관리 등급의 구분 등
- **최우수업소**: 녹색 등급
- **우수업소**: 황색 등급
- **일반 관리 대상 업소**: 백색 등급

20 보수 교육

✂ 영업자 위생 교육

① 공중위생 영업자는 매년 위생 교육을 받아야 한다.(3시간)

② 신고를 하고자 하는 자는 미리 위생 교육을 받아야 한다. 다만, 부득이한 사유로 미리 교육을 받을 수 없는 경우에는 영업 개시 후 보건복지부령이 정하는 기간 안에 위생 교육을 받을 수 있다.

③ 위생 교육을 받아야 하는 자 중 영업에 직접 종사하지 아니하거나 2 이상의 장소에서 영업을 하는 자는 종업원 중 영업장별로 공중위생에 관한 책임자를 지정하고 그 책임자로 하여금 위생 교육을 받게 하여야 한다.

④ 위생 교육의 내용은 「공중위생 관리법」 및 관련 법규, 소양 교육, 기술 교육, 그 밖에 공중위생에 관하여 필요한 내용으로 한다.

⑤ 위생 교육 대상자 중 보건복지부 장관이 고시하는 도서·벽지 지역에서 영업을 하고 있거나 하려는 자에 대하여는 제7항에 따른 교육 교재를 배부하여 이를 익히고 활용하도록 함으로써 교육에 갈음할 수 있다.

⑥ 영업 신고 전에 위생 교육을 받아야 하는 자 중 다음 어느 하나에 해당하는 자는 영업 신고를 한 후 6개월 이내에 위생 교육을 받을 수 있다.

- 천재지변, 본인의 질병·사고, 업무상 국외 출장 등의 사유로 교육을 받을 수 없는 경우
- 교육을 실시하는 단체의 사정 등으로 미리 교육을 받기 불가능한 경우

✂ 위생 교육 기관

① 위생 교육을 받은 자가 위생 교육을 받은 날부터 2년 이내에 위생 교육을 받은 업종과 같은 업종의 영업을 하려는 경우에는 해당 영업에 대한 위생 교육을 받은 것으로 본다.

② 위생 교육 실시 단체는 교육 교재를 편찬하여 교육 대상자에게 제공하여야 한다.(위생 교육을 실시하는 단체는 보건복지부 장관이 고시)

③ 위생 교육 실시 단체의 장은 위생 교육을 수료한 자에게 수료증을 교부하고, 교육 실시 결과를 교육 후 1개월 이내에 시장·군수·구청장에게 통보하여야 하며, 수료증 교부 대장 등 교육에 관한 기록을 2년 이상 보관·관리하여야 한다.

위생 교육의 방법·절차 등에 관하여 필요한 사항은 보건복지부령으로 정한다.(위생 교육은 보건복지부 장관이 허가한 단체가 실시)

행정 지원
- 시장·군수·구청장은 위생 교육 실시 단체의 장의 요청이 있으면 공중위생 영업의 신고 및 폐업 신고 또는 영업자의 지위 승계 신고 수리에 따른 위생 교육 대상자의 명단을 통보하여야 한다.
- 시·도지사 또는 시장·군수·구청장은 위생 교육 실시 단체의 장의 지원 요청이 있으면 교육 대상자의 소집, 교육 장소의 확보 등과 관련하여 협조하여야 한다.

21 벌칙

✂ 위반자에 대한 벌칙, 과징금 ✂

1 벌칙

① 1년 이하의 징역 또는 1천만 원 이하의 벌금에 처한다.
- 신고를 하지 아니한 자
- 영업 정지 명령 또는 일부 시설의 사용 중지 명령을 받고도 그 기간 중에 영업을 하거나 그 시설을 사용한 자 또는 영업소 폐쇄 명령을 받고도 계속하여 영업을 한 자

② 6월 이하의 징역 또는 500만 원 이하의 벌금에 처한다.
- 변경 신고를 하지 아니한 자
- 공중위생 영업자의 지위를 승계한 자로서 신고를 하지 아니한 자
- 건전한 영업 질서를 위하여 공중위생 영업자가 준수하여야 할 사항을 준수하지 아니한 자

③ 300만 원 이하의 벌금에 처한다.
- 면허의 취소 또는 정지 중에 이용업 또는 미용업을 한 사람
- 면허를 받지 아니하고 이용업 또는 미용업을 개설하거나 그 업무에 종사한 사람

2 과징금

① 시장·군수·구청장은 영업 정지가 이용자에게 심한 불편을 주거나 그 밖에 공익을 해할 우려가 있는 경우에는 영업 정지 처분에 갈음하여 3천만 원 이하의 과징금을 부과할 수 있다.

② 시장·군수·구청장은 과징금을 납부하여야 할 자가 납부 기한까지 이를 납부하지 아니한 경우에는 「지방세외수입금의 징수 등에 관한 법률」에 따라 징수한다.

③ 징수 절차
- 과징금의 납입 고지서에는 이의 제기의 방법 및 기간 등을 함께 적어야 한다.
- 과징금을 납기일까지 납부하지 아니한 때에는 납기일이 경과한 날부터 **15일** 이내에 10일 이내의 납기 기한을 정하여 독촉장을 발부하여야 한다.

과징금은 대통령령으로 정한다.

시장·군수·구청장이 부과·징수한 과징금은 당해 시·군·구에 귀속된다.

✂ 과태료 및 양벌 규정

1 과태료

① 300만 원 이하의 과태료에 처한다.
- 목욕장의 수질 기준 또는 위생 기준을 준수하지 아니한 자로서 개선 명령에 따르지 아니한 자
- 숙박업소·목욕장업소의 시설 및 설비를 위생적이고 안전하게 관리하지 아니한 자
- 목욕장업소의 시설 및 설비를 위생적이고 안전하게 관리하지 아니한 자
- 보고를 하지 아니하거나 관계 공무원의 출입·검사 기타 조치를 거부·방해 또는 기피한 자
- 개선 명령에 위반한 자
- 이용업소표시등을 설치한 자

② 200만 원 이하의 과태료에 처한다.
- 이용·미용·세탁·건물위생관리업소의 위생 관리 의무를 지키지 아니한 자
- 영업소 외의 장소에서 이용 또는 미용 업무를 행한 자
- 위생 교육을 받지 아니한 자

③ 위생사의 명칭을 사용한 자에게는 100만 원 이하의 과태료를 부과한다.

> 과태료는 대통령령으로 정하는 바에 따라 보건복지부장관 또는 시장·군수·구청장이 부과·징수

> 이용업소표시등

2 과태료의 부과·징수 절차

① 과태료는 대통령령이 정하는 바에 의하여 시장·군수·구청장이 부과·징수한다.

② 과태료 처분에 불복이 있는 자는 그 처분의 고지를 받은 날부터 **30일** 이내에 처분권자에게 이의를 제기할 수 있다.

③ 과태료 처분을 받은 자가 이의를 제기한 때에는 처분권자는 지체 없이 관할 법원에 그 사실을 통보하여야 하며, 그 통보를 받은 관할 법원은 비송사건절차법에 의한 과태료의 재판을 한다.

> 기간 내에 이의를 제기하지 아니하고 과태료를 납부하지 아니한 때 지방세 체납 처분의 예에 의하여 징수

> 비송사건 절차법
> 법원이 관여하는 사생활관계 사건 중 소송 사건 이외의 사건을 심판하는 절차법

3 양벌 규정

법인의 대표자나 법인 또는 개인의 대리인, 사용인, 그 밖의 종업원이 그 법인 또는 개인의 업무에 관하여 위반 행위를 하면 그 행위자를 벌하는 외에 그 법인 또는 개인에게도 해당 조문의 벌금형을 부과한다. 다만, 법인 또는 개인이 그 위반 행위를 방지하기 위하여 해당 업무에 관하여 상당한 주의와 감독을 게을리 하지 아니한 경우는 예외이다.

행정처분기준(개별기준)

위반행위	근거 법조문	행정처분기준			
		1차 위반	2차 위반	3차 위반	4차 이상 위반
1. 법 제7조제1항 각 호의 어느 하나에 해당하는 면허 정지 및 면허 취소 사유에 해당하는 경우	법 제7조 제1항				
• 법 제6조제2항제1호부터 제4호까지에 해당하게 된 경우		면허취소			
• 면허증을 다른 사람에게 대여한 경우		면허정지 3월	면허정지 6월	면허취소	
• "국가기술자격법"에 따라 이용사자격이 취소된 경우		면허취소			
• "국가기술자격법"에 따라 자격정지처분을 받은 경우("국가기술자격법"에 따른 자격정지처분 기간에 한정한다)		면허정지			
• 이중으로 면허를 취득한 경우(나중에 발급받은 면허를 말한다)		면허취소			
• 면허정지처분을 받고 도 그 정지 기간 중 업무를 한 경우		면허취소			
2. 법 제3조제1항 전단에 따른 영업신고를 하지 않거나 시설과 설비기준을 위반한 경우	법 제11조 제1항제1호				
• 영업신고를 하지 않은 경우		영업장 폐쇄명령			
• 시설 및 설비기준을 위반한 경우		개선명령	영업정지 15일	영업정지 1월	영업장 폐쇄명령
− 응접장소와 작업장소 또는 의자와 의자를 구획하는 커튼·칸막이 그 밖에 이와 유사한 장애물을 설치한 경우		개선명령	영업정지 15일	영업정지 1월	영업장 폐쇄명령
− 이용업소 안에 별실 그 밖에 이와 유사한 시설을 설치한 경우		영업정지 1월	영업정지 2월	영업장 폐쇄명령	
− 그 밖에 시설 및 설비가 기준에 미달한 경우		개선명령	영업정지15일	영업정지 1월	영업장 폐쇄명령
3. 법 제3조제1항 후단에 따른 변경신고를 하지 않은 경우	법 제11조 제1항제2호				
• 신고를 하지 않고 영업소의 명칭 및 상호 또는 영업장 면적의 3분의 1 이상을 변경한 경우		경고 또는 개선명령	영업정지 15일	영업정지 1월	영업장 폐쇄명령
• 신고를 하지 않고 영업소의 소재지를 변경한 경우		영업장 폐쇄명령			
4. 법 제3조의2제4항에 따른 지위승계신고를 하지 않은 경우	법 제11조 제1항제3호	경고	영업정지10일	영업정지1월	영업장 폐쇄명령
5. 법 제4조에 따른 공중위생영업자의 위생관리의무 등을 지키지 않은 경우	법 제11조 제1항제4호				
• 소독을 한 기구와 소독을 하지 않은 기구를 각각 다른 용기에 넣어 보관하지 아니하거나 1회용 면도날을 2인 이상의 손님에게 사용한 경우		경고	영업정지 5일	영업정지 10일	영업장 폐쇄명령
• 이용업 신고증 및 면허증 원본을 게시하지 않거나 업소 내 조명도를 준수하지 않은 경우		경고 또는 개선명령	영업정지 5일	영업정지 10일	영업장 폐쇄명령
6. 법 제8조제2항을 위반하여 영업소 외의 장소에서 이용 업무를 한 경우	법 제11조 제1항제5호	영업정지 1월	영업정지2월	영업장 폐쇄명령	
7. 법 제9조에 따른 보고를 하지 않거나 거짓으로 보고한 경우 또는 관계 공무원의 출입, 검사 또는 공중위생영업 장부 또는 서류의 열람을 거부·방해하거나 기피한 경우	법 제11조 제1항제6호	영업정지 10일	영업정지 20일	영업정지 1월	영업장 폐쇄명령
8. 법 제10조에 따른 개선명령을 이행하지 않은 경우	법 제11조 제1항제7호	경고	영업정지 10일	영업정지 1월	영업장 폐쇄명령
9. "성매매알선 등 행위의 처벌에 관한 법률", "풍속영업의 규제에 관한 법률", "청소년 보호법" 또는 "의료법"을 위반하여 관계 행정기관의 장으로부터 그 사실을 통보받은 경우	법 제11조 제1항제8호				
• 손님에게 성매매알선 등 행위 또는 음란행위를 하게 하거나 이를 알선 또는 제공한 경우					
− 영업소		영업정지 3월	영업장 폐쇄명령		
− 이용사		면허정지 3월	면허취소		
• 손님에게 도박 그 밖에 사행행위를 하게 한 경우		영업정지 1월	영업정지 2월	영업장 폐쇄명령	
• 음란한 물건을 관람·열람하게 하거나 진열 또는 보관한 경우		경고	영업정지 15일	영업정지 1월	영업장 폐쇄명령
• 무자격안마사로 하여금 안마사의 업무에 관한 행위를 하게 한 경우		영업정지 1월	영업정지 2월	영업장 폐쇄명령	
10. 영업정지처분을 받고도 그 영업정지 기간에 영업을 한 경우	법 제11조 제2항	영업장 폐쇄명령			
11. 공중위생영업자가 정당한 사유 없이 6개월 이상 계속 휴업하는 경우	법 제11조 제3항제1호	영업장 폐쇄명령			
12. 공중위생영업자가 "부가가치세법"제8조에 따라 관할 세무서장에게 폐업신고를 하거나 관할 세무서장이 사업자 등록을 말소한 경우	법 제11조 제3항제2호	영업장 폐쇄명령			

✂ 공중위생 관리법 시행령

제1조 (목적) 이 영은 「공중위생 관리법」에서 위임된 사항과 그 시행에 관하여 필요한 사항을 규정함을 목적으로 한다.

대통령령 제27431호(2016. 8. 2) 일부 개정 2014. 12. 09. 시행일자 (2016. 8. 4)

제2조 (적용 제외 대상)

제3조 (공중 이용 시설) 2016. 8. 2 삭제

제4조 (숙박업 및 미용업의 세분)

제6조 (마약외의 약물 중독자) 2016. 8. 2 6조의2 신설
제6조의2 (위생사 국가시험의 시험방법 등)

제7조의2 (과징금을 부과할 위반 행위의 종별과 과징금의 금액)
2016. 8. 2 7조의4 7조의5 신설
제7조의4 (과징금 부과처분 취소 대상자)
제7조의5 (위반사실의 공표)

제8조 (공중위생 감시원의 자격 및 임명)

제9조 (공중위생 감시원의 업무 범위) 2016. 8. 2 9조의3 삭제
제9조의2 (명예 공중위생 감시원의 자격 등)

제10조 (세탁물 관리 사고로 인한 분쟁의 조정)
제10조의2 (수수료)
제10조의3 (민감 정보 및 고유 식별 정보의 처리)
제10조의4 (규제의 재검토)

제11조 (과태료의 부과)

✂ 공중위생 관리법 시행령 과태료의 부가기준(개별기준)

위반 행위	근거 법령	과태료
1. 목욕장의 욕수 중 원수의 수질 기준 또는 위생 기준을 준수하지 아니한 자로서 법 제10조에 따른 개선 명령에 따르지 아니한 경우	법 제22조 제1항 제1호의 2	100만 원
2. 목욕장의 욕수 중 욕조수의 수질 기준 또는 위생 기준을 준수하지 아니한 자로서 법 제10조에 따른 개선 명령에 따르지 아니한 경우	법 제22조 제1항 제1호의 2	70만 원
3. 이용 업소의 위생 관리 의무를 지키지 아니한 경우	법 제22조 제2항 제1호	50만 원
4. 미용 업소의 위생 관리 의무를 지키지 아니한 경우	법 제22조 제2항 제2호	50만 원
5. 세탁 업소의 위생 관리 의무를 지키지 아니한 경우	법 제22조 제2항 제3호	30만 원
6. 위생 관리 용역 업소의 위생 관리 의무를 지키지 아니한 경우	법 제22조 제2항 제4호	30만 원
7. 숙박 업소의 시설 및 설비를 위생적이고 안전하게 관리하지 아니한 경우	법 제22조 제1항 제2호	50만 원
8. 목욕장 업소의 시설 및 설비를 위생적이고 안전하게 관리하지 아니한 경우	법 제22조 제1항 제3호	50만 원
9. 영업소 외의 장소에서 이용 또는 미용 업무를 행한 자	법 제22조 제2항 제5호	70만 원
10. 법 제9조에 따른 보고를 하지 아니하거나 관계공무원의 출입·검사, 기타 조치를 거부·방해 또는 기피한 경우	법 제22조 제1항 제4호	100만 원
11. 법 제10조에 따른 개선 명령에 위반한 경우	법 제22조 제1항 제5호	100만 원
12. 이용 업소 표시등을 설치한 경우	법 제22조 제1항 제6호	70만 원
13. 위생 교육을 받지 아니한 경우	법 제22조 제2항 제6호	20만 원
14. 위생사의 명칭을 사용한 경우	법 제22조 제3항	50만 원

공중위생관리법
제1조 (목적)
제2조 (시설 및 설비 기준)
제3조 (공중위생 영업의 신고)
제3조의2 (변경 신고)
제3조의3 (공중위생 영업의 폐업 신고)
제3조의4 (영업자의 지위 승계 신고)
제4조 (목욕장 욕수의 수질 기준 등)
제5조 (이·미용 기구의 소독 기준 및 방법)
제6조 (세제의 종류 등)
제7조 (공중위생 영업자가 준수하여야 하는 위생 관리 기준 등)
제8조 (공중 이용 시설의 위생 관리 기준) 삭제
제9조 (이용사 및 미용사의 면허)
제10조 (면허증의 재교부 등)
제11조 (공중위생 영업소의 폐쇄 등)
제12조 (면허증의 반납 등)
제13조 (영업소 외에서의 이용 및 미용 업무)
제14조 (업무 범위)
제15조 (검사 의뢰)
제16조 (공중위생 영업소 출입·검사 등)
제17조 (개선 기간)
제18조 (개선 명령 시의 명시 사항) 삭제
제19조 (행정처분 기준)
제20조 (위생 서비스 수준의 평가 주기)
제21조 (위생 관리 등급의 구분 등)
제22조 (위생 관리 등급의 통보 및 공표 절차 등)
제23조 (위생 교육)
제23조의2 (행정 지원)
제24조 (과징금의 징수 절차)
제25조 (규제의 재검토)

평가 문제

01 감염병 예방법상 제2군 감염병인 것은?

① 장티푸스   ② 말라리아
✔ 유행성 이하선염   ④ 세균성 이질

 장티푸스와 세균성 이질은 1군 감염병, 말라리아는 3군 감염병이다.

02 법정 감염병 중 제3군 감염병에 속하는 것은?

✔ 후천 면역 결핍증   ② 장티푸스
③ 일본 뇌염   ④ B형 간염

 장티푸스는 1군, 일본 뇌염과 B형 간염은 2군 감염병이다.

03 분뇨의 비위생적 처리로 오염될 수 있는 기생충으로 가장 거리가 먼 것은?

① 회충   ✔ 사상충
③ 십이지장충   ④ 편충

 사상충은 모기를 통해 감염되는 풍토병이다.

04 대기 오염에 영향을 미치는 기상 조건으로 가장 관계가 큰 것은?

① 강우, 강설   ② 고온, 고습
✔ 기온 역전   ④ 저기압

 기온 역전은 고도가 상승함에 따라 수직 확산이 일어나지 않아 대기 오염에 영향을 미친다.

05 환자의 격리가 가장 중요한 관리 방법이 되는 것은?

① 파상풍, 백일해   ② 일본 뇌염, 성홍열
✔ 결핵, 한센병   ④ 폴리오, 풍진

 제3군 감염병은 환자의 격리가 가장 중요한 질병으로 결핵, 한센병 등이 포함된다.

06 어류인 송어, 연어 등을 날로 먹었을 때 주로 감염될 수 있는 것은?

① 갈고리촌충   ✔ 긴촌충
③ 폐디스토마   ④ 선모충

 송어나 연어 등을 날로 섭취하였을 경우 긴촌충인 광절열두조충에 감염될 수 있다.

07 음용수의 일반적인 오염 지표로 사용되는 것은?

① 탁도   ② 일반 세균 수
✔ 대장균 수   ④ 경도

 음용수의 오염 지표로는 오염원과 공존이 가능한 대장균 수가 대표적으로 활용된다.

08 한 국가나 지역 사회 간의 보건 수준을 비교하는 데 사용되는 대표적인 3대 지표는?

✔ 영아 사망률, 비례사망지수, 평균 수명
② 영아 사망률, 사인별 사망률, 평균 수명
③ 유아 사망률, 모성 사망률, 비례사망지수
④ 유아 사망률. 사인별 사망률, 영아 사망률

 WHO(세계보건기구)에서 지정한 국가나 지역 사회 간의 보건 수준을 평가하는 데 사용되는 대표적 지표는 영아 사망률, 비례사망지수, 평균 수명이 있다.

09 산업 피로의 본질과 가장 관계가 먼 것은?

① 생체의 생이적 변화
② 피로 감각
✔ 산업 구조의 변화
④ 작업량 변화

 산업 피로는 정신적·육체적·작업량 등의 변화에 따른 피로감이며, 산업 구조의 변화와는 본질적 관계가 없다.

10 특별한 장치를 설치하지 아니한 일반적인 경우에 실내의 자연적인 환기에 가장 큰 비중을 차지하는 요소는?

① 실내외 공기 중 CO_2의 함량의 차이
② 실내외 공기의 습도 차이
✔ 실내외 공기의 기온 차이 및 기류
④ 실내외 공기의 불쾌지수 차이

 자연의 에너지에 의한 환기를 자연 환기라고 하며, 공기의 기온 차이와 기류에 의해 진행된다.

11 환경 오염의 발생 요인인 산성비의 가장 주요한 원인과 산도는?

① 이산화탄소 pH 5.6 이하
✔ 아황산가스 pH 5.6 이하
③ 염화불화탄소 pH 6.6 이하
④ 탄화수소 pH 6.6 이하

 산성비의 주요 물질인 황산화물에는 황과 산소의 화합물로 아황산가스의 산도가 5.6 이하일 때를 말한다.

12 객담이 묻은 휴지의 소독 방법으로 가장 알맞은 것은?

① 고압 멸균법   ✔ 소각 소독법
③ 자비 소독법   ④ 저온 소독법

 초자기구나 의류 등은 고압 멸균법, 식기류나 주사기 등은 자비 소독법, 유제품과 알코올 등은 저온 소독법을 쓴다.

13 주로 7~9월 사이에 많이 발생되며, 어패류가 원인이 되어 발병, 유행하는 식중독은?

① 포도상구균 식중독
② 살모넬라 식중독
③ 보툴리누스균 식중독
✔ 장염 비브리오 식중독

 포도상구균은 유제품이 원인이며, 살모넬라는 어패류 및 달걀 등의 식품, 보툴리누스균은 통조림의 혐기성 상태에서 식중독을 일으킨다.

14 돼지와 관련이 있는 질환으로 거리가 먼 것은?

① 유구조충   ② 살모넬라증
③ 일본 뇌염   ✔ 발진티푸스

 유구조충, 살모넬라, 일본 뇌염은 돼지와 관련된 질환이며, 발진티푸스는 리케차 감염에 의한 질병으로 이를 매개로 한다.

15 위생 해충의 구제 방법으로 가장 효과적이고 근본적인 방법은?

① 성충 구제   ② 살충제 사용
③ 유충 구제   ✔ 발생원 제거

 위생 해충의 가장 효과적인 방법은 발생원을 제거하고 서식처를 제거하는 것이다.

16 기온 측정 등에 관한 설명 중 틀린 것은?

① 실내에서는 통풍이 잘 되는 직사광선을 받지 않은 곳에 매달아 놓고 측정하는 것이 좋다.
② 평균 기온은 높이에 비례하여 하강하는데, 고도 11,000m 이하에서는 보통 100m당 0.5~0.7도 정도이다.
③ 측정할 때 수은주 높이와 측정하는 사람의 눈의 높이가 같아야 한다.
✔ 정상적인 날의 하루 중 기온이 가장 낮을 때는 밤 12시 경이고, 가장 높을 때는 오후 2시 경이 일반적이다.

 정상적인 날의 하루 중 기온이 가장 낮을 때는 해가 뜨기 직전인 새벽 4~5시 경이고, 가장 높을 때는 오후 2시경이 일반적이다.

17 3% 소독액 1,000mL를 만드는 방법으로 옳은 것은?(단, 소독액 원액의 농도는 100%이다.)

① 원액 300mL에 물 700mL를 가한다.
✅ 원액 30mL에 물 970mL를 가한다.
③ 원액 3mL에 물 997mL를 가한다.
④ 원액 3mL에 물 1,000mL를 가한다.

 농도는 용질 / 용액 × 100이다. 용질 / 1,000 × 100 = 3이므로, 용질은 30mL이 된다. 원액이 30mL이므로 물은 970mL가 된다.

18 소독약에 대한 설명 중 적합하지 않은 것은?

① 소독 시간이 적당한 것
② 소독 대상물을 손상시키지 않는 소독약을 선택할 것
③ 인체에 무해하며 취급이 간편할 것
✅ 소독약은 항상 청결하고 밝은 장소에 보관할 것

 소독약은 항상 청결하고 냉암소에 보관한다.

19 비교적 가격이 저렴하고 살균력이 있으며 쉽게 증발되어 잔여량이 없는 살균제는?

✅ 알코올   ② 요오드
③ 크레졸   ④ 페놀

 에틸알코올인 에탄올은 인체에 무해하며, 보통 70 ~ 75%로 사용하며, 가격이 저렴하고 잔여량이 남지 않는다.

20 질병 발생의 3대 요인이 아닌 것은?

① 병인적 요인   ② 숙주적 요인
✅ 감염적 요인   ④ 환경적 요인

 질병 발생의 역학적 3대 요인은 병인, 숙주, 환경이다.

21 다음 중 승홍수 사용이 적당하지 않은 것은?

① 사기 그릇   ✅ 금속류
③ 유리   ④ 에나멜 그릇

 승홍수는 금속류를 부속시킨다.

22 다음 미생물 중 크기가 가장 작은 것은?

① 세균   ② 곰팡이
③ 리케차   ✅ 바이러스

 미생물의 크기는 바이러스가 가장 작으며, 리케차, 세균, 효모, 곰팡이 순이다.

23 방역용 석탄산의 가장 적당한 희석 농도는?

① 0.1%   ② 0.3%
✅ 3.0%   ④ 75%

 석탄산은 보통 3%로 활용하며, 손 소독 시에는 2%로 사용한다.

24 일광 소독법은 햇빛 중의 어떤 영역에 의해 소독이 가능한가?

① 적외선   ✅ 자외선
③ 가시광선   ④ 우주선

 파장이 가장 짧은 자외선은 살균력이 강하여 일광 소독법으로 사용한다.

25 다음 소독 방법 중 완전 멸균으로 가장 빠르고 효과적인 방법은?

① 유통 증기법   ② 간헐 살균법
✅ 고압 증기법   ④ 건열 소독법

 고압 증기 멸균법은 고압 증기 멸균솥을 이용한 살균 방법으로, 가장 빠르고 효과적이다.

26 다음 중 소독의 정의를 가장 잘 표현한 것은?

① 미생물의 발육과 생활을 제지 또는 정지시켜 부패 또는 발효를 방지할 수 있는 것
✅ 병원성 미생물의 생활력을 파괴 또는 멸살시켜 감염 또는 증식력을 없애는 조작
③ 모든 미생물의 생활력을 파괴 또는 멸살 또는 파괴시키는 조작
④ 오염된 미생물을 깨끗이 씻어 내는 작업

 미생물의 발육과 생활을 제지 또는 정지시켜 부패 또는 발효를 방지할 수 있는 것은 방부, 모든 미생물의 생활력을 파괴 또는 멸살 또는 파괴시키는 조작은 멸균, 오염된 미생물을 깨끗이 씻어 내는 작업은 청결이다.

27 일반적으로 병원성 미생물의 증식이 가장 잘되는 pH 범위는?

① 3.5~4.5 　　　 ② 4.5~5.5

③ 5.5~6.5 　　　 ☑ 6.5~7.5

 병원성 미생물은 중성이나 약알칼리성인 pH 6.5~7.5에서 증식이 가장 잘된다.

28 일회용 면도기를 사용할 때 예방 가능한 질병은?(단, 정상적인 사용의 경우를 말한다.)

① 옴(개선)병 　　 ② 일본 뇌염

☑ B형 간염 　　　 ④ 무좀

 B형 간염은 혈액을 통해 감염되는 질병으로, 감염된 사람의 혈액이나 체액에 노출되지 않도록 한다.

29 소독약의 살균력 지표로 가장 많이 이용되는 것은?

① 알코올 　　　 ② 크레졸

☑ 석탄산 　　　 ④ 포름알데히드

 석탄산은 화학적 소독제로 살균력의 지표로 석탄산 계수(페놀 계수)가 사용되며, 석탄산 계수가 높을수록 소독 효과가 크다.

30 산소가 있어야만 잘 성장할 수 있는 균은?

☑ 호기성균 　　　 ② 혐기성균

③ 통기혐기성균 　 ④ 호혐기성균

 호기성 세균: 산소가 있어야만 성장할 수 있는 균

31 다음 중 화학적 살균법이라고 할 수 없는 것은?

☑ 자외선 살균법 　 ② 알코올 살균법

③ 염소 살균법 　　 ④ 과산화수소 살균법

 화학적 살균법은 가스에 의한 멸균법, 알코올 살균법, 염소 살균법, 과산화수소 살균법 등이 있고, 자외선 살균법은 물리적 소독법에 속한다.

32 세균의 단백질 변성과 응고 작용에 의한 기전을 이용하여 살균하고자 할 때, 주로 이용되는 방법은?

☑ 가열 　　　 ② 희석

③ 냉각 　　　 ④ 여과

 세균의 단백질 변성과 응고 작용에 의한 기전을 이용하여 살균하고자 할 때는 가열을 이용하며, 그 외 가열에는 화염 및 소각법, 자비 소독, 간헐 멸균법 등이 있다.

33 소독액을 표시할 때 사용하는 단위로 용액 100mL 속에 용질의 함량을 표시하는 수치는?

① 푼 　　　 ☑ 퍼센트

③ 퍼밀리 　　 ④ 피피엠

 푼은 용액 10mL 속의 용질의 함량, 퍼밀리는 용액 1,000mL 속의 용질의 함량, 피피엠은 용액 1,000,000mL 속에 용질의 함량을 말한다.

34 수질 오염을 측정하는 지표로서 물에 녹아 있는 유리 산소를 의미하는 것은?

☑ 용존 산소(DO)

② 생화학적 산소 요구량(BOD)

③ 화학적 산소 요구량(COD)

④ 수소 이온 농도(pH)

 DO는 용존 산소량으로 물속에 녹아 있는 유리 산소를 뜻하며, DO의 수치가 낮아질수록 하수의 오염도가 높아졌다는 뜻이다.

35 출생률보다 사망률이 낮으며 14세 이하 인구가 65세 이상 인구의 2배를 초과하는 인구 구성형은?

☑ 피라미드형 　　 ② 종형

③ 항아리형 　　　 ④ 별형

 피라미드형은 인구 증가형으로 14세 이하 인구가 65세 이상 인구의 2배를 초과하는 인구 구성형이다.

36 보건 행정에 대한 설명으로 가장 올바른 것은?

　✓ 공중 보건의 목적을 달성하기 위해 공공의 책임 하에 수행하는 행정 활동
　② 개인 보건의 목적을 달성하기 위해 공공의 책임 하에 수행하는 행정 활동
　③ 국가 간의 질병 교류를 막기 위해 공공의 책임 하에 수행하는 행정 활동
　④ 공중 보건의 목적을 달성하기 위해 개인의 책임 하에 수행하는 행정 활동

 보건 행정이란 공중 보건의 목적을 달성하기 위해 공공의 책임 하에 수행하는 행정 활동을 말한다.

37 콜레라 예방 접종은 어떤 면역 방법인가?

　① 인공 수동 면역　　✓ 인공 능동 면역
　③ 자연 수동 면역　　④ 자연 능동 면역

 인공 능동 면역
예방 접종으로 형성되는 면역, 생균이나 사균, 순화 독소 등이 있고 콜레라는 예방 접종으로 예방할 수 있다.

38 기생충의 인체 내 기생 부위 연결이 잘못된 것은?

　✓ 구충증 – 폐
　② 간흡충증 – 간의 담도
　③ 요충증 – 직장
　④ 폐흡충 – 폐

 구충은 경피나 경구 감염되어 소장으로 옮겨지는 질병이다.

39 불량 조명에 의해 발생되는 직업병이 아닌 것은?

　① 안정 피로　　② 근시
　✓ 근육통　　④ 안구 진탕증

 근육통은 조명과는 관련이 없는 근육량 과도 사용 및 부상과 스트레스가 원인이다.

40 주로 여름철에 발병하며 어패류 등에 생식이 원인이 되어 복통, 설사 등의 급성 위장염 증상을 나타내는 식중독은?

　① 포도상구균　　② 병원성 대장균
　✓ 장염 비브리오　　④ 보툴리누스균

 포도상구균은 우유나 치즈 등의 유제품이 원인이며, 병원성 대장균 식중독은 경구적으로 침입하여 급성 장염을 일으키고, 보툴리누스균 식중독은 통조림 등의 혐기성 식품에 의하며 치명률이 높다.

41 섭씨 100 ～ 135℃ 고온의 수증기를 미생물, 아포 등과 접촉시켜 가열 살균하는 방법은?

　① 간헐 멸균법　　② 건열 멸균법
　✓ 고압 증기 멸균법　　④ 자비 소독법

 간헐 멸균법은 100℃의 증기를 30분간 통과시켜 포자가 발아할 수 있도록 하며, 건열 멸균법은 170℃에서 한두 시간 처리하며, 자비 소독법은 100℃ 끓는 물에서 15～20분 처리하는 방법이다.

42 일반적으로 돼지고기 생식에 의해 감염될 수 없는 것은?

　① 유구조충　　✓ 무구조충
　③ 선모충　　④ 살모넬라

 무구조충은 소고기를 생식하거나 충분히 가열하지 않고 섭취하였을 때 감염된다.

43 실내에 다수인이 밀집한 상태에서 실내 공기의 변화는?

　① 기온 상승 : 습도 증가 : 이산화탄소 감소
　② 기온 하강 : 습도 증가 : 이산화탄소 감소
　✓ 기온 상승 : 습도 증가 : 이산화탄소 증가
　④ 기온 상승 : 습도 감소 : 이산화탄소 증가

 실내에 다수인이 밀집하면 기온이 상승하고 습도가 증가하며 이산화탄소가 증가하게 된다.

44 자연독에 의한 식중독 원인 물질과 서로 관계없는 것으로 연결된 것은?

① 테트로도톡신(tetrodotoxin) - 복어
② 솔라닌(solanine) - 감자
③ 무스카린(muscarine) - 버섯
✔ 에르고톡신(ergotoxin) - 조개

 에르고톡신은 맥각, 모시조개는 베네루핀이 원인 물질이다.

45 지구 온난화 현상(Global Warming)의 주원인이 되는 가스는?

✔ CO₂
② CO
③ Ne
④ NO

 세계 기상 기구, 국제 연합 환경 계획의 발표: 지구 온난화 현상의 주원인이 되는 가스는 이산화탄소

46 폐흡충증(폐디스토마)의 제1중간 숙주는?

✔ 다슬기
② 왜우렁
③ 게
④ 가재

 폐흡충의 제1중간 숙주는 다슬기, 제2중간 숙주는 게, 가재이다.

47 다음의 영아 사망률 계산식에서 (A)에 알맞은 것은?

$$영아 사망률 = \frac{(A)}{연간 \ 출생아 \ 수} \times 100$$

① 연간 생후 28일까지의 사망자 수
✔ 연간 생후 1년 미만 사망자 수
③ 연간 1 ~ 4세 사망자 수
④ 연간 임신 28주 이후 사산 + 출생 1주 이내 사망자 수

 영아 사망률은 연간 생후 1년 미만 사망자 수를 연간 출생아 수로 나눈 수에 100을 곱한 값이다.

48 다음 중 감각 온도의 3요소가 아닌 것은?

① 기온
② 기습
✔ 기압
④ 기류

 감각 온도의 3요소: 기온, 기습, 기류

49 감염병 관리에 가장 어려움이 있는 사람은?

① 회복기 보균자
② 잠복기 보균자
✔ 건강 보균자
④ 병후 보균자

 건강 보균자는 외관으로 임상적 증상이 나타나지 않고, 감염성이 있기 때문에 관리에 가장 어려움이 따른다.

50 다음 중 가족계획과 뜻이 가장 가까운 것은?

① 불임 시술
② 임신 중절
③ 수태 제한
✔ 계획 출산

 가족계획이란 출산의 시기와 간격을 조절하여 자녀의 수를 조절하는 것으로 계획적인 출산에 가깝다.

51 진동이 심한 작업장 근무자에게 다발하는 질환으로 청색증과 동통, 저림 증세를 보이는 질병은?

✔ 레이노드 증후군
② 진폐증
③ 열경련
④ 잠함병

 진폐증은 분진 흡입에 의한 것이며, 열경련은 고온 환경의 작업자, 잠함병은 잠수부나 공군 비행사 등의 감압에 의한 질병이다.

52 인구 구성의 기본형 중 생산 연령 인구가 많이 유입되는 도시 지역의 인구 구성을 나타내는 것은?

① 피라미드형
✔ 별형
③ 항아리형
④ 종형

피라미드형은 인구 증가형, 항아리형은 인구 감소형, 종형은 인구 정지형이다.

53 고압 증기 멸균법에서 20파운드(Lbs)의 압력에서는 몇 분간 처리하는 것이 가장 적절한가?

① 40분　　② 30분
 15분　　④ 5분

> 고압 증기 멸균법은 20Lbs, 126.5℃에서 15분 처리하는 것이 가장 바람직하며, 초자기구나 거즈 등 자기류 소독에 적합하다.

54 광견병의 병원체는 어디에 속하는가?

① 세균(bacteria)
 바이러스(virus)
③ 리케차(rickettsia)
④ 진균(fungi)

> 바이러스는 세균보다 더 작으며, 인수 공통 감염병으로 광견병이나 홍역, 폴리오, 후천 면역 결핍증 등을 일으킨다.

55 열에 대한 저항력이 커서 자비 소독법으로 사멸되지 않는 균은?

① 콜레라균　　② 결핵균
③ 살모넬라균　　 B형 간염 바이러스

> 자비 소독법은 100℃의 끓는 물에서 10 ~ 20분간 처리하는 방법으로 병원균은 파괴 가능하나 간염 바이러스나 아포 형성균은 사멸되지 않는다.

56 레이저(razor) 사용 시 헤어 살롱에서 교차 감염을 예방하기 위해 주의할 점이 아닌 것은?

① 매 고객마다 새로 소독된 면도날을 사용해야 한다.
 면도날을 매번 고객마다 갈아 끼우기 어렵지만, 하루에 한 번은 반드시 새 것으로 교체해야만 한다.
③ 레이저 날이 한 몸체로 분리가 안 되는 경우 70% 알코올을 적신 솜으로 반드시 소독 후 사용한다.
④ 면도날을 재사용해서는 안 된다.

> 면도날은 매번 고객마다 갈아 끼워 시술하여 교차 감염을 예방하여야 한다.

57 손 소독과 주사할 때 피부 소독 등에 사용되는 에틸알코올(ethylalcohol)은 어느 정도의 농도에서 가장 많이 사용되는가?

① 20% 이하　　② 60% 이하
 70 ~ 80%　　④ 90 ~ 100%

> 손 소독과 주사할 때 피부 소독 등에 일반적으로 사용되는 소독용 에틸알코올은 70% 수용액일 때 가장 소독력이 강하다.

58 이·미용 업소에서 일반적 상황에서의 수건 소독법으로 가장 적합한 것은?

① 석탄산 소독　　② 크레졸 소독
 자비 소독　　④ 적외선 소독

> 수건은 여러 사람이 사용하고 자주 세탁이 용이해야 하므로, 소독 방법이 간단한 자비 소독이 가장 적합하다.

59 이·미용업소에서 B형 간염을 방지하려면 다음 중 어느 기구를 가장 철저히 소독하여야 하는가?

① 수건　　② 머리빗
 면도칼　　④ 클리퍼(전동형)

> B형 간염은 혈액이나 정액에 의한 감염이 높기 때문에 면도기를 소독하지 않거나 재사용할 경우 감염의 위험성이 높아진다.

60 소독제의 살균력을 비교할 때 기준이 되는 소독약은?

① 요오드　　② 승홍
 석탄산　　④ 알코올

> 소독제의 살균력을 비교할 때는 석탄산 계수가 사용되는데, 이 석탄산 계수가 높을수록 소독 효과가 크다는 뜻이다.

61 3%의 크레졸 비누액 900mL를 만드는 방법으로 옳은 것은?

① 크레졸 원액 270mL에 물 630mL를 가한다.
 크레졸 원액 27mL에 물 873mL를 가한다.
③ 크레졸 원액 300mL에 물 600mL를 가한다.
④ 크레졸 원액 200mL에 물 700mL를 가한다.

> 농도는 용질 / 용액 × 100으로 알아볼 수 있다. 총용량 900 mL × 농도 0.03%는 27mL이므로 3%의 크레졸 비누액 900mL에는 크레졸 원액 27mL에 물 873mL를 넣어 만들 수 있다.

62 소독약의 구비 조건으로 틀린 것은?

　☑ 값이 비싸고 위험성이 없다.
　② 인체에 해가 없으며 취급이 간편하다.
　③ 살균하고자 하는 대상물을 손상시키지 않는다.
　④ 살균력이 강하다.

 소독약은 값이 저렴하고 위험성이 없어야 한다.

63 이·미용실에서 사용하는 쓰레기통의 소독으로 적절한 약제는?

　① 포르말린수　　　② 에탄올
　☑ 생석회　　　　　④ 역성 비누액

 쓰레기통이나 화장실의 분변, 하수도 등의 소독에는 생석회가 가장 적절하다.

64 실험기기, 의료용기, 오물 등의 소독에 사용되는 석탄산수의 적정한 농도는?

　① 석탄산 0.1% 수용액
　② 석탄산 1% 수용액
　☑ 석탄산 3% 수용액
　④ 석탄산 50% 수용액

 석탄산은 피부 점막에 자극을 주고, 금속 부식성이 있으므로 3～5%의 수용액으로 실험기기, 의료용기, 오물 등의 소독에 사용한다.

65 다음 중 세균의 포자를 사멸시킬 수 있는 것은?

　☑ 포르말린　　　② 알코올
　③ 음이온 계면 활성제　④ 치아염소산소다

 포름알데히드를 물에 녹여 만든 포르말린은 강한 살균력으로 아포에 대한 강한 살균 효과가 있어 포자를 사멸시킬 수 있다.

66 다음 소독제 중 상처가 있는 피부에 적합하지 않은 것은?

　☑ 승홍수　　　　② 과산화 수소수
　③ 포비돈　　　　④ 아크리놀

 승홍수는 인체에 자극을 주고 금속을 부식시키는 물질이고, 인체에 축적되어 수은 중독을 일으킬 수 있으므로 피부 접촉에 적합하지 않다.

67 양이온 계면 활성제의 장점이 아닌 것은?

　① 물에 잘 녹는다.
　② 색과 냄새가 거의 없다.
　☑ 결핵균에 효력이 있다.
　④ 인체에 독성이 적다.

 양이온 계면 활성제는 양성 비누나 역성 비누라고 하며, 무미·무해하여 식품 소독이나 피부 소독에 효과적이다.

68 금속 기구를 자비 소독을 할 때 탄산나트륨($NaCO_3$)을 넣으면 살균력도 강해지고 녹이 슬지 않는다. 이 때의 가장 적정한 농도는?

　① 0.1～0.5%　　　☑ 1～2%
　③ 5～10%　　　　④ 10～15%

 자비 소독을 할 때 1～2%의 탄산나트륨을 넣어야 금속 제품이 녹이 슬지 않는다.

69 일광 소독은 태양 광선 중 주로 무엇을 이용한 것인가?

　① 열선　　　　　② 적외선
　③ 가시광선　　　☑ 자외선

 200～400nm의 파장에 속하는 자외선은 260nm 부근에서 가장 강한 살균력을 발휘하며, 일광 소독에 주로 사용된다.

70 위생 관리 등급의 공표 사항으로 틀린 것은?

　① 시장, 군수, 구청장은 위생 서비스 평가 결과에 따른 위생 관리 등급을 공중위생 영업자에게 통보하고 공표한다.
　② 공중위생 영업자는 통보받은 위생 관리 등급의 표지를 영업소 출입구에 부착할 수 있다.
　☑ 시장, 군수, 구청장은 위생 서비스 결과에 따른 위생 관리 등급 우수업소에는 위생 감시를 면제할 수 있다.
　④ 시장, 군수, 구청장은 위생 서비스 평가의 결과에 따른 위생 관리 등급별로 영업소에 대한 위생 감시를 실시하여야 한다.

시·도지사 또는 시장·군수·구청장은 위생 서비스 평가의 결과 위생 서비스의 수준이 우수하다고 인정되는 영업소에 대하여 포상을 실시할 수 있다.

71 1회용 면도날을 2인 이상의 손님에게 사용한 때에 대한 1차 위반 시 행정처분 기준은?

① 시정 명령 　　　　☑ 경고
③ 영업 정지 5일 　　④ 영업 정지 10일

 1차 위반 시 경고, 2차 위반 시 영업 정지 5일, 3차 위반 시 영업 정지 10일, 4차 위반 시 영업장 폐쇄 명령이 따른다.

72 공중위생 영업소의 위생 서비스 수준 평가는 몇 년 마다 실시하는가?(단, 특별한 경우는 제외)

① 1년 　　　　☑ 2년
③ 3년 　　　　④ 5년

 규정에 의한 공중위생 영업소의 위생 서비스 수준 평가는 2년마다 실시하되, 공중위생 영업소의 보건·위생 관리를 위하여 특히 필요한 경우에는 보건복지부 장관이 정하여 고시하는 바에 의하여 공중위생 영업의 종류 또는 위생 관리 등급별로 평가 주기를 달리할 수 있다.

73 공중위생 관리법상 위생 교육을 받지 아니한 때 부과되는 과태료의 기준은?

① 30만 원 이하 　　② 50만 원 이하
③ 100만 원 이하 　☑ 200만 원 이하

 위생 교육을 받지 아니한 자는 200만 원 이하의 과태료에 처한다.

74 이용사 또는 미용사의 면허를 취소할 수 있는 대상에 해당되지 않는 자는?

① 정신 질환자 　　② 감염병 환자
③ 금치산자 　　　☑ 당뇨병 환자

 다음에 해당하는 자는 이용사 또는 미용사의 면허를 받을 수 없다.
• 금치산자
• 정신 질환자
• 공중의 위생에 영향을 미칠 수 있는 감염병 환자로서 보건복지부령이 정하는 자
• 마약 기타 대통령령으로 정하는 약물 중독자
• 면허가 취소된 후 1년이 경과되지 아니한 자

75 이·미용사 면허증을 분실하였을 때 누구에게 재교부 신청을 하여야 하는가?

① 보건복지부 장관 　② 시·도지사
☑ 시장·군수·구청장 　④ 협회장

 면허증의 재교부 신청을 하고자 하는 자는 신청서에 서류를 첨부하여 시장·군수·구청장에게 제출하여야 한다.

76 과태료 처분에 불복이 있는 자는 그 처분의 고지를 받은 날부터 며칠 이내에 처분권자에게 이의를 제기할 수 있는가?

① 5일 　　　　② 10일
③ 15일 　　　☑ 30일

 과태료 처분에 불복이 있는 자는 그 처분의 고지를 받은 날부터 30일 이내에 처분권자에게 이의를 제기할 수 있다.

77 공중위생 업소가 의료법을 위반하여 폐쇄 명령을 받았다. 최소한 어느 정도의 기간이 경과되어야 동일 장소에서 동일 영업이 가능한가?

① 3개월 　　　☑ 6개월
③ 9개월 　　　④ 12개월

 의료법에 위반하여 관계 행정기관의 장의 요청이 있는 때에는 6월 이내의 기간을 정하여 영업의 정지 또는 일부 시설의 사용 중지를 명하거나 영업소 폐쇄 등을 명할 수 있다.

78 영업 신고를 하지 아니하고 영업소의 소재지를 변경한 때의 행정처분은?

① 경고 　　　　② 면허 정지
③ 면허 취소 　☑ 영업장 폐쇄 명령

 영업 신고를 하지 아니하고 영업소의 소재지를 변경한 때에는 영업장 폐쇄 명령을 받게 된다.

79 이·미용업에 있어 청문을 실시하여야 하는 경우가 아닌 것은?

① 면허 취소 처분을 하고자 하는 경우
② 면허 정지 처분을 하고자 하는 경우
③ 일부 시설의 사용 중지 처분을 하고자 하는 경우
☑ 위생 교육을 받지 아니하여 1차 위반한 경우

 시장·군수·구청장은 이용사 및 미용사의 면허 취소·면허 정지, 공중위생 영업의 정지, 일부 시설의 사용 중지 및 영업소 폐쇄 명령 등의 처분을 하고자 하는 때에는 청문을 실시하여야 한다.

80 이·미용사의 면허증을 대여한 때의 1차 위반 행정 처분 기준은?

☑ 면허 정지 3월 　② 면허 정지 6월
③ 영업 정지 3월 　④ 영업 정지 6월

01 화장품학 개론

✂ 화장품의 정의

1 화장품의 개념

인체를 청결 또는 미화하여 매력을 더하고 용모를 밝게 변화시키거나 피부, 모발의 건강을 유지 또는 증진하기 위해 인체에 사용되는 물품으로, 인체에 미치는 작용이 경미한 것을 말한다.

2 화장품의 4대 요건

① **사용성**: 잘 펴 발라져야 하며 사용하기 쉬워야 한다.
② **유효성**: 보습, 미백 및 사용 목적에 따른 기능이 우수해야 한다.
③ **안전성**: 피부에 대한 자극, 알레르기 등 독성이 없어야 한다.
④ **안정성**: 보관에 따른 변질, 변색, 미생물의 오염이 없어야 한다.

> 화장품, 의약 부외품, 의약품의 비교
> • **화장품**: 일반인의 청결, 미화를 목적으로 장기간 사용하여도 부작용이 없어야 함.
> • **의약 부외품**: 일반인의 위생, 미화를 목적으로 장기간 사용하여도 부작용이 없어야 함.
> • **의약품**: 환자의 질병 치료를 목적으로 단기간 사용하며, 부작용이 있을 수 있음.
>
> 기능성 화장품
> 미백 제품, 주름 개선 제품, 자외선 차단 제품 등

✂ 화장품의 분류

① **기초 화장품**: 클렌징류, 화장수, 팩, 로션, 에센스, 크림류 등
② **메이크업 화장품**: 메이크업 베이스, 파운데이션, 파우더, 아이 섀도, 아이 라이너, 립스틱, 네일 에나멜 등
③ **모발 화장품**: 샴푸, 헤어트리트먼트, 염모제, 블리치제, 육모제, 양모제 등
④ **보디 화장품**: 탈모제, 제모제, 선탠오일, 보디로션, 데오도란트 로션, 파우더, 보디 클렌저 등
⑤ **방향 화장품**: 퍼퓸, 오데 퍼퓸, 오데 토일렛, 오데 코롱, 샤워 코롱 등
⑥ **기능성 화장품**: 노화 예방(안티에이징)·미백 제품, 자외선 차단제 등

> 사용 목적에 따른 화장품 분류
> ① 기초
> ② 메이크업
> ③ 모발
> ④ 보디 관리
> ⑤ 방향
>
> 형태상 분류
> ① 가용화제(solution)
> ② 유화제(emulstion)
> ③ 분산제(dispersant)

02 화장품 제조

✂ 화장품의 원료

1 수성 원료

① 정제수
- 화장수, 크림, 로션 등의 기초 물질로 사용되며, 피부를 촉촉하게 한다.
- 활성탄 여과, 금속 이온 여과, 자외선 소독 등의 과정을 거쳐 만들어진다.

② 에탄올
- 건성·예민·노화 피부에 자극이 될 수 있으며, 주로 지성·여드름 피부에 사용한다.
- 피부에 청량감과 탈지 효과 및 수렴 효과를 주며 휘발성이 있다.

2 유성 원료

① 지용성으로 피부의 수분 증발을 억제하고, 사용 감촉을 향상시켜 준다.
② 종류로는 오일, 왁스, 고급 지방산, 고급 알코올 등이 있다.
③ 오일
- 식물성 오일

종류	내용
올리브 오일	피부의 수분 증발을 억제
세인트존스워트 오일	살균, 항염 작용이 뛰어나 화상이나 상처에 효과적임.
동백 오일	동백나무 종자에서 채취
피마자 오일	색소와 잘 혼합됨.
아보카도 오일	비타민 A 함유(건성 피부에 특히 효과적임.)
호호바 오일	에멀션 제품 및 립스틱에 사용, 피부 밀착감과 안전성이 우수함.
포도 씨 오일	유분기가 적어 주로 지성 피부에 적합(사용감이 가볍고 수렴 효과가 있음.)
로즈힙 오일	상처 치유에 효과, 야생 장미의 씨방에서 추출
달맞이꽃 오일	염증·피부염·아토피성 피부 질환에 효과적임.

화장품의 구성 성분
- **수성 원료**: 정제수와 에탄올
- **유성 원료**: 오일, 지방산, 지방 알코올
- **유화제**: 수성 원료와 유성 원료를 섞이게 해 주는 것
- **향료**: 원료 자체의 냄새를 억제
- **색소**: 색감을 부여하여 차별화
  - 천연 색소: 천연에서 유래한 색소
  - 합성 색소: 석유가 원료, 타르(Tar) 색소라고도 함.
- **방부제**: 변질을 막아 오래 보관하기 위해 사용
- **보습제**: 피부나 제품의 보습력을 위해 사용
- **활성 성분**: 미백, 노화, 보습, 자외선 차단 성분, 여드름 염증 완화 성분

식물성 오일
해바라기유 등 식물의 잎이나 열매에서 추출, 냄새는 좋지만 피부 흡수가 늦고 부패하기 쉽다.

• 동물성 오일

종류	내용
라놀린	피부의 수분 증발을 억제하며 양털에서 추출함.
밍크 오일	• 피부 친화성이 좋고 유분감이 없어 건조 피부, 거친 피부에 사용함. • 밍크의 피하 지방에서 추출하며 특히 겨울철 피부 보호에 좋음.
난황 오일	레시틴, 비타민 A를 함유하고 있으며 달걀노른자에서 추출함.
스콸렌	피부에 잘 흡수되고 유화되며, 스콸렌에 수소를 첨가하여 산화를 방지한 것임.
밀랍	스틱상의 제품에 주로 사용되며 벌집에서 얻은 흰색과 노란색의 왁스임.

동물성 오일
동물의 피하 조직이나 장기에서 추출하며, 피부 친화성이 좋고 흡수가 빠르나 냄새가 좋지 않아 정제해서 사용한다.

• 광물성 오일(탄화수소류)

종류	내용
고형 파라핀	• 크림류나 립스틱에 많이 사용, 석유 원유를 증발시키고 난 후 남는 흰색의 투명한 고체 • **종류**: 바세린
유동 파라핀	• 정제가 용이하고 변색이 잘되지 않으며 무색무취임. • 피부 흡수가 잘 안 되며, 피부 표면에 머물러 수분 증발을 억제 • 기미와 여드름의 원인 • **종류**: 실리콘

광물성 오일
무색무취이고 피부에 흡수가 잘되며, 석유 등 광물질에서 추출한다.

• 스콸렌

종류	내용
포화 지방산	캡슐로 보호하고, 건강 보조제로 이용되며 산패되기 쉬움.
불포화 지방산	화장품에 이용되며 산패되지 않음.

• 합성 오일

종류	내용
합성 에스테르류	피부에 유연성을 줌, 용해 보조제, 분산제 등으로 사용
이소프로필	모발의 영양·트리트먼트에 많이 사용

④ 왁스
• 식물성 왁스

종류	내용
카르나우바 왁스	• 광택이 우수하여 립스틱, 크림, 탈모, 왁스 등에 사용 • 카르나우바 야자 잎에서 추출
칸데릴라 왁스	립스틱에 주로 사용, 칸데릴라 식물에서 추출

왁스
식물성, 동물성 오일에 비해 변질이 적고 안정성이 높아 립스틱, 크림, 파운데이션에 사용되며, 광택이나 사용감을 향상시킴.

• 동물성 왁스

종류	내용
밀납	• 크림, 로션, 파운데이션, 립밤, 탈모 왁스 등에 사용 • 벌집에서 추출, 피부 알레르기 유발 가능성 있음. • 동물성 왁스 중 화장품에 가장 많이 쓰임.
라놀린	• 유연성과 피부 친화성이 높고, 크림, 립스틱, 모발 화장품 등에 사용 • 양모에서 추출, 접촉성 피부염 및 알레르기 유발 가능성 있음.

⑤ **고급 지방산**: 천연의 유지, 밀랍 등에 에스테르류로 함유

종류	내용
로르산(라우르산), 미리스틴산	화장 비누, 세안류에 사용, 야자유·팜유 등을 비누화 분해해서 얻은 혼합 지방산을 분류하여 얻음.
팔미틴산, 스테아르산	크림, 로션의 유화제로 많이 쓰임.

⑥ **고급 알코올**: 유화 제품의 유화 안정 보조제로 사용

종류	내용
세틸 알코올	경납 주성분, 용매에는 녹지만, 물에는 녹지 않음.
스테아릴 알코올	크림 유액 등 유화 제품의 유화 안정 보조제

✂ 화장품의 기술

❶ 계면 활성제

① **정의**

- 액체에 첨가하여 계면 장력을 저하시키는 물질이다.
- 친수성기와 친유성기를 함께 가지는 분자이다.

② **종류**

양이온 계면 활성제	• 헤어 린스, 트리트먼트제 등으로 사용 • 살균·소독 작용 및 정전기 발생을 억제함.
음이온 계면 활성제	• 비누, 샴푸, 클렌징폼, 치약 등에 사용 • 세정 작용과 기포 형성 작용이 우수함.
비이온성 계면 활성제	• 화장수의 가용화제, 크림의 유화제, 클렌징 크림의 세정제 등으로 사용 • 피부 자극이 적어 안전성이 높음.
양쪽성 계면 활성제	• 저자극 샴푸, 베이비 샴푸 등에 사용 • 피부 자극이 적고 세정 작용이 있음.

계면 활성제의 기본 작용
세정, 기포, 유화, 살균, 분산, 침투

2 가용화제

① **정의**: 수상 층에 오일을 가열하지 않고도 용해될 수 있게 해 준다.

② **원리**: 계면 활성제에 의해 물＋소량의 오일 성분이 투명하게 용해된다.

③ **색상**: 미셀이 가시광선의 파장보다 작아 빛이 투과되므로 투명해 보인다.

④ **종류**: 화장수, 에센스, 헤어 토닉, 향수 등이 있다.

미셀(Micelle)
용액에서 계면 활성제가 화합하여
형성된 콜로이드 입자

3 유화제

① **정의**

- 계면 활성제에 의해 물과 오일 성분이 혼합되어 그 상태를 변함없이 유지하는 혼합물이다.
- 비교적 대등한 용량의 수분＋유분·계면 활성제에 의해 뿌옇게 섞인 제품이다.

유화제 ＝ 에멀션(emulsion)

② **색상**: 미셀이 커서 가시광선이 통과되지 못하므로 불투명하게 보인다.

③ **유화의 형태**

O/W형(Oil in Water Type, 수중유형)	W/O형(Water in Oil Type, 유중수형)
• 물에 오일이 분산 • 사용감이 가볍고 산뜻함.	• 오일 중에 물이 분산 • 사용감이 무겁고, O/W형보다 지속성 높음.
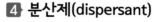	

4 분산제(dispersant)

① 계면 활성제에 의해 물 또는 오일 성분에 미세한 고체 입자가 균일하게 혼합된 상태의 제품이다.

② 고체 입자가 뭉치거나 가라앉는 것을 방지해 준다.(파운데이션, 마스카라, 아이 섀도, 트윈 케이크 등)

✂ 화장품의 특성

◼ 첨가제에 따른 특성

① 연화제

- 피부 표면을 매끄럽고 부드럽게 한다.
- 접시꽃, 무화과, 아몬드 오일, 알로에, 컴프리 뿌리, 올리브 잎 등이다.

② 방부제

- 화장품을 일정 기간 보존하기 위한 보존제로, 피부 트러블을 유발할 수 있다.
- 종류

에탄올	• ethanol • 피부 자극이 있으며 살균 작용이 뛰어나 주로 염증성 여드름용 제품에 사용
벤조산	• benzonic acid • 피부 자극이 낮으며, 곰팡이와 효모의 증식을 억제하는 작용 • 0.05 ~ 0.1% 농도로 사용, 간혹 알레르기를 유발함.
파라옥시안식향산	• paraben • 알레르기 반응이 낮아 화장품에 가장 흔하게 사용됨. • 0.03 ~ 0.3%로 사용 • 파라옥시안식향산 메칠, 파라옥시안식향산 프로필, 이미다졸리디닐 우레아 등

③ 습윤제

- 프로필렌글리콜, 글리세린 등이 대표적이다.
- 피부의 수분 보유량을 증가시키는 물질이다.

④ 약품

알코올	• 향유, 희석제용으로 사용 • 소독·피부 자극 작용을 하는 휘발성 액체
붕산	살균, 소독력이 좋으며 방부 목적으로 사용
과산화수소	살균·표백·지혈 작용, 화장수나 크림에 사용

⑤ pH 조절제

- 화장품에서 사용 가능한 pH는 3~9이다.
- 항산화 성질을 지닌 저자극성의 방부제(시트러스 계열), 알칼리화하기 위해 사용하는 암모니움 카보네이트가 있다.

글리세린
- 무색의 단맛을 가진 끈끈한 액체임.
- 수분 흡수 작용으로 보습 효과, 유연 작용, 점도를 일정하게 보존하는 역할을 함.
- 농도가 높으면 피부를 건조하게 하는 등 역효과가 생김.

산화 방지제의 종류
- EDTA(ethylene diamine tetra acetic acid)
- BHT(butyl hydroxy toluene)
- BHA(butyl hydroxy anisole)
- α-tocopherol(비타민 E)

색소
- 염료: 화장품에 시각적인 효과를 부여하기 위해 사용
- 안료
  - 무기 안료: 빛, 산, 알칼리에 강하며 색상이 화려하지 않음.
  - 유기 안료: 빛, 산, 알칼리에 약하며 색상이 화려함.
  - 레이크: 무기 안료와 유기 안료의 중간 정도 색상

2 활성 성분에 따른 특성

① 건성 피부용 활성 성분

콜라겐	피부에 수분을 보유시켜 화장품에 사용, 동물의 피부에서 추출
엘라스틴	보습, 진피의 조직 인자를 활성화, 동물의 진피로부터 추출
히알루론산	보습, 노화 방지, 피부의 면역성을 증대, 수탉의 벼슬 정액으로부터 추출
레시틴	리포솜의 원료 및 천연 유화제, 콩, 달걀노른자에서 추출
알로에	보습, 상처 치유, 세포 재생, 염증 억제에 이용

② 지성 피부·여드름성 피부의 활성 성분

- **캠퍼**: 피지 조절, 항염증, 살균, 수렴 효능으로 여드름 피부에 사용하며, 사철나무의 뿌리, 가지, 잎에서 추출한다.
- **황**: 조직을 건조시켜 각질 탈락, 피지 억제, 살균 작용을 하여 염증성 여드름에 효과적이다.
- **카올린**: 피지 흡착력과 커버력이 우수하여 지성 피부용 팩에 사용한다.
- **살리실산**: 살균 및 피지 억제 작용으로 염증성 여드름에 효과적이며, BHA(β-hydroxy acid)라고도 한다.

③ 민감성 피부용 활성 성분

아줄렌	항염증, 진정 작용 캐머마일의 증류 작용에 의해 제조되는 암청색 색소의 휘발성 오일
위치 하젤	천연 수렴제 및 살균, 상처 치유, 염증 방지, 하마멜리스(개암나무)의 껍질과 잎에서 추출
칼렌둘라	예민하고 거친 피부나 붉은 피부, 염증에 효과적 금잔화(금송화)에서 추출
은행잎 추출물	항산화, 혈액 순환 촉진, 모세 혈관 벽 강화
비타민 P, K	모세 혈관 벽 강화

④ 노화 피부용 활성 성분의 특징

- **알란토인**: 보습력과 치유 작용, 컴프리 뿌리에서 추출
- **프라센타**: 피부 신진대사, 재생, 혈액 순환 촉진, 동물의 태반에서 추출
- **알부민**: 세포 재생, 노화 방지
- **엠브리오**: 노화 시 재생 작용, 산모의 탯줄을 효소로 분해하여 얻음.
- **비타민 E**: 항노화, 재생, 산화 방지
- **AHA(α-hydroxy acid)**: 각질 제거 및 재생 효과

미백 활성 성분의 특징
- **비타민 C**: 항산화, 미백, 모세 혈관 강화
- **코지산**: 티로시나아제의 활성 억제 누룩에서 추출
- **하이드로퀴논**: 활성 산소 억제 및 미백 효과가 가장 뛰어나지만, 의약품에서만 사용
- **알부틴**: 활성 산소 억제, 월귤나무과에서 추출
- **감초**: 항알레르기, 자극 완화, 독성 제거, 소염, 상처 치유, 활성 산소 억제

03 화장품의 종류와 기능

✂ 기초 화장품

■ 세안용 화장품

① 클렌징 제품

클렌징크림	• 피지 분비량이 많을 때, 짙은 메이크업을 했을 때 적합 • 광물성 오일(유동 파라핀) 40 ~ 50% 정도 함유
클렌징 로션	• 클렌징크림보다 세정력이 약하며 옅은 화장을 지울 때 적합 • 수분을 많이 함유하고 있어 산뜻하고 부드러운 느낌임.
클렌징 폼	• 피부에 자극이 적어 민감하고 약한 피부에 좋음. • 세정력과 피부 보호 기능 • 유성 성분과 보습제를 함유, 사용 후 피부 당김이 적음.
클렌징 젤	• 유성 타입: 짙은 화장을 지울 때 적합 • 수성 타입: 옅은 화장을 지울 때 적합, 유성 타입에 비해 세정력이 떨어지나 사용 후 피부가 촉촉하고 매끄러움.
클렌징 오일	• 건성, 노화, 민감한 피부에 사용하며 비누 없이 물에 쉽게 유화됨. • 피부 침투 기능성이 좋아 짙은 화장을 깨끗하게 지워 줌.
클렌징 워터	• 화장 전 피부를 닦아 내거나 가벼운 메이크업을 지울 때 사용

② 각질 제거

물리적 방법	스크럽	• 마사지 효과, 세안 효과, 각질 제거 효과
	고마쥐	• 건조된 제품을 근육 결의 방향대로 밀어서 각질 제거 • 피부 유형에 따라 사용 방법이 다르며, 예민한 피부는 주의해야 함.
생물학적 방법	효소	• 단백질 분해 효소(파파인, 트립신, 브로멜린, 펩신)가 각질을 제거
화학적 방법	AHA	• 각질 제거, 보습, 피부의 턴 오버 기능 향상 • 단백질인 각질을 산으로 녹여서 제거

화장품의 일반적 기능
피부가 갖고 있는 항상성 유지를 도와 피부를 늘 아름답고 건강하게 유지시킴.

기초 화장품의 사용 목적
• **피부 청결**: 노폐물, 메이크업 찌꺼기 제거
• **피부 정돈**: 유·수분의 공급 및 정상적인 pH 유지
• **피부 보호**: 피부 표면의 건조함을 방지, 유해한 성분의 침입을 막아 줌.
• **피부 영양**: 수분 및 영양 공급

기초 화장품의 종류
세안용, 화장수, 피부 보호, 팩, 마스크 등

2 화장수

① **기능**: 피부의 정돈 및 수분 밸런스를 유지
② **종류**
- **유연 화장수(tonic)**: 보습제와 유연제가 함유되어 피부의 각질층을 촉촉하고 부드럽게 해 줌.
- **수렴 화장수(astringent)**: 수분 공급 및 모공 수축, 세균으로부터 피부를 보호, 소독

3 피부 보호용 화장품

① **로션**
- 피부에 흡수 및 퍼짐이 좋고, 사용감이 적당하다.
- 수분이 약 60~80%로, 점성이 낮은 O/W형의 에멀션이다.

② **크림**
- 피부 보호·보습 및 활성 성분을 통한 피부 신진대사를 활성화한다.
- 배합 성분에 따라 O/W와 W/O형으로 구분한다.

③ **에센스**
- 피부 보습 및 노화 억제 효과를 갖는 주요 미용 성분이 고농축되어 있다.
- 컨센트레이트 또는 세럼이라고도 한다.

4 팩과 마스크

① **정의**
- **팩**: 공기가 통하며 시간이 흘러도 굳지 않는다.
- **마스크**: 공기가 통하지 않으며 시간이 흐르면 굳는다.

② **팩의 종류**
- **필 오프 타입**: 팩이 건조된 후 떼어 내는 형태, 건조되면서 피부에 긴장감, 청량감 부여
- **워시 오프 타입**: 물로 제거하며 크림, 젤, 머드 등의 클레이 타입
- **티슈 오프 타입**: 티슈로 닦아 내며 안면에 보습, 영양 및 진정 효과 부여

③ **마스크의 종류**
- **콜라겐 벨벳 마스크**: 노화 피부에 콜라겐 공급
- **모델링 마스크**: 시술 과정 중 모공을 열어 영양분이 피부 깊이 침투되게 함.

화장수의 주요 성분
정제수, 알코올, 보습제, 유연제, 기타(완충제, 점증제, 향료, 방부제 등)

팩과 마스크의 효과
• 피부에 필요한 수분과 영양 보충
• 팩이 건조되면서 피부에 긴장감을 부여함.
• 종류에 따라서 피부의 노폐물이 제거되고 청결해짐.

팩의 종류
• **크림 타입**: 영양·보습·진정 작용
• **젤 타입**: 보습·진정 작용
• **머드 타입**: 피지와 노폐물 제거

✂ 메이크업 화장품

1 베이스 메이크업 화장품

① 기미, 주근깨 등의 피부 결점 커버 및 얼굴 전체 피부색을 균일하게 정돈하여 아름답게 보이도록 한다.

② 메이크업 베이스

파란색	피부 톤을 하얗게 표현할 때 효과적임.
보라색	피부 톤을 밝고 화사하게 표현, 동양인의 노란 피부에 맞음.
분홍색	화사하고 생기 있는 피부를 표현, 신부 화장 및 창백한 사람에게 맞음.
녹색	• 잡티 및 여드름 자국, 모세 혈관 확장 피부에 적합 • 색상 조절 효과가 가장 크며, 일반적으로 많이 사용함.
흰색	투명한 피부를 원할 때 효과적, T존 부위에 하이라이트를 줄 때 사용

③ 파운데이션

리퀴드 파운데이션	• 로션 타입, 수분이 많아 퍼짐성이 좋고, 투명감 있게 마무리됨. • 사용감이 가볍고 산뜻함.
크림 파운데이션	• 유분이 많아 무거운 느낌을 주지만 피부 결점 커버력이 우수함. • 퍼짐성과 부착성이 좋아 땀이나 물에 잘 지워지지 않음.
케이크 타입 파운데이션	• 사용감이 산뜻하고 밀착력, 커버력이 좋고 땀에 쉽게 지워지지 않음. • 트윈 케이크, 투웨이 케이크라고 함.
스틱 파운데이션	크림 파운데이션보다 피부 결점 커버력이 우수함.

④ 파우더: 유분기를 제거해 주며, 땀과 피지에 의해 화장이 번지거나 지워지는 것을 방지

2 포인트 메이크업

아이브로펜슬	눈썹 모양 및 색을 조정하기 위해 사용
아이 섀도	• 눈 부위에 색채와 음영으로 입체감을 부여하여 단점을 보완 • 개성과 이미지를 부각시킴.
아이 라이너	• 눈의 윤곽을 또렷하게 하여 눈의 모양을 조정 • 인상적인 눈매를 연출
마스카라	• 속눈썹을 짙고 길어 보이게 함. • 눈동자가 또렷해 보이도록 하기 위해 사용
블러셔(cheek)	• 윤곽 수정 효과 및 뺨에 혈색과 화사함을 줌. • 젊고 발랄한 이미지와 건강미를 표현
립스틱	입술에 윤기와 색감을 부여, 얼굴 전체의 이미지를 밝게 함.

메이크업 화장품의 사용 목적
• 미적 효과, 자외선 차단 등 피부 보호 효과
• 심리적인 만족감과 자신감

형태별 파운데이션

섀도 컬러(음영 효과)
넓은 부위는 좁아 보이게 하고, 튀어나온 부위는 들어가 보이게 함.

하이라이트 컬러(돌출 효과)
크게 보이고자 하는 부위에 사용하여 돌출되어 보이게 함.

아이 라이너
• 리퀴드 타입: 지속성이 있으며 뚜렷하고 개성 있는 눈매를 연출
• 펜슬 타입: 잘 지워지지만 쉽고 자연스러운 눈매

✂ 모발 화장품

1 세정용

① **샴푸**: 두피와 모발에 존재하는 피지, 땀, 비듬, 각질, 먼지 등을 세정
② **린스**: 샴푸에 의해 감소된 모발에 유분을 공급하여 윤기 있게 함.

2 정발용

① 모발을 원하는 형태로 만드는 스타일링 기능과 모발의 형태를 고정시켜 주는 세팅 기능이 있다.
② **헤어 스타일링**: 헤어젤, 헤어무스, 헤어스프레이, 세팅 로션 등
  • **헤어트리트먼트**: 헤어크림, 헤어 코트, 헤어 오일 등
  • **기타**: 탈모제, 염모제, 퍼머넌트 웨이브 로션 등

모발 화장품의 사용 목적
모발과 두피의 청결 및 보호, 정돈, 미화 등

✂ 보디 관리·네일 화장품

1 보디 관리 화장품

종류	사용 부위	기능 및 특징	제품
세정제	전신	피부 표면의 더러움 제거, 청결 유지	비누, 입욕제, 보디클렌저
각질 제거제	전신, 팔, 뒤꿈치	노화된 각질 제거	보디 스크럽, 보디 솔트
보디 트리트먼트	전신	세정 후 피부 표면 보호, 보습	보디로션, 보디 오일, 보디 크림, 핸드 로션, 핸드크림, 풋 크림
슬리밍	신체 특정 부위	피부를 매끄럽게 하고, 혈액 순환을 도와 노폐물 배출	마사지 크림, 지방 분해 크림, 바스트 크림
체취 방지제	겨드랑이	몸 냄새 예방 및 냄새의 원인이 되는 땀 분비 억제	데오도란트 로션·스틱·스프레이
자외선 태닝 제품	전신	균일하고 아름다운 갈색 피부로 만듦.	선탠오일, 선탠 젤, 선탠 로션

• **방향제**
파우더, 샤워 코롱 등
• **손에 사용하는 화장품**
핸드 로션, 핸드크림
• **발에 사용하는 화장품**
각질 연화 로션

2 네일 화장품의 종류

폴리시	• 손톱에 바르는 안료가 배합된 네일 컬러 화장품(에나멜) • 손톱에 광택을 내고 아름답게 할 목적으로 사용 • 피막 형성 성분은 니트로셀룰로오스임.
베이스 코트	• 폴리시 또는 화학 성분으로 인한 네일 보호 및 착색 방지 • 색상 지속을 도와줌.
탑 코트	폴리시를 바르고 난 후 사용, 색상과 광택을 부여함.
큐티클 리무버	큐티클을 제거하기 위해 큐티클 주위에 발라 유연하게 하는 화장품
큐티클 오일	손톱 주변의 피부에 유수분 공급
리무버	폴리시 제거 시 사용, 보통 아세톤이라고 함.
안티셉틱	손 소독 화장품
젤 글루	네일 팁을 붙일 때 사용
필러 파우더	손톱 연장 시술, 익스텐션, 파우더 팁 시술 시 글루와 함께 사용
글루 드라이어	액티베이터라고 하며, 글루를 빨리 건조시킴.
오렌지 우드스틱	큐티클 리무버 등을 바를 때 사용

네일 화장품 바르는 순서
베이스 코트 → 폴리시 → 탑 코트

네일 관리 순서

✂ 방향 화장품

① 체취에 대한 후각적인 아름다움에 대해 관심이 높아지면서 향수는 개인의 매력을 높여 주고 개성을 표현하는 수단으로 사용되고 있다.

② 향료와 배합 비율, 즉 부향률에 따라 다양한 종류의 향수를 얻을 수 있다.

③ 농도에 따른 향수의 구분

구분	부향률(농도)	지속 시간	특징 및 용도
퍼퓸	10 ~ 30%	6 ~ 7시간	고가, 향기가 풍부하고 완벽함.
오드 퍼퓸	9 ~ 10%	5 ~ 6시간	향의 강도가 약해서 부담이 적고 경제적임.
오데 토일렛	6 ~ 9%	3 ~ 5시간	고급스러우면서도 상쾌한 향
오데 코롱	3 ~ 5%	1 ~ 2시간	향수를 처음 접하는 사람에게 적당
샤워 코롱	1 ~ 3%	1시간	은은하고 상쾌한 전신 방향 제품

향수의 제조 과정
[천연 향료 + 합성 향료] → 조합 향료(알코올 첨가) → 희석·용해(1개월 ~ 1년) → 숙성(냉각) → 여과(침전물 제거) → 향수

④ 향수의 발산 속도에 따른 단계 구분

• **탑 노트**: 향수의 첫 느낌, 휘발성이 강한 향료
• **미들 노트**: 변화된 중간 향, 알코올이 날아간 다음 나타나는 향
• **베이스 노트**: 마지막까지 은은하게 유지되는 향, 휘발성이 낮은 향료

방향 화장품의 보관
• 공기와 접촉되지 않도록 한다.
• 직사광선, 고온과 온도 변화가 심한 장소는 피한다.
• 사용 후 용기의 뚜껑을 잘 닫아 향의 발산을 막는다.

✂ 에센셜(아로마) 오일 및 캐리어 오일

1 에센셜 오일의 추출법

① **수증기 증류법**
- 식물의 향기 부분을 물에 담가 가온하면 향기 물질이 수증기와 함께 기체로 증발된다.
- 증발된 기체를 냉각하여 물 위에 뜬 향기 물질을 분리하면 순수한 천연 향만을 얻을 수 있다.
- 대량으로 천연 향을 얻어 낼 수 있는 장점이 있으나, 고온에서 일부 미세한 향기 성분이 파괴되므로 열에 의해 성분이 파괴될 수 있는 향료 식물의 추출에는 적합하지 않다.

② **압착법**: 레몬, 오렌지, 베르가모트, 라임과 같은 감귤류의 껍질 등을 직접 압착하여 천연 향을 얻는 방법

③ **용매 추출법**: 휘발성 혹은 비휘발성 용매를 사용하여 비교적 낮은 온도에서 천연 향을 얻는 방법

④ **초임계 이산화탄소 추출법**
- 최근에 개발된 향유 추출법으로, 액체 상태의 이산화탄소가 용매와 같은 작용을 하는 성질을 이용한 것이다.
- 초저온에서 추출하기 때문에 열에 약한 향유의 성분이 보존되어서 원형에 가까운 향유를 추출할 수 있다.

2 에센셜 오일의 종류와 효능

재료	효능
라벤더	항생, 진정, 해독, 살균·방부, 세포 재생
티트리	항균, 살균·방부
페퍼민트	감기, 천식, 정맥류, 항염증, 살균·방부, 두통·소화 불량·호흡 곤란 완화
캐머마일	항염증, 항균, 살균·방부, 소독
유칼립투스	이뇨, 항염증, 살균·방부, 진통 완화
제라늄	살균·방부, 수렴, 진정·통증 완화
로즈메리	육체적·정신적 근육통 완화
타임	항균, 살균·방부, 이뇨 작용
레몬	소화기계에 슬리밍 효과와 셀룰라이트 분해로 시너지 효과

관련 용어 정리
- **아로마 테라피**: 코와 피부를 통해 향을 인체에 흡입·흡수시킴으로써 육체적, 정신적 자극을 주어, 면역력을 향상시켜 신체 건강을 유지 및 증진시키는 것

- **아로마 화장품**: 아로마 테라피에 적용하는 식물의 꽃, 잎, 뿌리, 열매 등에서 추출한 에센셜 오일이나 아로마 오일이 첨가된 제품
- **에센셜 오일**: 근육의 긴장과 이완, 혈액 순환·생리 기능 촉진, 항스트레스 효과, 항균·항바이러스 작용, 소화 촉진 효과가 있으며 향기를 품어 내는 허브로 추출한 향유

- **캐리어 오일(베이스 오일)**: 배합할 때 사용하는 오일로, 에센셜 오일을 운반시켜 주는 오일이며, 1차 냉각 압축법으로 추출한 100% 천연 식물성 오일

✂ 기능성 화장품

1 미백 화장품

알부틴, 코지산, 상백피 추출물, 감초 추출물, 닥나무 추출물	티로신의 산화를 촉진하는 티로시나아제의 작용을 억제하는 물질
비타민 C	도파의 산화를 억제하는 물질
AHA	각질 세포를 벗겨 내 멜라닌 색소를 제거하는 물질
하이드로퀴논	멜라닌 세포 자체를 사멸시키는 물질
옥틸디메칠 파바, 이산화티탄	자외선을 차단하는 물질

기능성 화장품
피부 보호와 피부 기능을 유지하고 더 나아가 미용적인 결함을 교정해 주는 작용이 있어야 한다.

법으로 인정된 기능성 화장품
주름 개선, 피부 미백, 자외선 차단 또는 피부를 곱게 태워 주는 데 도움을 주는 제품 등

2 자외선 차단 화장품

① **원리**: UV-A, UV-B를 흡수하거나 산란시킴으로써 멜라닌 생성을 억제

사이토카인	멜라닌 세포에 멜라닌의 합성을 명령하는 신호 전달 물질인 사이토카인의 작용을 조절
멜라닌 합성 저하제	티로신의 산화 반응을 억제함으로써 멜라닌 색소의 생성 억제
박리 촉진	각질을 박리하고 턴오버를 촉진함으로써 생성된 멜라닌 색소의 배출을 용이하게 함.

② **자외선 차단제(산란제)**
- 자극이 낮아 예민한 피부에도 사용 가능하며, 자외선의 반사로 피부를 보호한다.(성분 이산화티탄, 산화아연)
- 입자가 클 경우 피부에 뿌옇게 밀릴 수 있다.

③ **자외선 흡수제**
- 화학적인 성질로 자외선의 화학 에너지를 미세한 열 에너지로 바꾸어 피부 밖으로 방출한다.
- 색상이 없고 사용감이 산뜻하나 화학적인 반응이 피부에 자극을 줄 수 있다.

자외선 차단제의 조건
• 땀과 물에 쉽게 지워지지 않아야 한다.
• 태양 광선에 분해되지 않아야 한다.

3 주름 개선 화장품

① **피부 노화의 종류**
- **광 노화**: 태양 광선에 의해 피부 노화가 일어나는 현상
- **자연 노화**: 나이 들어감에 따라 자연스럽게 나타나는 노화 현상

② **주름 개선 화장품**: 레티놀, 아데노신 등

평가 문제

01 화장품의 설명 중 맞는 것은?

✅ 인체에 대한 작용이 경미한 것이다.
② 장기간 또는 단기간 사용한다.
③ 특정 질환을 가진 환자가 대상이다.
④ 유효성과 부작용의 비율에 따라 가치가 결정된다.

 특정 질환을 가진 환자가 대상인 것은 의약품이다.

02 다음 중 기초 화장품이 아닌 것은?

① 로션과 스킨   ✅ 콤팩트
③ 팩   ④ 클렌징 폼

 콤팩트는 메이크업 제품에 속한다.

03 방취제의 주요 작용은?

① 세척
② 모공 수렴
✅ 땀 분비 억제
④ 방부

 방취제: 고약한 냄새가 풍기지 못하게 막는 약제

04 메이크업 화장품에 포함되지 않는 것은?

① 네일 에나멜   ✅ 에센스
③ 마스카라   ④ 리퀴드 파운데이션

 메이크업 화장품: 메이크업 베이스, 파운데이션, 파우더, 아이브로 펜슬, 아이 섀도, 아이 라이너, 마스카라, 립스틱, 네일 에나멜

05 화장품의 품질 특성 중 안정성 항목에 포함되지 않는 것은?

① 변색   ② 변취
③ 미생물 오염   ✅ 독성이 없을 것

 안정성: 변질, 변색, 변취, 미생물 오염 등이 없을 것

06 화장품의 정의를 잘못 설명한 것은?

① 우리나라 화장품의 정의는 인체를 청결 또는 미화하기 위한 것이다.
② 인체에 대한 작용이 경미한 것을 말한다.
③ 화장품의 정의는 나라별로 다르다.
✅ 우리나라는 기능성 화장품을 법으로 정하지 않았다.

 기능성 화장품을 법으로 정한 곳은 우리나라가 유일하다.

07 화장품의 품질 특성 중 잘못 짝지어진 것은?

① 안전성: 파손, 경구 독성이 없을 것
✅ 안정성: 피부 자극성, 이물 혼합, 변취 등이 없을 것
③ 사용성: 사용감, 편리성, 기호성
④ 유용성: 보습, 자외선 방어, 세정, 색채 효과 등의 기능이 우수

• 안전성: 피부 자극성, 경구 독성, 이물 혼합, 파손 등이 없을 것
• 안정성: 변질, 변색, 변취, 미생물 오염 등이 없을 것
• 사용성: 사용감, 사용 편리성, 기호성
• 유용성: 보습, 자외선 방어, 세정, 색채 효과 등

08 화장품의 수성 원료 중 정제수에 대한 설명으로 틀린 것은?

① 화장품에서 가장 많이 사용된다.
✅ 이온 교환 수지를 할 필요가 없다.
③ 세균이나 중금속이 포함되면 안 된다.
④ 일정한 pH를 유지하여야 한다.

 정제수는 이온 교환 수지를 이용하여 정제한 이온 교환수를 사용한다.

09 식물성 원료가 아닌 것은?

① 호호바 오일   ② 피마자 오일
✅ 밍크 오일   ④ 동백 기름

 밍크 오일은 동물성 원료이다.

10 캐머마일이 피부에 미치는 영향은?

  ☑ 피부 진정   ② 발한 억제 작용

  ③ 유연 작용   ④ 항산화 작용

 캐머마일은 건조하고 가려움이 있는 피부에 진정 효과를 준다.

11 로열젤리를 사용했을 때 효과를 볼 수 있는 피부는?

  ① 지루성 피부

  ☑ 피부가 거칠고 지친 건성 피부

  ③ 지방성 피부

  ④ 민감성 피부

 로열젤리를 사용하면 거칠고 지친 건성 피부가 촉촉해진다.

12 화장품 원료 중 왁스류에 대한 설명으로 틀린 것은?

  ☑ 왁스류는 식물성 왁스류 뿐이다.

  ② 왁스류는 유액 제품의 점성을 높이거나 스틱 제품에 많이 사용된다.

  ③ 라놀린도 왁스류에 포함된다.

  ④ 융점이 가장 높은 왁스는 카르나우바 왁스이다.

 왁스류에는 동물성, 식물성, 광물성이 있다.

13 라놀린에 관한 설명 중 틀린 것은?

  ☑ 민감성 피부나 여드름 피부에 우수하다.

  ② 사람의 피지와 유사하다.

  ③ 양모에서 추출한 원료이다.

  ④ 왁스류에 포함이 되는 원료이다.

 라놀린은 미세한 양털이 포함될 수가 있으므로, 민감성 피부나 여드름 피부에는 적합하지 않은 원료이다.

14 화장품 원료 중 수성 원료가 아닌 것은?

  ① 정제수   ② 에탄올

  ③ 글리세린   ☑ 호호바 오일

 수성 원료: 정제수, 에탄올, 글리세린

15 시트러스(감귤류) 에센셜 오일이 아닌 것은?

  ① 오렌지   ☑ 재스민

  ③ 베르가모트   ④ 레몬

 재스민은 꽃에서 추출한 에센셜 오일이다.

16 화장품의 수성 원료 중 에탄올에 대한 설명으로 맞지 않는 것은?

  ① 에탄올은 살균·소독 효과는 없다.

  ② 휘발성이 있어 피부에 청량감과 가벼운 수렴 효과를 부여한다.

  ☑ 술을 만들 때 사용하는 것과 같은 성분이다.

  ④ 화장품의 변질을 방지한다.

 화장품에 사용되는 에탄올은 술을 만드는 데 사용할 수 없도록 특수한 변성제를 첨가한 변성 에탄올이다.

17 화장품 원료의 구비 조건이 아닌 것은?

  ① 사용 목적에 그 기능이 우수하여야 한다.

  ② 안전성이 양호하여야 한다.

  ③ 산화 안정성이 우수하여야 한다.

  ☑ 향이 다양하며 품질이 일정하여야 한다.

 향이 다양할 필요는 없다.

18 바니싱 크림의 주요 성분은?

  ① 스콸렌   ② 오일

  ③ DNA   ☑ 스테아린산

19 향장품에서 방부제로 사용하는 것은?

  ① 알코올   ☑ 붕사

  ③ 과산화수소   ④ 글리세린

20 글리세린에 관한 설명 중 틀린 것은?

① 무색, 무취이다.
② 물이나 알코올에 녹는다.
✓ 보습제로 사용되고 있으며 농도가 높을수록 효과적이다.
④ 비누나 지방산을 제조할 때 부산물로 얻어진다.

 농도가 높으면 피부 트러블을 유발시킬 수 있다.

21 콜라겐 제품은 화장품에 사용할 경우 피부에 어떤 작용을 하는가?

① 주름을 없앤다.
② 영양을 공급한다.
③ 방부제 역할을 한다.
✓ 수분을 보유시킨다.

 콜라겐은 피부에 수분을 보유시키므로 화장품에 사용한다.

22 히알루론산에 관한 설명 중 틀린 것은?

① 1980년부터는 생물 공학 기법으로 대량생산하기 시작하였다.
② 닭 벼슬에서 추출한 물질이다.
✓ 오일감이 없고 가벼운 사용감을 주는 데 사용하는 원료이다.
④ 수분 흡인력이 매우 강하다.

23 건성 피부에 적합하지 않는 화장품의 성분은?

✓ 살리실산   ② 콜라겐
③ 히알루론산   ④ 글리세린

 살리실산은 살균 및 피지 억제에 도움이 되는 작용이 크므로 건성 피부에는 적합하지 않다.

24 민간 약초로 피부 살균, 수렴, 재생 효과 및 피부 순환에 도움을 주는 원료는?

✓ 아르니카   ② 아몬드 오일
③ 알란토인   ④ 아줄렌

 아르니카는 피부 살균, 수렴, 재생 효과 및 피부 순환에 도움을 주는 원료이다.

25 100% 에센셜 오일 중 직접 피부에 도포할 수 있는 오일은?

① 로즈메리   ② 제라늄
③ 페퍼민트   ✓ 티트리

 티트리, 라벤더 외에는 캐리어 오일과 블랜딩으로만 사용할 수 있다.

26 모발 화장품의 기능과 제품을 바르게 연결한 것은?

① 영양 기능: 헤어 무스, 헤어 린스
② 세정 기능: 헤어 샴푸, 헤어 스프레이
✓ 정발 기능: 헤어 스프레이, 헤어 무스
④ 양모 기능: 헤어 토닉, 헤어크림

 정발 기능 제품에는 헤어 스프레이, 헤어 무스가 있다.

27 화장품의 피부 흡수에 관한 설명 중 올바른 것은?

① 지용성 성분보다 수용성 성분이 흡수가 빠르다.
✓ 분자량이 높은 것이 낮은 것보다 빠르게 흡수한다.
③ 흡수 경로는 모공이나 피지선과 모낭을 통해 진피로 흡수된다.
④ 피부로부터 약물을 전달하는 시스템을 MED (Minimum Erythema Dose)라 한다.

 • 수용성 성분보다 지용성 성분이 흡수가 빠르다.
• 흡수 경로는 모공이나 피지선과 모낭을 통해 표피로 흡수된다.
• MED(Minimum Erythema Dose)는 최소 홍반량을 나타낸다.

28 레티놀에 관한 설명 중 옳지 않은 것은?

① 레티놀은 비타민 E 계통의 물질이다.
② 콜라겐 합성이나 피부 각질화 조절 기능이 있다.
✓ 공기나 빛에 의하여 쉽게 분해될 수 있다.
④ 주름 개선 제품의 원료이다.

 레티놀은 공기나 빛에 의해 쉽게 분해되지 않는다.

29 계면 활성제에 대한 설명 중 틀린 것은?

✓ 계면 활성제의 구조를 보면 친수기만 가지고 있다.
② 계면 활성제 중 자극이 가장 적은 것은 비이온 계면 활성제이다.
③ 비이온 계면 활성제는 화장품에 주로 이용된다.
④ 계면 활성제가 물에 용해할 경우 이온에 따라 음이온, 양이온, 양쪽성으로 해리한다.

 계면 활성제의 구조는 친수기와 친유기를 동시에 가지고 있는 양친매성이다.

30 보습제의 바람직한 조건이 아닌 것은?

① 흡습력이 지속되어야 한다.
✓ 가능한 한 고휘발성이어야 한다.
③ 흡습력이 다른 환경 조건의 영향을 쉽게 받지 않아야 한다.
④ 다른 성분과 공존성이 좋아야 한다.

 고휘발성이면 보습력의 지속성이 떨어지기 때문에 보습제는 가능한 한 저휘발성이어야 한다.

31 캐리어 오일에 대한 설명 중 틀린 것은?

① 베이스 오일이라고도 한다.
② 에센셜 오일을 희석하는 데 사용한다.
③ 에센셜 오일을 피부에 효과적으로 침투시키기 위해 사용한다.
✓ 안전성이 우수하며 공기 중에 오래 노출시켜도 산패가 되지 않는다.

 캐리어 오일을 공기 중에 오래 노출하면 산패가 일어날 수가 있기 때문에 반드시 밀봉하여 냉장고에 보관하여 두어야 한다.

32 크림의 역할이 아닌 것은?

✓ 피부의 세정 작용을 한다.
② 피부의 생리 기능을 도와준다.
③ 피부를 외부 환경으로부터 보호하여 준다.
④ 유효 성분들이 있어 피부의 문제점을 개선하여 준다.

 세정 작용은 클렌징 제품이 한다.

33 팩에 관한 설명이 잘못된 것은?

① 팩은 '포장하다, 둘러싸다'라는 뜻을 가지고 있다.
② 팩은 피부의 노폐물을 제거하고 청결하게 하는 효과가 있다.
③ 건성·노화 피부에는 워시오프 타입이 가장 적당하다.
✓ 민감성 피부에는 필오프 타입이 적당하다.

 민감성 피부에 필오프 타입을 하면 오히려 피부가 당기는 현상이 있어 적합하지 않다.

34 아이 섀도 중 돌출되거나 넓어 보이기 위해 바르는 컬러는?

✓ 하이라이트 컬러   ② 포인트 컬러
③ 베이스 컬러   ④ 언더 컬러

35 아이브로 펜슬의 구비 조건이 아닌 것은?

① 피부에 부드러운 감촉을 줄 것
✓ 진하고 강하게 그려질 것
③ 지속성이 높고 번짐이 없을 것
④ 발한, 발분이 없을 것

 선명하고 미세한 선이 그려져야 한다.

36 우리나라 화장품법상 기능성 화장품에 해당하지 않는 것은?

① 미백 화장품
② 주름 개선 화장품
✓ 여드름 화장품
④ 자외선 차단 화장품

 기능성 화장품: 미백, 주름 개선, 자외선 차단 화장품

37 아로마 테라피가 아닌 것은?

① 방향 요법이다.
✓ 육체의 질병만 다스린다.
③ 향기로 치료한다.
④ 100% 정제된 오일을 사용한 테라피이다.

 아로마 테라피는 아로마를 이용하여 스트레스 해소, 기분 전환 등 현대인의 생활에 활력소가 되도록 도움을 주는 방법이다.

38 에센스에 대한 설명 중 틀린 것은?

✓ 에센스가 노화 방지에만 도움을 준다.
② 유럽에서는 세럼이라고도 한다.
③ 에센스에는 고농축된 미용 성분이 많이 함유되어 있다.
④ 에센스는 피부에 보습과 영양 공급을 한다.

 에센스에는 고농축된 미용 성분이 많이 함유되어 있기 때문에 노화 방지 외에 보습과 영양 공급에도 도움을 준다.

39 향수의 구비 조건으로 바르게 설명된 것은?

① 지속력은 크게 상관없다.
② 시대성이 중요한 구비 조건 중 하나이다.
③ 향이 강해야 한다.
④ 향의 조화가 잘 이루어질 필요는 없다.

 향수는 향이 적당히 강하고 지속성이 좋아야 하며, 향의 조화가 잘 이루어져야 한다.

40 화장수에 관한 설명 중 잘못된 것은?

① 화장수를 보통 스킨 로션이라 부른다.
② 수렴 화장수는 피부에 수분과 모공 수축 기능이 있다.
③ 화장수의 역할은 각질층에 수분과 보습 성분을 공급하는 것이 목적이다.
④ 유연 화장수의 기능은 피부에 보호막을 형성하는 것이다.

 유연 화장수는 피부 수분 보충과 피부 유연 효과 기능이 있다.

41 유연 화장수의 작용으로 틀린 것은?

① 피부에 영양을 주고 윤택하게 한다.
② 피부에 거침을 방지하고 부드럽게 한다.
③ 피부에 수축 작용을 한다.
④ 피부에 남아 있는 비누의 알칼리를 중화시킨다.

 수축 작용을 하는 것은 수렴 화장수이다.

42 크림에 대한 설명 중 옳은 것은?

① 크림은 유동성을 갖는 에멀션 형태의 제품이다.
② 크림은 천연 보호막을 만들어 준다.
③ 마사지 크림의 기능은 피부 정화이다.
④ W/O형 크림은 O/W형 크림에 비해 시원함과 촉촉함을 더 느낀다.

 크림은 세안으로 제거된 천연 보호막을 만들어 주는 역할을 한다.

43 AHA의 설명으로 틀린 것은?

① 피부 관리사는 AHA 농도를 15%만 사용해야 한다.
② 햇빛이 강한 계절은 안 하는 것이 좋다.
③ 잔주름에 효과를 볼 수 있다.
④ 재생 관리가 함께 들어가야 한다.

 농도를 10% 이하로 사용해야 한다.

44 네일 화장품에 대한 설명으로 틀린 것은?

① 폴리시는 손톱에 바르는 컬러 화장품이다.
② 네일 로션은 손과 발의 마사지 화장품이다.
③ 안티셉틱은 발 소독 화장품이다.
④ 탑 코트는 폴리시를 바르고 난 후 사용하며, 색상과 광택을 높여 준다.

 안티셉틱은 손 소독 화장품이다.

45 미백 화장품의 작용 원리가 아닌 것은?

① 티로시나아제 합성 억제
② 티로시나아제 활성 억제
③ 멜라닌 산화
④ 각질 탈락 촉진

46 자외선에 관한 설명 중 틀린 것은?

① 자외선 A가 자외선 중 가장 깊이 침투한다.
② 자외선 B는 선번을 일으킨다.
③ 자외선 C는 오존층에서 차단되기 때문에 지표에 거의 도달되지 않는다.
④ 자외선은 안개가 낀 날은 거의 영향이 없다.

 자외선은 안개가 낀 날이나 구름이 있는 날에도 영향을 미친다.

47 자외선 차단제의 성분이 바르게 연결된 것은?

① 산란제: 산화아연
② 산란제: 글리세릴파바
③ 흡수제: 이산화티탄
④ 흡수제: 메칠파라벤

 산란제: 산화아연, 이산화티탄

48 파운데이션의 설명으로 옳지 못한 것은?

① 피부의 결점 커버와 피부 색상을 조절해 준다.

② 이미지를 연출하고 개성을 강조해 준다.

③ 리퀴드 파운데이션은 결점이 별로 없는 피부에 적당하다.

 겨울철에는 트윈 케이크를 사용하는 것이 가장 좋다.

> 트윈 케이크는 커버력이 좋고, 땀에 쉽게 지워지지 않아 여름철 사용이 적당하다.

49 샴푸에 관한 설명 중 틀린 것은?

① 샴푸란 '머리를 씻다'라는 의미이다.

 샴푸에 이용되는 계면 활성제는 주로 비이온 계면 활성제이다.

③ 샴푸는 모발과 두피를 세정하고 비듬과 가려움을 덜어 줄 목적으로 사용된다.

④ 샴푸로 세발한 후 물로 충분히 씻어 내어야 한다.

> 샴푸에는 음이온과 양쪽성 계면 활성제를 주로 사용한다.

50 주름을 개선시키는 기능성 화장품에 대한 설명으로 틀린 것은?

① 주름을 생성시키는 가장 큰 외부 요인은 자외선이다.

 피부 세포 증식에 영향을 주는 성분이 들어 있다.

③ 주성분으로 AHA가 사용된다.

④ 파괴된 콜라겐과 엘라스틴을 복구시키는 기능이 있다.

> 주름을 개선시키는 기능성 화장품엔 피부 세포 증식에 영향을 주는 성분은 들어가 있지 않다.

51 피부의 결점을 커버하기 위해 백색 안료로 많이 쓰이는 것은 무엇인가?

 이산화티탄, 산화아연

② 이산화티탄, 탈크

③ 탄산칼슘, 카올린

④ 카올린, 산화아연

> 백색 안료: 산화아연, 이산화티탄, 산화타이타늄, 타이타늄백

52 향료의 기원에 대한 설명으로 틀린 것은?

① 고대 인도에서는 향을 종교 의식과 결부하여 사용하였다.

 퍼퓸(Perfume)은 Per와 Fume의 합성어로 '신체를 건강하게'라는 어원을 가지고 있다.

③ 고대 그리스에서는 질병을 없애기 위해 향기 나는 나무를 태워 사용하였다.

④ 알코올에 용해시켜 만든 현대 향수의 시초는 헝가리 워터이다.

> 퍼퓸은 '연기를 통하여'라는 어원을 가지고 있다.

53 헤어 린스의 기능이 아닌 것은?

① 정전기를 방지한다.

 적절한 세정력이 있어야 한다.

③ 모발을 유연하게 하고 자연스러운 광택을 준다.

④ 샴푸 후 제거되지 않은 음이온성 계면 활성제를 중화시켜 준다.

54 에센셜 오일의 추출 방법 중 옳지 않은 것은?

 증류법: 수증기를 통과시켜 향을 추출하며 오랜 시간이 걸림.

② 냉각 압착법: 과일 껍질을 압착하여 추출

③ 휘발성 용매 추출법: 왁스 형태의 물질을 얻음.

④ 초임계 유체법: 고순도의 원하는 물질만 얻음.

> 증류법은 짧은 시간에 다량 추출이 가능하다.

55 기능성 화장품과 일반 화장품의 차이에 대해 잘못 설명한 것은?

① 기능성 화장품은 기능성 화장품으로 표시하여 구분하여야 한다.

② 일반 화장품도 식품의약품안전처에서 허가를 받아야 한다.

③ 일반 화장품은 미백, 주름, 자외선 차단 효능에 대한 광고를 할 수 있다.

④ 기능성 화장품은 기능성을 부여하는 주성분을 표기하여야 한다.

> 미백, 주름, 자외선 차단 효능에 대한 광고를 할 수 있는 것은 기능성 화장품이다.

56 음이온성 계면 활성제의 성질 중 옳지 않은 것은?

① 세정력이 뛰어나다.
② 탈지력이 강하다.
✔ 기포 형성 능력이 약하다.
④ 피부가 거칠어진다.

 음이온 계면 활성제는 세정 작용과 기포 형성 작용이 우수하여 비누, 샴푸, 클렌징 폼 등에 사용된다.

57 분산 방법으로 옳지 않은 것은?

✔ 안료, 분산매, 분산제를 각각 따로 혼합한다.
② 분산매에 분산제를 용해시켜 놓고 후에 안료를 섞는다.
③ 안료와 분산매를 섞은 후 분산제를 가하여 혼합한다.
④ 분산제를 안료 입자 표면에 미리 코팅시킨 후에 분산매를 섞는다.

 안료, 분산매, 분산제를 동시에 혼합하여야 한다.

58 화장품 점도 증가제의 원료에 관한 설명으로 옳지 않은 것은?

① 제품의 점도를 조절하는 목적으로 사용한다.
✔ 점도 증가제는 제품의 안전성과 밀접한 관계가 있다.
③ 과거에는 천연 점도 증가제를 많이 사용하였으나 제품의 안정성 때문에 현재는 별로 사용하지 않는다.
④ 최근에는 합성 고분자 점증제를 많이 사용한다.

 점도 증가제: 화장품의 유성 부분을 농화시키는 데 사용되는 성분

59 다음 설명 중 올바르지 못한 것은?

① 안료를 피부 표면에 도포하면 피부 표면의 수분과 유분을 흡수하는 기능이 있다.
✔ 파운데이션에 사용되는 안료는 주로 무기 안료이다.
③ 메이크업 화장품에 사용되는 무기 안료의 입자 크기는 보통 100nm 정도이다.
④ 안료에는 비소나 납과 같이 인체에 유해한 중금속이 극미량(법정 허용치) 함유되어 있다.

 파운데이션에 사용되는 안료는 주로 유기 안료이다.

60 데이 크림에 대한 설명 중 옳은 것은?

① 샤워 후 바른다.
② 피부의 신진대사가 활발한 밤에만 사용한다.
✔ 기초적인 보습과 보호를 위해 낮에 많이 사용한다.
④ 피부 노폐물 제거 효과가 있다.

61 펄 안료로 많이 쓰이는 것은?

① 실리콘 오일, 금속 비누, 진주
✔ 진주, 티탄
③ 실리콘 오일, 탈크
④ 카올린 갈치 비늘, 진주

62 다음 중 필수아미노산에 속하지 않는 것은?

① 트립토판   ② 트레오닌
③ 발린   ✔ 알라닌

 성인의 경우 발린(Valine), 루신(Leucine), 아이소루이신(Isoleucine), 메티오닌(Methionine), 트레오닌(Threonine), 라이신(Lysine), 페닐알라닌(Phenylalanine), 트립토판(Tryptophan)을 필수아미노산이라고 한다.

63 정유(Essential Oil) 중에서 살균·소독 작용이 가장 강한 것은?

✔ 타임 오일(Thyme Oil)
② 주니퍼 오일(Juniper Oil)
③ 로즈메리 오일(Rosemary Oil)
④ 클레어리 세이지 오일(Clary sage Oil)

 타임 오일은 피부의 염증 제거에 도움이 되며 살균, 소독 작용이 강하고, 방부 작용을 한다.

64 AHA(Alpha Hydroxy acid)에 대한 설명으로 틀린 것은?

① 화학적 필링
② 글리콜산, 젖산, 주석산, 능금산, 구연산
✔ 각질 세포의 응집력 강화
④ 미백 작용

 AHA는 죽은 각질을 제거하는 효과가 있다.

실전 모의고사

자격 종목		코 드	출제 문항 수	시험 시간	수험번호	성명
헤어 미용사		7937	60문항	60분		

01 샴푸에 대한 설명 중 잘못된 것은?

① 샴푸는 두피 및 모발의 더러움을 씻어 청결하게 한다.

② 다른 종류의 시술을 용이하게 하며, 스타일을 만들기 위한 기초적인 작업이다.

③ 두피를 자극하여 혈액 순환을 좋게 하며, 모근을 강화시키는 동시에 상쾌감을 준다.

④ 모발을 잡고 비벼 주어 큐티클 사이에 있는 때를 씻어 내고 모표피를 강하게 해 준다.

02 핑거 웨이브와 핀 컬이 교대로 조합되어진 것으로 말린 방향은 동일하며 폭이 넓고 부드럽게 흐르는 버티컬 웨이브를 만들고자 하는 경우에 좋은 것은?

① 하이 웨이브(high wave)

② 로우 웨이브(low wave)

③ 스킵 웨이브(skip wave)

④ 스윙 웨이브(swing wave)

03 헤어스타일의 아웃 라인(Out line)이 콘케이브(concave)형의 커트로 무거움보다는 예리함과 산뜻함을 나타내는 헤어스타일은?

① 그러데이션(gradation)

② 스파니엘(spaniel)

③ 이사도라(isadora)

④ 레이어(layer)

04 시스틴 함량이 낮고 기계적으로 가장 약한 큐티클 성분 층은?

① 에피 큐티클(epi-cuticle)

② A 큐티클(a-cuticle)

③ 엑소 큐티클(exo-cuticle)

④ 엔도 큐티클(endo-cuticle)

05 퍼머넌트 웨이브 시술 중 테스트 컬을 하는 목적으로 가장 적합한 것은?

① 2액의 작용 여부를 확인하기 위해서이다.

② 굵은 모발, 혹은 가는 두발에 로드가 제대로 선택되었는지 확인하기 위해서이다.

③ 산화제의 작용이 미묘하기 때문에 확인한다.

④ 정확한 프로세싱 시간을 결정하고 웨이브 형성 정도를 조사하기 위해서이다.

06 미용 기술로 인해서 생기는 미적 가치관은?

① 유동성이며 고정되어 있다.

② 유동성이며 고정되어 있지 않다.

③ 부동성이며 고정되어 있다.

④ 부동성이며 고정되어 있지 않다.

07 마셀 웨이브(marcel wave)를 시술하기 위한 아이론의 온도로 가장 적합한 것은?

① 160~180℃　　② 120~140℃

③ 90~100℃　　④ 70~80℃

08 고대의 머리 모양에 대한 명칭과 설명이 잘 연결된 것은?

① 쪽머리 - 뒤통수 위에 얹은 머리

② 푼기명머리 - 양쪽 귀옆에 머리카락의 일부를 늘어뜨린 머리

③ 중발머리 - 중간 정도 길이의 머리

④ 귀밑머리 - 귀밑 길이의 머리

09 불안정한 온도 변화, 대기 중 꽃가루 등으로 인한 피부 트러블이 가장 잦은 계절은?

① 여름
② 가을
③ 봄
④ 겨울

10 콜드 퍼머넌트 웨이브 시술 시 제2액의 작용은?

① 동화 작용
② 환원 작용
③ 산화 작용
④ 이화 작용

11 헤어 커팅(hair cutting) 방법 중 길이를 짧게 하지 않고 전체적으로 두발의 숱을 감소시키는 방법은?

① 페더링(feathering)
② 틴닝(thinning)
③ 클리핑(clipping)
④ 트리밍(trimming)

12 지방이 많은 피부의 마사지에 사용하는 타월로서 가장 적합한 것은?

① 스팀 타월
② 냉 타월
③ 미지근한 타월
④ 건조된 타월

13 다음 중 헤어트리트먼트 기술에 속하지 않는 것은?

① 클리핑
② 신징
③ 싱글링
④ 헤어 리컨디셔닝

14 다양한 기능의 특수 샴푸에 대한 설명 중 맞는 것은?

① 데오도란트 샴푸: 건강한 모발과 두피를 위한 영양 성분을 공급한다.
② 저미사이드 샴푸: 손상 모발에 영양 공급과 회복을 돕는다.
③ 리컨디셔닝 샴푸: 손상 모발에 영양 공급과 회복을 돕는다.
④ 소프트 터치 샴푸: 두피의 가려움을 완화시켜 준다.

15 계면 활성제의 종류 중 헤어 린스 등의 정전기 방지와 컨디셔닝의 성질을 가지는 것은?

① 음이온성 계면 활성제
② 양이온성 계면 활성제
③ 비이온성 계면 활성제
④ 비양쪽성 계면 활성제

16 미안용 적외선 등의 사용에 대한 설명 중 틀린 것은?

① 전력에 따라 약간씩 차이가 있지만 평균 약 80cm의 거리를 두고 떨어져 사용한다.
② 20 ~ 30분 이내로 조사한다.
③ 팩 재료를 빨리 말리는 경우에도 사용한다.
④ 처음에는 피부 가까이 쬐다가 점점 멀리한다.

17 과산화수소(산화제) 6%에 대한 설명으로 맞는 것은?

① 10볼륨
② 20볼륨
③ 30볼륨
④ 40볼륨

18 인모로 된 가발의 손질법으로 옳지 않은 것은?

① 리퀴드 드라이 샴푸잉을 하는 것이 좋다.
② 촘촘한 빗으로 위에서 두발 끝 쪽으로 차근차근히 빗질한다.
③ 38℃ 정도의 미지근한 물이 좋다.
④ 알칼리도가 낮은 샴푸제가 좋다.

19 빗의 기능으로 가장 거리가 먼 것은?

① 모발의 고정
② 아이론 시 두피 보호
③ 디자인 연출 시 셰이핑(shaping)
④ 모발 내 오염 물질과 비듬 제거

20 서양에서 최초로 화장을 시작한 나라는?

① 그리스   ② 이집트
③ 이태리   ④ 프랑스

21 비말 전염과 가장 관계있는 사항은?

① 영양   ② 상처
③ 피로   ④ 밀집

22 소독되지 아니한 면도기를 사용했을 때 가장 전염 위험성이 높은 것은?

① 간염   ② 결핵
③ 이질   ④ 콜레라

23 이따이이따이병의 원인 물질로 주로 음료수를 통해 중독되며, 구토, 복통, 신장 장애, 골연화증을 일으키는 유해 금속은?

① 비소   ② 카드뮴
③ 납   ④ 다이옥신

24 다음 중 산업 재해의 지표로 주로 사용되는 것을 전부 고른 것은?

ㄱ. 도수율   ㄴ. 발생률   ㄷ. 강도율   ㄹ. 사망률

① ㄱ, ㄴ, ㄷ   ② ㄱ, ㄷ
③ ㄴ, ㄹ   ④ ㄱ, ㄴ, ㄷ, ㄹ

25 콜레라에 관한 설명으로 잘못된 것은?

① 검역 질병으로 검역 기간은 120시간을 초과할 수 없다.
② 수인성 전염병으로 경구 전염된다.
③ 제1군 법정 전염병이다.
④ 예방 접종은 생균 백신(vaccine)을 사용한다.

26 눈의 보호를 위하여 가장 좋은 조명은?

① 직접 조명   ② 간접 조명
③ 반직접 조명   ④ 반간접 조명

27 군집독(群集毒)의 원인을 가장 잘 설명한 것은?

① O_2의 부족
② 공기의 물리 화학적 제조성의 악화
③ CO_2의 증가
④ 고온 다습한 환경

28 다음 중 가족계획에 포함되는 것은?

ㄱ. 결혼 연령 제한   ㄴ. 초산 연령 조절
ㄷ. 인공 임신 중절   ㄹ. 출산 횟수 조절

① ㄱ, ㄴ, ㄷ   ② ㄱ, ㄷ
③ ㄴ, ㄹ   ④ ㄱ, ㄴ, ㄷ, ㄹ

29 공중 보건학의 정의로 가장 적합한 것은?

① 질병 예방, 생명 연장, 질병 치료에 주력하는 기술이며 과학이다.
② 질병 예방, 생명 유지, 조기 치료에 주력하는 기술이며 과학이다.
③ 질병의 조기 발견, 조기 예방, 생명 연장에 주력하는 기술이며 과학이다.
④ 질병 예방, 생명 연장, 건강 증진에 주력하는 기술이며 과학이다.

30 일반적으로 공기 중 이산화탄소(CO_2)는 약 몇 %를 차지하고 있는가?

① 0.03%   ② 0.3%
③ 3%   ④ 13%

31 고압 증기 멸균법의 압력과 처리 시간이 틀린 것은?

① 10LB(파운드)에서 30분
② 15LB(파운드)에서 20분
③ 20LB(파운드)에서 15분
④ 30LB(파운드)에서 3분

32 소독 약품의 살균력 측정 시험에서 지표로서 주로 사용하는 것은?

① 크레졸　　　② 석탄산
③ 알코올　　　④ 승홍

33 에틸렌 옥사이드(ethylene oxide) 가스의 설명으로 적합하지 않은 것은?

① 50~60℃의 저온에서 멸균된다.
② 멸균 후 보존 기간이 길다.
③ 비용이 비교적 비싸다.
④ 멸균 완료 후 즉시 사용 가능하다.

34 혈청이나 약제, 백신 등 열에 불안정한 액체의 멸균에 주로 이용되는 방법은?

① 초음파 멸균법
② 방사선 멸균법
③ 초단파 멸균법
④ 여과 멸균법

35 다음 중 할로겐계에 속하지 않는 것은?

① 차아염소산나트륨
② 표백분
③ 석탄산
④ 요오드 액

36 70%의 희석 알코올 2L를 만들려면 무수 알코올 몇 mL가 필요한가?

① 700mL　　　② 1,400mL
③ 1,600mL　　④ 1,800mL

37 손 소독에 이용되는 알코올의 농도로 가장 적당한 것은?

① 3%　　　② 30%
③ 50%　　　④ 70%

38 고무장갑이나 플라스틱의 소독에 가장 적합한 것은?

① E.O 가스 살균법
② 고압 증기 멸균법
③ 자비 소독법
④ 오존 멸균법

39 방역용 석탄산수의 알맞은 사용 농도는?

① 1%　　　② 3%
③ 5%　　　④ 70%

40 소독할 때 수증기를 동시에 혼합하여 사용할 수 있는 것은?

① 승홍수 소독
② 포르말린수 소독
③ 석회수 소독
④ 석탄산수 소독

41 투명층이 가장 많이 존재하는 인체 부위는?

① 얼굴, 목　　　② 팔, 다리
③ 가슴, 등　　　④ 손바닥, 발바닥

42 눈 근육 주위의 관리 방법에 대한 설명으로 옳지 않은 것은?

① 아이 메이크업 리무버를 사용하여 대상 부위를 매우 섬세하게 클렌징해야 한다.
② 눈 부위 마사지는 약하고 부드럽게 행한다.
③ 탄력을 재생시키는 목적으로 관리한다.
④ 부은 눈 부위는 혈액 순환을 촉진시키기 위하여 스팀 타월을 이용한다.

43 무좀이 있는 고객의 발 관리에 알맞은 비누는?

① 향이 있는 비누
② 향균 성분의 비누
③ 거품이 많이 나는 비누
④ 고체 비누

44 박하(peppermint)에 함유된 시원한 느낌의 혈액 순환 촉진 성분은?

① 자일리톨(xylitol)
② 멘톨(menthol)
③ 알코올(alcohol)
④ 마조람 오일(majoram oil)

45 알레르기성 접촉 피부염을 가장 많이 일으키는 금속 성분은?

① 금　　　② 은
③ 동　　　④ 니켈

46 비타민 C가 피부에 미치는 영향으로 틀린 것은?

① 멜라닌 색소 생성 억제
② 광선에 대한 저항력 약화
③ 모세 혈관의 강화
④ 진피의 결체 조직 강화

47 피부의 색소 침착 증상이 아닌 것은?

① 기미　　　② 주근깨
③ 백반증　　　④ 검버섯

48 다음 중 탄수화물, 지방, 단백질을 지칭하는 것은?

① 열량 영양소　　　② 기능 영양소
③ 조절 영양소　　　④ 구성 영양소

49 다음 중 멜라닌 색소를 함유하고 있는 부분은?

① 모표피　　　② 모피질
③ 모유두　　　④ 모수질

50 건강한 손, 발톱에 대한 설명으로 틀린 것은?

① 바닥에 강하게 부착되어야 한다.
② 단단하고 탄력이 있어야 한다.
③ 윤기가 흐르며 노란색을 띠어야 한다.
④ 아치 모양을 형성해야 한다.

51 이용사 또는 미용사 면허를 받을 수 없는 자는?

① 간질 병자
② 당뇨병 환자
③ 비활동성 B형 간염자
④ 비전염성 피부 질환자

52 위법한 공중위생 영업소에 대한 폐쇄 조치를 관계 공무원으로 하여금 취하게 할 수 있는 자는?

① 보건복지부 장관
② 행정자치부 장관
③ 시·도지사
④ 시장·군수·구청장

53 공중위생 영업에 종사하는 자가 위생 교육을 받지 아니한 경우에 해당되는 벌칙은?

① 300만 원 이하의 벌금
② 300만 원 이하의 과태료
③ 200만 원 이하의 벌금
④ 200만 원 이하의 과태료

54 위생 교육에 관한 기록을 보관해야 하는 기간은?

① 6개월 이상
② 1년 이상
③ 2년 이상
④ 3년 이상

55 공중위생 감시원을 둘 수 없는 곳은?

① 특별시
② 광역시, 도
③ 시, 군, 구
④ 읍, 면, 동

56 청문을 실시하는 사항이 아닌 것은?

① 공중위생 영업의 정지 처분을 하고자 하는 경우
② 정신 질환자 또는 간질 병자에 해당되어 면허를 취소하고자 하는 경우
③ 공중위생 영업의 일부 시설의 사용 중지 및 영업소 폐쇄 처분을 하고자 하는 경우
④ 공중위생 영업의 폐쇄 처분 후 그 기간이 끝난 경우

57 일부 시설의 사용 중지 명령을 받고도 그 기간 중에 그 시설을 사용한 자에 대한 벌칙은?

① 3년 이하의 징역 또는 3천만 원 이하의 벌금
② 2년 이하의 징역 또는 2백만 원 이하의 벌금
③ 1년 이하의 징역 또는 1천만 원 이하의 벌금
④ 5백만 원 이하의 벌금

58 과태료 처분이 부당하여 이의를 제기할 수 있는 기간은?

① 15일 이내
② 30일 이내
③ 2월 이내
④ 3월 이내

59 영업소 출입 검사 관련 공무원이 영업자에게 제시해야 하는 것은?

① 주민등록증
② 위생 검사 통지서
③ 위생 감시 공무원증
④ 위생 검사 기록부

60 영업소의 폐쇄 명령을 받은 후 몇 월이 지난 후에 영업을 할 수 있는가?

① 3월
② 9월
③ 12월
④ 6월

자격 종목		코 드	출제 문항 수	시험 시간	수험번호	성명
헤어 미용사		7937	60문항	60분		

01 유두체에 접한 기저 세포가 분열 증식 즉, 새로 만들어지는 신진대사의 현상을 모발의 성장이라 하는데 이에 관한 설명 중 가장 거리가 먼 것은?

① 봄, 여름보다 가을과 겨울이 더 빨리 생장한다.
② 필요한 영양은 모유두에서 공급된다.
③ 모발은 3~5년의 성장기에 주로 자란다.
④ 모발은 '성장기-퇴화기-휴지기'의 헤어사이클(hair-cycle)을 거친다.

02 웨이브의 형태에 대한 설명 중 틀린 것은?

① 와이드 웨이브: 고저가 뚜렷한 웨이브
② 섀도 웨이브: 고저가 뚜렷하지 않은 웨이브
③ 내로우 웨이브: 웨이브 폭이 넓고 느슨한 웨이브
④ 소프트 웨이브: 웨이브 폭이 좁고 뚜렷한 웨이브

03 효과적인 클렌징의 방법으로 적합한 내용은?

① 세안 시 깨끗하고 차가운 물을 이용하고, 헹구는 물은 미온수를 이용한다.
② 손 동작은 최대한 빠르고 힘 있게 한다.
③ 화장을 하지 않은 경우 피부 손상 방지를 위해 생략하는 것이 좋다.
④ 피부 타입에 따라 각각 알맞은 세안제를 이용한다.

04 커트의 3요소에 해당하지 않는 것은?

① 조화　　　　② 유행
③ 기술　　　　④ 계절

05 헤어 커트를 할 때 원하는 스타일의 기준 두발 길이를 정하는데, 이 기준이 되는 두발을 무엇이라고 하는가?

① 가이드 라인　　② 센터 라인
③ 절단면　　　　④ 헴라인

06 헤어 셰이핑(hair shaping)에 대한 내용이 아닌 것은?

① 헤어 커팅의 의미와 헤어 세팅의 의미를 가지고 있다.
② 컬 및 웨이브를 만들기 위한 기초 기술이다.
③ 백 코밍을 말한다.
④ 각도에 따라 크게 업 셰이핑과 다운 셰이핑으로 분류된다.

07 외국의 미용에 대한 설명 중 잘못 연결된 것은?

① 중국의 미용 – 후란기파니 향료
② 이집트 미용 – 형형색색의 환상적 가발
③ 로마 미용 – 향장품의 제조와 사용 성행
④ 프랑스 미용 – 파리는 세계 미용의 중심지

08 린스제를 사용하지 않고 미지근한 물로 헹구어 내는 것은?

① 플레인 린싱　　② 산성 린싱
③ 산성 균형 린싱　④ 컬러 린싱

09 분장 재료 중 주된 용도가 다른 것은?

① 파운데이션(foundation)

② 더마 왁스(derma wax)

③ 라이닝 컬러(lining color)

④ 아쿠아 컬러(aqua color)

10 두부 라인의 명칭 중에서 코의 중심을 통해 두부 전체를 수직으로 나누는 선은?

① 정중선　　　　② 수평선

③ 측중선　　　　④ 측두선

11 퍼머 2액의 취소산 염류의 농도로 알맞은 것은?

① 3 ~ 5%　　　　② 7 ~ 10%

③ 5.5 ~ 6.5%　　④ 8 ~ 9.5%

12 핑거 웨이브의 3대 요소가 아닌 것은?

① 크레스트　　　② 리지

③ 트로프　　　　④ 루프

13 땋거나 스타일링 하기에 쉽도록 3가닥 혹은 1가닥으로 만들어진 헤어 피스는?

① 웨프트　　　　② 스위치

③ 폴　　　　　　④ 위글렛

14 콜드 웨이빙 시술 시 사전 진단 항목으로 가장 거리가 먼 것은?

① 두발의 광택

② 두발의 다공성

③ 두발의 신축성

④ 두발의 질

15 아이론의 프롱(쇠막대기 부분)이 담당하는 역할은?

① 위에서 누르는 작용

② 고정시키는 작용

③ 모류 정리 작업

④ 손잡이 작용

16 헤어트리트먼트 기술에 속하지 않는 것은?

① 클리핑　　　　② 신징

③ 싱글링　　　　④ 헤어 리컨디셔닝

17 헤어 블리치제에 사용되는 과산화수소의 일반적인 농도로 가장 알맞은 것은?

① 15% 용액　　　② 10% 용액

③ 6% 용액　　　　④ 4% 용액

18 두발 염색 시 염색약(1액)과 과산화수소(2액)를 섞을 때 발생하는 주요 화학 반응은?

① 중화 작용　　　② 산화 작용

③ 환원 작용　　　④ 탈수 작용

19 다음 중 피부 면역 기능에 관계하는 것은?

① 머켈 세포
② 말피기 세포
③ 각질 형성 세포
④ 랑게르한스 세포

20 다음 중 지성의 피부에 가장 적당한 팩은?

① 달걀노른자 팩
② 머드 팩
③ 호르몬 팩
④ 왁스 팩

21 민물가재를 날것으로 먹었을 때 감염되기 쉬운 기생충 질환은?

① 회충
② 간디스토마
③ 폐디스토마
④ 편충

22 모기가 매개하는 전염병이 아닌 것은?

① 말라리아
② 뇌염
③ 사상충증
④ 발진열

23 다음 중 독소형 식중독이 아닌 것은?

① 보툴리누스균 식중독
② 살모넬라균 식중독
③ 웰치균 식중독
④ 포도상구균 식중독

24 대기 오염으로 인한 대표적인 건강 장애는?

① 위장 질환
② 호흡기 질환
③ 신경 질환
④ 발육 저하

25 실내에 다수인이 밀집한 상태에서 실내 공기의 변화는?

① 기온 상승 - 습도 증가 - 이산화탄소 감소
② 기온 하강 - 습도 증가 - 이산화탄소 감소
③ 기온 상승 - 습도 증가 - 이산화탄소 증가
④ 기온 상승 - 습도 감소 - 이산화탄소 증가

26 일반적으로 활동하기 가장 적합한 실내의 적정 온도는?

① $15 \pm 2°C$
② $18 \pm 2°C$
③ $22 \pm 2°C$
④ $24 \pm 2°C$

27 이·미용업소에서 소독하지 않은 면도기로 주로 전염될 수 있는 질병에 해당되는 것은?

① 파상풍
② B형 간염
③ 트라코마
④ 결핵

28 불량 조명에 의해 발생되는 직업병은?

① 규폐증
② 피부염
③ 안정 피로
④ 열중증

29 전염병 예방법 중 제1군 감염병에 속하는 것은?

① 한센병
② 폴리오
③ 일본 뇌염
④ 파라티푸스

30 시·군·구에 두는 보건 행정의 최일선 조직으로 국민 건강 증진 및 예방 등에 관한 사항을 실시하는 기관은?

① 복지관
② 보건소
③ 병·의원
④ 시·군·구청

31 소독 약품으로서 갖추어야 할 구비 조건이 아닌 것은?

① 안정성이 높을 것
② 독성이 낮을 것
③ 부식성이 강할 것
④ 용해성이 높을 것

32 세균이 영양 부족, 건조, 열 등의 증식 환경이 부적당한 경우 균의 저항력을 키우기 위해 형성하게 되는 형태는?

① 섬모
② 세포벽
③ 아포
④ 핵

33 이·미용사의 손 소독으로 가장 좋은 것은?

① 석탄산수
② 크레졸액
③ 포르말린액
④ 역성 비누액

34 아포(spore)를 가진 병원균의 소독법으로 가장 적합한 것은?

① 일광 소독
② 알코올 소독
③ 고압 증기 멸균 소독
④ 크레졸 소독

35 석탄산 소독의 장점은?

① 안정성이 높고 화학 변화가 적다.
② 바이러스에 대한 효과가 크다.
③ 피부 및 점막에 자극이 없다.
④ 살균력이 크레졸 비누액보다 높다.

36 소독약의 보존에 대한 설명 중 부적합한 것은?

① 직사 일광을 받지 않도록 한다.
② 냉암소에 둔다.
③ 사용하다 남은 소독약은 재사용을 위해 밀폐시켜 보관한다.
④ 식품과 혼돈하기 쉬운 용기나 장소에 보관하지 않도록 한다.

37 무수 알코올(100%)을 사용해서 70%의 알코올 1,800mL를 만드는 방법으로 옳은 것은?

① 무수 알코올 700mL에 물 1100mL를 가한다
② 무수 알코올 70mL에 물 1730mL를 가한다.
③ 무수 알코올 1260mL에 물 540mL를 가한다.
④ 무수 알코올 126mL에 물 1674mL를 가한다.

38 금속제 기구의 소독에 사용되지 않는 것은?

① 승홍수
② 알코올
③ 크레졸
④ 역성 비누액

39 소독법의 구비 조건에 해당 되지 않는 것은?

① 장시간에 걸쳐 소독의 효과가 서서히 나타나야 한다.
② 소독 대상물에 손상을 입혀서는 안 된다.
③ 인체 및 가축에 해가 없어야 한다.
④ 방법이 간단하고 비용이 적게 들어야 한다.

40 이·미용실에 사용하는 타월류는 다음 중 어떤 소독법이 가장 좋은가?

① 포르말린 소독
② 석탄산 소독
③ 건열 소독
④ 증기 또는 자비 소독

41 자외선에 의한 피부 반응으로 가장 거리가 먼 것은?

① 홍반 반응　　② 색소 침착
③ 과민화　　　④ 광 노화

42 자외선 차단제에 관한 설명이 틀린 것은?

① 자외선 차단제는 SPF(Sun Protect Factor)의 지수가 매겨져 있다.
② SPF(Sun Protect Factor)는 차단 지수가 낮을수록 차단 시간이 길다.
③ 자외선 차단제의 효과는 멜라닌 색소의 양과 자외선에 대한 민감도에 따라 달라질 수 있다.
④ 자외선 차단 지수는 제품을 사용했을 때 홍반을 일으키는 자외선의 양을 제품을 사용하지 않았을 때 홍반을 일으키는 자외선의 양으로 나눈 값이다.

43 고형의 유성 성분으로 고급 지방산에 고급 알코올이 결합된 에스테르를 말하며 화장품의 굳기를 증가시켜 주는 것은?

① 피마자유　　② 바셀린
③ 왁스　　　　④ 밍크 오일

44 지성 피부의 손질로 가장 적합한 것은?

① 유분이 많이 함유된 화장품을 사용한다.
② 스팀 타월을 사용하여 불순물 제거와 수분을 공급한다.
③ 피부를 항상 건조한 상태로 만든다.
④ 마사지와 팩은 하지 않는다.

45 성장 촉진, 생리 대사의 보조 역할, 신경 안정과 면역 기능 강화 등의 역할을 하는 영양소로 가장 적합한 것은?

① 단백질　　　② 비타민
③ 무기질　　　④ 지방

46 태양의 자외선에 의해 피부에서 만들어지며 칼슘과 인의 흡수를 촉진하는 기능이 있어 골다공증의 예방에 효과적인 것은?

① 비타민 D　　② 비타민 E
③ 비타민 K　　④ 비타민 P

47 피부 표면의 pH에 가장 큰 영향을 주는 것은?

① 각질 생성　　② 침의 분비
③ 땀의 분비　　④ 호르몬의 분비

48 남성형 탈모증의 주원인이 되는 호르몬은?

① 안드로겐(androgen)
② 소포 호르몬(estrogen)
③ 코르티손(cortisone)
④ 옥시토신(oxytocin)

49 피부의 구조 중 콜라겐과 엘라스틴이 자리 잡고 있는 층은?

① 표피　　　　② 진피
③ 피하 조직　　④ 기저층

50 각질 제거제로 사용되는 알파-히드록시산 중에서 분자량이 작아 침투력이 뛰어난 것은?

① 글리콜산(glycolic acid)
② 사과산(malic acid)
③ 주석산(tartaric acid)
④ 구연산(citric acid)

51 이·미용업소에서 실내 조명은 몇 룩스 이상이어야 하는가?

① 75룩스　　　　② 100룩스
③ 150룩스　　　　④ 200룩스

52 이·미용업소에서 영업 정지 처분을 받고 그 정지 기간 중에 영업을 한 때의 1차 위반 행정처분 내용은?

① 영업 정지 1월　　② 영업 정지 2월
③ 영업 정지 3월　　④ 영업장 폐쇄 명령

53 이·미용업소 안에 공무원의 출입·검사 등의 기록부를 비치하지 아니한 때의 1차 행정처분 기준은?

① 경고　　　　　　② 개선 명령
③ 영업 정지 6월　　④ 영업장 폐쇄 명령

54 다음 위법 사항 중 가장 무거운 벌칙을 부과할 수 있는 것은?

① 신고를 하지 않고 영업한 자
② 변경 신고를 하지 아니하고 영업한 자
③ 면허 정지 중에 업무를 행한 자
④ 관계 공무원의 출입·검사를 거부한 자

55 공중위생 영업의 신고에 필요한 제출 서류가 아닌 것은?

① 영업 시설 및 설비 개요서
② 위생교육필증
③ 면허증 원본
④ 재산세 납부 영수증

56 위생 교육에 대한 설명으로 틀린 것은?

① 공중위생 영업자는 매년 위생 교육을 받아야 한다.
② 위생 교육 시간은 3시간으로 한다.
③ 위생 교육에 관한 기록을 1년 이상 보관·관리하여야 한다.
④ 위생 교육을 받지 아니한 자는 200만 원 이하의 과태료에 처한다.

57 이·미용업소에 게시하지 않아도 되는 것은?

① 면허증 원본　　　② 신고필증
③ 요금표　　　　　④ 영업 시간표

58 이·미용사의 면허는 누가 취소할 수 있는가?

① 대통령　　　　　　② 보건복지부 장관
③ 시장, 군수, 구청장　④ 시·도지사

59 이·미용 영업상 잘못으로 관계 기관에서 청문을 하고자 하는 경우 그 대상이 아닌 것은?

① 면허 취소　　　② 면허 정지
③ 영업소 폐쇄　　④ 1000만 원 이하 벌금

60 영업 정지에 갈음한 과징금 부과의 기준이 되는 매출 금액은 처분 전년도의 몇 년간의 총 매출 금액을 기준으로 하는가?

① 1년　　　　　② 2년
③ 3년　　　　　④ 4년

헤어 미용사 실전 모의고사 (3회)

자격 종목		코 드	출제 문항 수	시험 시간	수험번호	성명
헤어 미용사		7937	60문항	60분		

01 상수에서의 대장균 검출의 주된 의의는?

① 소독 상태가 불량하다.
② 환경 위생 상태가 불량하다.
③ 수질 오염의 지표가 된다.
④ 전염병의 발생 우려가 있다.

02 미용의 의의(意義)와 가장 거리가 먼 것은?

① 복식을 포함한 종합 예술이다.
② 외적 용모를 다루는 응용 과학의 한 분야이다.
③ 시대의 조류와 욕구에 맞춰 새롭게 개발된다.
④ 심리적 욕구를 만족시키고 생산 의욕을 향상시킨다.

03 다음 중 두발 손상 원인이 아닌 것은?

① 샴푸 후 두발에 물기가 많이 있는 상태에서 급속하게 건조시킨 경우
② 헤어트리트먼트제 도포 후 헤어 스티머를 사용하는 경우
③ 백 코밍을 자주 하는 경우
④ 일광 자외선에 장시간 노출되거나 바닷물의 염분이나 풀장의 소독용 표백 성분을 충분히 씻어 내지 못한 경우

04 계면 활성제 중 가장 살균력이 강한 것은?

① 양이온성
② 음이온성
③ 비이온성
④ 양쪽성

05 컬(curl)의 구성 요소에 해당 되지 않는 것은?

① 크레스트(crest)
② 베이스(base)
③ 루프(loop)
④ 스템(stem)

06 헤어 블리치에 사용되는 암모니아수의 작용이 아닌 것은?

① 과산화수소의 분해 촉진
② 모발을 단단하게 강화시킴.
③ 발생기 산소의 발생 촉진
④ 안정제의 약산성 pH를 중화

07 중탕한 오일을 탈지면이나 거즈에 적셔서 10분 정도 핫 오일 마스크팩을 하면 가장 좋은 피부는?

① 건성 피부
② 지성 피부
③ 중성 피부
④ 지루성 피부

08 두발 중 발수성모는 모표피에 지방분이 많고 수분을 밀어내는 성질을 지닌 두발로 콜드 웨이브 용액의 침투가 용이하지 않다. 이때 사전 처리법으로 맞는 것은?

① 특수 활성제를 도포하여 스티머를 적용한다.
② 헤어트리트먼트 크림을 도포한 후 스티머를 적용한다.
③ PPT제품의 용액을 도포하여 두발 끝에 탄력을 준다.
④ 린스를 적당히 하여 두발을 부드럽게 해 준다.

09 팩의 효과에 대한 설명 중 가장 거리가 먼 것은?

① 유효 성분 흡수가 촉진된다.
② 혈액 순환을 촉진시켜 표피의 신진대사를 원활히 한다.
③ 잔주름을 방지하며 긴장감을 주어 탄력 있게 가꾸어 준다.
④ 피부를 착색한다.

10 사각형 얼굴에 잘 어울리는 헤어스타일의 설명으로 가장 거리가 먼 것은?

① 헤어 파트는 얼굴의 각진 느낌에 변화를 줄 라운드 사이드 파트를 한다.
② 두발형을 낮게 하여 옆선이 강조되도록 한다.
③ 이마의 직선적인 느낌을 감추기 위해 변화 있는 뱅을 한다.
④ 딱딱한 느낌을 피하고 곡선적인 느낌을 갖는 헤어스타일을 구상한다.

11 일반적으로 샴푸제에 따른 린스의 선택이 적절하지 않은 것은?

① 석유계 샴푸제 - 플레인 린스
② 합성 세제 샴푸제 - 오일 린스
③ 비누에 의한 샴푸제 - 산성 린스
④ 중성 세제 샴푸제 - 크림 린스

12 유기 합성 염모제가 두발 염색의 신기원을 이룬 때는?

① 1875년
② 1876년
③ 1883년
④ 1905년

13 네일 폴리시를 칠하는 방법 중 원형의 손톱에 가장 적당한 것은?

① 전체를 다 칠한다.
② 양옆을 남기고 칠한다.
③ 양옆과 반월 부분을 남긴다.
④ 프리 에지만 남기고 칠한다.

14 헤어 커트 시 사전 유의 사항이 아닌 것은?

① 두발의 성장 방향과 카우릭(cowlick)의 성장 방향을 살핀다.
② 두부의 골격 구조와 형태를 살핀다.
③ 유행 스타일을 멋지게 적용하면 손님은 모두 좋아하므로 미리 손님에게 물어볼 필요가 없다.
④ 두발의 질(質)과 끝이 갈라진 열모의 양을 살핀다.

15 컬의 분류 중 두피에 45°각도로 세워진 것은?

① 플랫 컬
② 리프트 컬
③ 포워드 컬
④ 리버스 컬

16 레이어 커트(layer cut)의 시술 특징으로 가장 알맞은 것은?

① 두발 절단면의 외형선은 일자로 형성된다.
② 슬라이스는 사선 45도로 하여 직선으로 자른다.
③ 전체적으로 층이 골고루 나타난다.
④ 블로킹은 4등분으로 한다.

17 올바른 미용인으로서의 인간관계와 전문가적인 태도에 관한 내용으로 가장 거리가 먼 것은?

① 예의 바르고 친절한 서비스를 모든 고객에게 제공한다.
② 고객의 기분에 주의를 기울여야 한다.
③ 효과적인 의사소통 방법을 익혀 두어야 한다.
④ 대화의 주제는 종교나 정치 같은 논쟁의 대상이 되거나 개인적인 문제에 관련된 것이 좋다.

18 아이 섀도(eye shadow)에 있어서 돌출되어 보이도록 하거나 혹은 돌출된 부분에 경쾌함을 주기 위하여 가장 적합한 것은?

① 섀도 컬러(shadow color)
② 악센트 컬러(accent color)
③ 하이라이트 컬러(high light color)
④ 베이스 컬러(base color)

19 신라 시대부터 조선 시대에 이르기까지 사용된 가체에 대한 설명 중 틀린 것은?

① 현재의 피스와 비슷한 것으로 장발의 처리 기술로 사용되었다.
② 쪽머리를 하기 위하여 사용되었다.
③ 신분의 높낮이를 표시하는 큰머리 등의 처리 기술로 사용되었다.
④ 댕기머리 등의 처리 기술로 사용되었다.

20 손톱의 상피를 밀어 주는 매니큐어의 기구는?

① 큐티클 시저스(cyticle scissors)
② 큐티클 푸셔(cuticle pusher)
③ 큐티클 니퍼(cuticle nipper)
④ 큐티클 리무버(cuticle remover)

21 주로 여름철에 발병하며 어패류 등의 생식이 원인이 되어 급성 장염 등의 증상을 나타내는 식중독은?

① 포도상구균 식중독
② 병원성 대장균 식중독
③ 장염 비브리오 식중독
④ 보툴리누스균 식중독

22 공중 보건학 개념상 공중 보건 사업의 최소 단위는?

① 직장 단위의 건강
② 가족 단위의 건강
③ 지역 사회 전체 주민의 건강
④ 노약자 및 빈민 계층의 건강

23 다음 중 전염병 질환이 아닌 것은?

① 폴리오   ② 풍진
③ 성병   ④ 당뇨병

24 보건 행정의 목적 달성을 위한 기본 요건이 아닌 것은?

① 법적 근거의 마련
② 건전한 행정 조직과 인사
③ 강력한 소수의 지지와 참여
④ 사회의 합리적인 전망과 계획

25 전염병 예방법 중 제1군 전염병인 것은?

① 유행성 출혈열   ② 말라리아
③ B형 간염   ④ 콜레라

26 3% 수용액으로 사용하며, 자극성이 적어서 구내염, 인두염, 입안 세척, 상처 등에 사용되는 소독약은?

① 승홍수   ② 과산화수소
③ 석탄산   ④ 알코올

27 조도 불량, 현휘가 과도한 장소에서 장시간 작업하여 눈에 긴장을 강요함으로써 발생되는 불량 조명에 기인하는 직업병은?

① 안정 피로   ② 근시
③ 원시   ④ 안구 진탕증

28 dB(decibel)는 무슨 단위인가?

① 소리의 파장   ② 소리의 질
③ 소리의 강도(음압) ④ 소리의 음색

29 수질 오염의 지표로 사용하는 "생물학적 산소 요구량"을 나타내는 용어는?

① BOD   ② DO
③ COD   ④ SS

30 다음의 영아 사망률 계산식에서 (A)에 알맞은 것은?

| 영아 사망율 = (A) / 연간 출생아 수 × 1,000 |

① 연간 생후 28일까지의 사망자 수
② 연간 생후 1년 미만 사망자 수
③ 연간 1~4세 사망자 수
④ 연간 임신 28주 이후 사산 + 출생 1주 이내 사망자 수

31 금속제품을 자비 소독할 경우 언제 물에 넣는 것이 가장 좋은가?

① 가열 시작 전
② 가열 시작 직후
③ 끓기 시작한 후
④ 수온이 미지근할 때

32 소독약의 사용과 보존상의 주의 사항 중 틀린 것은?

① 소독약 액은 사전에 많이 제조해 둔 뒤에 필요량 만큼 사용한다.
② 약품을 냉암소에 보관함과 동시에 라벨이 오염되지 않도록 다른 것과 구분해 둔다.
③ 소독 물체에 적당한 소독약이나 소독 방법을 선정한다.
④ 병원 미생물의 종류, 저항성에 따라 그 방법, 시간을 고려한다.

33 아포(포자)까지도 사멸시킬 수 있는 가장 좋은 멸균 방법은?

① 자외선 조사법
② 고압 증기 멸균법
③ P.O(Propylene Oxide) 가스 멸균법
④ 자비 소독법

34 고압 증기 멸균기의 열원으로 수증기를 사용하는 이유가 아닌 것은?

① 일정 온도에서 쉽게 열을 방출하기 때문
② 미세한 공간까지 침투성이 높기 때문
③ 열 발생에 소요되는 비용이 저렴하기 때문
④ 바셀린(vaseline)이나 분말 등도 쉽게 통과할 수 있기 때문

35 에틸알코올(에탄올) 소독이 가장 부적합한 기구는?

① 빗(comb)
② 가위
③ 면도칼
④ 핀, 클립

36 화학적 소독법에 가장 많은 영향을 주는 것은?

① 순수성
② 융점
③ 빙점
④ 농도

37 살균 작용 기전으로 산화 작용을 주로 이용하는 소독제는?

① 오존
② 석탄산
③ 알코올
④ 머큐로크롬

38 소독액의 농도 표시법에 있어서 소독액 1,000,000mL 중에 포함되어 있는 소독약의 양을 나타낸 단위는?

① 밀리그램(mg)
② 피피엠(ppm)
③ 푼
④ 퍼센트(%)

39 화학적 소독제 중 살균력 평가의 지표는?

① 과산화수소
② 크레졸
③ 염소
④ 석탄산

40 다음 소독약 중 할로겐계의 것이 아닌 것은?

① 표백분
② 석탄산
③ 차아염소산나트륨
④ 요오드

41 혈액 속의 헤모글로빈의 주성분으로서 산소와 결합하는 것은?

① 인(P)
② 칼슘(Ca)
③ 철(Fe)
④ 무기질

42 립스틱이 갖추어야 할 조건으로 틀린 것은?

① 저장 시 수분이나 분가루가 분리되면 좋다.
② 시간의 경과에 따라 색의 변화가 없어야 한다.
③ 피부 점막에 자극이 없어야 한다.
④ 입술에 부드럽게 잘 발라져야 한다.

43 손바닥과 발바닥 등 비교적 피부층이 두터운 부위에 주로 분포되어 있으며 수분 침투를 방지하고 피부를 윤기 있게 해 주는 기능을 가진 엘라이딘이라는 단백질을 함유하고 있는 표피 세포층은?

① 각질층
② 유두층
③ 투명층
④ 망상층

44 피부 질환의 상태를 나타내는 용어 중 원발진 (primary lesions)에 해당하는 것은?

① 면포　　　　② 미란
③ 가피　　　　④ 반흔

45 피부에 자외선을 너무 많이 조사했을 경우에 일어날 수 있는 일반적인 현상은?

① 멜라닌 색소가 증가해 기미, 주근깨 등이 발생한다.
② 피부가 윤기 나고 부드러워진다.
③ 피부에 탄력이 생기고 각질이 엷어진다.
④ 세포의 탈피 현상이 감소된다.

46 바이러스성 질환으로 연령이 높은 층에 발생 빈도가 높고 심한 통증을 유발하는 것은?

① 대상 포진　　　② 단순 포진
③ 습진　　　　　④ 태선

47 미백 작용과 가장 관계가 깊은 비타민은?

① 비타민 K　　　② 비타민 B
③ 비타민 C　　　④ 비타민 D

48 적외선을 피부에 조사시킬 때 나타나는 생리적 영향의 설명으로 틀린 것은?

① 신진대사에 영향을 미친다.
② 혈관을 확장시켜 순환에 영향을 미친다.
③ 전신의 체온 저하에 영향을 미친다.
④ 식균 작용에 영향을 미친다.

49 지성 피부의 특징이 아닌 것은?

① 여드름이 잘 발생한다.
② 남성 피부에 많다.
③ 모공이 매우 크며 반들거린다.
④ 피부 결이 섬세하고 곱다.

50 네일 에나멜이 가져야 할 성질로 틀린 것은?

① 붓으로 손톱에 칠하기 쉬운 점도일 것
② 피막은 광택이 좋고 매끄러우며 흐림이 없을 것
③ 손톱 및 피부에 대하여 무해·무자극일 것
④ 시간의 경과에 따라 점도가 저하될 것

51 이·미용업의 상속으로 인한 영업자 지위 승계 시 구비 서류가 아닌 것은?

① 영업자 지위 승계 신고서
② 호적등본(행정 정보의 공동 이용을 통한 확인에 동의하지 않을 경우)
③ 양도 계약서 사본
④ 상속자임을 증명할 수 있는 서류

52 이·미용사가 간질병(뇌전증) 환자에 해당하는 경우의 조치로 옳은 것은?

① 이환 기간 동안 휴식하도록 한다.
② 3개월 이내의 기간을 정하여 면허를 정지한다.
③ 6개월 이내의 기간을 정하여 면허를 정지한다.
④ 면허를 취소한다.

53 법령 위반자에 대해 행정처분을 하고자 하는 때는 청문을 실시하여야 하는데, 다음 중 청문 대상이 아닌 것은?

① 면허를 취소하고자 할 때
② 면허를 정지하고자 할 때
③ 영업소 폐쇄 명령을 하고자 할 때
④ 벌금을 책정하고자 할 때

54 과태료는 누가 부과·징수하는가?

① 보건복지부 장관
② 시·도지사
③ 시장·군수·구청장
④ 세무서장

55 이용 및 미용의 업무를 영업 장소 외에서 행하였을 때의 처벌 규정은?

① 1년 이하의 징역 또는 1천만 원 이하의 벌금
② 6월 이하의 징역 또는 500만 원 이하의 벌금
③ 200만 원 이하의 과태료
④ 100만 원 이하의 과태료

56 공중 이용 시설의 위생 관리 항목에 속하는 것은?

① 영업소 실내 공기
② 영업소 실내 청소 상태
③ 영업소 외부 환경 상태
④ 영업소에서 사용하는 수돗물

57 이·미용업자가 준수하여야 하는 위생 관리 기준에 대한 설명으로 틀린 것은?

① 영업장 안의 조명도는 100룩스 이상이 되도록 유지해야 한다.
② 업소 내에 이·미용업 신고증, 개설자의 면허증 원본 및 이·미용 요금표를 게시하여야 한다.
③ 1회용 면도날은 손님 1인에 한하여 사용하여야 한다.
④ 이·미용 기구 중 소독을 한 기구와 소독을 하지 아니한 기구는 각각 다른 용기에 넣어 보관하여야 한다.

58 영업소 폐쇄 명령을 받고도 계속 이·미용의 영업을 한 자에 대하여 행할 수 있는 법적 조치가 아닌 것은?

① 영업소 간판 제거
② 영업소 출입문 봉쇄
③ 위법 행위를 한 업소임을 알리는 게시물 부착
④ 영업소 내 기구 또는 시설물 봉인

59 신고를 하지 아니하고 영업소의 명칭 및 상호를 변경한 때의 1차 위반 시 행정처분 기준은?

① 경고 또는 개선 명령 ② 영업 정지 5일
③ 영업 정지 10일 ④ 영업 정지 15일

60 1차 위반 시의 행정처분이 면허 취소가 아닌 것은?

① 국가 기술 자격법에 의하여 이·미용사 자격이 취소된 때
② 공중의 위생에 영향을 미칠 수 있는 전염병 환자로서 보건복지부령이 정하는 자
③ 면허 정지 처분을 받고 그 정지 기간 중 업무를 행한 때
④ 국가 기술 자격법에 의하여 미용사 자격 정지 처분을 받을 때

자격 종목		코 드	출제 문항 수	시험 시간	수험번호	성명
헤어 미용사		7937	60문항	60분		

01 프로세싱 솔루션(processing solution)에 관한 설명으로 틀린 것은?

① pH 9.5 정도의 알칼리성 환원제이다.
② 티오글리콜산이 가장 많이 사용된다.
③ 한번 사용하고 남은 액은 원래의 병에 다시 넣어 보관해도 좋다.
④ 어두운 장소에 보관하고 금속 용기 사용은 삼가야 한다.

02 두피 처리의 설명으로 옳지 않은 것은?

① 두피를 자극하여 혈액 순환을 원활하게 한다.
② 두피에 묻은 비듬, 먼지 등을 제거한다.
③ 찬 타월로 두피에 수분을 공급한다.
④ 두피에 유분 및 영양분을 보급한다.

03 물이나 비눗물 등을 담은 것으로 손톱을 부드럽게 할 때 사용되는 것은?

① 핑거 볼(finger bowl)
② 네일 파일(nail file)
③ 네일 버퍼(nail buffer)
④ 네일 크림(nail cream)

04 우리나라에서 최초로 화신 미용원을 개설한 사람은?

① 오엽주   ② 김활란
③ 권정희   ④ 이숙종

05 좋은 아이론으로 볼 수 없는 것은?

① 연결 부분이 꼭 죄어져 있다.
② 프롱과 핸들의 길이가 대체로 균등하다.
③ 프롱과 그루브가 곡선으로 약간 어긋나 있다.
④ 최상급 재질(stainless)로 만들어져 있다.

06 다음 중 고대 미용의 발상지는?

① 이집트   ② 그리스
③ 로마   ④ 바빌론

07 콜드 웨이브 시 두부 부위 및 두발 성질에 따른 컬링 로드 사용에 대한 일반적인 설명이 적절하지 못한 것은?

① 두부의 네이프 부분에는 소형의 로드를 사용한다.
② 두부의 양 사이드 부분에는 중형의 로드를 사용한다.
③ 톱에서 크라운의 부분에는 대형의 로드를 사용한다.
④ 일반적으로 굵고 모량이 많은 두발은 대형의 로드를 사용한다.

08 핑거 웨이브의 종류 중 스윙 웨이브(swing wave)에 대한 설명이 맞는 것은?

① 큰 움직임을 보는 듯한 웨이브
② 물결이 소용돌이 치는 듯한 웨이브
③ 리지가 낮은 웨이브
④ 리지가 뚜렷하지 않고 느슨한 웨이브

09 원랭스(one-length) 커트에 속하지 않는 것은?

① 패러럴   ② 스파니엘
③ 이사도라   ④ 레이어

10 미용사(hair stylist)가 새로운 기술(technique)을 연구하여 독창력 있는 나만의 스타일을 창작하는 기본 단계는?

① 보정   ② 구상
③ 소재   ④ 제작

11 두상(두부)의 그림 중 (3)의 명칭은?

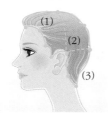

① 사이드 포인트(S.P)
② 프론트 포인트(F.P)
③ 네이프 포인트(N.P)
④ 네이프 사이드 포인트(N.S.P)

12 롤러 컬(roller curl)을 시술할 때 탑 부분에 사각으로 파트를 나누는 것은?

① 스파이럴 파트   ② 스퀘어 파트
③ 크로카놀 파트   ④ 플래트 파트

13 일반적으로 퍼머넌트 웨이브가 잘 나오지 않는 두발은?

① 염색한 두발   ② 다공성 두발
③ 흡수성 두발   ④ 발수성 두발

14 색을 크게 무채색과 유채색으로 나눌 때 무채색에 해당되는 것으로만 묶은 것은?

① 빨강, 회색   ② 흑색, 노랑
③ 흰색, 주황   ④ 회색, 흑색

15 자외선의 파장 중 가장 강한 범위는?

① 180~200nm   ② 220~240nm
③ 260~280nm   ④ 300~320nm

16 노화가 되면서 나타나는 일반적인 얼굴 변화에 대한 설명으로 틀린 것은?

① 얼굴의 피부색이 변한다.
② 눈 아래 주름이 생긴다.
③ 볼우물이 생긴다.
④ 피부가 이완되고 근육이 처진다.

17 지방성 피부에 적합한 수렴성 팩제는?

① 명반   ② 벌꿀
③ 우유   ④ 계란

18 피부가 붉은 사람을 커버하기에 적당한 메이크업 베이스 색상은?

① 노란색   ② 핑크색
③ 초록색   ④ 갈색

19 넓은 얼굴을 좁아 보이게 할 때 사용하는 컬러는?

① 섀도 컬러   ② 하이라이트 컬러
③ 베이스 컬러   ④ 악센트 컬러

20 축쇄 결합 중 가장 많이 존재하며 이 결합에 의해 드라이와 세트가 형성된다. 이 축쇄 결합은?

① 시스틴 결합(횡결합)
② 수소 결합
③ 염 결합(이온 결합)
④ 펩타이드 결합

21 전염병 예방법상 제4군 전염병에 속하는 것은?

① 콜레라   ② 디프테리아
③ 황열   ④ 말라리아

22 식중독 세균이 가장 잘 증식할 수 있는 온도의 범위는?

① 0 ~ 10℃   ② 10 ~ 20℃
③ 18 ~ 22℃   ④ 25 ~ 37℃

23 평상시 상수와 수도전에서의 적정한 유리 잔류 염소량은?

① 0.002ppm 이상　　② 0.2ppm 이상
③ 0.5ppm 이상　　　④ 0.55ppm 이상

24 다음 중 환경 위생 사업이 아닌 것은?

① 쓰레기 처리　　　② 수질 관리
③ 구충구서　　　　④ 예방 접종

25 다음 중 일본 뇌염의 중간 숙주가 되는 것은?

① 돼지　　　　　　② 쥐
③ 소　　　　　　　④ 벼룩

26 단체 활동을 통한 보건 교육 방법 중 브레인스토밍(brainstorming)을 바르게 설명한 것은?

① 여러 사람의 전문가가 자기 입장에서 어떤 일정 주제에 관하여 발표하는 방법
② 제한된 연사가 제한된 시간에 발표를 하게 하여 짧은 시간과 적은 인원으로 진행하는 방법
③ 몇 명의 전문가가 청중 앞에서 자기들끼리 대화를 진행하는 형식으로 사회자가 이야기를 진행, 정리해 감으로써 내용을 파악, 이해할 수 있게 하는 방법
④ 특별한 문제를 해결하기 위한 단체의 협동적 토의 방법으로 문제점을 중심으로 폭넓게 검토하여 구성원 스스로 해결해 감으로써 최선책을 강구해 가는 방법

27 군집독의 가장 큰 원인은?

① 저기압
② 공기의 이화학적 조성 변화
③ 대기 오염
④ 질소 증가

28 어린 연령층이 집단으로 생활하는 공간에서 가장 쉽게 감염될 수 있는 기생충은?

① 회충　　　　　　② 구충
③ 유구노충　　　　④ 요충

29 직업병과 직업 종사자의 연결이 바르게 된 것은?

① 잠수병 – 수영 선수
② 열사병 – 비만자
③ 고산병 – 항공기 조종사
④ 백내장 – 인쇄공

30 인구 증가에 대한 사항으로 맞는 것은?

① 자연 증가 = 유입 인구 – 유출 인구
② 사회 증가 = 출생 인구 – 사망 인구
③ 인구 증가 = 자연 증가 + 사회 증가
④ 초자연 증가 = 유입 인구 – 유출 인구

31 이·미용실에서 사용하는 수건을 철저하게 소독하지 않았을 때 주로 발생할 수 있는 전염병은?

① 장티푸스　　　　② 트라코마
③ 페스트　　　　　④ 일본 뇌염

32 이·미용 업소에서 간염의 전염을 방지하려면 다음 중 어느 기구를 가장 철저히 소독하여야 하는가?

① 수건　　　　　　② 머리빗
③ 면도칼　　　　　④ 조발용 가위

33 금속 제품의 기구 소독에 가장 적합하지 않은 것은?

① 알코올　　　　　② 역성 비누
③ 승홍수　　　　　④ 크레졸수

34 100%의 알코올을 사용해서 70%의 알코올 400mL를 만드는 방법으로 옳은 것은?

① 물 70mL와 100% 알코올 330mL 혼합
② 물 100mL와 100% 알코올 300mL 혼합
③ 물 120mL와 100% 알코올 280mL 혼합
④ 물 330mL와 100% 알코올 70mL 혼합

35 자외선의 인체에 대한 작용으로 관계가 없는 것은?

① 비타민 D 형성　　② 멜라닌 색소 침착
③ 체온 상승　　　　④ 피부암 유발

36 이·미용실 바닥 소독용으로 가장 알맞은 소독 약품은?

① 알코올　　　　　② 크레졸
③ 생석회　　　　　④ 승홍수

37 자비 소독에서 자비 효과를 높이고자 일반적으로 사용하는 보조제가 아닌 것은?

① 탄산나트륨　　　② 붕산
③ 크레졸액　　　　④ 포르말린

38 소독에 대한 설명으로 가장 옳은 것은?

① 감염의 위험성을 제거하는 비교적 약한 살균 작용이다.
② 세균의 포자까지 사멸한다.
③ 아포 형성균을 사멸한다.
④ 모든 균을 사멸한다.

39 고압 증기 멸균법에 대한 설명으로 옳지 않는 것은?

① 멸균 방법이 쉽다.
② 멸균 시간이 길다.
③ 소독 비용이 비교적 저렴하다.
④ 높은 습도에 견딜 수 있는 물품이 주요 소독 대상이다.

40 조직에 독성이 있어서 인체에는 잘 사용되지 않고 소독제의 평가 기준으로 사용되는 것은?

① 알코올　　　　　② 크레졸
③ 과산화수소　　　④ 석탄산

41 비타민 C를 섭취하고자 감귤을 많이 먹었더니 손바닥이 특히 황색으로 변했다면 무엇 때문인가?

① 카로틴　　　　　② 크산틴
③ 클로로필　　　　④ 산화 헤모글로빈

42 레인 방어막의 역할이 아닌 것은?

① 외부로부터 침입하는 각종 물질을 방어한다.
② 체액이 외부로 새어 나가는 것을 방지한다.
③ 피부의 색소를 만든다.
④ 피부염 유발을 억제한다.

43 일반적으로 여드름이나 부스럼이 가장 발생하기 쉬운 계절은?

① 봄
② 여름
③ 가을
④ 겨울

44 일반적으로 많이 사용하고 있는 화장수의 알코올 함유량은?

① 70% 전후
② 10% 전후
③ 30% 전후
④ 50% 전후

45 항산화 비타민과 관계가 가장 적은 것은?

① 비타민 A
② 비타민 C
③ 비타민 D
④ 비타민 E

46 다음 중 기초 화장품에 해당하는 것은?

① 파운데이션
② 네일 에나멜
③ 볼연지
④ 스킨로션

47 뜨거운 물을 피부에 사용할 때 미치는 영향이 아닌 것은?

① 혈관의 확장을 가져온다.
② 분비물의 분비를 촉진한다.
③ 모공을 수축시킨다.
④ 피부의 긴장감을 떨어뜨린다.

48 피부 감각 기관 중 피부에 가장 많이 분포되어 있는 것은?

① 온각점
② 통각점
③ 촉각점
④ 냉각점

49 표피의 부속 기관이 아닌 것은?

① 손·발톱
② 유선
③ 피지선
④ 흉선

50 모래알 크기의 각질 세포로서 눈 아래 모공과 땀구멍에 주로 생기는 백색 구진 형태의 질환은?

① 비립종(좁쌀종)
② 칸디다증
③ 매상혈관종
④ 화염성 모반

51 이·미용 기구 소독 시의 기준으로 틀린 것은?

① 자외선 소독 – 1cm²당 85μW 이상의 자외선을 10분 이상 쬐어 준다.
② 석탄산수 소독 – 석탄산 3% 수용액에 10분 이상 담가 둔다.
③ 크레졸 소독 – 크레졸 3% 수용액에 10분 이상 담가 둔다.
④ 열탕 소독 – 섭씨 100℃ 이상의 물속에 10분 이상 끓여 준다.

52 이·미용사의 건강 진단 결과 마약 중독자라고 판정될 때 취할 수 있는 조치에 해당하는 것은?

① 자격 정지
② 업소 폐쇄
③ 면허 취소
④ 1년 이상 업무 정지

53 이·미용사가 이·미용 업소 외의 장소에서 이·미용을 했을 때 1차 위반에 대한 행정처분 기준은?

① 영업 정지 1월
② 개선 명령
③ 영업 정지 10일
④ 영업 정지 20일

54 미용사의 청문을 실시하는 경우가 아닌 것은?

① 영업의 정지
② 일부 시설의 사용 중지
③ 영업소 폐쇄 명령
④ 위생 등급 결과의 이의 제기

55 공중위생 영업소의 위생 관리 수준을 향상시키기 위하여 위생 서비스 평가 계획을 수립하여야 하는 자는?

① 행정자치부 장관
② 보건복지부 장관
③ 시·도지사
④ 시장, 군수, 구청장

56 공중위생 관리법상의 올바른 미용업의 정의는?

① 손님의 얼굴 등에 손질을 하여 손님의 용모를 아름답고 단정하게 하는 영업
② 손님의 머리를 손질하여 손님의 용모를 아름답고 단정하게 하는 영업
③ 손님의 머리카락을 다듬거나 하는 등의 방법으로 손님의 용모를 단정하게 하는 영업
④ 손님의 얼굴·머리·피부 등을 손질하여 손님의 외모를 아름답게 꾸미는 영업

57 공중위생 감시원의 업무 범위에 해당하는 것은?

① 위생 서비스 수준의 평가 계획 수립
② 공중위생 영업자와 소비자 간의 분쟁 조정
③ 공중위생 영업소의 위생 관리 상태의 확인
④ 위생 서비스 수준의 평가에 따른 포상 실시

58 공중위생 관리법상 위생 교육을 받지 아니한 때 부과되는 과태료의 기준은?

① 30만 원 이하
② 50만 원 이하
③ 100만 원 이하
④ 200만 원 이하

59 다음 ( ) 안에 적합한 것은?

법이 준하는 절차에 따라 공중 영업 관련 시설을 인수하여 공중위생 영업자의 지위를 승계한 자는 ( )월 이내에 신고하여야 한다.

① 1
② 2
③ 3
④ 6

60 공중위생 관리법의 궁극적인 목적은?

① 공중위생 영업 종사자의 위생 및 건강 관리
② 공중위생 영업소의 위생 관리
③ 국민의 건강 증진에 기여
④ 공중위생 영업의 위상 향상

01	02	03	04	05	06	07	08	09	10	11	12	13	14	15	16	17	18	19	20
③	③	①	①	③	①	④	①	④	②	③	②	④	④	③	③	①	③	①	②

21	22	23	24	25	26	27	28	29	30	31	32	33	34	35	36	37	38	39	40
③	④	②	④	①	④	②	④	③	③	②	③	③	③	③	②	④	①	②	④

41	42	43	44	45	46	47	48	49	50	51	52	53	54	55	56	57	58	59	60
①	③	①	②	③	④	③	②	④	①	①	③	①	④	③	④	③	④	①	③

헤어 미용사 실전 모의고사 (5회)

자격 종목	코 드	출제 문항 수	시험 시간	수험번호	성명
헤어 미용사	7937	60문항	60분		

01 개체 변발에 대한 설명으로 틀린 것은?

① 고려 시대에 한동안 일부 계층에서 유행했던 남성의 머리 모양이다.
② 남성의 머리카락을 끌어올려 정수리에서 틀어 감아 맨 모양이다.
③ 머리 변두리의 머리카락을 삭발하고 정수리 부분만 남기어 땋아 늘어뜨린 형이다.
④ 몽고의 풍습에서 전래되었다.

02 두발 상태가 건조하며 길이로 가늘게 갈라지듯 부서지는 증세는?

① 원형 탈모증
② 결발성 탈모증
③ 비강성 탈모증
④ 결절 염모증

03 레이저(razor)로 테이퍼링(tapering)할 때 스트랜드의 뿌리에서 약 어느 정도 떨어져서 행해야 가장 좋은가?

① 약 1cm
② 약 2cm
③ 약 2.5∼5cm
④ 약 5cm 이상

04 털의 움직임(무브먼트) 중 컬이 오래 지속되며 움직임이 가장 작은 기본적인 스템은?

① 풀 스템
② 하프 스템
③ 논 스템
④ 업 스템

05 퍼머넌트 웨이브의 사용 방법에 따른 분류 중 시스테인(cysteine) 퍼머넌트 웨이브제에 관한 설명인 것은?

① 알칼리에서 강한 환원력을 가지고 있어 건강 모발에 효과적이다.
② 모발의 아미노산 성분과 동일한 것으로 손상 모발에 효과적이다.
③ 환원제로 티오글리콜산을 이용하는 퍼머넌트 제이다.
④ 암모니아수 등의 알칼리제를 사용하는 대신 계면 활성제를 첨가한 제제이다.

06 아이론을 발명하여 헤어스타일의 대혁명을 일으킨 사람은?

① 독일의 찰스 네슬러
② 독일의 조셉 메이어
③ 프랑스의 마셀 그라또
④ 영국의 스피크먼

07 다음 ( ) 안에 들어갈 수 없는 것은?

> 위그를 커트할 때 수분을 적시고 블로킹을 구분하여 슬라이스를 뜨고 ( )을(를) 잡고 자른다.

① 스트랜드
② 패널
③ 머릿단
④ 스캘프

08 다음 중 클럽 커트(club cut)와 같은 것은?

① 싱글링(shingling)
② 트리밍(trimming)
③ 클리핑(clipping)
④ 블런트 커트(blunt cut)

09 두부의 라인 중 이어 포인트에서 네이프 사이드 포인트를 연결한 선을 무엇이라 하는가?

① 목뒤선　　　　　② 목옆선
③ 측두선　　　　　④ 측중선

10 산성 린스의 사용에 관한 설명 중 틀린 것은?

① 살균 작용이 있으므로 많이 사용하는 것이 좋다.
② 남아 있는 퍼머넌트 약액을 제거할 수 있게 한다.
③ 금속성 피막을 제거해 준다.
④ 비누 샴푸제의 불용성 알칼리 성분을 제거해 준다.

11 다음 중 산성 린스의 종류가 아닌 것은?

① 레몬 린스(lemon rinse)
② 비니거 린스(vinegar rinse)
③ 오일 린스(oil rinse)
④ 구연산 린스(citric acid rinse)

12 헤어 커트 시 사용하는 레이저(razor)에 대한 설명 중 틀린 것은?

① 초보자에게는 오디너리(ordinary) 레이저가 적합하다.
② 레이저의 어깨 두께가 균등한 것이 좋다.
③ 레이저의 날 등과 날 끝이 대체로 균등해야 한다.
④ 레이저의 날 선이 대체로 둥그스름한 곡선 형태인 것이 더 정확한 커트를 하게 한다.

13 헤어 컨디셔너제의 기능에 해당하지 않는 것은?

① 두발을 유연하게 해 준다.
② 두발에 윤기와 광택을 준다.
③ 두발과 두피의 더러움을 제거한다.
④ 두발의 빗질을 용이하게 한다.

14 마셀 웨이브에서 안말음(in-curl)형 작업을 행할 때 아이론의 방향을 어느 방향으로 잡고 해야 되는가?

① 그루브는 위쪽, 로드는 아래 방향
② 로드는 위쪽, 그루브는 아래 방향
③ 어느 방향이든 상관없다.
④ 그루브(grove)나 로드(rod)를 번갈아 사용한다.

15 피부에 강한 긴장력을 주어 잔주름을 없애는 데 가장 효과가 있는 팩은?

① 우유 팩(milk pack)
② 오일 팩(oil pack)
③ 계란 팩(egg pack)
④ 파라핀 팩(paraffin pack)

16 SPF란 무엇을 뜻하는가?

① 자외선의 선탠 지수
② 자외선이 우리 몸에 들어오는 지수
③ 자외선이 우리 몸에 머무는 지수
④ 자외선의 차단 지수

17 펌(perm)의 1액이 웨이브(wave) 형성을 위해 주로 적용하는 모발의 부위는?

① 모근　　　　　② 모수질
③ 모피질　　　　④ 모표피

18 엉킨 두발을 빗으려 할 때 어디에서부터 시작하는 것이 가장 좋은가?

① 두발 끝에서부터
② 두피에서부터
③ 두발 중간에서부터
④ 아무 데서나 상관없다.

19 물과 오일처럼 서로 녹지 않는 두 개의 액체를 미세하게 분산시켜 놓은 상태는?

① 에멀션　　　　　② 레이크
③ 왁스　　　　　　④ 아로마

20 지성 피부, 주름진 피부, 비듬성 피부에 가장 좋은 광선은?

① 가시광선　　　　② 적외선
③ 자외선　　　　　④ 감마선

21 지역 사회의 보건 수준을 평가하는 가장 대표적인 지표는?

① 일반 사망률　　　② 영아 사망률
③ 인구 증가율　　　④ 인구당 의사 수

22 다음 중 공중 보건 사업에 속하지 않는 것은?

① 환자 치료　　　　② 예방 접종
③ 보건 교육　　　　④ 전염병 관리

23 감자에 함유되어 있는 독소는?

① 에르고톡신　　　② 솔라닌
③ 무스카린　　　　④ 베네루핀

24 피임의 이상적 요건 중 틀린 것은?

① 피임 효과가 확실하여 더 이상 임신이 되어서는 안 된다.
② 육체적 정신적으로 무해하고 부부 생활에 지장을 주어서는 안 된다.
③ 비용이 적게 들어야 하고, 구입이 불편해서는 안 된다.
④ 실시 방법이 간편하여야 하고, 부자연스러우면 안 된다.

25 다음 중 방사선에 관련된 직업에 의해 발생할 수 있는 것이 아닌 것은?

① 조혈 기능 장애　　② 백혈병
③ 생식 기능 장애　　④ 잠함병

26 하수에서 용존 산소(DO)가 아주 낮다는 의미에 적합한 것은?

① 수생 식물이 잘 자랄 수 있는 물의 환경이다.
② 물고기가 잘 살 수 있는 물의 환경이다.
③ 물의 오염도가 높다는 의미이다.
④ 하수의 BOD가 낮은 것과 같은 의미이다.

27 잉어, 참붕어, 피라미 등의 민물고기를 생식하였을 때 감염될 수 있는 것은?

① 간흡충증　　　　② 구충증
③ 유구조충증　　　④ 말레이사상충증

28 바퀴벌레에 의해 전파될 수 있는 전염병에 속하지 않는 것은?

① 이질　　　　　　② 말라리아
③ 콜레라　　　　　④ 장티푸스

29 실·내외의 온도 차이는 몇 도가 가장 적합한가?

① 1~3℃　　　　　② 5~7℃
③ 8~12℃　　　　　④ 12℃ 이상

30 감염병 관리상 가장 중요하게 취급해야 할 대상자는?

① 건강 보균자　　　② 잠복기 환자
③ 현성 환자　　　　④ 회복기 보균자

31 포르말린 소독법 중 올바른 설명은?

① 온도가 낮을수록 소독력이 강하다.
② 온도가 높을수록 소독력이 강하다.
③ 온도가 높고 낮음에 관계없다.
④ 포르말린은 가스 상으로는 작용하지 않는다.

32 다음 중 소독에 영향을 가장 적게 미치는 인자는?

① 온도　　　　　　② 대기압
③ 수분　　　　　　④ 시간

33 크레졸에 대한 설명으로 틀린 것은?

① 3%의 수용액을 주로 사용한다.
② 석탄산에 비해 2배의 소독력이 있다.
③ 손, 오물 등의 소독에 사용된다.
④ 물에 잘 녹는다.

34 세균이 가장 잘 자라는 최적 수소 이온(pH) 농도에 해당되는 것은?

① 강산성
② 약산성
③ 중성
④ 강알칼리성

35 초음파 살균에 가장 효과적인 미생물은?

① 나선균
② 파상풍균
③ 그람 양성 세균
④ 쌍구균

36 내열성이 강해서 자비 소독으로는 멸균이 되지 않는 것은?

① 장티푸스균
② 결핵균
③ 아포 형성균
④ 쌍구균

37 열에 대한 저항력이 커서 자비 소독으로는 멸균이 되지 않는 것은?

① 장티푸스균
② 결핵균
③ 살모넬라균
④ B형 간염 바이러스

38 소독 방법과 소독 대상이 바르게 연결된 것은?

① 화염 멸균법 - 의류나 타월
② 자비 소독법 - 아마인유
③ 고압 증기 멸균법 - 예리한 칼날
④ 건열 멸균법 - 바셀린(vaseline) 및 파우더

39 살균력은 강하지만 자극성과 부식성이 강해서 상수 또는 하수의 소독에 주로 이용되는 것은?

① 알코올
② 질산은
③ 승홍
④ 염소

40 파스퇴르가 발명한 살균 방법은?

① 저온 살균법
② 증기 살균법
③ 여과 살균법
④ 자외선 살균법

41 여드름 관리에 사용되는 화장품의 올바른 기능은?

① 피지 증가 유도 효과
② 수렴 작용 효과
③ 박테리아 증식 효과
④ 각질의 증가 효과

42 피부 구조 중 진피에 속하는 것은?

① 망상층
② 기저층
③ 유극층
④ 과립층

43 피부의 표면에 희로애락의 감정이 민감하게 반영되는 작용은?

① 표정 작용
② 지각 작용
③ 보호 작용
④ 호흡 작용

44 "블루밍 효과"에 대한 설명으로 가장 적합한 것은?

① 파운데이션의 색소 침착을 방지하는 것
② 보송보송하고 화사하게 피부를 표현하는 것
③ 밀착성을 높여 화장의 지속성을 높게 하는 것
④ 피부색을 고르게 보이도록 하는 것

45 피부 질환의 증상에 대한 설명 중 맞는 것은?

① 수족구염: 홍반성 결절이 하지부 부분에 여러 개 나타나며 손으로 누르면 통증을 느낀다.
② 지루 피부염: 기름기가 있는 인설(비듬)이 특징이며 호전과 악화를 되풀이 하고 약간의 가려움증을 동반한다.
③ 무좀: 홍반에서부터 시작되며 수시간 후에는 구진이 발생된다.
④ 여드름: 구강 내 병변으로 동그란 홍반에 둘러싸여 작은 수포가 나타난다.

46 다음 미생물 중 크기가 가장 작은 것은?

① 바이러스   ② 리케차
③ 곰팡이   ④ 세균

47 자각 증상으로서 피부를 긁거나 문지르고 싶은 충동에 의한 가려움증은?

① 소양감   ② 작열감
③ 측감   ④ 의주감

48 콜라겐과 엘라스틴이 주성분으로 이루어진 피부 조직은?

① 표피 상층   ② 표피 하층
③ 진피 조직   ④ 피하 조직

49 작업 환경의 관리 원칙은?

① 대치 - 격리 - 연구 - 홍보
② 대치 - 격리 - 재생 - 교육
③ 대치 - 격리 - 환기 - 교육
④ 대치 - 격리 - 폐기 - 교육

50 다음 중 수용성 비타민은?

① 비타민 B 복합체   ② 비타민 A
③ 비타민 D   ④ 비타민 K

51 이용사 또는 미용사의 업무 등에 대한 설명 중 맞는 것은?

① 이용사 또는 미용사의 업무 범위는 보건복지부령으로 정하고 있다.
② 이용 또는 미용의 업무는 영업소 이외 장소에서도 보편적으로 행할 수 있다.
③ 미용사의 업무 범위는 파마, 아이론, 면도, 머리피부 손질, 피부 미용 등이 포함된다.
④ 이용사 또는 미용사의 면허를 받은 자가 아닌 경우, 일정 기간의 수련 과정을 마쳐야만 이용 또는 미용 업무에 종사할 수 있다.

52 변경 신고를 하지 아니하고 이·미용 영업소의 소재지를 변경한 때의 1차 위반 행정처분 기준은?

① 개선 명령   ② 경고
③ 영업 정지 2월   ④ 영업장 폐쇄 명령

53 공중위생 관리법에서 공중위생 영업이란 다수인을 대상으로 무엇을 제공하는 영업으로 정의하는가?

① 위생 관리 서비스   ② 위생 서비스
③ 위생 안전 서비스   ④ 공중위생 서비스

54 이·미용사 면허를 받을 수 있는 자가 아닌 것은?

① 고등학교에서 이용 또는 미용에 관한 학과를 졸업한 자
② 국가 기술 자격법에 의한 이용사 또는 미용사 자격을 취득한 자
③ 보건복지부 장관이 인정하는 외국의 이용사 또는 미용사 자격 소지자
④ 전문대학에서 이용 또는 미용에 관한 학과 졸업자

55 공중위생 관리법상의 위생 교육에 대한 설명 중 옳은 것은?

① 위생 교육 대상자는 이·미용 영업자이다.
② 위생 교육 대상자는 이·미용사이다.
③ 위생 교육 시간은 매년 8시간이다.
④ 위생 교육은 공중위생 관리법 위반자에 한하여 받는다.

56 공중위생 관리법에서 규정하고 있는 공중위생 영업의 종류에 해당되지 않는 것은?

① 이용업　　　② 위생 관리 용역업
③ 학원 영업　　④ 세탁업

57 위생 교육을 받지 아니한 때의 1차 위반 행정처분 기준은?

① 경고　　　　　② 영업 정지 5일
③ 영업 정지 10일　④ 영업 정지 15일

58 공중위생 관리 법규에서 규정하고 있는 이·미용 영업자의 준수 사항이 아닌 것은?

① 소독을 한 기구와 소독을 하지 아니한 기구는 각각 다른 용기에 넣어 보관하여야 한다.
② 손님의 피부에 닿는 수건은 악취가 나지 않아야 한다.
③ 이·미용 요금표를 업소 내에 게시하여야 한다.
④ 이·미용업 신고증 및 개설자의 면허증 원본 등은 업소 내에 게시하여야 한다.

59 영업소 폐쇄 명령을 받은 후 동일한 장소에서 폐쇄 명령을 받은 영업과 같은 종류의 영업을 하고자 할 때 얼마의 기간이 지나야 가능한가?

① 3월　　　　　② 6월
③ 1년　　　　　④ 2년

60 이·미용사의 면허가 취소되었을 경우 몇 개월이 경과되어야 또 다시 그 면허를 받을 수 있는가?

① 3개월　　　　② 6개월
③ 9개월　　　　④ 12개월

자격 종목		코 드	출제 문항 수	시험 시간	수험번호	성명
헤어 미용사		7937	60문항	60분		

01 일반적으로 모발 길이가 30cm 이상인 처녀모에 염색약을 바를 때 머리카락의 어느 부분을 가장 나중에 바르는가? (단, 컨디셔너를 쓰지 않았을 경우)

① 머리카락 끝 부분
② 머리카락 중간 부분
③ 두피 부분
④ 어느 부분이든 상관없다.

02 모발에 도포한 약액이 쉽게 침투되게 하여 시술 시간을 단축하고자 할 때 필요하지 않은 것은?

① 히팅 캡
② 스팀 타월
③ 헤어 스티머
④ 신징

03 원 랭스 커트의 방법 중 틀린 것은?

① 동일선상에서 자른다.
② 주로 짧은 머리에만 적용한다.
③ 짧은 단발의 경우 손님의 머리를 숙이게 하고 정리한다.
④ 커트 라인에 따라 이사도라, 스파니엘, 패러럴 등의 유형이 있다.

04 스컬프처 컬(sculpture curl)과 반대되는 컬은?

① 플랫 컬(flat curl)
② 메이폴 컬(maypole curl)
③ 리프트 컬(lift curl)
④ 스탠드업 컬(stand-up curl)

05 다공성 모발에 대한 사항 중 틀린 것은?

① 다공성모란 두발의 간충 물질이 소실되어 두발 조직 중에 공동이 많고 보습 작용이 적어져 두발이 건조해지기 쉬운 손상모를 말한다.
② 다공성모는 두발이 얼마나 빨리 유액을 흡수하느냐에 따라 그 정도가 결정된다.
③ 다공성의 정도에 따라서 콜드 웨이빙의 프로세싱 타임과 웨이빙 용액의 강도가 좌우되게 한다.
④ 다공성 정도가 클수록 모발에 탄력이 적으므로 프로세싱 타임을 길게 한다.

06 손톱을 자른 후 모양을 가다듬으려고 할 때 사용하기에 가장 적합한 기구는?

① 네일 니퍼
② 네일 버퍼
③ 네일 파일
④ 네일 크림

07 퍼머넌트 웨이브 시술 시 굵은 두발에 대한 와인딩을 바르게 설명한 것은?

① 블로킹을 크게 하고 로드의 직경도 큰 것으로 한다.
② 블로킹을 작게 하고 로드의 직경도 작은 것으로 한다.
③ 블로킹을 크게 하고 로드의 직경은 작은 것으로 한다.
④ 블로킹을 작게 하고 로드의 직경은 큰 것으로 한다.

08 헤어스타일의 다양한 변화를 위해 사용되는 피스가 아닌 것은?

① 폴(fall)
② 위글렛(wiglet)
③ 웨프트(waft)
④ 위그(wig)

09 콜드 웨이브 직후 헤어 염색을 하면 두피가 과민해져서 피부염을 일으키게 될 우려가 있다. 이 경우 최소 며칠 정도가 지나서 헤어 염색을 하는 것이 좋은가?

① 3일 후
② 1주일 후
③ 20일 후
④ 30일 후

10 염색제의 연화제는 어떤 두발에 주로 사용되는가?

① 염색모
② 다공질모
③ 손상모
④ 저항성모

11 고대 중국 당나라 시대의 메이크업과 가장 거리가 먼 것은?

① 백분, 연지로 얼굴형 부각
② 액황을 이마에 발라 입체감을 살림.
③ 10가지 종류의 눈썹 모양으로 개성을 표현
④ 일본에서 유입된 가부키 화장이 서민에게 까지 성행

12 미용의 의의와 목적에 대해 설명한 것 중 틀린 것은?

① 유행을 보급시키기 위해 미용의 건전한 발달이 요구된다.
② 미용은 개인의 보건 위생에 직접적인 관계가 있다.
③ 미용은 그 시대의 문화, 풍속을 구성하는 중요한 요소이다.
④ 교육과 지도가 필요하므로 미용의 구성 요소를 법률로 정해 놓았다.

13 페더링(feathering)이라고도 하며 두발 끝을 점차적으로 가늘게 커트하는 방법은?

① 클리핑(clipping)
② 테이퍼링(tapering)
③ 트리밍(trimming)
④ 틴닝(thinning)

14 그러데이션 커트는 몇 도 각도 선에서 슬라이스로 커트하는가?

① 사선 45도
② 사선 60도
③ 사선 90도
④ 사선 120도

15 형태가 이루어진 모발 선에 손상모 등의 불필요한 모발 끝을 제거하거나 정리 정돈하기 위하여 가볍게 손질하는 커트법은?

① 나칭(notching)
② 클리핑(clipping)
③ 스트로크(stroke)
④ 트리밍(trimming)

16 헤어 세팅에 있어 오리지널 세트의 주요한 요소에 해당되지 않는 것은?

① 헤어 컬링
② 헤어 파팅
③ 헤어 웨이빙
④ 콤 아웃

17 각 파트(part)에 대한 설명 중 틀린 것은?

① 라운드 파트 - 둥글게 가르마를 타는 파트
② 스퀘어 파트 - 사이드 파트의 가르마를 대각선 뒤쪽 위로 올린 파트
③ 백 센터 파트 - 뒷머리 중심에서 똑바로 가르는 파트
④ 센터 파트 - 헤어 라인 중심에서 두정부를 향한 직선 가르마

18 컬(curl)의 목적으로 가장 알맞은 것은?

① 웨이브, 볼륨, 플러프를 만들기 위해
② 텐션, 루프, 스템을 만들기 위해
③ 세팅, 뱅을 만들기 위해
④ 슬라이싱, 스퀘어, 베이스를 만들기 위해

19 우리나라 고대 여성의 머리형에 속하지 않는 것은?

① 얹은머리
② 높은머리
③ 쪽머리
④ 큰머리

20 핑거 웨이브(finger wave)의 3대 요소에 해당되지 않는 것은?

① 크레스트
② 루프의 크기
③ 리지
④ 트로프

21 체감 온도(감각 온도)의 3요소가 아닌 것은?

① 기온
② 기습
③ 기류
④ 기압

22 상수 수질 오염의 대표적 지표로 사용하는 것은?

① 이질균
② 일반 세균
③ 대장균
④ 플랑크톤

23 연탄 가스 중 인체에 중독 현상을 일으키는 주된 물질은?

① 일산화탄소
② 이산화탄소
③ 탄산가스
④ 메탄가스

24 일산화탄소(CO)의 환경 기준은 8시간 기준으로 얼마인가?

① 9ppm
② 1ppm
③ 0.03ppm
④ 25ppm

25 이·미용 업소의 실내 온도로 가장 알맞은 것은?

① 10°C
② 14°C
③ 21°C
④ 26°C

26 소음에 관한 건강 장애와 관련된 요인에 대한 설명으로 가장 옳은 것은?

① 소음의 크기, 주파수, 방향에 따라 다르다.
② 소음의 크기, 주파수, 내용에 따라 다르다.
③ 소음의 크기, 주파수, 폭로 기간에 따라 다르다.
④ 소음의 크기, 주파수, 발생지에 따라 다르다.

27 합성 세제에 의한 오염과 가장 관계가 깊은 것은?

① 수질 오염
② 중금속 오염
③ 토양 오염
④ 대기 오염

28 다음 중 환경 위생 사업이 아닌 것은?

① 오물 처리
② 예방 접종
③ 구충구서
④ 상수도 관리

29 트라코마(트리홈)에 대한 설명 중 틀린 것은?

① 획득 면역은 장기간이다.
② 예방 접종으로 면역이 된다.
③ 실명의 원인이 되기도 한다.
④ 전염원은 환자의 눈물, 콧물 등이다.

30 질병 발생의 요인 중 숙주적 요인에 해당되지 않는 것은?

① 선천적 요인
② 연령
③ 생리적 방어 기전
④ 경제적 수준

31 구내염, 입안 세척 및 상처 소독에 발포 작용으로 소독이 가능한 것은?

① 알코올
② 과산화수소
③ 승홍수
④ 크레졸 비누액

32 다음 중 화학적 소독법은?

① 건열 소독법
② 여과 세균 소독법
③ 포르말린 소독법
④ 자외선 소독법

33 다음 중 소독의 소독 약효를 감소시킬 수 있는 원인이라 볼 수 없는 것은? (단, 희석 자체에 의한 약효 저하는 제외한다.)

① 정수로 희석한 경우
② 경수로 희석한 경우
③ 고온에 노출될 경우
④ 햇빛에 노출될 경우

34 금속제품의 자비 소독 시 살균력을 강하게 하고 금속의 녹을 방지하는 효과를 나타낼 수 있도록 첨가하는 약품은?

① 1~2%의 염화칼슘
② 1~2%의 탄산나트륨
③ 1~2%의 알코올
④ 1~2%의 승홍수

35 일반적으로 소독 약품의 구비 조건이 아닌 것은?

① 살균력이 강할 것
② 표백성이 강할 것
③ 안정성이 높을 것
④ 용해성이 높을 것

36 다음 중 산소가 없는 곳에서만 증식을 하는 균은?

① 파상풍균
② 결핵균
③ 디프테리아균
④ 백일해균

37 이·미용실에 사용하는 소독약 중 무색, 무취하고, 맹독성이 강하여 아무 데나 방치하면 위험하므로 착색을 하여 잘 보관하여야 하는 소독 약품은?

① 석탄산수
② 포르말린수
③ 승홍수
④ 크레졸수

38 역성 비누에 대한 설명 중 틀린 것은?

① 독성이 적다.
② 냄새가 거의 없다.
③ 세정력이 강하다.
④ 물에 잘 녹는다.

39 포자 형성 세균의 멸균에 가장 적절한 방법은?

① 고압 증기 멸균
② 일광 소독
③ 염소 소독
④ 알코올 소독

40 혈청이나 약제, 백신 등 열에 불안정한 액체의 멸균에 주로 이용되는 멸균법은?

① 초음파 멸균법
② 방사선 멸균법
③ 초단파 멸균법
④ 여과 멸균법

41 다음 중 성격이 다른 하나는?

① 화이트닝 크림
② 데이 크림
③ 영양 크림
④ 나이트 크림

42 UV-A(장파장 자외선)의 파장 범위는?

① 320~400nm
② 290~320nm
③ 200~290nm
④ 100~200nm

43 햇빛에 노출되었을 때 피부 내에서 어떤 성분이 생성되는가?

① 비타민 B
② 글리세린
③ 천연 보습 인자
④ 비타민 D

44 화장품에 배합되는 에탄올의 역할이 아닌 것은?

① 청량감
② 수렴 효과
③ 소독 작용
④ 보습 작용

45 여드름 관리를 위한 일상 생활에서의 주의 사항에 해당하지 않는 것은?

① 과로를 피한다.
② 적당하게 일광을 쪼인다.
③ 배변이 잘 이루어지도록 한다.
④ 가급적 유성 화장품을 사용한다.

46 피부 노화 인자 중 외부 인자가 아닌 것은?

① 나이
② 자외선
③ 산화
④ 건조

47 입모근의 역할 중 가장 중요한 것은?

① 수분 조절
② 체온 조절
③ 피지 조절
④ 호르몬 조절

48 대상 포진(헤르페스)의 특징에 대한 설명으로 맞는 것은?

① 지각 신경 분포를 따라 군집 수포성 발진이 생기며 통증이 동반된다.
② 바이러스를 갖고 있지 않다.
③ 전염되지는 않는다.
④ 목과 눈꺼풀에 나타나는 전염성 비대 증식 현상이다.

49 비타민 E에 대한 설명 중 옳은 것은?

① 부족하면 야맹증이 된다.
② 자외선을 받으면 피부 표면에서 만들어져 흡수된다.
③ 부족하면 피부나 점막에 출혈이 된다.
④ 호르몬 생성, 임신 등 생식 기능과 관계가 깊다.

50 피부 질환의 초기 병변으로 건강한 피부에서 발생하지만 질병으로 간주되지 않는 피부의 변화는?

① 알레르기
② 속발진
③ 원발진
④ 발진열

51 이·미용업 영업자의 지위를 승계한 자는 얼마의 기간 이내에 관계 기관장에게 신고해야 하는가?

① 7일 이내
② 15일 이내
③ 1월 이내
④ 2월 이내

52 영업소의 폐쇄 명령을 받고도 계속하여 영업을 하는 때에 영업소를 폐쇄하기 위해 관계 공무원이 행할 수 있는 조치가 아닌 것은?

① 영업소의 간판 및 기타 영업 표지물의 제거
② 위법한 영업소임을 알리는 게시물 등의 부착
③ 영업을 위하여 필수불가결한 기구 또는 시설물을 사용할 수 없게 하는 봉인
④ 출입문의 봉쇄

53 이·미용업 영업소의 일부 시설의 사용 중지 명령을 받고도 계속하여 그 시설을 사용한 자에 대한 벌칙 사항은?

① 1년 이하의 징역 또는 1천만 원 이하의 벌금
② 1년 이하의 징역 또는 5백만 원 이하의 벌금
③ 6월 이하의 징역 또는 5백만 원 이하의 벌금
④ 6월 이하의 징역 또는 3백만 원 이하의 벌금

54 공중위생 영업자는 그 이용자에게 건강상 (   )이 발생하지 아니하도록 영업 관련 시설 및 설비를 안전하게 관리해야 한다. (   ) 안에 알맞은 단어는?

① 질병
② 사망
③ 위해 요인
④ 전염병

55 이용사 또는 미용사가 아닌 사람이 이용 또는 미용의 업무에 종사할 때에 대한 벌칙은?

① 1년 이하의 징역 또는 1천만 원 이하의 벌금
② 6월 이하의 징역 또는 5백만 원 이하의 벌금
③ 300만 원 이하의 벌금
④ 100만 원 이하의 벌금

56 공중위생 감시원의 업무 범위에 해당되지 않는 것은?

① 시설 및 설비의 확인
② 시설 및 설비의 위생 상태 확인·검사
③ 위생 관리 의무 이행 여부 확인
④ 위생 관리 등급 표시 부착 확인

57 이·미용업 영업자가 준수하여야 하는 위생 관리의 기준으로 틀린 것은?

① 손님이 보기 쉬운 곳에 준수 사항을 게시하여야 한다.
② 이·미용 요금표를 게시하여야 한다.
③ 영업장 안의 조명도는 75룩스 이상이어야 한다.
④ 일회용 면도날은 손님 1인에 한하여 사용하여야 한다.

58 이·미용업의 영업자가 받아야 하는 위생 교육의 시간은?

① 매년 3시간   ② 분기별 4시간
③ 매년 8시간   ④ 분기별 8시간

59 이용 또는 미용의 영업자에게 공중위생에 관하여 필요한 보고 및 출입·검사 등을 할 수 있게 하는 자가 아닌 것은?

① 보건복지부 장관   ② 구청장
③ 시·도지사   ④ 시장

60 이·미용 영업을 개설할 수 있는 자의 자격은?

① 자기 자금이 있을 때
② 이·미용의 면허증이 있을 때
③ 이·미용의 자격이 있을 때
④ 영업소 내에 시설을 완비하였을 때

정답 〈〈〈 모의고사

01	02	03	04	05	06	07	08	09	10	11	12	13	14	15	16	17	18	19	20
①	④	②	②	④	③	②	④	②	④	④	④	②	①	②	④	②	①	②	②

21	22	23	24	25	26	27	28	29	30	31	32	33	34	35	36	37	38	39	40
④	③	①	①	③	④	③	①	②	②	④	②	③	①	②	②	①	③	③	①	④

41	42	43	44	45	46	47	48	49	50	51	52	53	54	55	56	57	58	59	60
①	①	④	④	④	①	②	①	④	③	③	④	①	③	③	④	①	①	①	②

헤어 미용사 실전 모의고사 (7회)

자격 종목		코 드	출제 문항 수	시험 시간	수험번호	성명
헤어 미용사		7937	60문항	60분		

01 미용술을 행할 때 제일 먼저 해야 하는 일은?

① 소재의 특징 관찰 및 분석
② 작업 계획의 수립과 구상
③ 구체적으로 표현하는 과정
④ 전체적인 조화로움의 검토

02 다음의 헤어 커트(hair cut) 모형 중 후두부에 무게 감을 가장 많이 주는 것은?

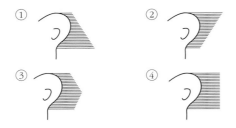

03 미용사가 미용을 시술하기 전 구상을 할 때 가장 우선적으로 고려해야 할 것은?

① 유행의 흐름 파악
② 손님의 얼굴형 파악
③ 손님의 희망 사항 파악
④ 손님의 개성 파악

04 현대 미용에 있어 1920년대에 최초로 단발머리 형을 함으로써 우리나라 여성들의 머리형에 혁신적인 변화를 일으키게 된 사람은?

① 이숙종   ② 김활란
③ 김상진   ④ 오엽주

05 빗의 기능과 가장 거리가 먼 것은?

① 모발의 고정
② 아이론 시의 두피 보호
③ 디자인 연출 시 셰이핑(shaping)
④ 모발 내 오염 물질과 비듬 제거

06 두발 커트 시 두발 끝의 1/3 정도를 테이퍼링하는 것은?

① 노멀 테이퍼   ② 딥 테이퍼
③ 엔드 테이퍼   ④ 보스 사이드 테이퍼

07 폭이 넓고 부드럽게 흐르는 버티컬 웨이브를 만들고자 할 때 핑거 웨이브와 핀 컬을 교대로 조합하여 만든 웨이브는?

① 리지컬 웨이브   ② 스킵 웨이브
③ 플랫 컬 웨이브   ④ 스윙 웨이브

08 논스트리핑 샴푸제의 특징은?

① pH가 낮은 산성이고, 두발을 자극하지 않는다.
② 알칼리성 샴푸제로 pH가 7.5~8.5이다.
③ 징크피리치온이 함유되어 있어 비듬 치료에 효과적이다.
④ 지루성 피부형에 적합하며, 유분 함량이 적고 탈지력이 강하다.

09 고대 중국의 미용술에 관한 설명 중 틀린 것은?

① 기원전 2200년경 하나라 시대에 분이 사용되었다.
② 눈썹 모양은 십미도라고 하여 열 종류의 대체로 진하고 넓은 눈썹을 그렸다.
③ 액황은 입술에 바르고 홍장은 이마에 발랐다.
④ 입술 화장은 희종, 소종(서기 874~890년) 때에는 붉은 것을 바른 것을 미인이라 평가했다.

10 두발의 물리적인 특성에 있어서 두발을 잡아당겼을 때 끊어지지 않고 견디는 힘을 나타내는 것은?

① 두발의 질감
② 두발의 밀도
③ 두발의 대전성
④ 두발의 강도

11 컬의 줄기 부분으로서 베이스(base)에서 피봇(pivot) 점까지의 부분을 무엇이라 하는가?

① 포인트
② 스템
③ 루프
④ 융기점

12 퍼머넌트 웨이빙 시 두발을 구성하고 있는 케라틴의 시스틴 결합은 무엇에 의하여 잘려지는가?

① 티오글리콜산
② 취소산칼륨
③ 과산화수소
④ 브롬산나트륨

13 콜드 웨이브(cold wave) 퍼머넌트 시술 시 두발의 진단 항목과 거리가 가장 먼 것은?

① 경모 혹은 연모 여부
② 발수성모 여부
③ 두발의 성장 주기
④ 염색모 여부

14 헤어 블리치(hair bleach) 시 밝기가 너무 어두운 경우의 원인과 가장 거리가 먼 것은?

① 블리치제가 마른 경우
② 프로세싱(processing) 시간을 짧게 잡았을 경우
③ 블리치제에 물을 희석해 사용하는 경우
④ 과산화 수소수의 볼륨이 높을 경우

15 미용 도구와 그에 따른 용도가 옳게 연결된 것은?

① 네일 버퍼 - 손톱을 문질러서 광택을 내는 데 사용
② 큐티클 니퍼 - 손톱을 자르는 가위
③ 네일 파일 - 큐티클 리무버를 바르는 도구
④ 폴리시 리무버 - 상조피 제거액

16 멋내기 염색 방법에 속하지 않는 것은?

① 헤어 티핑
② 헤어 스트리킹
③ 헤어 스템핑
④ 헤어 스트레이트

17 두발에서 퍼머넌트 웨이브의 형성과 직접 관련이 있는 아미노산은?

① 알라닌
② 멜라닌
③ 시스틴
④ 티로신

18 헤어 컬러링한 고객이 녹색 모발을 자연 갈색으로 바꾸려고 할 때 가장 적합한 방법은?

① 3% 과산화수소를 약 3분간 작용시킨 뒤 주황색으로 컬러링한다.
② 빨간색으로 컬러링한다.
③ 3% 과산화수소로 약 3분간 작용시킨 후 보라색으로 컬러링한다.
④ 노란색을 띄는 보라색으로 컬러링한다.

19 자외선이 인체에 미치는 부정적인 영향은?

① 비타민 D 형성 반응
② 살균 효과
③ 홍반 반응
④ 강장 효과

20 두발의 70% 이상을 차지하며, 멜라닌 색소와 섬유질 및 간충 물질로 구성되어 있는 곳은?

① 모표피(cuticle) ② 모수질(medulla)
③ 모피질(cortex) ④ 모낭(follicle)

21 간흡충(간디스토마)에 관한 설명으로 틀린 것은?

① 인체 감염형은 피낭유충이다.
② 제1 중간 숙주는 왜우렁이이다.
③ 인체 주요 기생 부위는 간의 담도이다.
④ 경피 감염한다.

22 호흡기계 전염병에 해당되지 않는 것은?

① 인플루엔자 ② 유행성 이하선염
③ 파라티푸스 ④ 홍역

23 불쾌지수를 산출하는 데 고려해야 하는 요소들은?

① 기류와 복사열 ② 기온과 기습
③ 기압과 복사열 ④ 기온과 기압

24 세계 보건 기구에서 정의하는 보건 행정의 범위에 속하지 않는 것은?

① 산업 발전 ② 모자 보건
③ 환경 위생 ④ 전염병 관리

25 다음 보기 중 생명표의 표현에 사용되는 인자들을 모두 나열한 것은?

| ㄱ. 생존 수 | ㄴ. 사망 수 |
| ㄷ. 생존률 | ㄹ. 평균 수명 |

① ㄱ, ㄴ, ㄷ ② ㄱ, ㄷ
③ ㄴ, ㄹ ④ ㄱ, ㄴ, ㄷ, ㄹ

26 일반적으로 식품의 부패(putrefaction)란 무엇이 변질된 것인가?

① 비타민 ② 탄수화물
③ 지방 ④ 단백질

27 이·미용 업소에서 시술 과정을 통하여 전염될 수 있는 가능성이 가장 큰 질병 2가지는?

① 뇌염, 소아마비
② 피부병, 발진티푸스
③ 결핵, 트라코마
④ 결핵, 장티푸스

28 직업병과 관련 직업이 옳게 연결된 것은?

① 근시안 - 식자공
② 규폐증 - 용접공
③ 열사병 - 채석공
④ 잠함병 - 방사선 기사

29 산업 보건에서 작업 조건의 합리화를 위한 노력으로 옳은 것은?

① 작업 강도를 강화시켜 단시간에 끝낸다.
② 작업 속도를 최대한 빠르게 한다.
③ 운반 방법을 가능한 범위에서 개선한다.
④ 근무 시간은 가능하면 전일제로 한다.

30 일산화탄소(CO) 중독의 증상이나 후유증이 아닌 것은?

① 정신 장애 ② 무균성 괴사
③ 신경 장애 ④ 의식 소실

31 객담 등의 배설물 소독을 위한 크레졸 비누액의 가장 적합한 농도는?

① 0.1% ② 1%
③ 3% ④ 10%

32 플라스틱 브러시의 소독 방법으로 가장 알맞은 것은?

① 0.5%의 역성 비누에 1분 정도 담근 후 물로 씻는다.
② 100℃ 끓는 물에 20분 정도 자비 소독을 행한다.
③ 세척 후 자외선 소독기를 사용한다.
④ 고압 증기 멸균기를 이용한다.

33 다음 중 물리적 소독법에 해당하는 것은?

① 석탄산수 소독
② 알코올 소독
③ 자비 소독
④ 포름알데히드 가스 소독

34 소독, 살균에 대한 설명 중 틀린 것은?

① 크레졸수는 세균에는 효과가 강하나 바이러스 등에는 약하다.
② 승홍은 객담이 묻은 도구나 식기, 기구류 소독에는 부적합하다.
③ 표백분은 매우 불안정하여 산소와 물로 쉽게 분해되어 살균 작용을 한다.
④ 역성 비누는 손 기구 등의 소독에 적합하다.

35 에틸렌 옥사이드(ethylene oxide) 가스를 이용한 멸균법에 대한 설명 중 틀린 것은?

① 멸균 온도는 저온에서 처리된다.
② 멸균 시간이 비교적 길다.
③ 고압 증기 멸균법에 비해 비교적 저렴하다.
④ 플라스틱이나 고무 제품의 멸균에 이용된다.

36 소독약의 사용과 보존상의 주의 사항으로 틀린 것은?

① 모든 소독약은 미리 제조해 둔 뒤 필요한 만큼 사용한다.
② 약품은 냉암소에 보관하고, 라벨이 오염되지 않도록 한다.
③ 소독 물체에 따라 적당한 소독약이나 소독 방법을 선정한다.
④ 병원 미생물의 종류, 저항성 및 멸균, 소독의 목적에 의해서 그 방법과 시간을 고려한다.

37 생석회 분말 소독의 가장 적절한 소독 대상물은?

① 화장실 분변 ② 전염병 환자실
③ 채소류 ④ 상처

38 자비 소독 시에 금속의 녹을 방지하기 위해 주로 넣는 것은?

① 과산화수소 ② 탄산나트륨
③ 페놀 ④ 승홍

39 소독약의 살균력 지표로 가장 많이 이용되는 것은?

① 알코올 ② 크레졸
③ 석탄산 ④ 포름알데히드

40 세균 증식에 가장 적합한 최적 수소 이온 농도는?

① pH 3.5 ~ 5.5 ② pH 6.0 ~ 8.0
③ pH 8.5 ~ 10.0 ④ pH 10.5 ~ 11.5

41 다음 중 피하 지방층이 가장 적은 부위는?

① 배 부위　　　　　② 눈 부위
③ 등 부위　　　　　④ 대퇴 부위

42 페이스(face) 파우더의 주요 사용 목적은?

① 주름살과 피부 결함을 감추기 위해
② 깨끗하지 않은 부분을 감추기 위해
③ 파운데이션의 번들거림을 완화하고 피부 화장을 마무리하기 위해
④ 파운데이션을 사용하지 않기 위해

43 매니큐어 시 손톱의 모양과 인조 네일을 다듬고 모양내는 데 주로 사용되는 네일 기구는?

① 베이스 코트　　　② 파일
③ 큐티클 오일　　　④ 실크

44 표피의 발생은 어디에서부터 시작되는가?

① 피지선　　　　　② 한선
③ 간엽　　　　　　④ 외배엽

45 과일, 야채에 많이 들어 있으면서 모세 혈관을 강화시켜 피부 손상과 멜라닌 색소 형성을 억제하는 비타민은?

① 비타민 K　　　　② 비타민 C
③ 비타민 E　　　　④ 비타민 B

46 자외선 중 홍반을 주로 유발시키는 것은?

① UVA　　　　　　② UVB
③ UVC　　　　　　④ UCD

47 흡연이 피부에 미치는 영향으로 옳지 않은 것은?

① 담배 연기에 있는 알데히드는 태양빛과 마찬가지로 피부를 노화시킨다.
② 니코틴은 혈관을 수축해 혈색을 나쁘게 한다.
③ 흡연자의 피부는 조기 노화한다.
④ 흡연을 하게 되면 체온이 올라간다.

48 피부 표면의 수분 증발을 억제하여 피부를 부드럽게 해 주는 물질은?

① 계면 활성제　　　② 왁스
③ 유연제　　　　　④ 방부제

49 다음 중 바이러스에 의한 피부 질환은?

① 대상 포진　　　　② 식중독
③ 발무좀　　　　　④ 농가진

50 피부 질환의 상태를 나타낸 용어 중 원발진에 해당하는 것은?

① 면포　　　　　　② 미란
③ 가피　　　　　　④ 반흔

51 이·미용 업자가 신고한 영업장 면적의 (　) 이상의 증감이 있을 때 변경 신고를 하여야 하는가?

① 5분의 1　　　　　② 4분의 1
③ 3분의 1　　　　　④ 2분의 1

52 공중위생 관리법상 이·미용 업자의 변경 신고 사항에 해당되지 않는 것은?

① 영업소의 명칭 또는 상호 변경
② 영업소의 소재지 변경
③ 영업 정지 명령 이행
④ 대표자의 성명(단, 법인에 한함.)

53 영업 정지에 갈음한 과징금 부과의 기준이 되는 매출 금액은?

① 처분일이 속한 연도의 전년도의 1년간 총 매출액
② 처분일이 속한 연도의 전년 2년간 총 매출액
③ 처분일이 속한 연도의 전년 3년간 총 매출액
④ 처분일이 속한 연도의 전년 4년간 총 매출액

54 위생 교육은 연간 몇 시간 동안 받아야 하는가?

① 3시간
② 8시간
③ 10시간
④ 16시간

55 공중위생 영업자가 준수하여야 할 위생 관리 기준은 무엇으로 정하고 있는가?

① 대통령령
② 국무총리령
③ 노동부령
④ 보건복지부령

56 과태료 처분에 불복이 있는 자는 그 처분의 고지를 받은 날부터 며칠 이내에 처분권자에게 이의를 제기할 수 있는가?

① 10일
② 20일
③ 30일
④ 50일

57 이·미용업소에 반드시 게시하여야 할 것은?

① 이·미용 요금표
② 이·미용업소 종사자 인적 사항표
③ 면허증 사본
④ 준수 사항 및 주의 사항

58 이·미용업 영업소에 대하여 위생 관리 의무 이행 검사 권한을 행사할 수 없는 자는?

① 도 소속 공무원
② 국세청 소속 공무원
③ 시·군·구 소속 공무원
④ 특별시, 광역시 소속 공무원

59 이·미용사가 되고자 하는 자는 누구의 면허를 받아야 하는가?

① 보건복지부 장관
② 시·도지사
③ 시장, 군수, 구청장
④ 대통령

60 이중으로 이·미용사 면허를 취득한 때의 1차 행정 처분 기준은?

① 영업 정지 15일
② 영업 정지 30일
③ 영업 정지 6월
④ 나중에 발급받은 면허의 취소

자격 종목		코 드	출제 문항 수	시험 시간	수험번호	성명
헤어 미용사		7937	60문항	60분		

01 다음 중 샴푸의 효과를 가장 옳게 설명한 것은?

① 모공과 모근의 신경을 자극하여 생리 기능을 강화한다.
② 모발을 청결하게 하며 두피를 자극하여 혈액 순환을 원활하게 한다.
③ 두통을 예방할 수 있다.
④ 모발의 수명을 연장시킨다.

02 다음 중 오블롱(oblong) 베이스는 어느 것인가?

① 호형 베이스
② 장방형 베이스
③ 정방형 베이스
④ 아크 베이스

03 헤어 스티머의 선택 시에 고려할 사항과 가장 거리가 먼 것은?

① 내부의 분무 증기 입자의 크기가 각각 다르게 나와야 한다.
② 증기의 입자가 세밀하여야 한다.
③ 사용 시 증기의 조절이 가능하여야 한다.
④ 분무 증기의 온도가 균일하여야 한다.

04 클락 와이즈 와인드 컬을 가장 옳게 설명한 것은?

① 모발이 시계 방향인 오른쪽 방향으로 된 컬
② 모발이 두피에 대해 세워진 컬
③ 모발이 두피에 대해 반시계 방향으로 된 컬
④ 모발이 두피에 대해 평평한 컬

05 고려 시대의 미용을 잘 표현한 것은?

① 가체를 사용하였으며 머리형으로 신분과 지위를 나타냈다.
② 슬슬전대모빗, 자개장식빗, 대모빗 등을 사용하였다.
③ 머리 다발 중간에 틀어 상홍색의 갑사로 만든 댕기로 묶어 쪽머리와 비슷한 모양을 하였다.
④ 밑 화장은 참기름을 바르고 볼에는 연지, 이마에는 곤지를 찍었다.

06 산화 염모제의 일반적인 형태가 아닌 것은?

① 액상 타입
② 가루 타입
③ 스프레이 타입
④ 크림 타입

07 콜드 퍼머넌트 웨이브(cold permanent wave) 제1 액의 주성분은?

① 과산화수소
② 취소산나트륨
③ 티오글리콜산
④ 과붕산나트륨

08 건성 두피를 손질하는 데 가장 알맞은 손질 방법은?

① 플레인 스캘프 트리트먼트
② 드라이 스캘프 트리트먼트
③ 오일리 스캘프 트리트먼트
④ 댄드러프 스캘프 트리트먼트

09 스캘프 트리트먼트 시술을 하기에 가장 적합한 경우는?

① 두피에 상처가 있는 경우
② 퍼머넌트 웨이브 시술 직전
③ 염색, 탈색 시술 직전
④ 샴푸잉 시

10 모발 손상의 원인으로만 짝지어진 것은?

① 드라이어의 장시간 이용, 크림 린스, 오버 프로세싱
② 두피 마사지, 염색제, 백 코밍
③ 브러싱, 헤어 세팅, 헤어 팩
④ 자외선, 염색, 탈색

11 다음 그림 중 (2)의 명칭은?

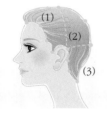

① 백 포인트(B.P)
② 탑 포인트(T.P)
③ 이어 포인트(E.P)
④ 이어 백 포인트(E.B.P)

12 뱅(bang)에 대한 설명 중 잘못된 것은?

① 프린지 뱅 - 가르마 가까이에 작게 낸 뱅
② 플러프 뱅 - 부드럽게 꾸밈없이 볼륨을 준 뱅
③ 포워드롤 뱅 - 포워드 방향으로 롤을 이용하여 만든 뱅
④ 프렌치 뱅 - 풀 혹은 하프 웨이브로 만들어진 뱅

13 라이트 백 스템 포워드 컬(right back stem forward curl)에 해당하는 것은?

①  ②

③   ④

14 퍼머넌트 웨이브 시술 결과 컬이 강하게 형성된 원인과 거리가 먼 것은?

① 모발의 길이에 비해 너무 가는 로드를 사용한 경우
② 프로세싱 시간이 긴 경우
③ 강한 약액을 선정한 경우
④ 고무 밴드가 강하게 걸린 경우

15 다음 그림 중 스텝 레이어 커트는?

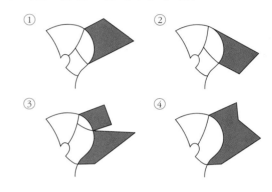

16 헤나(henna)로 염색할 때 가장 좋은 pH는?

① 약 7.5　　② 약 5.5
③ 약 6.5　　④ 약 4.5

17 핀 컬(pin curl)의 종류에 대한 설명이 틀린 것은?

① CC 컬 - 시계 반대 방향으로 말린 컬이다.
② 논스템(non-stem) 컬 - 베이스에 꽉 찬 컬로 웨이브가 강하고 오래 유지된다.
③ 리버스(reverse) 컬 - 얼굴 쪽으로 향하는 귓바퀴 방향의 컬이다.
④ 플랫(flat) 컬 - 각도가 0°인 컬이다.

18 이용사(일반)의 업무 개요로 가장 적합한 것은?

① 사람과 동물의 외모를 치료한다.
② 봉사 활동만을 행하는 사람이 좋은 미용사라 할 수 있다.
③ 두발, 머리피부, 손톱, 발톱 등을 건강하고 아름답게 손질한다.
④ 두발만을 건강하고 아름답게 손질하여 생산성을 높인다.

19 블런트 커트(blunt cut)의 특징이 아닌 것은?

① 두발의 손상이 적다.
② 잘린 부분이 명확하다.
③ 입체감을 내기 쉽다.
④ 잘린 단면이 모발 끝으로 가면서 가늘다.

20 오리지날 세트의 기본 요소가 아닌 것은?

① 헤어 피팅　　　　② 헤어 셰이핑
③ 헤어 스프레이　　④ 헤어 컬링

21 감염병 중 음용수를 통하여 전염될 수 있는 가능성이 가장 큰 것은?

① 이질　　　　　　② 백일해
③ 풍진　　　　　　④ 한센병

22 예방 접종(vaccine)으로 획득되는 면역의 종류는?

① 인공 능동 면역
② 인공 수동 면역
③ 자연 능동 면역
④ 자연 수동 면역

23 미생물을 대상으로 한 작용이 강한 것부터 순서대로 배열된 것은?

① 멸균 〉 살균 〉 소독 〉 방부 〉 청결
② 살균 〉 멸균 〉 소독 〉 방부 〉 청결
③ 멸균 〉 소독 〉 살균 〉 청결 〉 방부
④ 소독 〉 살균 〉 멸균 〉 청결 〉 방부

24 수돗물로 사용할 상수의 대표적인 오염 지표는? (단, 심미적 영향 물질은 제외한다.)

① 탁도　　　　　　② 대장균 수
③ 증발 잔류량　　　④ COD

25 폐결핵에 관한 설명 중 틀린 것은?

① 호흡기계 전염병이다.
② 병원체는 세균이다.
③ 예방 접종은 PPD로 한다.
④ 제3군 법정 전염병이다.

26 연간 전체 사망자 수에 대한 50세 이상의 사망자 수를 나타낸 구성 비율은?

① 평균 수명　　　　② 비례 사망 지수
③ 조사망률　　　　④ 영아 사망률

27 보건 행정의 정의에 포함되는 내용과 가장 거리가 먼 것은?

① 국민의 수명 연장
② 질병 예방
③ 공적인 행정 활동
④ 수질 및 대기 보전

28 공중 보건의 연구 범위에서 제외되는 것은?

① 환경 위생 향상
② 개인 위생에 관한 보건 교육
③ 질병의 조기 발견
④ 질병의 치료 방법 개발

29 다음 기생충 중 집단 감염이 가장 잘되는 것은?

① 요충　　　　　　② 십이지장충
③ 회충　　　　　　④ 간흡충

30 독소형 식중독을 일으키는 세균이 아닌 것은?

① 포도상구균　　　② 보툴리누스균
③ 살모넬라균　　　④ 웰치균

31 다음 중 물리적 소독 방법이 아닌 것은?

① 방사선 멸균법
② 건열 소독법
③ 고압 증기 멸균법
④ 생석회 소독법

32 석탄산의 소독 작용과 관계가 가장 먼 것은?

① 균체 단백질 응고 작용
② 균체 효소의 불활성화 작용
③ 균체의 삼투압 변화 작용
④ 균체의 가수 분해 작용

33 다음 중 100℃에서도 살균되지 않는 균은?

① 대장균
② 결핵균
③ 파상풍균
④ 장티푸스균

34 95% 농도의 소독약 200mL가 있다. 이것을 70% 정도로 농도를 낮추어 소독용으로 사용하고자 할 때 얼마의 물을 더 첨가하면 되는가?

① 약 25mL
② 약 50mL
③ 약 70mL
④ 약 140mL

35 다음 중 산화 작용에 의한 소독법에 속하는 것은?

① 알코올
② 오존
③ 자외선
④ 끓는 물

36 화학적 소독제의 조건으로 잘못된 것은?

① 독성 및 안전성이 약할 것
② 살균력이 강할 것
③ 용해성이 높을 것
④ 가격이 저렴할 것

37 염소 소독의 장점으로 볼 수 없는 것은?

① 경제적이다.
② 냄새가 없다.
③ 잔류 효과가 크다.
④ 소독력이 강하다.

38 유리기구 제품을 소독할 때의 방법으로 가장 옳은 것은?

① 60℃ 정도 물에 넣은 후 10분간 끓인다.
② 차고 더운 것에 관계없이 넣고 10분간 끓인다.
③ 찬물에서부터 넣고 가열하여 100℃ 이상에서 10분 이상 끓인다.
④ 끓는 물에 넣고 10분간 끓인다.

39 이·미용업소에서 일반적 상황에서의 수건 소독법으로 가장 적합한 것은?

① 석탄산 소독
② 크레졸 소독
③ 자비 소독
④ 자외선 소독

40 코흐(koch) 멸균기를 사용하는 소독법은?

① 간헐 멸균법
② 자비 소독법
③ 저온 살균법
④ 건열 멸균법

41 피부 색소 침착의 증상이 아닌 것은?

① 기미
② 주근깨
③ 백반증
④ 검버섯

42 내인성 노화가 진행될 때 감소되는 것은?

① 각질층 두께
② 주름
③ 치질
④ 랑게르한스 세포

43 갑상선과 부신의 기능을 활발히 해 주어 피부를 건강하게 하여 모세 혈관의 기능을 정상화시키는 것은?

① 마그네슘
② 요오드
③ 철분
④ 나트륨

44 화장품으로 인한 알레르기가 생겼을 때의 피부 관리 방법 중 맞는 것은?

① 민감한 반응을 보인 화장품의 사용을 중지한다.
② 알레르기가 유발된 후 정상으로 회복될 때까지 두꺼운 화장을 한다.
③ 비누를 사용하여 피부를 소독하듯이 자주 닦아 낸다.
④ 뜨거운 타월로 피부의 알레르기를 진정시킨다.

45 피부에 좋은 영양 성분을 농축해 만든 것으로 소량의 사용만으로도 큰 효과를 볼 수 있는 것은?

① 에센스　　② 로션
③ 팩　　④ 화장수

46 자연 손톱의 큐티클에서 발생하여 퍼져 나오는 손톱 질환으로 일종의 피부 진균증은?

① 손톱 무좀
② 네일 몰드(nail mold)
③ 티눈
④ 네일 그루브(nail groove)

47 피부의 정상적인 피지막의 pH는 어느 정도인가?

① pH 1.5~2.0
② pH 7.0~7.3
③ pH 5.2~5.8
④ pH 8.0~8.3

48 피부 표피의 투명층에 존재하는 반유동성 물질은?

① 엘라이딘(elaidin)
② 콜레스테롤(cholesterol)
③ 단백질(protein)
④ 세라마이드(ceramide)

49 피부의 새로운 세포 형성이 이루어지는 곳은?

① 기저층　　② 유극층
③ 과립층　　④ 투명층

50 단백질의 최종 가수 분해 물질은?

① 지방산　　② 콜레스테롤
③ 아미노산　　④ 카로틴

51 영업소 외의 장소에서 이용 및 미용의 업무를 행할 수 없는 것은?

① 질병으로 영업소에 나올 수 없는 자에 대하여
② 의식에 참여하는 자에 대하여 그 의식 직전에
③ 손님이 간곡히 요청하는 경우
④ 특별한 사정이 있다고 시장·군수·구청장이 인정하는 경우

52 이·미용 영업에 있어 청문을 실시하여야 할 대상이 되는 행정처분 내용은?

① 시설 개수　　② 경고
③ 시정 명령　　④ 영업 정지

53 위생 교육을 실시한 전문기관 또는 단체가 교육에 관한 기록을 보관·관리하여야 하는 기간은 얼마 이상인가?

① 1월　　② 6월
③ 1년　　④ 2년

54 이·미용사의 면허증을 다른 사람에게 대여한 때의 1차 위반 행정처분 기준은?

① 영업 정지 1월　② 영업 정지 2월
③ 면허 정지 3월　④ 면허 취소

55 손님에게 음란 행위를 알선·제공하거나 손님의 요청에 응한 때의 영업소에 대한 1차 위반 행정처분 기준은?

① 영업 정지 1월　② 영업 정지 3월
③ 면허 정지 3월　④ 영업장 폐쇄 명령

56 이·미용업자가 1회용 면도날을 2인 이상의 손님에게 사용한 경우 1차 위반 시의 행정처분은?

① 경고　② 영업 정지 2월
③ 영업장 폐쇄　④ 면허 취소

57 공중위생 영업자의 위생 관리 의무 등을 규정한 법령은?

① 대통령령
② 국무총리령
③ 보건복지부령
④ 노동부령

58 국가 기술 자격법에 의하여 이·미용사 자격이 취소된 때의 행정처분은?

① 면허 취소
② 업무 정지
③ 50만 원 이하의 과태료
④ 경고

59 면허의 정지 명령을 받은 자가 반납한 면허증은 정지 기간 동안 누가 보관하는가?

① 시·도지사
② 시장, 군수, 구청장
③ 보건복지부 장관
④ 관할 경찰서장

60 영업소 폐쇄 명령을 받은 후 몇 개월이 지나야 동일한 장소에서 그 폐쇄 명령을 받은 영업과 같은 영업을 할 수 있는가?

① 3월　② 6월
③ 12월　④ 18월

자격 종목		코 드	출제 문항 수	시험 시간	수험번호	성명
헤어 미용사		7937	60문항	60분		

01 미용 시술에 따른 작업 자세로 적합하지 않은 것은?

① 샴푸 시에는 발을 약 6인치 정도 벌리고 등을 곧게 펴서 바른 자세로 시술한다.
② 헤어 스타일링 작업 시에는 손님의 의자를 작업에 적합한 높이로 조정한 다음 작업을 한다.
③ 화장이나 매니큐어 시술 시에는 미용사가 의자에 바르게 앉아 시술한다.
④ 미용사는 선 자세 또는 앉은 자세 어느 때 일지라도 반드시 허리를 구부려서 시술토록 한다.

02 그러데이션 커트는 몇 도 각도 선에서 슬라이스로 커팅 하는가?

① 사선 20도
② 사선 45도
③ 사선 90도
④ 사선 120도

03 콜드 퍼머넌트 웨이브 시 두발 끝이 자지러지는 원인이 아닌 것은?

① 콜드 웨이브 제1액을 바르고 방치 시간이 길었다.
② 두발 끝을 너무 테이퍼링하였다.
③ 두발 끝을 블런트로 커팅하였다.
④ 너무 가는 로드를 사용하였다.

04 콜드 퍼머넌트 시 제1액을 바르고 비닐 캡을 씌우는 이유가 아닌 것은?

① 체온으로 솔루션의 작용을 빠르게 하기 위하여
② 제2액의 작용이 두발 전체에 골고루 행하여지게 하기 위하여
③ 휘발성 알칼리의 휘산 작용을 방지하기 위하여
④ 두발을 구부러진 형태대로 정착시키기 위하여

05 물이나 비눗물 등을 담은 것으로 손톱을 부드럽게 할 때 사용되는 것은?

① 핑거 볼
② 네일 파일
③ 네일 버퍼
④ 네일 크림

06 우리나라 미용사에서 면약(일종의 안면용 화장품)의 사용과 두발 염색이 최초로 행해졌던 시대는?

① 삼한
② 삼국
③ 고려
④ 조선

07 다음 중 시대적으로 가장 늦게 발표된 미용술은?

① 찰스 네슬러의 퍼머넌트 웨이브
② 스피크먼의 콜드 웨이브
③ 조셉 메이어의 크루크식 퍼머넌트 웨이브
④ 마셀 그라또의 마셀 웨이브

08 헤어 파팅에서 후두부를 정중선으로 나눈 파트는?

① 센터 파트
② 카우릭 파트
③ 센터 백 파트
④ 스퀘어 파트

09 헤어 블리치 시술에 관한 사항 중 틀린 것은?

① 블리치 시술 후 일주일 이상 경과된 뒤에 퍼머 하는 것이 좋다.
② 블리치 시술 후 케라틴 등의 유출로 다공성 모발이 되므로 애프터 케어가 필요하다.
③ 블리치제 조합은 사전에 정확히 배합해 두고 사용 후 남은 블리치제는 공기가 들어가지 않도록 밀폐시켜 사용한다.
④ 블리치제는 직사광선이 들지 않는 서늘하고 건조한 곳에 보관한다.

10 두부의 기준점 중 T.P에 해당되는 것은?

① 센터 포인트
② 탑 포인트
③ 골든 포인트
④ 백 포인트

11 클락 와이즈 와인드 컬을 가장 옳게 설명한 것은?

① 모발이 두피에 대해 오른쪽 방향으로 되어진 컬
② 모발이 두피에 대해 세워진 컬
③ 모발이 두피에 대해 시계 반대 방향으로 되어진 컬
④ 모발이 두피에 대해 평평한 컬

12 미용의 목적과 가장 거리가 먼 것은?

① 심리적 욕구를 만족시켜 준다.
② 인간의 생활 의욕을 높인다.
③ 영리의 추구를 도모한다.
④ 아름다움을 유지시켜 준다.

13 컬 핀닝 시의 주의 사항으로 틀린 것은?

① 두발이 젖은 상태이므로 두발에 핀이나 클립 자국이 나지 않도록 주의한다.
② 루프의 형태가 일그러지지 않도록 주의한다.
③ 고정시키는 도구가 루프의 지름보다 지나치게 큰 것은 사용하지 않는다.
④ 컬을 고정시킬 때는 핀이나 클립을 깊숙이 넣어야만 잘 고정된다.

14 물결상의 극단적으로 많은 웨이브로, 곱슬곱슬하게 된 퍼머넌트의 두발에서 주로 볼 수 있는 것은?

① 섀도 웨이브
② 마셀 웨이브
③ 와이드 웨이브
④ 내로우 웨이브

15 시술자의 조정에 의해 바람을 일으켜 직접 내보내는 블로 타입으로 주로 드라이 세트에 많이 사용되는 것은?

① 핸드 드라이어
② 에어 드라이어
③ 스탠드 드라이어
④ 적외선 램프 드라이어

16 핑거 웨이브의 3요소가 아닌 것은?

① 리지
② 스템
③ 트로프
④ 크레스트

17 컬러링 시술 전 실시하는 패치 테스트에 관한 설명으로 틀린 것은?

① 염색 시술 48시간 전에 실시한다.
② 팔꿈치 안쪽이나 귀 뒤에 실시한다.
③ 테스트 결과 양성 반응일 때 염색 시술을 한다.
④ 염색제의 알레르기 반응 테스트이다.

18 헤어의 디자인 라인에서 다이애그널 포워드는?

① 좌대각으로 좌측에서 보면 우측으로 되어 다운이 되며 우측으로 길어진다.
② 우대각 쪽으로 향하는 좌측이 길어진다.
③ 모발이 앞쪽으로 흐르는 대각선으로 전대각으로 앞선이 길어진다.
④ 얼굴 뒤쪽으로 흐르며 후대각 V라인이다.

19 모발의 성장이 멈추고 전체 모발의 14 ~ 15%를 차지하며 가벼운 물리적 자극에 의해 쉽게 탈모가 되는 단계는?

① 성장기
② 퇴화기
③ 휴지기
④ 모발 주기

20 청록색 눈 화장에 빨간색 입술 화장을 하였더니 청록과 빨간 색상이 원래의 색보다 더욱 뚜렷해 보이고 채도도 더 높게 보이는 현상은?

① 명도 대비   ② 연변 대비
③ 색상 대비   ④ 보색 대비

21 비타민이 결핍되었을 때 발생하는 질병의 연결이 틀린 것은?

① 비타민 B_1 - 각기병
② 비타민 D - 괴혈병
③ 비타민 A - 야맹증
④ 비타민 E - 불임증

22 건열 멸균에 대한 내용 중 틀린 것은?

① 주로 건열 멸균기(dry oven)를 이용한다.
② 160°C에서 1시간 30분 정도 처리한다.
③ 유리 기구, 주사침 등의 처리에 이용된다.
④ 화학적인 살균 방법이다.

23 매개 곤충과 전파하는 전염병의 연결이 틀린 것은?

① 진드기 - 유행성 출혈열
② 모기 - 일본 뇌염
③ 파리 - 사상충
④ 벼룩 - 페스트

24 다음 중 감염형 식중독에 속하는 것은?

① 살모넬라 식중독
② 보툴리우스균 식중독
③ 포도상구균 식중독
④ 웰치균 식중독

25 장티푸스에 대한 설명으로 옳은 것은?

① 식물 매개 전염병이다.
② 우리나라에서는 제2군 법정 전염병이다.
③ 대장 점막에 궤양성 병변을 일으킨다.
④ 일종의 열병으로 경구 침입 전염병이다.

26 전염병 발생 시 일반인이 취하여야 할 사항으로 적절하지 않은 것은?

① 환자를 문병하고 위로한다.
② 예방 접종을 받도록 한다.
③ 주위 환경을 청결히 하고 개인 위생에 힘쓴다.
④ 필요한 경우 환자를 격리한다.

27 다음 중 직업병으로만 구성된 것은?

① 열중증 - 잠수병 - 식중독
② 열중증 - 소음성 난청 - 잠수병
③ 열중증 - 소음성 난청 - 폐결핵
④ 열중증 - 소음성 난청 - 대퇴부 골절

28 체온 조절 기능에 대한 설명으로 옳은 것은?

① 인체는 화학적 조절 기능으로 체내에서 열을 생산한다.
② 피부는 열 발산 기능보다 열 생산 기능이 더 활발하다.
③ 신체는 신진대사만으로 열을 생산한다.
④ 신체와 환경과의 열 교환 현상은 없다.

29 보건 계획이 전개되는 과정으로 옳은 것은?

① 전제 - 예측 - 목표 설정 - 구체적 행동 계획
② 전제 - 평가 - 목표 설정 - 구체적 행동 계획
③ 평가 - 환경 분석 - 목표 설정 - 구체적 행동 계획
④ 환경 분석 - 사정 - 목표 설정 - 구체적 행동 계획

30 다음 보기에서 가족계획에 포함되는 것만 골라 나열한 것은?

> ㄱ. 결혼 연령 제한 ㄴ. 초산 연령 조절
> ㄷ. 인공 임신 중절 ㄹ. 출산 횟수 조절

① ㄱ, ㄴ, ㄷ ② ㄱ, ㄷ
③ ㄴ, ㄹ ④ ㄱ, ㄴ, ㄷ, ㄹ

31 다음 중 물리적 소독법에 속하지 않는 것은?

① 건열 멸균법 ② 고압 증기 멸균법
③ 크레졸 소독법 ④ 자비 소독법

32 일반적인 음용수로서 적합한 잔류 염소(유리 잔류 염소를 말함.)의 기준은?

① 250mg/L 이하 ② 4mg/L 이하
③ 2mg/L 이하 ④ 0.1mg/L 이하

33 소독 약품의 구비 조건이 아닌 것은?

① 살균력이 있을 것
② 부식성이 없을 것
③ 경제적일 것
④ 사용 방법이 어려울 것

34 E.O가스 멸균법이 고압 증기 멸균법에 비해 장점이라 할 수 있는 것은?

① 멸균 후 장기간 보존이 가능하다
② 멸균 시 소요되는 비용이 저렴하다.
③ 멸균 조작이 쉽고 간단하다
④ 멸균 시간이 짧다.

35 다음 소독약 중 가장 독성이 낮은 것은?

① 석탄산 ② 승홍수
③ 에틸알코올 ④ 포르말린

36 석탄산, 알코올, 포르말린 등의 소독제가 가지는 소독의 주된 원리는?

① 균체 원형질 중의 탄수화물 변성
② 균체 원형질 중의 지방질 변성
③ 균체 원형질 중의 단백질 변성
④ 균체 원형질 중의 수분 변성

37 여드름 짜는 기계를 소독하지 않고 사용했을 때 감염 위험이 큰 질병은?

① 후천 면역 결핍증 ② 결핵
③ 장티푸스 ④ 이질

38 미용 현장의 감염 관리를 위한 방법 중 가장 적절한 것은?

① 화장실 세면대에는 고체 비누를 사용하도록 준비한다.
② 사용한 레이저나 가위는 깨끗이 씻고 말려 다른 고객에게 다시 사용한다.
③ 작업장의 환경은 환기와 통풍보다는 냉·온방 시설이 잘 되어야 한다.
④ 화장실에는 펌프로 된 물비누와 일회용 종이 타월을 비치한다.

39 다음 중 올바른 도구 사용법이 아니 것은?

① 시술 도중 바닥에 떨어뜨린 빗을 다시 사용하지 않고 소독한다.
② 더러워진 빗과 브러시는 소독해서 사용해야 한다.
③ 에머리보드는 한 고객에게만 사용한다.
④ 일회용 소모품은 경제성을 고려하여 재사용한다.

40 고압 증기 멸균법을 실시할 때 온도, 압력, 소요 시간으로 가장 알맞은 것은?

① 71℃에 10Lbs 30분간 소독
② 105℃에 15Lbs 30분간 소독
③ 121℃에 15Lbs 20분간 소독
④ 211℃에 10Lbs 10분간 소독

41 외부로부터 충격이 있을 때 완충 작용으로 피부를 보호하는 역할을 하는 것은?

① 피하 지방과 모발
② 한선과 피지선
③ 모공과 모낭
④ 외피 각질층

42 여드름이 많이 났을 때의 관리 방법으로 가장 거리가 먼 것은?

① 유분이 많은 화장품을 사용하지 않는다.
② 클렌징을 철저히 한다.
③ 요오드가 많이 든 음식을 섭취한다.
④ 적당한 운동과 비타민류를 섭취한다.

43 세포 재생이 더 이상 되지 않으며 기름샘과 땀샘이 없는 것은?

① 흉터   ② 티눈
③ 두드러기   ④ 습진

44 눈꺼풀에 색감을 주어 입체감을 살려 눈의 표정을 강조하는 화장품은?

① 아이 라이너   ② 아이 섀도
③ 아이브로 펜슬   ④ 마스카라

45 피부 구조에 있어 물이나 일부의 물질을 통과시키지 못하게 하는 흡수 방어 벽층은 어디에 있는가?

① 투명층과 과립층 사이
② 각질층과 투명층 사이
③ 유극층과 기저층 사이
④ 과립층과 유극층 사이

46 방역용 석탄산 소독에 가장 알맞은 희석 농도는?

① 0.01%   ② 0.03%
③ 3.0%   ④ 1.0%

47 필수아미노산에 속하지 않는 것은?

① 아르기닌   ② 리신
③ 히스티딘   ④ 글리신

48 건강한 손톱의 특징이 아닌 것은?

① 네일 베드에 잘 부착되어 있어야 한다.
② 연한 핑크색이 나며 둥근 모양의 아치형이다.
③ 매끈하게 윤이 흘러야 한다.
④ 단단하고 두꺼우며 딱딱해야 한다.

49 소독제로서의 석탄산에 대한 설명이 틀린 것은?

① 고무 제품, 의류, 가구 등의 소독에 적합하다.
② 단백질 응고 작용으로 살균 기능을 한다.
③ 세균 포자나 바이러스에 효과적이다.
④ 주로 3%의 수용으로 사용한다.

50 풋고추, 당근, 시금치, 달걀노른자에 많이 들어 있는 비타민으로 피부 각화 작용을 정상적으로 유지시켜 주는 것은?

① 비타민 C   ② 비타민 A
③ 비타민 K   ④ 비타민 D

51 공중위생 관리법 시행규칙에 규정된 이·미용 기구의 소독 기준으로 적합한 것은?

① 1cm^2 당 85μW 이상의 자외선을 10분 이상 쐬어 준다.
② 100℃ 이상의 건조한 열에 10분 이상 쐬어 준다.
③ 석탄산수(석탄산 3%, 물 97%)에 10분 이상 담가 둔다.
④ 100℃ 이상의 습한 열에 10분 이상 쐬어 준다.

52 이·미용업의 영업자는 연간 몇 시간의 위생 교육을 받아야 하는가?

① 3시간   ② 8시간
③ 10시간   ④ 12시간

53 신고를 하지 않고 영업소 명칭(상호)을 바꾼 경우에 대한 1차 위반 시의 행정처분 기준은?

① 주의
② 경고 또는 개선 명령
③ 영업 정지 10일
④ 영업 정지 1월

54 이·미용업에 있어 위반 행위의 차수에 따른 행정처분 기준은 최근 어느 기간 동안 같은 위반 행위로 행정처분을 받은 경우에 적용하는가?

① 6월
② 1년
③ 2년
④ 3년

55 이·미용업의 신고에 대한 설명으로 옳은 것은?

① 이·미용사 면허를 받은 사람만 신고가 된다.
② 일반인 누구나 신고할 수 있다.
③ 1년 이상의 이·미용 업무 실무 경력자가 신고할 수 있다.
④ 미용사 자격증을 소지하여야 신고할 수 있다.

56 과태료 처분에 불복이 있는 자는 그 처분을 고지받은 날로부터 며칠 이내에 처분권자에게 이의를 제기할 수 있는가?

① 7일
② 10일
③ 15일
④ 30일

57 공중위생 영업소를 개설하고자 하는 자는 원칙적으로 언제까지 위생 교육을 받아야 하는가?

① 개설하기 전
② 개설 후 3개월
③ 개설 후 6개월 내
④ 개설 후 1년 내

58 다음 중 공중위생 관리법의 궁극적인 목적은?

① 공중위생 영업 종사자의 위생 및 건강 관리
② 공중위생 영업소의 위생 관리
③ 위생 수준을 향상시켜 국민의 건강 증진에 기여
④ 공중위생 영업의 위상 향상

59 영업소 외의 장소에서 업무를 행한 때에 대한 1차 위반 시 행정처분 기준은?

① 200만 원 이하의 벌금
② 300만 원 이하의 벌금
③ 영업 정지 1월
④ 영업 정지 3월

60 공중위생 관리법상 공중위생 영업의 신고를 하고자 하는 경우 반드시 필요한 첨부 서류가 아닌 것은?

① 영업 시설 및 설비 개요서
② 교육필증
③ 이·미용사 자격증
④ 면허증 원본

정답																		모의고사
01	02	03	04	05	06	07	08	09	10	11	12	13	14	15	16	17	18	19	20
④	②	③	④	①	③	②	③	③	②	①	③	④	④	①	②	③	③	③	④
21	22	23	24	25	26	27	28	29	30	31	32	33	34	35	36	37	38	39	40
②	④	③	①	④	①	②	①	①	③	③	②	④	③	③	①	④	④	④	③
41	42	43	44	45	46	47	48	49	50	51	52	53	54	55	56	57	58	59	60
①	③	①	②	①	③	④	④	③	②	③	①	②	②	①	④	①	③	③	③

헤어 미용사 실전 모의고사 (10회)

자격 종목		코 드	출제 문항 수	시험 시간	수험번호	성명
헤어 미용사		**7937**	60문항	60분		

01 삼푸의 효과를 가장 옳게 설명한 것은?

① 모공과 모근의 신경을 자극하여 생리 기능을 강화한다.
② 모발을 청결하게 하며 두피를 자극하여 혈액 순환을 원활하게 한다.
③ 두통을 예방할 수 있다.
④ 모발의 수명을 연장시킨다.

02 전체적인 머리 모양을 종합적으로 관찰하여 수정 보완시켜 완전히 끝맺도록 하는 것은?

① 통칙   ② 제작
③ 보정   ④ 구상

03 원 랭스 커트(one length cut)의 정의로 가장 적합한 것은?

① 두발 길이에 단차가 있는 상태의 커트
② 완성된 두발을 빗으로 빗어 내렸을 때 모든 두발이 하나의 선상으로 떨어지도록 자르는 커트
③ 전체의 머리 길이가 똑같은 커트
④ 머릿결을 맞추지 않아도 되는 커트

04 퍼머넌트 시술 시 비닐 캡의 사용 목적과 가장 거리가 먼 것은?

① 산화 방지
② 온도 유지
③ 제2액의 고정력 강화
④ 제1액의 작용 활성화

05 블런트 커트(blunt cut)의 특징이 아닌 것은?

① 모발 손상이 적다.
② 입체감을 내기 쉽다.
③ 잘린 부분이 명확하다.
④ 커트 형태 선이 가볍고 자연스럽다.

06 매니큐어의 용구가 아닌 것은?

① 오렌지 우드 스틱   ② 푸셔
③ 아크릴릭 브러시   ④ 우드 램프

07 두피 관리를 할 때 헤어 스티머(hair steamer)의 사용 시간으로 가장 적합한 것은?

① 5 ~ 10분   ② 10 ~ 15분
③ 15 ~ 20분   ④ 20 ~ 30분

08 스캘프 트리트먼트의 목적과 가장 관계가 먼 것은?

① 먼지나 비듬 제거
② 혈액 순환을 왕성하게 하여 두피의 생리 기능을 높임.
③ 두피의 지방막을 제거해서 두발을 깨끗하게 해 줌.
④ 두피나 두발에 유분 및 수분을 보급하고 두발에 윤택함을 줌.

09 헤어스타일의 다양한 변화를 위해 사용되는 헤어피스가 아닌 것은?

① 폴(fall)   ② 위글렛(wiglet)
③ 웨프트(waft)   ④ 위그(wig)

10 세정 작용이 있으며 피부 자극이 적어 유아용 샴푸 제에 주로 사용되는 것은?

① 음이온성 계면 활성제
② 양이온성 계면 활성제
③ 양쪽성 계면 활성제
④ 비이온성 계면 활성제

11 컬(curl)의 목적으로 가장 옳은 것은?

① 텐션, 루프(loop), 스템을 만들기 위해
② 웨이브, 볼륨, 플러프를 만들기 위해
③ 슬라이싱, 스퀘어, 베이스(base)를 만들기 위해
④ 세팅, 뱅(bang)을 만들기 위해

12 두발에서 퍼머넌트 웨이브 형성과 직접 관련이 있는 아미노산은?

① 시스틴(cystine)
② 알라닌(alanine)
③ 멜라닌(melanin)
④ 티로신(tyrosin)

13 헤어 컬러링 용어 중 다이 터치업이 뜻하는 것은?

① 자연적인 색채의 염색
② 염색 후 새로 자란 두발에만 하는 염색
③ 탈색된 두발에 대한 염색
④ 처녀모(virgin hair)에 처음 시술하는 염색

14 아이론의 선정 방법으로 적합하지 않은 것은?

① 프롱의 길이와 핸들의 길이가 3 : 2로 된 것
② 프롱과 그루브의 접합 지점 부분이 잘 죄어져 있는 것
③ 단단한 강질의 쇠로 만들어진 것
④ 프롱과 그루브가 수평으로 된 것

15 건강 모발의 pH 범위는?

① pH 4.5 ~ 5.5
② pH 6.5 ~ 7.5
③ pH 8.5 ~ 9.5
④ pH 10 이상

16 삼한 시대의 머리형에 관한 설명으로 틀린 것은?

① 포로나 노비는 머리를 깎았다.
② 수장급은 관모를 썼다.
③ 일반인에게는 상투를 틀게 했다.
④ 계급의 차이 없이 자유롭게 했다.

17 헤어 틴트 시 반드시 패치 테스트를 해야 하는 염모제는?

① 글리세린이 함유된 염모제
② 합성 왁스가 함유된 염모제
③ 과산화수소가 함유된 염모제
④ 파라페닐렌디아민이 함유된 염모제

18 퍼머넌트 웨이브 시술 시 굵은 두발에 대한 와인딩을 옳게 설명한 것은?

① 블로킹을 크게 하고 로드의 직경도 큰 것으로 한다.
② 블로킹을 작게 하고 로드의 직경도 작은 것으로 한다.
③ 블로킹을 크게 하고 로드의 직경은 작은 것으로 한다.
④ 블로킹을 작게 하고 로드의 직경은 큰 것으로 한다.

19 고대 중국의 미용 설명으로 틀린 것은?

① 기원전 2200년경인 하(夏) 시대에 분을, 기원전 1150년경인 은(殷) 주왕 때에는 연지 화장이 사용되었다.
② B.C.246 ~ 210년에 아방궁 3천 명의 미희들에게 백분과 연지를 바르게 하고 눈썹을 그리게 했다.
③ 액황이라고 하여 이마에 발라 약간의 입체감을 주었으며, 홍장이라 하여 백분을 바른 후 다시 연지를 덧발랐다.
④ 두발을 짧게 깎거나 밀어내고 그 위에 일광을 막을 수 있는 대용물로써 가발을 즐겨 썼다.

20 미용술을 행할 때 제일 먼저 해야 하는 것은?

① 전체적인 조화로움을 검토
② 구체적으로 표현하는 과정
③ 작업 계획의 수립과 구상
④ 소재 특징의 관찰 및 분석

21 열에 매우 약하며 조금만 가열하여도 쉽게 파괴되는 비타민은?

① 비타민 A
② 비타민 B₁
③ 비타민 C
④ 비타민 F

22 우리나라 보건 행정의 말단 행정 기관으로 국민 건강 증진 및 전염병 예방 관리 사업 등을 하는 기관은?

① 의원
② 보건소
③ 종합 병원
④ 보건 기관

23 신경 독소가 원인이 되는 세균성 식중독 원인균은?

① 쥐 티프스균
② 황색 포도상구균
③ 돈 콜레라균
④ 보툴리누스균

24 공중 보건학에 대한 설명으로 틀린 것은?

① 지역 사회 전체 주민을 대상으로 한다.
② 목적은 질병 예방, 수명 연장, 신체적·정신적 건강 증진이다.
③ 목적 달성의 접근 방법은 개인이나 일부 전문가의 노력에 달려 있다.
④ 방법에는 환경 위생, 전염병 관리, 개인 위생 등이 있다.

25 다음 중 음용수에서 대장균 검출의 의의로 가장 큰 것은?

① 오염의 지표
② 전염병 발생 예고
③ 음용수의 부패 상태 파악
④ 비병원성

26 절지동물에 의해 매개되는 전염병이 아닌 것은?

① 유행성 일본 뇌염
② 발진티푸스
③ 탄저병
④ 페스트

27 만성 카드뮴(Cd) 중독의 3대 증상이 아닌 것은?

① 단백뇨
② 빈혈
③ 신장 기능 장애
④ 폐기종

28 출생률이 높고 사망률이 낮으며 14세 이하 인구가 65세 이상 인구의 2배를 초과하는 인구 구성은?

① 피라미드형
② 종형
③ 항아리형
④ 별형

29 물체의 불완전 연소 시 많이 발생하며, 혈중 헤모글로빈의 친화성이 산소에 비해 약 300배 정도로 높아 중독 시 신경 이상 증세를 나타내는 성분은?

① 아황산가스
② 일산화탄소
③ 질소
④ 이산화탄소

30 우리나라의 법정 전염병 중 가장 많이 발생하는 전염병으로 대개 1 ~ 5년 간격으로 많이 유행 하는 것은?

① 백일해
② 홍역
③ 유행성 이하선염
④ 폴리오

31 이·미용 업소에서 사용하는 수건의 소독 방법으로 적합하지 않은 것은?

① 건열 소독
② 자비 소독
③ 역성 비누 소독
④ 증기 소독

32 살균력과 침투성은 약하지만 자극이 없고 발포 작용에 의해 구강이나 상처 소독에 주로 사용되는 소독제는?

① 페놀
② 염소
③ 과산화수소
④ 알코올

33 다음 중 물리적 소독법에 해당하는 것은?

① 승홍 소독   ② 크레졸 소독

③ 건열 소독   ④ 석탄산 소독

34 석탄산, 알코올, 포르말린 등의 소독제가 가지는 소독의 주된 원리는?

① 균체 원형질 중의 탄수화물 변성

② 균체 원형질 중의 지방질 변성

③ 균체 원형질 중의 단백질 변성

④ 균체 원형질 중의 수분 변성

35 고압 증기 멸균법에서 20파운드의 압력에서는 몇 분간 처리하는 것이 가장 적절한가?

① 40분   ② 30분

③ 15분   ④ 5분

36 플라스틱, 전자기기, 열에 불안정한 제품들을 소독하기에 가장 효과적인 방법은?

① 열탕 소독   ② 건열 소독

③ 가스 소독   ④ 고압 증기 소독

37 이 · 미용실의 실내 소독법으로 가장 적당한 방법은?

① 석탄산 소독   ② 역성 비누 소독

③ 승홍수 소독   ④ 크레졸 소독

38 포자를 형성하는 세균의 멸균 방법으로 가장 좋은 것은?

① 역성 비누 소독   ② 알코올 소독

③ 일광 소독   ④ 고압 증기 소독

39 화학적 약제를 사용하여 소독 시 소독 약품의 구비 조건으로 옳지 않은 것은?

① 용해성이 낮아야 한다.

② 살균력이 강해야 한다.

③ 부식성, 표백성이 없어야 한다.

④ 경제적이고 사용 방법이 간편해야 한다.

40 지표군이나 화학적 지시계를 이용하여 살균 효과를 판정하는 방법은?

① 살균 효과의 지속적 감시

② 소독 약품의 살균력 평가

③ 균수 측정

④ 멸균 효과의 지속적 감시

41 두발의 색깔을 좌우하는 멜라닌은 다음 중 어느 곳에 가장 많이 함유되어 있는가?

① 모표피   ② 모피질

③ 모수질   ④ 모유두

42 가장 이상적인 피부의 pH 범위에 속하는 것은?

① pH 0.1 ~ 2.5   ② pH 2.5 ~ 4.3

③ pH 5.2 ~ 5.8   ④ pH 6.5 ~ 8.5

43 피부 유두층에 관한 설명 중 틀린 것은?

① 혈관과 신경이 있다.

② 혈관을 통하여 기저층에 많은 영양분을 공급하고 있다.

③ 수분을 다향으로 함유하고 있다.

④ 표피층에 위치하여 모낭 주위에 존재한다.

44 모발의 케라틴 단백질은 pH에 따라 물에 대한 팽윤성이 변한다. 다음 중 가장 낮은 팽윤성을 나타내는 pH는?

① 1 ~ 2   ② 4 ~ 5

③ 7 ~ 9   ④ 10 ~ 12

45 수렴 화장수의 원료에 포함되지 않는 것은?

① 습윤제
② 알코올
③ 물
④ 표백제

46 두피 약화로 인한 탈모의 원인과 가장 거리가 먼 것은?

① 남성 호르몬
② 노화
③ 유전적 질환
④ 비만

47 자외선 차단제에 관한 설명이 틀린 것은?

① 자외선 차단제는 SPF의 지수가 매겨져 있다.
② SPF는 수치가 낮을수록 자외선 차단 지수가 높다.
③ 자외선 차단제의 효과는 피부의 멜라닌 양과 자외선에 대한 민감도에 따라 달라질 수 있다.
④ 자외선 차단 지수는 제품을 사용했을 때 홍반을 일으키는 자외선의 양을, 제품을 사용하지 않았을 때 홍반을 일으키는 자외선의 양으로 나눈 값이다.

48 털의 기질부(모기질)는 표피층 중에서 어느 부분에 해당하는가?

① 각질층
② 과립층
③ 유극층
④ 기저층

49 다음 중 피지선의 노화 현상을 나타내는 것은?

① 피지의 분비가 많아진다.
② 피지 분비가 감소된다.
③ 피부 중화 능력이 상승된다.
④ pH의 산성도가 강해진다.

50 일반적으로 아포크린샘(대한선)이 없는 곳은?

① 유두
② 겨드랑이
③ 배꼽 주변
④ 입술

51 이·미용사는 영업소 외의 장소에서는 이·미용 업무를 할 수 없다. 그러나 특별한 사유가 있는 경우에는 예외가 인정되는데, 다음 중 특별한 사유에 해당하지 않는 것은?

① 질병으로 영업소까지 나올 수 없는 자에 대한 이·미용
② 혼례 기타 의식에 참여하는 자에 대하여 그 위식 직전에 행하는 이·미용
③ 긴급히 국외에 출타하려는 자에 대한 이·미용
④ 시장, 군수, 구청장이 특별한 사정이 있다고 인정하는 경우에 행하는 이·미용

52 이·미용 영업자가 이·미용사 면허증을 영업소 안에 게시하지 않아 당국으로부터 개선 명령을 받았으나 이를 위반한 경우의 법적 조치는?

① 100만 원 이하의 벌금
② 100만 원 이하의 과태료
③ 200만 원 이하의 벌금
④ 300만 원 이하의 과태료

53 과태료 처분에 불복이 있는 자는 그 처분의 고지를 받은 날부터 며칠 이내에 처분권자에게 이의를 제기할 수 있는가?

① 5일
② 10일
③ 15일
④ 30일

54 다음 중 청문을 거치지 않아도 되는 행정처분은?

① 영업장의 개선 명령
② 이·미용사의 면허 취소
③ 공중위생 영업의 정지
④ 영업소 폐쇄 명령

55 이·미용 영업소 폐쇄의 행정처분을 받고도 계속하여 영업을 할 때에는 당해 영업소에 대하여 어떤 조치를 할 수 있는가?

① 폐쇄 행정처분 내용을 다시 통보한다.
② 언제든지 폐쇄 여부를 확인만 한다.
③ 당해 영업소 출입문을 폐쇄하고, 벌금을 부과한다.
④ 당해 영업소가 위법한 영업소임을 알리는 게시물 등을 부착한다.

56 공중위생 관리법에 규정된 벌칙으로 1년 이하의 징역 또는 1천만 원 이하의 벌금에 해당하는 것은?

① 영업 정지 명령을 받고도 그 기간 중에 영업을 행한 자
② 위생 관리 기준을 위반하여 환경 오염 허용 기준을 지키지 아니한 자
③ 공중위생 영업자의 지위를 승계하고도 변경 신고를 아니한 자
④ 건전한 영업 질서를 위반하여 공중위생 영업자가 지켜야 할 사항을 준수하지 아니한 자

57 영업소 출입·검사 관련 공무원이 영업자에게 제시해야 하는 것은?

① 주민등록증
② 위생 검사 통지서
③ 위생 감시 공무원증
④ 위생 검사 기록부

58 다음 ( ) 안의 내용이 순서대로 알맞은 것은?

> 제1조(목적) 이 법은 공중이 이용하는 ( )과 (와) ( )의 위생 관리들에 관한 사항을 규정함으로써 위생 수준을 향상시켜 국민의 건강 증진에 기여함을 목적으로 한다.

① 영업소, 설비
② 영업장, 시설
③ 위생 영업소, 이용 시설
④ 영업, 시설

59 면허가 취소되거나 면허의 정지 명령을 받은 자는 지체 없이 누구에게 면허증을 반납해야 하는가?

① 시·도지사
② 시장, 군수, 구청장
③ 보건복지부 장관
④ 경찰서장

60 음란 행위를 알선 또는 제공하거나 이에 대한 손님의 요청에 응한 경우, 1차 위반 시 영업소에 대한 행정처분 기준은?

① 영업 정지 2월
② 영업 정지 3월
③ 영업 정지 6월
④ 영업장 폐쇄

정답

01	02	03	04	05	06	07	08	09	10	11	12	13	14	15	16	17	18	19	20
②	③	②	③	④	④	②	③	④	③	②	①	②	①	①	④	④	②	④	④
21	22	23	24	25	26	27	28	29	30	31	32	33	34	35	36	37	38	39	40
③	②	④	③	①	③	②	①	②	②	①	③	③	③	③	③	③	④	①	④
41	42	43	44	45	46	47	48	49	50	51	52	53	54	55	56	57	58	59	60
②	③	④	④	④	④	②	④	②	④	③	④	③	①	④	①	③	④	②	②

기출문제 해설

헤어 미용사 필기 기출문제 (2009. 7. 12. 시행)

				수험 번호	성명
자격 종목	코드	출제 문항 수	시험 시간		
헤어 미용사	7937	60문항	60분		

01 핑거 웨이브의 종류 중 큰 움직임을 보는 듯한 웨이브는?

① 스월 웨이브 (swirl wave)
② 스윙 웨이브 (swing wave)
③ 하이 웨이브 (high wave)
④ 덜 웨이브 (dull wave)

• 스윙 웨이브: 큰 움직임을 보는 듯한 웨이브
• 스월 웨이브: 물결이 소용돌이치는 것과 같은 형태의 웨이브
• 하이 웨이브: 리지가 높은 웨이브
• 덜 웨이브: 리지가 뚜렷하지 않고 느슨한 웨이브

02 마셀 웨이브 시 아이론의 온도로 가장 적당한 것은?

① $100 \sim 120°C$
② $120 \sim 140°C$
③ $140 \sim 160°C$
④ $160 \sim 180°C$

마셀 웨이브 시 아이론의 온도는 $120 \sim 140°C$를 일정하게 유지하도록 한다.

03 콜드 웨이브의 제2액에 관한 설명 중 옳은 것은?

① 두발의 구성 물질을 환원시키는 작용을 한다.
② 약액은 티오글리콜산염이다.
③ 형성된 웨이브를 고정시켜 준다.
④ 시스틴의 구조를 변화시켜 거의 갈라지게 한다.

콜드 웨이브의 제1액은 웨이브를 만들고, 제2액은 웨이브를 고정하는 역할을 한다.

04 의조(artificial nail)를 하는 경우로 틀린 것은?

① 손톱이 보기 흉할 때
② 손톱이 다쳤을 때
③ 손톱을 소독할 때
④ 손톱이 떨어져 나갔을 때

05 코의 화장법으로 좋지 않은 방법은?

① 큰 코는 전체가 드러나지 않도록 코 전체를 다른 부분보다 연한 색으로 펴 바른다.
② 낮은 코는 코의 양측 면에 세로로 진한 크림 파우더 또는 다갈색의 아이 섀도를 바르고 코 등에 엷은 색을 바른다.
③ 코끝이 둥근 경우 코끝의 양측 면에 진한 색을 펴 바르고 코끝에는 엷은 색을 바른다.
④ 너무 높은 코는 코 전체에 진한색을 펴 바른 후 양측 면에 엷은 색을 바른다.

큰 코는 다른 부분보다 비교적 진한 색을 코 전체에 펴 바른다.

06 우리나라에서 현대 미용의 시초라고 볼 수 있는 시기는?

① 조선 중엽   ② 1910년 이후
③ 해방 이후   ④ 6·25 이후

우리나라의 현대 미용은 서구의 신문명에 눈을 뜨기 시작한 1910년 이후라고 할 수 있다.
• 1920년대 이종숙 여사(높은머리), 김활란 여사(단발머리)
• 1933년 오엽주 여사(화신 백화점 내 화신 미용실 개설)

Ans
01 ② 02 ② 03 ③ 04 ③ 05 ① 06 ②

07 커트용 가위 선택 시의 유의 사항 중 옳은 것은?

① 일반적으로 협신에서 날 끝으로 갈수록 만곡도가 큰 것이 좋다.
② 양날의 견고함이 동일한 것이 좋다.
③ 일반적으로 도금된 것은 강철의 질이 좋다.
④ 잠금 나사는 느슨한 것이 좋다.

가위의 선택 요령
- 협신: 협신에서 끝부분의 날 끝으로 갈수록 자연스럽게 구부러진 것이 좋다.
- 날의 견고성: 양날의 견고함이 동일한 것이 좋다.
- 날의 두께: 날이 얇고 양다리가 강한 것이 좋다.

08 헤어 커팅 시 두발의 양이 적을 때나 두발 끝을 테이퍼해서 표면을 정돈할 때, 스트랜드의 1/3 이내의 두발 끝을 테이퍼하는 것은?

① 노멀 테이퍼(normal taper)
② 엔드 테이퍼(end taper)
③ 딥 테이퍼(deep taper)
④ 미디엄 테이퍼(medium taper)

- 엔드 테이퍼: 모발(스트랜드) 끝부분에서 1/3 정도 테이퍼링하는 기법(모발 양이 적을 때)
- 노멀 테이퍼: 모발(스트랜드) 끝부분에서 1/2 정도 테이퍼링하는 기법(모발 양이 보통일 때)
- 딥 테이퍼: 모발(스트랜드) 끝부분에서 2/3 정도 테이퍼링하는 기법(모발 양이 많을 때)

09 헤어 세팅에 있어 오리지널 세트의 주요 요소에 해당되지 않는 것은?

① 헤어 웨이빙   ② 헤어 컬링
③ 콤 아웃   ④ 헤어 파팅

오리지널 세트의 주요 요소: 헤어 파팅, 헤어 세이핑, 헤어 컬링, 헤어 웨이빙, 롤러 컬링, 헤어 롤링

10 헤어브러시로서 가장 적합한 것은?

① 부드러운 나일론, 비닐계의 제품
② 탄력 있고 털이 촘촘히 박힌 강모로 된 것
③ 털이 촘촘한 것보다 듬성듬성 박힌 것
④ 부드럽고 매끄러운 연모로 된 것

헤어브러시는 탄력이 있고 털이 촘촘히 박힌 양질의 자연 강모가 좋다.

11 매니큐어(manicure) 시술 시의 주의 사항으로 올바른 것은?

① 손·발톱에 전염성 질환이 있는 경우 깨끗이 세척한 후에 시술한다.
② 큐티클 푸셔(cuticle pusher)를 이용하는 경우 강한 힘으로 하는 것이 좋다.
③ 손톱의 양 가장자리는 되도록 깊게 줄질하는 것이 자라는 손톱 모양에 좋다.
④ 반월 뒤의 매트릭스(matrix)에는 무리한 힘을 주지 않는다.

- 손, 발톱에 전염성 질환이 있는 경우 시술하지 않는다.
- 큐티클 푸셔(cuticle pusher)를 이용하는 경우 강한 힘을 주면 손톱에 손상을 줄 수 있다.
- 손톱의 양 가장자리는 너무 깊지 않게 줄질하는 것이 좋다.

12 헤어 틴트 시 패치 테스트를 반드시 해야 하는 염모제는?

① 글리세린이 함유된 염모제
② 합성 왁스가 함유된 염모제
③ 파라페닐렌디아민이 함유된 염모제
④ 과산화수소가 함유된 염모제

파라페닐렌디아민(PPD): 주로 영구 염모제의 검은색을 내기 위해 널리 사용되며, 접촉성 알레르기를 유발하는 화학 성분를 함유하고 있어 반드시 사전 패치 테스트를 해야 한다.

13 프리커트(pre-cut)에 해당되는 것은?

① 두발의 상태가 커트하기 쉬운 상태를 말한다.
② 퍼머넌트 웨이브 시술 전의 커트를 말한다.
③ 손상모 등을 간단하게 추려 내기 위한 커트를 말한다.
④ 퍼머넌트 웨이브 시술 후의 커트를 말한다.

14 루프가 귓바퀴를 따라 말리고 두피에 90°로 세워져 있는 컬은?

① 리버스 스탠드 업 컬
② 포워드 스탠드 업 컬
③ 스컬프처 컬
④ 플랫 컬

- 포워드 스탠드 업 컬: 컬의 루프가 귓바퀴를 따라 말리고 두피에서 90°로 세워져 있는 컬
- 리버스 스탠드 업 컬: 컬의 루프가 귓바퀴의 반대 방향으로 말리고 두피에서 90°로 세워져 있는 컬
- 스컬프처 컬: 모발 끝이 컬의 중심이 된 컬로, 리지가 높고 트로프가 낮은 웨이브
- 플랫 컬: 루프가 두피에 0°로 평평하고 납작하게 형성된 컬

15 염모제에 대한 설명 중 틀린 것은?

① 제1액의 알칼리제로는 휘발성이라는 점에서 암모니아가 사용된다.
② 염모제 제1액은 제2액 산화제(과산화수소)를 분해하여 발생기 수소를 발생시킨다.
③ 과산화수소는 모발의 색소를 분해하여 탈색한다.
④ 과산화수소는 산화 염료를 산화해서 발색시킨다.

과산화수소가 분해할 때 생기는 산소의 힘에 의해서 멜라닌 색소가 파괴되어 탈색이 이루어지고 산화 염료의 발색이 이루어진다.

16 두피 상태에 따른 스캘프 트리트먼트(scalp treatment)의 시술 방법이 잘못된 것은?

① 지방이 부족한 두피 상태 – 드라이 스캘프 트리트먼트
② 지방이 과잉된 두피 상태 – 오일리 스캘프 트리트먼트
③ 비듬이 많은 두피 상태 – 핫오일 스캘프 트리트먼트
④ 정상 두피 상태 – 플레인 스캘프 트리트먼트

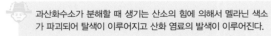
- 비듬이 많은 두피 상태: 댄드러프 트리트먼트
- 건성 두피 상태: 핫오일 스캘프 트리트먼트

17 큐티클 리무버(cuticle remover)의 용도는?

① 손상된 모발의 영양 공급
② 손·발톱의 상조피 제거
③ 손·발톱의 폴리시 제거
④ 지방성 여드름 치료

- 큐티클 리무버: 손·발톱의 상조피 제거액
- 큐티클 푸셔: 큐티클을 밀어 올릴 때 사용
- 큐티클 니퍼: 큐티클을 자를 때 사용
- 네일 파일: 손톱의 단면을 매끈하게 만들어 줄 때 사용

18 화학 약품만의 작용에 의한 콜드 웨이브를 처음으로 성공시킨 사람은?

① 마셀 그라또   ② 죠셉 메이어
③ J.B. 스피크먼   ④ 챨스 네슬러

- 마셀 그라또: 아이론을 사용한 웨이브를 처음 고안
- 죠셉 메이어: 크로키놀식 퍼머넌트 웨이브를 창안
- 챨스 네슬러: 스파이럴식 퍼머넌트 웨이브를 창안

19 조선 시대 사람의 머리카락으로 만든 가채를 얹은 머리형은?

① 큰머리   ② 쪽머리
③ 귀밑머리   ④ 조짐머리

조선 시대 머리형에는 쪽머리, 큰머리, 귀밑머리, 조짐머리, 둘레머리 등이 있었으며, 그중 가채는 큰머리(어여머리)에 사용되었다.

20 다음 설명에 해당되는 손톱은?

> 이상적인 손톱형으로 네일 폴리시를 손톱 전체에 바르거나, 반달형으로 칠한다.

① 뾰족한 손톱   ② 타원형 손톱
③ 장방형 손톱   ④ 원형 손톱

- 뾰족한 손톱: 둥근 느낌으로 바르거나 반월 부분을 남겨서 네일 폴리시를 바르면 짧아 보일 수 있다.
- 장방형 손톱: 손톱 전체에 네일 폴리시를 바르는 것보다 손톱 양 옆과 반월 부분을 남겨서 손톱이 가늘고 길어 보이게 한다.
- 원형 손톱: 손톱의 양 옆을 남겨 좁아 보이는 느낌으로 네일 폴리시를 바른다.

21 전염병 예방법상 제2군에 해당되는 법정 전염병은?

① 황열
② 풍진
③ 세균성 이질
④ 장티푸스

- 제2군 법정 전염병에는 풍진, 디프테리아, 백일해, 파상풍, 홍역, 유행성 이하선염, 폴리오, B형 간염, 일본 뇌염, 수두 등이 있다.
- 공수병은 제3군, 장티푸스와 세균성 이질은 제1군 법정 전염병에 속한다.

22 다음 질병 중 병원체가 바이러스(virus)인 것은?

① 장티푸스
② 쯔쯔가무시병
③ 폴리오
④ 발진열

- 폴리오는 폴리오 바이러스에 의한 감염성 질환으로 소아마비의 병원체이다.
- 장티푸스는 세균, 쯔쯔가무시병과 발진열은 리케차가 병원체이다.

23 인수 공통 전염병에 해당되는 것은?

① 홍역
② 한센병
③ 풍진
④ 공수병

인수 공통 전염병: 광견병(공수병), 일본 뇌염, 뉴캐슬병, 황열, 탄저, 결핵, 살모넬라증, 이질 등

24 현재 우리나라의 근로 기준법상에서 보건상 유해하거나 위험한 사업에 종사하지 못하도록 규정되어 있는 대상은?

① 임신 중인 여자와 18세 미만인 자
② 산후 1년 6개월이 지나지 아니한 여성
③ 여자와 18세 미만인 자
④ 13세 미만인 어린이

사용자는 임신 중이거나 산후 1년이 지나지 아니한 여성과 18세 미만 자를 도덕상 또는 보건상 유해·위험한 사업에 사용하지 못한다(근로 기준법 제65조).

25 감각 온도의 3대 요소에 속하지 않는 것은?

① 기온
② 기습
③ 기압
④ 기류

26 폐흡충증의 제2중간 숙주에 해당되는 것은?

① 잉어
② 다슬기
③ 모래무지
④ 가재

폐흡충증(폐디스토마)
- 제1중간 숙주: 다슬기
- 제2중간 숙주: 게, 가재, 새우 등

27 '도시형', '유입형'이라고도 하며, 생산층 인구가 전체 인구의 50% 이상이 되는 인구 구성의 유형은?

① 별형(star form)
② 항아리형(pot form)
③ 농촌형(guitar form)
④ 종형(bell form)

- 피라미드형: 인구 증가형으로 14세 이하 인구가 65세 이상 인구의 2배를 초과하는 인구 구성형
- 항아리형: 인구 감소형
- 종형: 인구 정지형

28 고도가 상승함에 따라 기온도 상승하여 상부의 기온이 하부의 기온보다 높게 되어 대기가 안정화되고 공기의 수직 확산이 일어나지 않게 되며, 대기 오염이 심화되는 현상은?

① 고기압
② 기온 역전
③ 엘니뇨
④ 열섬

- 고기압: 주위보다 상대적으로 기압이 높은 곳
- 엘니뇨: 적도·동태평양에 나타나는 이상 고수온 현상
- 열섬: 산업화·도시화의 영향으로 도시의 기온이 교외보다 높아지는 현상

29 불량 조명에 의해 발생되는 직업병이 아닌 것은?

① 안정 피로
② 근시
③ 근육통
④ 안구 진탕증

Ans
21 ② 22 ③ 23 ④ 24 ① 25 ③ 26 ④ 27 ① 28 ②
29 ③

30 페스트, 살모넬라증 등을 전염시킬 가능성이 가장 큰 동물은?

① 쥐   ② 말
③ 소   ④ 개

- 쥐: 페스트, 살모넬라, 발진열, 유행성 출혈열
- 말: 탄저
- 소: 결핵, 탄저
- 개: 공수병(광견병)

31 건열 멸균에 관한 내용이 아닌 것은?

① 화학적 살균 방법이다.
② 주로 건열 멸균기(dry oven)를 사용한다.
③ 유리 기구, 주사침 등의 처리에 이용된다.
④ 160°C에서 1시간 30분 정도 처리한다.

자연적 살균 방법에는 건열 멸균법과 습열 멸균법이 있다.

32 태양광선 중 가장 강한 살균 작용을 하는 것은?

① 중적외선   ② 가시광선
③ 원적외선   ④ 자외선

자외선: 태양광선 중 가장 강한 살균 작용을 하며 특히, 253.7nm 에서 가장 강한 살균력을 보인다.

33 미용용품이나 기구 등을 일차적으로 청결하게 세척 하는 것은 다음 중 어디에 해당되는가?

① 희석   ② 방부
③ 정균   ④ 여과

희석: 어떤 물질의 농도를 낮추는 것으로, 살균 효과는 없으며 균 수를 감소하는 데 일차적 효과가 있다.

34 B형 간염 바이러스에 가장 유효한 소독제는?

① 양성 계면 활성제   ② 포름알데히드
③ 과산화수소   ④ 양이온 계면 활성제

35 소독제 중 상처가 있는 피부에 가장 적합하지 않은 것은?

① 승홍수   ② 과산화수소
③ 포비돈   ④ 아크리놀

승홍수: 인체에 자극을 주고 금속을 부식시키는 물질이며, 인체에 축적되어 수은 중독을 일으킬 수 있으므로 피부 접촉에 적합하지 않다.

36 이·미용 업소에서 손님으로부터 나온 객담이 묻은 휴지 등을 소독하는 방법으로 가장 적합한 것은?

① 소각 소독법   ② 자비 소독법
③ 고압 증기 멸균법   ④ 저온 소독법

소각 소독법: 가장 위생적이지만 대기 오염의 원인이 된다. 휴지, 가운, 수건, 환자의 객담(가래) 소독에 적합하다.

37 살균 및 탈취뿐만 아니라 특히 표백 효과가 있어 두 발 탈색제와도 관계가 있는 소독제는?

① 알코올   ② 석탄수
③ 크레졸   ④ 과산화수소

과산화수소: 살균 및 탈취 작용이 있어 화학적 소독제로 쓰이며, 표백의 효과가 있어 염모제(제2액)로도 사용된다.

38 생석회 분말 소독의 가장 적절한 소독 대상물은?

① 전염병 환자실   ② 화장실 분변
③ 채소류   ④ 상처

생석회 분말: 분변, 배설물, 토사물 등의 소독에 적당하다.

Ans
30 ①   31 ①   32 ④   33 ①   34 ②   35 ①   36 ①   37 ④
38 ②

39 운동성을 지닌 세균의 사상 부속 기관은 무엇인가?

① 아포   ② 편모

③ 원형질막   ④ 협막

 편모: 균체의 털로 이루어진 세균의 운동 기관으로 단모균, 양모균, 종모균, 주모균이 있다.

40 손 소독에 가장 적당한 크레졸수의 농도는?

① 1 ~ 2%   ② 0.1 ~ 0.3%

③ 4 ~ 5%   ④ 6 ~ 8%

 크레졸수: 손 소독 시 1 ~ 2%가 적당하며 대소변, 배설물, 토사물 소독 시 3%가 적당하다.

41 강한 자외선에 노출될 때 생길 수 있는 현상과 가장 거리가 먼 것은?

① 아토피 피부염   ② 비타민 D 합성

③ 홍반 반응   ④ 색소 침착

 아토피 피부염: 가려움증을 주된 증상으로 하는 만성적인 염증성 피부 질환으로, 원인은 환경적 요인, 유전적 요인, 면역학적 요인에서 찾고 있다.

42 피부가 느낄 수 있는 감각 중에서 가장 예민한 감각은?

① 통각   ② 냉각

③ 촉각   ④ 압각

 피부의 감각은 '통각 〉 촉각 〉 냉각 〉 압각 〉 온각'의 순서로 분포한다.

43 두발의 영양 공급에서 가장 중요한 영양소로, 가장 많이 공급되어야 할 것은?

① 비타민 A   ② 지방

③ 단백질   ④ 칼슘

 머리털, 손톱, 피부 등 상피 구조의 기본을 형성하는 것은 '케라틴'이라는 단백질이다.

44 천연 보습 인자(NMF)에 속하지 않는 것은?

① 아미노산   ② 암모니아

③ 젖산염   ④ 글리세린

 천연 보습 인자
- 각질의 수분량이 일정하게 유지되고 외부의 환경으로 인한 수분 증발을 막아 주는 역할을 하는 각질층의 수용성 흡습 물질
- 아미노산(40%), 젖산염(12%), 피톨리돈 카복실산(12%), 요소(7%), 암모니아(1.5%) 등으로 구성

45 건강한 손톱 상태의 조건으로 틀린 것은?

① 조상에 강하게 부착되어 있어야 한다.

② 단단하고 탄력이 있어야 한다.

③ 매끄럽게 윤이 흐르고 푸른빛을 띠어야 한다.

④ 수분과 유분이 이상적으로 유지되어야 한다.

 건강한 손톱은 매끄럽게 윤이 흐르고, 붉은 빛을 띠어야 한다.

46 피부 세포가 기저층에서 생성되어 각질층으로 되어 떨어져 나가기까지의 기간을 피부의 1주기(각화 주기)라 한다. 성인에 있어서 건강한 피부인 경우 1주기는 보통 며칠인가?

① 45일   ② 28일

③ 15일   ④ 7일

 성인의 가장 이상적인 각화 주기는 28일이며, 노화가 진행될수록 길어진다.

47 피부가 두터워 보이고 모공이 크며 화장이 쉽게 지워지는 피부 타입은?

① 건성   ② 중성

③ 지성   ④ 민감성

- 건성: 피부 수분량이나 유분량이 적어서 건조함을 느끼는 피부 타입
- 중성: 피부 수분량와 유분량의 밸런스가 적절한 피부 타입
- 민감성: 외부 환경에 민감해서 피부가 쉽게 붉어지고 달아올라 가려움증이 있는 피부 타입

Ans

39 ②   40 ①   41 ①   42 ①   43 ③   44 ④   45 ③   46 ②

47 ③

48 피부에 여드름이 생기는 것은 다음 중 어느 것과 직접 관계되는가?

① 한선구가 막혀서
② 피지에 의해 모공이 막혀서
③ 땀의 발산이 순조롭지 않아서
④ 혈액 순환이 나빠서

 여드름: 피지샘으로부터 많은 피지가 분비되고 이상 각화되어 결과적으로 모공이 막히게 된다.

49 헤모글로빈을 구성하는 매우 중요한 물질로 피부의 혈색과도 밀접한 관계가 있으며 결핍되면 빈혈이 일어나는 영양소는?

① 철분(Fe)   ② 칼슘(Ca)
③ 요오드(I)   ④ 마그네슘(Mg)

 철분: 헤모글로빈을 구성하는 필수 성분으로, 철분이 부족하면 헤모글로빈을 함유하고 있는 적혈구가 충분히 생산되지 않아 빈혈이 발생한다.

50 피부의 변화 중 결절(nodule)에 대한 설명으로 틀린 것은?

① 표피 내부에 직경 1cm 미만의 묽은 액체를 포함한 융기이다.
② 여드름 피부의 4단계에 나타난다.
③ 구진이 서로 엉켜서 큰 형태를 이룬 것이다.
④ 구진과 종양의 중간 염증이다.

 결절: 여드름 피부의 4단계로, 구진이 서로 엉켜 크고 단단하며 기저층 아래 형성된 구진과 종양의 중간 단계 염증이다.

51 영업소 이외의 장소에서 예외적으로 이·미용 영업을 할 수 있도록 규정한 법령은?

① 대통령령   ② 국무총리령
③ 보건복지부령   ④ 시·도 조례

보건복지부령이 정하는 특별한 사유에 의한 예외적인 경우
• 질병이나 그 밖의 사유로 영업소에 나올 수 없는 자에 대하여 이용 또는 미용을 하는 경우
• 혼례나 그 밖의 의식에 참여하는 자에 대하여 그 의식 직전에 이용 또는 미용을 하는 경우
• 사회 복지 시설에서 봉사 활동으로 이용 또는 미용을 하는 경우
• 방송 등의 촬영에 참여하는 사람에 대하여 그 촬영 직전에 이용 또는 미용을 하는 경우
• 특별한 사정이 있다고 시장·군수·구청장이 인정하는 경우

52 이·미용업무의 보조를 할 수 있는 자는?

① 이·미용사의 감독을 받는 자
② 이·미용사 응시자
③ 이·미용학원 수강자
④ 시·도지사가 인정한 자

 이용사 또는 미용사의 면허를 받은 자가 아니면 이용업 또는 미용업을 개설하거나 그 업무에 종사할 수 없다. 다만, 이용사 또는 미용사의 감독을 받아 이용 또는 미용 업무의 보조를 행하는 경우에는 그러하지 아니하다.

53 이·미용업은 어디에 속하는가?

① 위생 접객업   ② 공중위생 영업
③ 위생 관리 용역업   ④ 위생 관련업

 공중위생 영업은 다수인을 대상으로 위생 관리 서비스를 제공하는 영업으로서 숙박업·목욕장업·이용업·미용업·세탁업·위생 관리 용역업을 말한다.

54 이·미용 영업소 안에 면허증 원본을 게시하지 않은 경우 1차 행정처분 기준은?

① 개선 명령 또는 경고
② 영업 정지 5일
③ 영업 정지 10일
④ 영업 정지 15일

행정처분 기준
• 1차 위반 – 경고 또는 개선 명령
• 2차 위반 – 영업 정지 5일
• 3차 위반 – 영업 정지 10일
• 4차 위반 – 영업장 폐쇄 명령

Ans
48 ② 49 ① 50 ① 51 ③ 52 ① 53 ② 54 ①

55 이용사 또는 미용사의 면허를 받을 수 없는 자는?

① 전문대학 또는 이와 동등 이상의 학력이 있다고 교육부 장관이 인정하는 학교에서 이용 또는 미용에 관한 학과를 졸업한 자
② 고등학교 또는 이와 동등의 학력이 있다고 교육부 장관이 인정하는 학교에서 이용 또는 미용에 관한 학과를 졸업한 자
③ 교육부 장관이 인정하는 고등 기술 학교에서 6월 이상 이용 또는 미용에 관한 소정의 과정을 이수한자
④ 국가 기술 자격법에 의한 이용사 또는 미용사(일반, 피부)의 자격을 취득한 자

 교육부 장관이 인정하는 고등 기술 학교에서 1년 이상 이용 또는 미용에 관한 소정의 과정을 이수한 자

56 위생 교육에 대한 설명으로 틀린 것은?

① 위생 교육 시간은 년 4시간으로 한다.
② 공중위생 영업자는 매년 위생 교육을 받아야 한다.
③ 위생 교육에 관한 기록을 1년 이상 보관·관리하여야 한다.
④ 위생 교육을 받지 아니한 자는 200만 원 이하의 과태료에 처한다.

 위생 교육 실시 단체의 장은 위생 교육을 수료한 자에게 수료증을 교부하고, 교육 실시 결과를 교육 후 1개월 이내에 시장·군수·구청장에게 통보하여야 하며, 수료증 교부 대장 등 교육에 관한 기록을 2년 이상 보관·관리하여야 한다.

57 이·미용사 면허가 일정 기간 정지되거나 취소되는 경우는?

① 영업하지 아니한 때
② 해외에 장기 체류 중일 때
③ 다른 사람에게 대여해 주었을 때
④ 교육을 받지 아니한 때

면허증을 다른 사람에게 대여한 때의 행정처분 기준
• 1차 위반 – 면허 정지 3개월
• 2차 위반 – 면허 정지 6개월
• 3차 위반 – 면허 취소

58 이·미용 업소 안에 출입, 검사 등의 기록부를 비치하지 아니한 때의 1차 위반 행정처분 기준은?

① 경고　　　　　② 영업 정지 5일
③ 영업 정지 10일　　　④ 영업 정지 15일

 행정처분 기준
• 1차 위반 – 경고
• 2차 위반 – 영업 정지 5일
• 3차 위반 – 영업 정지 10일
• 4차 위반 – 영업장 폐쇄 명령

59 위생 지도 및 개선을 명할 수 있는 대상에 해당하지 않은 것은?

① 공중위생 영업의 종류별 시설 및 설비 기준을 위반한 공중위생 영업자
② 위생 관리 의무 등을 위반한 공중위생 영업자
③ 공중위생 영업의 승계 규정을 위반한 자
④ 위생 관리 의무를 위반한 공중위생 시설의 소유자

 공중위생 영업자의 지위를 승계한 자는 1월 이내에 보건복지부령이 정하는 바에 따라 시장·군수 또는 구청장에게 신고하여야 하며, 위반 시 6월 이하의 징역 또는 500만 원 이하의 벌금에 처한다.

60 1회용 면도날을 2인 이상의 손님에게 사용한 때에 대한 1차 위반 시 행정처분 기준은?

① 시정 명령　　　　② 경고
③ 영업 정지 5일　　　④ 영업 정지 10일

 행정처분 기준
• 1차 위반 – 경고
• 2차 위반 – 영업 정지 5일
• 3차 위반 – 영업 정지 10일
• 4차 위반 – 영업장 폐쇄 명령

Ans
55 ③　56 ③　57 ③　58 ①　59 ③　60 ②

헤어 미용사 필기 기출문제 (2009. 9. 27. 시행)

자격 종목	코드	출제 문항 수	시험 시간	수험 번호	성명
헤어 미용사	7937	60문항	60분		

01 컬이 오래 지속되며 움직임을 가장 적게 해 주는 것은?

① 논 스템(non stem)
② 하프 스템(half stem)
③ 풀 스템(full stem)
④ 컬 스템(curl stem)

- 하프 스템: 반 정도의 스템에 의해 서클이 베이스에서부터 어느 정도 움직임을 유지한다.
- 풀 스템: 컬의 형태와 방향만을 부여하며 움직임이 가장 크다.
- 컬 스템: 베이스에서 피봇 포인트까지의 지점이다.

02 두발의 볼륨을 주지 않기 위한 컬 기법은?

① 스탠드 업 컬(stand up curl)
② 플랫 컬(flat curl)
③ 리프트 컬(lift curl)
④ 논 스템 롤러 컬(non stem roller curl)

- 스탠드 업 컬: 컬의 루프가 두피에 대해 90도 각도로 선 컬
- 리프트 컬: 루프가 두피에 45도 각도로 세워진 컬
- 논 스템 롤러 컬: 두발을 스트랜드 베이스에 대해 전방 45도 각도로 만 컬

03 1940년대에 유행했던 스타일로, 네이프선까지 가지런히 정돈하여 묶어 청순한 이미지를 부각시킨 스타일이자 에바 페론의 헤어스타일로 유명한 업 스타일은?

① 링고 스타일
② 시뇽 스타일
③ 킨키 스타일
④ 퐁파두르 스타일

04 언더 프로세싱(under processing)된 모발의 그림은?

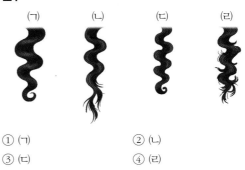

(ㄱ) (ㄴ) (ㄷ) (ㄹ)

① (ㄱ)
② (ㄴ)
③ (ㄷ)
④ (ㄹ)

- (ㄱ) 적당히 프로세싱된 경우: 웨이브의 형성이 잘 이루어진다.
- (ㄴ) 언더 프로세싱된 경우: 웨이브가 거의 나오지 않거나 전혀 되지 않는다.
- (ㄷ) 오버 프로세싱된 경우: 젖었을 때 지나치게 꼬불거리고, 건조되면 웨이브가 부스러진다.
- (ㄹ) 오버 프로세싱된 경우(두발 끝 다공성인 경우): 두발 끝이 자지러진다.

05 스캘프 트리트먼트의 목적이 아닌 것은?

① 원형 탈모증 치료
② 두피 및 모발을 건강하고 아름답게 유지
③ 혈액 순환 촉진
④ 비듬 방지

원형 탈모증: 일종의 자가 면역 질환으로, 스캘프 트리트먼트의 목적으로 볼 수 없다.

06 콜드 퍼머넌트 웨이브 시 두발 끝이 자지러지는 원인이 아닌 것은?

① 콜드 웨이브 제1액을 바르고 방치 시간이 길었다.
② 사전 커트 시 두발 끝을 너무 테이퍼링하였다.
③ 두발 끝을 블런트 커팅하였다.
④ 너무 가는 로드를 사용하였다.

 블런트 커팅: 직선으로 커트하는 방법으로 클럽 커트라고도 한다.

07 염색한 두발에 가장 적합한 샴푸제는?

① 댄드러프 샴푸제
② 논스트리핑 샴푸제
③ 프로테인 샴푸제
④ 약용 샴푸제

 • 논스트리핑 샴푸제: 염색하거나 탈색한 모발에 적합한 샴푸제
• 댄드러프 샴푸제: 두피와 모발에 생긴 비듬을 제거하는 데 적합한 샴푸제
• 프로테인 샴푸제: 모발에 영양과 수분을 공급해 주는 트리트먼트 샴푸제
• 약용 샴푸제: 두피 보호와 문제성 모발을 치료할 수 있는 약품 성분이 포함된 샴푸제

08 원 랭스 커트(one length cut)에 속하지 않는 것은?

① 레이어 커트
② 이사도라 커트
③ 패러럴 보브 커트
④ 스파니엘 커트

 레이어 커트: 직선으로 커트하는 블런트 커트에 속한다.

09 다음과 같이 와인딩했을 때 웨이브의 형상은?

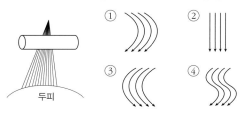

10 플러프 뱅(fluff bang)에 관한 설명으로 옳은 것은?

① 포워드 롤을 뱅에 적용시킨 것이다.
② 컬이 부드럽고 아무런 꾸밈도 없는 듯이 보이도록 볼륨을 주는 것이다.
③ 가르마 가까이에 작게 낸 뱅이다.
④ 뱅으로 하는 부분의 두발을 업콤하여 두발 끝을 플러프해서 내린 것이다.

 ① 포워드 뱅
③ 프린지 뱅
④ 프렌치 뱅

11 콜드 퍼머넌트 웨이브(cold permanent wave) 시 제 1액의 주성분은?

① 과산화수소
② 취소산나트륨
③ 티오글리콜산
④ 과붕산나트륨

 제1액은 티오글리콜산을 주성분으로 프로세싱 솔루션이라고 하며, 웨이브를 만든다.

12 손톱의 길이를 조정할 때 사용하는 손톱 줄은?

① 네일 브러시
② 오렌지 우드 스틱
③ 에머리보드
④ 큐티클 푸셔

 • 네일 브러시: 손톱 끝이나 손톱 주위 이물질을 제거할 때 사용
• 오렌지 우드 스틱: 네일 폴리시를 닦거나 큐티클을 정리할 때 사용
• 큐티클 푸셔: 큐티클을 밀어 올릴 때 사용

13 큐티클 리무버(cuticle remover)에 대한 설명으로 옳지 않은 것은?

① 손톱 주변 굳은살이 아주 딱딱한 사람에게 사용하면 좋다.
② 오일보다 농도가 짙어 손톱 주변 굳은살을 부드럽게 하는 데 도움이 된다.
③ 매니큐어링이 끝난 후에 한 번 더 발라 주면 효과적이다.
④ 아몬드 오일, 아보카도 오일, 호호바 오일을 사용한다.

 탑 코트: 매니큐어링이 끝난 후에 한 번 더 발라 코팅 효과를 내고, 광택이 나게 하는 것

14 레이저(razor)에 대한 설명 중 가장 거리가 먼 것은?

① 셰이핑 레이저를 사용하여 커팅하면 안정적이다.

② 초보자는 오디너리 레이저를 사용하는 것이 좋다.

③ 솜털 등을 깎을 때는 외곡선상의 날이 좋다.

④ 녹이 슬지 않게 관리를 한다.

> 오디너리 레이저: 세밀한 작업이 용이하나 지나치게 자를 우려가 있어 초보자에게는 부적합하며, 초보자에게는 셰이핑 레이저가 적합하다.

15 올바른 미용인으로서의 인간 관계와 전문가적인 태도에 관한 내용으로 가장 거리가 먼 것은?

① 예의 바르고 친절한 서비스를 모든 고객에게 제공한다.

② 고객의 기분에 주의를 기울여야 한다.

③ 효과적인 의사소통 방법을 익혀 두어야 한다.

④ 대화의 주제는 종교나 정치 같은 논쟁의 대상이 되거나 개인적인 문제에 관련된 것이 좋다.

> 대화의 주제로는 논쟁의 대상이 될 수 있는 종교, 정치 및 개인적인 문제와 관련된 내용은 피하는 것이 좋다.

16 이마의 상부와 턱의 하부를 진하게 표현하고 관자놀이에서 눈 꼬리와 귀밑으로 이어지는 부분을 특히 밝게 표현하며 눈썹은 "ー"자(ー字)로 그리되 살짝 빗겨 올라가도록 그리는 화장법에 속하는 얼굴형은?

① 장방형 얼굴　　　② 삼각형 얼굴

③ 사각형 얼굴　　　④ 마름모형 얼굴

> • 삼각형 얼굴: 이마는 넓어 보이도록 밝게, 눈썹은 크게, 턱의 뼈를 감추기 위해서 사이드 선으로 턱을 커버한다.
> • 사각형 얼굴: 전체적으로 어두운 색, 턱 언저리는 더욱 어두운 색조를 사용, 눈썹은 강하지 않은 활 느낌의 둥근 모양으로 연출한다.
> • 마름모형 얼굴: 진한 볼연지로 광대뼈와 턱 부분을 커버하고, 눈이 커 보이게 화장하며, 눈썹은 약간 올라간 듯 그린다.

17 저항성 두발을 염색하기 전에 행하는 기술에 대한 내용 중 틀린 것은?

① 염모제 침투를 돕기 위해 사전에 두발을 연화시킨다.

② 과산화수소 30ml, 암모니아수 0.5ml 정도를 혼합한 연화제를 사용한다.

③ 사전 연화 기술을 프리-소프트닝(Pre-Softening)이라고 한다.

④ 50～60분 방치 후 드라이로 건조시킨다.

> **적정 염색 시간**
> • 정상모: 20～30분
> • 손상모: 15～20분
> • 발수성모: 35～40분

18 메이크업(make-up)을 할 때 얼굴에 입체감을 주기 위해 사용되는 브러시는?

① 아이브로 브러시　　② 네일 브러시

③ 립 라인 브러시　　　④ 섀도 브러시

> 아이브로 브러시는 눈썹을 연출할 때 사용하고, 립 라인 브러시는 입술 라인을 연출할 때 사용하고, 네일 브러시는 손톱을 청결하게 세척할 때 사용한다.

19 1905년 찰스 네슬러가 어느 나라에서 퍼머넌트 웨이브를 발표했는가?

① 독일　　　　　　② 영국

③ 미국　　　　　　④ 프랑스

20 중국 현종(서기 713～755년) 때의 십미도(十眉圖)에 대한 설명이 옳은 것은?

① 열 명의 아름다운 여인

② 열 가지의 아름다운 산수화

③ 열 가지의 화장 방법

④ 열 종류의 눈썹 모양

> 십미도(十眉圖)는 열 개의 아름다운 눈썹 화장에 대한 그림이다.

Ans.

14 ②　15 ④　16 ①　17 ④　18 ④　19 ②　20 ④

21 자연독에 의한 식중독 원인 물질과 서로 관계없는 것으로 연결된 것은?

① 테트로도톡신(tetrodotoxin) - 복어
② 솔라닌(solanine) - 감자
③ 무스카린(muscarine) - 버섯
④ 에르고톡신(ergotoxin) - 조개

 에르고톡신: 맥각(보리, 밀 등), 조개는 베네루핀이 원인 물질이다.

22 지구의 온난화 현상(global warming)의 주원인이 되는 가스는?

① CO_2
② CO
③ Ne
④ NO

 지구 온난화는 지구 표면의 평균 온도가 상승하는 현상으로, 이산화탄소(CO_2)가 주요 원인으로 꼽힌다.

23 폐흡충증(폐디스토마)의 제1중간 숙주는?

① 다슬기
② 왜우렁
③ 게
④ 가재

 폐흡충증(폐디스토마)의 제1중간 숙주는 다슬기, 제2중간 숙주는 게, 가재이다.

24 다음 영아 사망률 계산식에서 (A)에 알맞은 것은?

$$영아\ 사망률 = \frac{(A)}{연간\ 출생아\ 수} \times 100$$

① 연간 생후 28일까지의 사망자 수
② 연간 생후 1년 미만 사망자 수
③ 연간 1 ~ 4세 사망자 수
④ 연간 임신 28주 이후 사산 + 출생 1주 이내 사망자 수

25 감각 온도의 3요소가 아닌 것은?

① 기온
② 기습
③ 기압
④ 기류

감각 온도(effective temperature): '유효 온도'라고도 하며 기온(온도), 기습(습도), 기류(공기의 흐름)로 구성된다.

26 전염병 관리에 가장 어려움이 있는 사람은?

① 회복기 보균자
② 잠복기 보균자
③ 건강 보균자
④ 병후 보균자

건강 보균자: 병원체가 침입하였으나 외관상으로 임상적 증상이 나타나지 않으면서 병원체를 배출하는 보균자이다. 전염병 관리가 가장 어렵다.

27 전염병 예방법상 제2군 감염병인 것은?

① 장티푸스
② 말라리아
③ 유행성 이하선염
④ 세균성 이질

 • 장티푸스, 세균성 이질 – 제1군 감염병
• 말라리아 – 제3군 감염병

28 가족계획과 뜻이 가장 가까운 것은?

① 불임 시술
② 임신 중절
③ 수태 제한
④ 계획 출산

계획 출산: 출산의 시기와 간격을 적극적으로 조절하여 자녀의 수를 조절하는 것으로, 가족계획이라고도 한다.

29 진동이 심한 작업장 근무자에게 다발하는 질환으로 청색증과 동통, 저림 증세를 보이는 질병은?

① 레이노드씨병　　　② 진폐증
③ 열경련　　　　　　④ 잠함병

- 진폐증: 분진 흡입에 의한 질병
- 열경련: 고온 작업 환경으로 인한 질병
- 잠함병: 잠수부나 공군 비행사 등의 급격한 감압에 의한 질병

30 인구 구성의 기본형 중 생산 연령 인구가 많이 유입되는 도시 지역의 인구 구성을 나타내는 것은?

① 피라미드형　　　　② 별형
③ 항아리형　　　　　④ 종형

- 피라미드형: 인구 증가형
- 항아리형: 인구 감소형
- 종형: 인구 정지형

31 이·미용실에서 사용하는 쓰레기통의 소독으로 적절한 약제는?

① 포르말린 수　　　② 에탄올
③ 생석회　　　　　④ 역성 비누액

생석회: 쓰레기통, 화장실 분변, 하수도 등의 소독에 적합하다.

32 실험기기, 의료용기, 오물 등의 소독에 사용되는 석탄산수의 적정한 농도는?

① 석탄산 0.1% 수용액
② 석탄산 1% 수용액
③ 석탄산 3% 수용액
④ 석탄산 50% 수용액

석탄산: 피부의 점막에 자극을 주고, 금속 부식성이 있으므로 3～5%의 수용액으로 실험기기, 의료용기, 오물 등의 소독에 사용한다.

33 세균의 포자를 사멸시킬 수 있는 소독제는?

① 포르말린
② 알코올
③ 음이온 계면 활성제
④ 치아염소산소다

포르말린: 포름알데히드 37% 수용액이며, 강한 살균력으로 아포에 대한 강한 살균 효과가 있어 포자를 사멸시킨다.

34 상처가 있는 피부에 적합하지 않은 소독제는?

① 승홍수　　　　　② 과산화 수소수
③ 포비돈　　　　　④ 아크리놀

승홍수: 인체에 자극을 주고 금속을 부식시키는 무색무취의 독성이 강한 물질로, 인체에 축적되면 수은 중독을 일으킬 수 있으므로 피부 접촉에 적합하지 않다.

35 양이온 계면 활성제의 장점이 아닌 것은?

① 물에 잘 녹는다.
② 색과 냄새가 거의 없다.
③ 결핵균에 효력이 있다.
④ 인체에 독성이 적다.

양이온 계면 활성제: 양성 비누나 역성 비누라고도 하며, 살균·소독 작용이 우수한 무미·무취 용액으로 식품 소독이나 피부 소독 등에 널리 쓰이지만, 결핵균에 효과가 있지는 않다.

36 금속 기구를 자비 소독할 때 탄산나트륨($NaCO_3$)을 넣으면 살균력도 강해지고 녹이 슬지 않는다. 이때의 가장 적정한 농도는?

① 0.1～0.5%　　　② 1～2%
③ 5～10%　　　　④ 10～15%

37 일광 소독은 주로 무엇을 이용한 것인가?

① 열선　　　　　② 적외선
③ 가시광선　　　④ 자외선

 자외선: 태양광선 중 가장 강한 살균 작용을 하며 특히, 253.7nm에서 가장 강한 살균력을 보인다.

38 섭씨 100 ~ 135℃ 고온의 수증기를 미생물, 아포 등과 접촉시켜 가열 살균하는 방법은?

① 간헐 멸균법　　　② 건열 멸균법
③ 고압 증기 멸균법　④ 자비 소독법

- 간헐 멸균법: 습열 멸균법의 하나로 100℃ 증기에서 30 ~ 60분 가열
- 건열 멸균법: 170℃에서 1 ~ 2시간 처리
- 자비 소독법: 습열 멸균법의 하나로 100℃ 이상에서 15 ~ 20분간 처리

39 소독약의 사용과 보존상의 주의 사항으로 틀린 것은?

① 모든 소독약은 미리 제조해 둔 뒤에 필요한 양 만큼 두고두고 사용한다.
② 약품은 냉암 장소에 보관하고, 라벨이 오염되지 않도록 한다.
③ 소독 물체에 따라 적당한 소독약이나 소독 방법을 선정한다.
④ 병원 미생물의 종류, 저항성 및 멸균·소독의 목적에 의해서 그 방법과 시간을 고려한다.

 소독 약품의 변질 우려가 있으므로, 필요할 때마다 적당량을 제조하여 사용하는 것이 좋다.

40 객담이 묻은 휴지의 소독 방법으로 가장 알맞은 것은?

① 고압 멸균법　　② 소각 소독법
③ 자비 소독법　　④ 저온 소독법

소각 소독법이 가장 위생적이지만 대기 오염의 원인이 된다. 휴지, 가운, 수건, 환자의 객담(가래) 소독에 적합하다.

41 광물성 오일에 속하는 것은?

① 올리브유　　　② 스쿠알렌
③ 실리콘 오일　　④ 바셀린

 바셀린: '미네랄 오일'이라고도 하며, 원유 증류 후 고체 파라핀을 제거한 후 얻는 무미·무취의 광물성 오일이다.

42 사마귀(wart, verruca)의 원인은?

① 바이러스　　　② 진균
③ 내분비 이상　　④ 당뇨병

 사마귀: 피부 또는 점막에 인유두종 바이러스의 감염이 발생하여 표피의 과다한 증식이 초래되는 질환

43 표피에서 자외선에 의해 합성되며, 칼슘과 인의 대사를 도와주고, 발육을 촉진시키는 비타민은?

① 비타민 A　　　② 비타민 C
③ 비타민 E　　　④ 비타민 D

- 비타민 A: 시력 보호, 세포 재생 촉진 기능
- 비타민 C: 항산화제, 면역력 강화, 콜라겐 합성
- 비타민 E: 항산화제, 동맥 경화 예방

44 한선의 활동을 증가시키는 요인으로 가장 거리가 먼 것은?

① 열
② 운동
③ 내분비선의 자극
④ 정신적 흥분

 한선은 땀을 만들어 분비하는 외분비샘으로, 활동을 증가시키는 요인에는 온열성, 정신성, 미각성 요인 등이 있다.

Ans
37 ④　38 ③　39 ①　40 ②　41 ④　42 ①　43 ④　44 ③

45 다음 중 표피와 무관한 것은?

① 각질층　　　　② 유두층
③ 무핵층　　　　④ 기저층

- 표피는 크게 무핵층(각질층, 투명층, 과립층)과 유핵층(유극층, 기저층)으로 구분된다.
- 유두층은 표피와 진피를 연결하는 층으로 망상층과 함께 진피를 구성한다.

46 일상생활에서 여드름 치료 시 주의하여야 할 사항에 해당하지 않는 것은?

① 과로를 피한다.
② 배변이 잘 이루어지도록 한다.
③ 식사 시 버터, 치즈 등을 가급적 많이 먹도록 한다.
④ 적당한 일광을 쪼일 수 없는 경우 자외선을 가볍게 조사받도록 한다.

여드름에 나쁜 음식: 당분·지방이 많은 음식, 커피 등 자극적인 음식, 동물성 지방 음식, 인스턴트 음식, 술·담배 등

47 직경 1～2mm의 둥근 백색 구진으로 안면(특히 눈 하부)에 호발하는 것은?

① 비립종　　　　② 피지선 모반
③ 한관종　　　　④ 표피 낭종

- 비립종(좁쌀종): 눈 주위 등 피부의 얇은 부위에 위치한, 1mm 내외의 크기가 작은 흰색 혹은 노란색 구진으로 각질이 차 있다.
- 한관종: 피부에 생기는 지름 2～3mm의 노란색 또는 살색 작은 혹 모양의 양성 종양으로 눈 밑 물사마귀라고도 한다.

48 피지선에 대한 설명으로 틀린 것은?

① 피지를 분비하는 선으로 진피층에 위치한다.
② 피지선은 손바닥에는 전혀 없다.
③ 피지의 1일 분비량은 10～20g 정도이다.
④ 피지선의 많은 부위는 코 주위이다.

피지의 1일 분비량은 1～2g 정도이다.

49 노화 피부에 대한 전형적인 증세는?

① 지방이 과다 분비하여 번들거린다.
② 항상 촉촉하고 매끈하다.
③ 수분이 80% 이상이다.
④ 유분과 수분이 부족하다.

50 여러 가지 꽃 향이 혼합된 세련되고 로맨틱한 향으로 아름다운 꽃다발을 안고 있는 듯, 화려하면서도 우아한 느낌을 주는 향수의 타입은?

① 싱글 플로럴(single floral)
② 플로럴 부케(floral bouquet)
③ 우디(woody)
④ 오리엔탈(oriental)

51 1회용 면도날을 2인 이상의 손님에게 사용한 때에 대한 1차 위반 시 행정처분 기준은?

① 시정 명령　　　　② 경고
③ 영업 정지 5일　　④ 영업 정지 10일

행정처분 기준
- 1차 위반 – 경고
- 2차 위반 – 영업 정지 5일
- 3차 위반 – 영업 정지 10일
- 4차 위반 – 영업장 폐쇄 명령

52 공중위생 영업소의 위생 서비스 수준 평가는 몇 년마다 실시하는가?(단 특별한 경우는 제외함.)

① 1년　　　　② 2년
③ 3년　　　　④ 5년

공중위생 영업소의 위생 서비스 수준 평가는 2년마다 실시한다.

Ans
45 ②　46 ③　47 ①　48 ③　49 ④　50 ②　51 ②　52 ②

53 공중위생 관리법상 위생 교육을 받지 아니한 때 부과되는 과태료의 기준은?

① 30만 원 이하   ② 50만 원 이하
③ 100만 원 이하   ④ 200만 원 이하

> **위생 교육**
> • 공중위생 영업자는 매년 위생 교육을 받으며, 교육 시간은 3시간이다.
> • 위생 교육 관련 서류는 2년 이상 보관·관리하여야 한다.
> • 위생 교육을 실시하는 단체는 보건복지부 장관이 고시한다.
> • 위생 교육을 받지 아니한 자는 200만 원 이하의 과태료에 처한다.

54 이·미용사 면허를 받지 아니한 자가 이·미용 업무에 종사하였을 때 이에 대한 벌칙 기준은?

① 3년 이하의 징역 또는 1천만 원 이하의 벌금
② 1년 이하의 징역 또는 1천만 원 이하의 벌금
③ 300만 원 이하의 벌금
④ 200만 원 이하의 벌금

> **300만 원 이하의 벌금**
> • 규정에 위반하여 위생 관리 기준 또는 오염 허용 기준을 지키지 아니한 자로서 개선 명령에 따르지 아니한 자
> • 이·미용 면허를 받지 아니한 자 또는 면허 정지 기간 중에 업무를 행한 자, 규정에 위반하여 이용 또는 미용의 업무를 행한 자

55 이·미용업자에 대한 과태료 처분 시 처분에 불복이 있는 자는 그 처분을 고지받은 날로부터 며칠 이내에 처분권자에게 이의를 제기할 수 있는가?

① 7일   ② 15일
③ 20일   ④ 30일

> 과태료 처분에 불복이 있는 자는 그 처분의 고지를 받은 날부터 30일 이내에 처분권자에게 이의를 제기할 수 있다.

56 공중위생 감시원의 직무 사항이 아닌 것은?

① 시설 및 설비의 확인에 관한 사항
② 영업자의 준수 사항 이행 여부에 관한 사항
③ 위생 지도 및 개선 명령 이행 여부에 관한 사항
④ 세금 납부의 적정 여부에 관한 사항

57 이·미용 영업소 안에 면허증 원본을 게시하지 않은 경우 1차 행정처분 기준은?

① 개선 명령 또는 경고
② 영업 정지 5일
③ 영업 정지 10일
④ 영업 정지 15일

> **행정처분 기준**
> • 1차 위반 – 경고 또는 개선 명령
> • 2차 위반 – 영업 정지 5일
> • 3차 위반 – 영업 정지 10일
> • 4차 위반 – 영업장 폐쇄 명령

58 이용업 또는 미용업의 영업장 실내 조명 기준은?

① 30lx 이상   ② 50lx 이상
③ 75lx 이상   ④ 120lx 이상

59 위법 사항에 대하여 청문을 시행할 수 없는 기관장은?

① 경찰서장   ② 구청장
③ 군수   ④ 시장

> 시장·군수·구청장은 이용사 및 미용사의 면허 취소·면허 정지, 공중위생 영업의 정지, 일부 시설의 사용 중지 및 영업소 폐쇄 명령 등의 처분을 하고자 하는 때에는 청문을 실시하여야 한다.

60 이·미용사 면허증의 재교부 사유가 아닌 것은?

① 성명 또는 주민등록번호 등 면허증의 기재 사항에 변경이 있을 때
② 영업 장소의 상호 및 소재지가 변경될 때
③ 면허증을 분실했을 때
④ 면허증이 헐어 못쓰게 된 때

> 이용사 또는 미용사는 면허증의 기재 사항에 변경(성명, 주민등록번호의 변경에 한함)이 있는 때, 면허증을 잃어버린 때 또는 면허증이 헐어 못쓰게 된 때에는 면허증의 재교부를 신청할 수 있다.

Ans
53 ④   54 ③   55 ④   56 ④   57 ①   58 ③   59 ①   60 ②

헤어 미용사 필기 기출문제 (2010. 1. 31. 시행)

자격 종목		코드	출제 문항 수	시험 시간	수험 번호	성명
헤어 미용사		7937	60문항	60분		

01 헤어 컬러링(hair coloring)의 용어 중 다이 터치 업 (dye touch up)이란?

① 처녀모(virgin hair)에 처음 시술하는 염색
② 자연적인 색채의 염색
③ 탈색된 두발에 대한 염색
④ 염색 후 새로 자라난 두발에만 하는 염색

 다이 터치 업(리터치): 염색한 후 두발이 성장함에 모근부(뿌리)에 새로 자란 자연 색조 두발에 기존 염색 색상과 맞춰서 재염색(리터치)하는 방법이다.

02 헤어트리트먼트(hair treatment)의 종류에 속하지 않는 것은?

① 헤어 컨디셔닝   ② 클립핑
③ 헤어 팩   ④ 테이퍼링

 테이퍼링은 모발 끝을 향해서 가늘게 숱을 쳐 가는 커트 기법으로, 모발의 손상을 방지하고 손상된 모발을 치료하는 헤어트리트먼트와는 거리가 멀다.

03 다음 중 퍼머넌트 웨이브가 잘 나올 수 있는 경우는?

① 오버 프로세싱으로 시스틴이 지나치게 파괴된 경우
② 사전 샴푸 시 비누와 경수로 샴푸하여 두발에 금속염이 형성된 경우
③ 두발이 저항성모이거나 발수성모로서 경모인 경우
④ 와인딩 시 텐션(tension)을 적당히 준 경우

 퍼머넌트 시 적당한 텐션에 의해 매끄럽고 균일하게 와인딩해야 웨이브가 잘 나올 수 있다.

04 우리나라 고대 미용사에 대한 설명 중 틀린 것은?

① 고구려 여인의 두발 형태는 여러 가지였다.
② 신라 부인들은 금은주옥으로 꾸민 가체를 사용하였다.
③ 백제에서 기혼녀는 머리를 틀어 올리고 처녀는 땋아 내렸다.
④ 계급에 상관없이 부인들은 모두 머리 모양이 같았다.

 고대의 머리 모양은 계급에 따라 가체를 사용하는 등 다양했다.

05 핫오일 샴푸에 대한 설명 중 잘못된 것은?

① 플레인 샴푸하기 전에 실시한다.
② 오일을 따뜻하게 덥혀서 바르고 마사지한다.
③ 핫오일 샴푸 후 퍼머를 시술한다.
④ 올리브유 등의 식물성 오일이 좋다.

 핫오일 샴푸는 유성(油性)의 세발용 샴푸이며 두피와 모발에 오일 영양 성분의 흡수를 도와주는 샴푸 방법으로, 사용 후 퍼머를 시술하는 것은 적절치 않다.

06 베이스 코트에 대한 설명으로 거리가 먼 것은?

① 폴리시를 바르기 전에 손톱 표면에 발라 준다.
② 손톱 표면이 착색되는 것을 방지한다.
③ 손톱이 찢어지거나 갈라지는 것을 예방해 준다.
④ 폴리시가 잘 발라지도록 도와준다.

 베이스 코트는 손톱 표면이 착색되는 것을 방지하기 위해 바르는 투명 네일로서 폴리시가 잘 발라지도록 도와주는 역할도 한다. 손톱이 찢어지거나 갈라지는 것을 예방해 주는 것은 에센스이다.

Ans
01 ④ 02 ④ 03 ④ 04 ④ 05 ③ 06 ③

07 우리나라 옛 여인의 머리 모양 중 앞머리 양쪽에 틀어 얹은 모양의 머리는?

① 낭자머리　　　② 쪽머리
③ 푼기명머리　　④ 쌍상투머리

- 낭자머리: 등 뒤로 길게 땋아 내린 머리 스타일의 하나로 남·녀 머리카락을 맺는 스타일의 총칭
- 쪽머리: 이마 중심에서 가르마를 타 양쪽으로 곱게 빗어 비녀를 꽂음.
- 푼기명머리: 양쪽 귀옆에 두발의 일부를 늘어뜨린 머리

08 퍼머넌트 웨이브(permanent wave) 시술 시 두발에 대한 제1액의 작용 정도를 판단하여 정확한 프로세싱 타임을 결정하고 웨이브의 형성 정도를 조사하는 것은?

① 패치 테스트　　② 스트랜드 테스트
③ 테스트 컬　　　④ 컬러 테스트

테스트 컬에 대한 설명이며, 오버 프로세싱 되지 않도록 주의해야 한다. 패치 테스트, 스트랜드 테스트, 컬러 테스트는 염색에서 사용한다.

09 브러싱에 대한 내용 중 틀린 것은?

① 두발에 윤기를 더해 주며 빠진 두발이나 헝클어진 두발을 고르는 작용을 한다.
② 두피의 근육과 신경을 자극하여 피지선과 혈액 순환을 촉진시키고 두피 조직에 영양을 공급하는 효과가 있다.
③ 여러 가지 효과를 주므로 브러싱은 어떤 상태에서든 많이 할수록 좋다.
④ 샴푸 전 브러싱은 두발이나 두피에 부착된 먼지나 노폐물, 비듬을 제거해 준다.

두피의 상태에 맞는 브러시를 사용하여 아침 50회, 저녁 50회 하는 것이 적당하며, 많이 할 경우 두피에 부작용이 있을 수 있다.

10 헤어 컬의 목적이 아닌 것은?

① 볼륨(volume)을 만들기 위해서
② 컬러(color)를 표현하기 위해서
③ 웨이브(wave)를 만들기 위해서
④ 플러프(fluff)를 만들기 위해서

- 헤어 컬은 웨이브, 플러프 및 볼륨을 만들기 위해 한다.
- 컬러는 염색의 목적이다.

11 두발이 유난히 많은 고객이 윗머리가 짧고 아랫머리로 갈수록 길게 하며, 두발 끝 부분을 자연스럽고 차츰 가늘게 커트하는 스타일을 원하는 경우 알맞은 시술 방법은?

① 레이어 커트 후 테이퍼링(tapering)
② 원 랭스 커트 후 클리핑(clipping)
③ 그러데이션 커트 후 테이퍼링(tapering)
④ 레이어 커트 후 클리핑(clipping)

- 테이퍼링: 모발 끝을 향해서 붓처럼 가늘게 숱을 쳐 가는 커트, 두발의 부피와 기장을 줄이는 방법
- 클리핑: 클리퍼나 가위를 사용하여 불필요하게 삐져나온 모발을 정리하는 것
- 레이어: '겹치다, 층이 지게 쌓다.'는 뜻으로 두발의 길이가 점점 짧아지는 커트
- 원 랭스 커트: 모발에 층을 주지 않고 동일선상에서·커트하는 것
- 그러데이션 커트: 하부 쪽은 짧고 상부로 갈수록 길어지는 커트

12 낮 화장을 의미하며 단순한 외출이나 가벼운 방문을 할 때 하는 보통 화장은?

① 소셜 메이크업
② 페인트 메이크업
③ 컬러 포토 메이크업
④ 데이타임 메이크업

- 소셜 메이크업: 짙은 화장의 성장 화장
- 페인트 메이크업: 무대용 화장으로 스포트라이트 반사 등에 유의해야 함.
- 컬러 포토 메이크업: TV, 영화, CF 등을 위한 화장

13 핑거 웨이브의 종류 중 스윙 웨이브(swing wave)에 대한 설명은?

① 큰 움직임을 보는 듯한 웨이브
② 물결이 소용돌이치는 듯한 웨이브
③ 리지가 낮은 웨이브
④ 리지가 뚜렷하지 않고 느슨한 웨이브

- 스월 웨이브: 물결이 소용돌이치는 것과 같은 형태의 웨이브
- 로우 웨이브: 리지가 낮은 웨이브
- 딜 웨이브: 리지가 뚜렷하지 않고 느슨한 웨이브

Ans
07 ④　08 ③　09 ③　10 ②　11 ①　12 ④　13 ①

14 모발 위에 얹어지는 힘 혹은 당김을 의미하는 말은?

① 엘리베이션(elevation)
② 웨이트(weight)
③ 텐션(tension)
④ 텍스처(texture)

 텐션: 모발의 긴 장력으로 잡아당기는 힘

15 다음 중 플러프 뱅(fluff bang)을 설명한 것은?

① 가르마 가까이에 작게 낸 뱅
② 컬을 깃털과 같이 일정한 모양을 갖추지 않고 부풀려서 볼륨을 준 뱅
③ 두발을 위로 빗고 두발 끝을 플러프해서 내려뜨린 뱅
④ 풀 웨이브 또는 하프 웨이브로 형성한 뱅

 • 프린지 뱅: 가르마 가까이에 작게 낸 뱅
• 프렌치 뱅: 두발을 위로 빗고 두발 끝을 플러프해서 내려뜨린 프랑스식의 뱅
• 웨이브 뱅: 풀 웨이브 또는 하프 웨이브로 형성한 뱅

16 얼굴형에 따른 눈썹 화장법 중 옳지 않은 것은?

① 사각형 – 강하지 않은 둥근 느낌을 낸다.
② 삼각형 – 눈의 크기와 관계없이 크게 한다.
③ 역삼각형 – 자연스럽게 그리되 뺨이 말랐을 경우 눈꼬리를 내려 그린다.
④ 마름모꼴형 – 약간 내려간 듯하게 그린다.

 마름모꼴형: 약간 올라간 듯하게 그려서 얼굴 상부에 깊이를 더해 준다.

17 컬의 줄기 부분으로서 베이스(base)에서 피봇(pivot)점까지의 부분을 무엇이라 하는가?

① 엔드 ② 스템
③ 루프 ④ 융기점

• 엔드: 모발의 끝부분을 말함.
• 루프: 원형으로 말려진 컬
• 융기점: 정점

18 원 랭스 커트(one length cut)의 대표적인 아웃 라인 중 이사도라 스타일은?

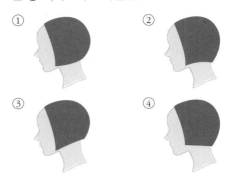

① ② ③ ④

 이사도라: 앞머리가 뒤쪽머리보다 짧은 커트

19 가발 손질법 중 틀린 것은?

① 스프레이가 없으면 얼레빗을 사용하여 컨디셔너를 골고루 바른다.
② 두발이 빠지지 않도록 차분하게 모근 쪽에서 두발 끝 쪽으로 서서히 빗질을 해 나간다.
③ 두발에만 컨디셔너를 바르고 파운데이션에는 바르지 않는다.
④ 열을 가하면 두발의 결이 변형되거나 윤기가 없어지기 쉽다.

 모발이 빠지지 않도록 모발 쪽에서 모근 쪽으로 서서히 빗질해 나간다.

20 강철을 연결시켜 만든 것으로 협신부(鋏身部)는 연강으로 되어 있고 날 부분은 특수강으로 되어 있는 것은?

① 착강 가위 ② 전강 가위
③ 틴닝 가위 ④ 레이저

• 착강 가위: 협신부에 사용된 강철은 연강이고, 날은 특수강으로 되어 있으며, 부분적인 수정 시 조작이 간편하다.
• 전강 가위: 전체가 특수강으로 만들어진다.
• 틴닝 가위: 모발의 길이 변화 없이 숱만 쳐낼 때 사용한다.
• 레이저: 면도날을 말한다.

21 다음 중 파리가 옮기지 않는 병은?

① 장티푸스   ② 이질
③ 콜레라   ④ 유행성 출혈열

 유행성 출혈열은 쥐가 옮기는 질병이다.

22 인체의 생리적 조절 작용에 관여하는 영양소는?

① 단백질   ② 비타민
③ 지방질   ④ 탄수화물

 비타민은 몸을 구성하는 물질이나 에너지원은 아니지만, 인체의 여러 가지 생리 작용을 조절한다.

23 무구조충은 다음 중 어느 것을 날것으로 먹었을 때 감염될 수 있는가?

① 돼지고기   ② 잉어
③ 게   ④ 쇠고기

- 무구조충: 쇠고기를 생식하거나 불충분한 가열·조리한 것을 섭취했을 경우 감염
- 유구조충: 돼지고기
- 민물고기, 바다 생선: 제2중간 숙주

24 잠함병의 직접적인 원인은?

① 혈중 CO_2 농도 증가
② 체액 및 혈액 속의 질소 기포 증가
③ 혈중 O_2 농도 증가
④ 혈중 CO 농도 증가

 잠함병: '질소 색전증'이라고도 하며 해저의 고압으로부터 급격하게 상압(常壓)으로 되돌아왔을 때에, 혈액·조직 중에 용해하고 있던 질소가 기포화되어 통증을 일으키는 병

25 전염병 유행 지역에서 입국하는 사람이나 동물 또는 식품 등을 대상으로 실시하며 외국 질병의 국내 침입 방지를 위한 수단으로 쓰이는 것은?

① 격리   ② 검역
③ 박멸   ④ 병원소 제거

- 격리: 전염병을 방지하기 위하여 감염될 우려가 있는 사람을 사회와 분리하는 것
- 박멸: '근절'이라고도 하며 병의 근본 원인을 완전히 없애는 것
- 병원소 제거: 병원소(병원체가 생육하며 전파될 수 있는 상태로 저장되는 장소)를 없애는 것

26 산업 피로의 대책으로 가장 거리가 먼 것은?

① 작업 과정 중 적절한 휴식 시간을 배분한다.
② 에너지 소모를 효율적으로 한다.
③ 개인차를 고려하여 작업량을 할당한다.
④ 휴직과 부서 이동을 권고한다.

휴직과 부서 이동은 산업 피로의 직접적인 대책과는 거리가 있다.

27 하수에서 용존 산소(DO)가 아주 낮다는 의미는?

① 수생 식물이 잘 자랄 수 있는 물의 환경이다.
② 물고기가 잘 살 수 있는 물의 환경이다.
③ 물의 오염도가 높다는 의미이다.
④ 하수의 BOD가 낮은 것과 같은 의미이다.

용존 산소(DO)란 물 또는 용액 속에 녹아 있는 분자 상태 산소량을 말하며, DO가 낮을수록 오염도는 높다.

28 출생 후 4주 이내에 기본 접종을 실시하는 것이 효과적인 전염병은?

① 볼거리   ② 홍역
③ 결핵   ④ 일본 뇌염

기본 예방 접종 시기
- 볼거리, 홍역: 생후 12 ~ 15개월
- 일본 뇌염: 3세 ~ 15세

29 우리나라에서 의료 보험이 전 국민에게 적용하게 된 시기는 언제부터인가?

① 1964년   ② 1977년
③ 1988년   ④ 1989년

우리나라의 전 국민 의료 보험 시대가 시작된 것은 1989년이다.

Ans
21 ④   22 ②   23 ④   24 ②   25 ②   26 ④   27 ③   28 ③
29 ④

30 세계 보건 기구가 제시한 것으로 한 나라의 건강 수준을 나타내며 다른 나라들과의 보건 수준을 비교할 수 있는 지표는?

① 비례 사망 지수　　② 국민 소득
③ 질병 이환율　　④ 인구 증가율

 세계 보건 기구(WHO)가 지정한 국가나 지역 사회의 건강 수준 평가 지표로는 영아 사망율, 비례 사망 지수, 평균 수명이 있다.

31 일광 소독과 가장 직접적인 관계가 있는 것은?

① 높은 온도　　② 높은 조도
③ 적외선　　④ 자외선

 일광 소독: 일광에 포함되어 있는 자외선을 이용하여 세균을 사멸시키는 소독법으로, 자외선 파장이 약 260nm일 때 세균에 대한 살균력이 가장 강함.

32 자비 소독 시 살균력을 강하게 하고 금속 기자재가 녹스는 것을 방지하기 위하여 첨가하는 물질이 아닌 것은?

① 2% 중조　　② 2% 크레졸 비누액
③ 5% 석탄산　　④ 5% 승홍수

 • 승홍수: 금속류 자체를 부식시키는 독성이 강한 소독제
• 중조: 탄산수소 나트륨

33 물리적 소독 방법이 아닌 것은?

① 방사선 멸균법　　② 건열 소독법
③ 고압 증기 멸균법　　④ 생석회 소독법

 • 물리적 소독법에는 물질의 원리에 기초한 소독 방법으로 방사선 멸균법, 건열 소독법, 고압 증기 멸균법 등이 있다.
• 생석회 소독법은 화학적 소독 방법이다.

34 포르말린 수 소독에 가장 적합하지 않은 것은?

① 고무제품　　② 배설물
③ 금속제품　　④ 플라스틱

 배설물 소독은 크레졸 소독이 적합하다.

35 100%의 알코올을 사용해서 70%의 알코올 400mL를 만드는 방법으로 옳은 것은?

① 물 70mL와 100% 알코올 330mL 혼합
② 물 100mL와 100% 알코올 300mL 혼합
③ 물 120mL와 100% 알코올 280mL 혼합
④ 물 330mL와 100% 알코올 70mL 혼합

 400mL × 0.7 = 280mL

36 도자기류의 소독 방법으로 가장 적당한 것은?

① 염소 소독　　② 승홍수 소독
③ 자비 소독　　④ 저온 소독

 자비 소독법: 끓는 물에서 15 ~ 20분 소독하는 방법, 도자기류, 주사기, 식기류 등의 소독에 적합

37 살균력은 강하지만 자극성과 부식성이 강해서 상수 또는 하수의 소독에 주로 이용되는 것은?

① 알코올　　② 질산은
③ 승홍　　④ 염소

 염소 소독: 침전 여과 등의 물처리를 실행한 후, 염소 살균 작용을 이용하여 무해화하는 조작을 말하며, 살균력이 강하지만 자극성과 부식성이 강해서 상수 또는 하수 소독에 주로 이용

38 피부 자극이 적어 상처 표면의 소독에 가장 적당한 것은?

① 10% 포르말린
② 3% 과산화수소
③ 15% 염소 화합물
④ 3% 석탄산

과산화수소는 피부에 대한 자극이 적어 상처 표면의 소독, 구내염, 인후염, 입안 세척 등에 사용하며, 3% 수용액을 사용한다.

Ans
30 ①　31 ④　32 ④　33 ④　34 ②　35 ③　36 ③　37 ④
38 ②

39 소독의 정의에 대한 설명 중 가장 옳은 것은?

① 모든 미생물을 열이나 약품으로 사멸하는 것
② 병원성 미생물을 사멸, 또는 제거하여 감염력을 잃게 하는 것
③ 병원성 미생물에 의한 부패 방지를 하는 것
④ 병원성 미생물에 의한 발효 방지를 하는 것

 소독이란 전염병의 전염을 방지할 목적으로 병원성 미생물을 사멸, 또는 제거하여 감염력을 잃게 하는 것이다.

40 소독약으로서의 석탄산에 관한 내용 중 틀린 것은?

① 사용 농도는 3% 수용액을 주로 쓴다.
② 고무제품, 의류, 가구, 배설물 등의 소독에 적합하다.
③ 단백질 응고 작용으로 살균 기능을 가진다.
④ 세균 포자나 바이러스에 효과적이다.

 석탄산은 세균 포자나 바이러스 사멸에 효과가 없다.

41 화학적인 필링제의 성분으로 사용되는 것은?

① AHA(Alpha Hydroxy Acid)
② 에탄올(ethanol)
③ 캐머마일
④ 올리브 오일

 AHA는 각질 제거 및 재생 효과를 위해 크림, 로션 등 화학적인 필링제 성분으로 사용된다.

42 피부 색상을 결정짓는 데 주요한 요인이 되는 멜라닌 색소를 만들어 내는 피부층은?

① 과립층   ② 유극층
③ 기저층   ④ 유두층

- 과립층: 표피 세포가 퇴화하기 시작되는 각질화 과정이 일어나는 층으로 수분 증발을 저지하고 외부 이물질에 대한 방어막 역할을 한다
- 유극층: 표피의 대부분을 차지하는 층으로 살아 있는 유핵 세포로 구성되어 있으며, 림프액이 흘러 혈액 순환과 영양 공급에 관여한다.
- 유두층: 표피와 진피의 경계 부분으로 표피의 각화 현상을 원활하게 하여 피부를 매끄럽게 해 준다.

43 피서 후의 피부 증상으로 틀린 것은?

① 화상의 증상으로 붉게 달아올라 따끔따끔한 증상을 보일 수 있다.
② 많은 땀의 배출로 각질층의 수분이 부족해져 거칠어지고 푸석푸석한 느낌을 가지기도 한다.
③ 강한 햇살과 바닷바람 등에 의하여 각질층이 얇아져 피부 자체 방어 반응이 어려워지기도 한다.
④ 멜라닌 색소가 자극을 받아 색소 병변이 발전할 수 있다.

 강한 햇살과 바닷바람 등으로부터 피부를 지키려는 신체 자체의 반응으로 각질층은 두터워져 있다.

44 Vitamin C 부족 시 어떤 증상이 주로 일어날 수 있는가?

① 피부가 촉촉해진다.
② 색소 기미가 생긴다.
③ 여드름의 발생 원인이 된다.
④ 지방이 많이 낀다.

 Vitamin C 부족 시 색소 침착으로 인한 기미가 생기며, 괴혈병이 발생하기도 한다.

45 티눈에 대한 설명으로 옳은 것은?

① 각질층의 한 부위가 두꺼워져 생기는 각질층의 증식 현상이다.
② 주로 발바닥에 생기며 아프지 않다.
③ 각질 핵은 각질 윗부분에 있어 자연스럽게 제거가 된다.
④ 발뒤꿈치에만 생긴다.

 티눈: 손과 발 등의 피부가 기계적인 자극을 지속적으로 받아 각질층의 한 부위가 두꺼워져 생기는 각질층의 증식 현상이다.

46 필수 지방산에 속하지 않는 것은?

① 리놀산(linol acid)
② 리놀렌산(linolenic acid)
③ 아라키돈산(arachidonic acid)
④ 타르타르산(tartaric acid)

 필수 지방산: 생체에서는 생합성하지 못하기 때문에 식사를 통하여 섭취해야만 되는 지방산을 말하는데 리놀산, 리놀렌산, 아라키돈산의 3종이 알려져 있다.

Ans
39 ②   40 ④   41 ①   42 ③   43 ③   44 ②   45 ①   46 ④

47 강한 유전 경향을 보이는 특별한 습진으로 팔꿈치 안쪽이나 목 등의 피부가 거칠어지고 아주 심한 가려움증을 나타내는 것은?

① 아토피성 피부염
② 일광 피부염
③ 베를로크 피부염
④ 약진

 아토피성 피부염: 주로 유아기 혹은 소아기에 시작되는 만성적이고 재발성의 염증성 피부 질환, 소양증(가려움증)과 피부 건조증, 특징적인 습진을 동반

48 건성 피부의 손질로서 가장 적당한 것은?

① 적절한 수분과 유분 공급
② 적절한 일광욕
③ 비타민 복용
④ 카페인 섭취를 줄임.

 피지선과 한선의 기능 저하로 유분과 수분이 부족하므로 적절한 수분과 유분 공급이 필요하다.

49 피지 분비의 과잉을 억제하고 피부를 수축시켜 주는 것은?

① 소염 화장수   ② 수렴 화장수
③ 영양 화장수   ④ 유연 화장수

 수렴 화장수: 모공을 수축시키고 피지 분비를 조절하여 피지 분비의 과잉을 억제

50 주로 40 ～ 50대에 보이며 혈액 흐름이 나빠져 모세 혈관이 파손되어 코를 중심으로 양 뺨에 나비형태로 붉어지는 증상은?

① 비립종   ② 섬유종
③ 주사   ④ 켈로이드

• 주사: 코와 뺨 등 얼굴의 중간 부위에 발생하고, 붉어진 얼굴과 혈관 확장이 주 증상인 만성 충혈성 질환
• 비립종: 피부의 얕은 부위에 발생하는 1mm 내외의 흰색 혹은 노란색을 띠는 공모양의 작은 각질 주머니
• 섬유종: 섬유성 결합 조직으로 구성되는 양성 종양
• 켈로이드: 피부를 가볍게 문질러도 붉게 부어 오르는 등 타고난 체질 때문에 상처가 난 후 흉터가 심하게 생겨서 없어지지 않는 것

51 관계 공무원의 출입·검사, 기타 조치를 거부·방해 또는 기피했을 때의 과태료 부과 기준은?

① 300만 원 이하   ② 200만 원 이하
③ 100만 원 이하   ④ 50만 원 이하

 300만 원 이하의 과태료에 처하는 경우
• 폐업 신고를 하지 아니한 자
• 목욕장의 수질 기준 또는 위생 기준을 준수하지 아니한 자로서 개선 명령에 따르지 아니한 자
• 숙박업소의 시설 및 설비를 위생적이고 안전하게 관리하지 아니한 자
• 목욕장업소의 시설 및 설비를 위생적이고 안전하게 관리하지 아니한 자
• 보고를 하지 아니하거나 관계 공무원의 출입·검사 및 기타 조치를 거부·방해 또는 기피한 자
• 개선 명령에 위반한 자
• 이용업소 표시등을 설치하지 아니한 자

52 보건복지부령이 정하는 특별한 사유가 있을 시 영업소 외의 장소에서 이·미용 업무를 행할 수 있다. 그 사유에 해당하지 않는 것은?

① 기관에서 특별히 요구하여 단체로 이·미용을 하는 경우
② 질병으로 인하여 영업소에 나올 수 없는 자에 대하여 이·미용을 하는 경우
③ 혼례에 참여하는 자에 대하여 그 의식 직전에 이·미용을 하는 경우
④ 시장·군수·구청장이 특별한 사정이 있다고 인정한 경우

 영업소 외에서의 이용 및 미용 업무
• 질병이나 그 밖의 사유로 영업소에 나올 수 없는 자에 대하여 이용 또는 미용을 하는 경우
• 혼례나 그 밖의 의식에 참여하는 자에 대하여 그 의식 직전에 이용 또는 미용을 하는 경우
• 사회 복지 시설에서 봉사 활동으로 이용 또는 미용을 하는 경우
• 방송 등의 촬영에 참여하는 사람에 대하여 그 촬영 직전에 이용 또는 미용을 하는 경우
• 특별한 사정이 있다고 시장·군수·구청장이 인정하는 경우

Ans
47 ①   **48** ①   **49** ②   **50** ③   **51** ①   **52** ①

53 다음 중 이용사 또는 미용사의 면허를 받을 수 있는 자는?

① 약물 중독자   ② 암환자
③ 정신 질환자   ④ 금치산자

이용사 또는 미용사의 면허를 받을 수 없는 자
- 금치산자
- 정신 질환자
- 공중의 위생에 영향을 미칠 수 있는 감염병 환자로서 보건복지부령이 정하는 자
- 마약 기타 대통령령으로 정하는 약물 중독자
- 면허가 취소된 후 1년이 경과되지 아니한 자

54 이·미용업자에게 과태료를 부과·징수할 수 있는 처분권자에 해당되지 않는 자는?

① 보건복지부 장관
② 시장
③ 군수
④ 구청장

과태료는 대통령령이 정하는 바에 따라 시장·군수·구청장이 부과·징수한다.

55 공중위생의 관리를 위한 지도, 계몽 등을 행하게 하기 위하여 둘 수 있는 것은?

① 명예 공중위생 감시원
② 공중위생 조사원
③ 공중위생 평가 단체
④ 공중위생 전문 교육원

명예 공중위생 감시원의 업무
- 공중위생 감시원이 행하는 검사 대상물의 수거 지원
- 법령 위반 행위에 대한 신고 및 자료 제공
- 그 밖에 공중위생에 관한 홍보·계몽 등 공중위생 관리 업무와 관련하여 시·도지사가 따로 정하여 부여하는 업무

56 과태료 처분에 불복이 있는 경우 어느 기간 내에 이의를 제기할 수 있는가?

① 처분한 날로부터 30일 이내
② 처분의 고지를 받은 날로부터 30일 이내
③ 처분한 날로부터 15일 이내
④ 처분이 있음을 안 날로부터 15일 이내

과태료 처분에 불복이 있는 자는 그 처분의 고지를 받은 날부터 30일 이내에 처분권자에게 이의를 제기할 수 있다.

57 영업소 안에 면허증을 게시하도록 "위생 관리 의무 등"의 규정에 명시된 자는?

① 이·미용업을 하는 자
② 목욕장업을 하는 자
③ 세탁업을 하는 자
④ 위생 관리 용역업을 하는 자

이·미용업을 하는 자는 업소 내에 이·미용업 신고증, 면허증 원본 및 이·미용 요금표를 게시하여야 한다.

58 이·미용업 영업소에서 손님에게 음란한 물건을 관람·열람하게 한 때에 대한 1차 위반 시 행정처분 기준은?

① 영업 정지 15일   ② 영업 정지 1월
③ 영업장 폐쇄 명령   ④ 개선 명령

음란한 물건을 관람·열람하게 하거나 진열 또는 보관한 때
- 1차 위반 시: 개선 명령
- 2차 위반 시: 영업 정지 15일
- 3차 위반 시: 영업 정지 1개월
- 4차 위반 시: 영업장 폐쇄 명령

59 공중위생 영업의 신고를 위하여 제출하는 서류에 해당하지 않는 것은?

① 영업 시설 및 설비 개요서
② 교육필증
③ 면허증 원본
④ 재산세 납부 영수증

공중위생 영업의 신고 시 시장 군수·구청장에게 제출할 서류
- 영업 시설 및 설비 개요서
- 교육필증
- 면허증 원본

60 공중위생 영업소를 개설하고자 하는 자는 원칙적으로 언제까지 위생 교육을 받아야 하는가?

① 개설하기 전   ② 개설 후 3개월 내
③ 개설 후 6개월 내   ④ 개설 후 1년 내

공중위생 영업소를 개설하고자 하는 자는 사전에 위생 교육을 받아야 한다.

Ans
53 ②   54 ①   55 ①   56 ②   57 ①   58 ④   59 ④   60 ①

헤어 미용사 필기 기출문제 (2010. 3. 28. 시행)

자격 종목		코드	출제 문항 수	시험 시간	수험 번호	성명
헤어 미용사		7937	60문항	60분		

01 퍼머넌트 웨이브를 하기 전의 조치 사항 중 틀린 것은?

① 필요 시 샴푸를 한다.
② 정확한 헤어 디자인을 한다.
③ 린스 또는 오일을 바른다.
④ 두발의 상태를 파악한다.

 퍼머넌트 웨이브를 시술하기 전 린스 또는 오일을 바르면 퍼머가 잘 나오지 않는다.

02 염모제를 바르기 전에 스트랜드 테스트(strand test)를 하는 목적이 아닌 것은?

① 색상 선정이 올바르게 이루어졌는지 알기 위해서
② 원하는 색상을 시술할 수 있는 정확한 염모제의 작용 시간을 추정하기 위해서
③ 염모제에 의한 알레르기성 피부염이나 접촉성 피부염 등의 유무를 알아보기 위해서
④ 퍼머넌트 웨이브나 염색, 탈색 등으로 모발이 단모나 변색될 우려가 있는지 여부를 알기 위해서

 염모제에 의한 알레르기성 피부염이나 접촉성 피부염 등의 유무를 알아보기 위해서 사전에 하는 것은 패치 테스트이다.

03 두발의 다공성에 관한 사항으로 틀린 것은?

① 다공성모(多孔性毛)란 두발의 간충 물질(間充物質)이 소실되어 보습 작용이 적어져서 두발이 건조해지기 쉬운 손상모를 말한다.
② 다공성은 두발이 얼마나 빨리 유액(流液)을 흡수하느냐에 따라 그 정도가 결정된다.
③ 두발의 다공성 정도가 클수록 프로세싱 타임을 짧게 하고, 보다 순한 용액을 사용하도록 해야 한다.
④ 모발의 다공성을 알아보기 위한 진단은 샴푸 후에 해야 하는데, 이것은 물에 의해서 두발의 질이 다소 변화하기 때문이다.

 모발의 다공성을 알아보기 위한 진단은 샴푸 전에 해야 한다.

04 가위의 선택 방법으로 옳은 것은?

① 양 날의 견고함이 동일하지 않아도 무방하다.
② 만곡도가 큰 것을 선택한다.
③ 협신에서 날 끝으로 내곡선상으로 된 것을 선택한다.
④ 만곡도와 내곡선상을 무시해도 사용상 불편함이 없다.

 • 협신에서 날 끝으로 약간 안쪽으로 구부러진 내곡선상으로 된 것을 선택한다
• 양 날의 견고함이 동일해야 한다.

05 헤어스타일에 다양한 변화를 줄 수 있는 뱅(bang)은 주로 두부의 어느 부위에 하게 되는가?

① 앞 이마   ② 네이프
③ 양 사이드   ④ 크라운

 뱅: 앞머리를 가지런히 잘라 이마에 늘어뜨리는 것으로, 헤어스타일에 알맞게 적절한 분위기를 연출할 수 있다.

06 빗을 선택하는 방법으로 틀린 것은?

① 전체적으로 비뚤어지거나 휘지 않은 것이 좋다.
② 빗살 끝이 가늘고 빗살 전체가 균등하게 똑바로 나열된 것이 좋다.
③ 빗살 끝이 너무 뾰족하지 않고 되도록 무딘 것이 좋다.
④ 빗살 사이의 간격이 균등한 것이 좋다.

 빗살 끝이 너무 뾰족하지 하거나 무딘 것은 좋지 않다.

07 우리나라 고대 여성의 머리 장식품 중 재료의 이름을 붙여서 만든 비녀로만 된 것은?

① 산호잠, 옥잠   ② 석류잠, 호도잠
③ 국잠, 금잠   ④ 봉잠, 용잠

 • 금잠(金), 산호잠(珊瑚), 옥잠(玉) 등은 재료의 이름을 붙여서 만든 비녀이다.
• 석류잠, 호두잠, 국잠, 봉잠, 용잠 등은 각각의 모양을 본떠서 만든 비녀이다.

08 메이크업(make up)의 설명이 잘못 연결된 것은?

① 데이타임 메이크업(daytime make up) – 짙은 화장
② 소셜 메이크업(social make up) – 성장 화장
③ 선번 메이크업(sunburn make up) – 햇볕 방지 화장
④ 그리스 페인트 메이크업(grease paint make up) – 무대 화장

 데이타임 메이크업: 낮 화장을 의미하며, 단순한 외출이나 가벼운 방문을 할 때 하는 평상시 화장을 말한다.

09 헤어 컬링(hair curling)에서 컬(curl)의 목적과 관계가 가장 먼 것은?

① 웨이브를 만들기 위해서
② 머리 끝의 변화를 주기 위해서
③ 텐션을 주기 위해서
④ 볼륨을 만들기 위해서

 • 컬은 웨이브와 볼륨을 만들고 모발의 끝에 플러프를 주기 위해서 한다.
• 텐션은 컬 말 때 모발에 얹혀지는 힘 혹은 당김을 의미하며 텐션을 가하면 헤어스타일이 오래 지속된다.

10 스킵 웨이브(skip wave)의 특징으로 가장 거리가 먼 것은?

① 웨이브(wave)와 컬(curl)이 반복 교차된 스타일이다.
② 폭이 넓고 부드럽게 흐르는 웨이브를 만들 때 쓰이는 기법이다.
③ 너무 가는 두발에는 그 효과가 적으므로 피하는 것이 좋다.
④ 퍼머넌트 웨이브가 너무 지나칠 때 이를 수정 보완하기 위해 많이 쓰인다.

 스킵 웨이브는 핑거 웨이브(finger wave)나 핀 컬(pin curl) 패턴의 결합으로 핀 컬과 핑거 웨이브가 서로 엇갈리면서 교대로 모양이 만들어진다. 폭이 넓고 매끈하게 흐르는 수직 웨이브를 만들 때 사용한다.

11 쿠퍼로즈(couperose)라는 용어는 어떠한 피부 상태를 표현하는가?

① 거칠은 피부
② 매우 건조한 피부
③ 모세 혈관이 확장된 피부
④ 피부의 pH 밸런스가 불균형인 피부

 쿠퍼로즈: 모세 혈관 확장으로 생기는 현상으로 볼 부위가 붉어지고, 작은 혈관들이 눈으로 확인될 정도로 피부가 얇아지는 상태를 말한다.

Ans
05 ①   06 ③   07 ①   08 ①   09 ③   10 ④   11 ③

12 두발이 손상되는 원인이 아닌 것은?

① 헤어 드라이어로 급속하게 건조시킨 경우
② 지나친 브러싱과 백코밍 시술을 한 경우
③ 스캘프 매니플레이션과 브러싱을 한 경우
④ 해수욕 후 염분이나 풀장의 소독용 표백분이 두발에 남아 있을 경우

 스캘프 매니플레이션과 브러싱은 두피와 모발의 건강과 아름다움을 위하여 필요하다.

13 정상 두피에 사용하는 트리트먼트는?

① 플레인 스캘프 트리트먼트
② 드라이 스캘프 트리트먼트
③ 오일리 스캘프 트리트먼트
④ 댄드러프 스캘프 트리트먼트

 • 드라이 스캘프 트리트먼트: 건성 두피
• 오일리 스캘프 트리트먼트: 지성 두피
• 댄드러프 스캘프 트리트먼트: 비듬성 두피

14 그러데이션(gradation)에 대한 설명으로 옳은 것은?

① 모든 모발이 동일한 선상에 떨어진다.
② 모발의 길이에 변화를 주어 무게(weight)를 더해 줄 수 있는 기법이다.
③ 모든 모발의 길이를 균일하게 잘라 주어 모발의 무게(weight)를 덜어 줄 수 있는 기법이다.
④ 전체적인 모발의 길이 변화 없이 소수 모발만을 제거하는 기법이다.

 그러데이션: 하부 쪽은 짧고 상부로 갈수록 길어지는 커트로 단차가 작은 커트 기법이다.

15 고대 미용의 발상지로 가발을 이용하고 진흙으로 두발에 컬을 만들었던 국가는?

① 그리스   ② 프랑스
③ 이집트   ④ 로마

이집트는 고대 미용의 발상지로 가발을 사용하고 진흙으로 두발에 컬을 만들었으며, 향유나 오일 등을 이용하여 피부 관리를 하고 식물성 염료를 이용하여 화장도 하였다.

16 일반적인 대머리 분장을 하고자 할 때 준비해야 할 주요 재료로 가장 거리가 먼 것은?

① 글라젠(glazen)
② 오블레이트(oblate)
③ 스프리트 검(sprit gum)
④ 라텍스(latex)

 오블레이트: 녹말을 주성분으로 '화상 분장'에 응용된다. 여러 겹으로 구겨서 물을 분무하여 피부에 밀착시킨 후 파우더를 가볍게 바르고 원하는 베이스를 바른다.

17 헤어 커트 시 크로스 체크 커트(cross check cut)란?

① 최초의 슬라이스 선과 교차되도록 체크 커트하는 것
② 모발의 무게감을 없애 주는 것
③ 전체적인 길이를 처음보다 짧게 커트하는 것
④ 세로로 잡아 체크 커트하는 것

 크로스 체크 커트: 커트를 끝낸 다음 체크 커트할 때 최초의 슬라이스 선과 교차되도록 체크 커트하는 것

18 매니큐어(manicure) 시 손톱의 상피를 미는 데 사용하는 도구는?

① 큐티클 푸셔   ② 폴리시 리무버
③ 큐티클 니퍼   ④ 에머리보드

 큐티클 푸셔: 손톱의 상피를 미는 데 사용되는 네일 케어 도구로, 손톱 모양의 금속 틀

19 헤어 샴푸잉의 목적으로 가장 거리가 먼 것은?

① 두피, 두발의 세정
② 두발 시술의 용이
③ 두발의 건전한 발육 촉진
④ 두피 질환 치료

두피 질환 치료는 샴푸의 주목적이 아니다.

20 퍼머넌트 직후의 처리로 옳은 것은?

① 플레인 린스　　　② 샴푸잉
③ 테스트 컬　　　　④ 테이퍼링

> 플레인 린스는 미지근한 물을 사용하여 모발을 씻는 것으로, 프로세싱이 끝난 후 2제가 잘 이루어지도록 제1액의 용액을 물로 헹궈 내는 중간 린스 과정이다.

21 토양(흙)이 병원소가 될 수 있는 질환은?

① 디프테리아　　　② 콜레라
③ 간염　　　　　　④ 파상풍

> • 토양 감염병: 파상풍(경피 감염), 구충, 보툴리누스균 등
> • 디프테리아: 진애 감염, 간접 접촉 감염
> • 콜레라: 수인성 감염

22 오염된 주사기, 면도날 등으로 인해 감염이 잘되는 만성 전염병은?

① 렙토스피라증　　② 트라코마
③ B형 간염　　　　④ 파라티푸스

> B형 간염은 혈액, 상처 체액, 침 등을 통해 감염되는 질병으로 감염된 주사기, 면도기 등에 주의해야 한다.

23 다음 감염병 중 세균성인 것은?

① 말라리아　　　　② 결핵
③ 일본 뇌염　　　　④ 유행성 간염

> 세균성 감염병: 결핵, 세균성 이질, 콜레라, 장티푸스, 디프테리아, 파라티푸스, 페스트

24 인구 구성 중 14세 이하가 65세 이상 인구의 2배 정도이며 출생률과 사망률이 모두 낮은 형은?

① 피라미드형(pyramid form)
② 종형(bell form)
③ 항아리형(pot form)
④ 별형(accessive form)

> 종형: 출생률과 사망률이 모두 낮은 가장 이상적인 형

25 인수 공통 전염병이 아닌 것은?

① 페스트　　　　　② 우형 결핵
③ 나병　　　　　　④ 야토병

> • 인수 공통 전염병: 사람과 동물이 상호 전파되는 전염병으로 페스트, 우형 결핵, 야토병(야생 토끼병), 장출혈성 대장균 감염증, 일본 뇌염, 브루셀라, 탄저, 광견병 등
> • 나병: 나균에 의해 감염되는 만성 전염병으로 '한센병'이라 함.

26 공중 보건학의 목적으로 적절하지 않은 것은?

① 질병 예방
② 수명 연장
③ 육체적, 정신적 건강 및 효율의 증진
④ 물질적 풍요

> **공중 보건학의 목적**
> 질병 예방, 수명 연장, 육체적·정신적 건강 및 효율의 증진

27 조도 불량, 현휘가 과도한 장소에서 장시간 작업하여 눈에 긴장을 강요함으로써 발생되는 불량 조명에 기인하는 직업병이 아닌 것은?

① 안정 피로　　　　② 근시
③ 원시　　　　　　④ 안구 진탕증

> **조도 불량으로 인한 질병**
> 안정 피로, 근시, 안구 진탕증, 작업 능률 저하 등

28 공기의 자정 작용과 관련이 가장 먼 것은?

① 이산화탄소와 일산화탄소의 교환 작용
② 자외선의 살균 작용
③ 강우, 강설에 의한 세정 작용
④ 기온 역전 작용

> 공기의 자정 작용: 이산화탄소와 일산화탄소의 교환 작용, 자외선의 살균 작용, 산소·오존 등에 의한 산화 작용, 강우·강설에 의한 세정 작용, 강력한 희석 작용

29 환경 오염 방지 대책과 거리가 가장 먼 것은?

① 환경 오염의 실태 파악
② 환경 오염의 원인 규명
③ 행정 대책과 법적 규제
④ 경제 개발 억제 정책 추진

 환경 오염 방지 대책: 환경 오염의 실태 파악, 환경 오염의 원인 규명 및 행정 대책과 법적 규제 강화 등

30 질병 발생의 세 가지 요인으로 연결된 것은?

① 숙주-병인-환경   ② 숙주-병인-유전
③ 숙주-병인-병소   ④ 숙주-병인-저항력

 질병 발생의 3대 요인: 숙주, 병인, 환경

31 미생물의 발육과 그 작용을 제거하거나 정지시켜 음식물의 부패나 발효를 방지하는 것은?

① 방부   ② 소독
③ 살균   ④ 살충

 방부: 병원성 미생물의 발육을 저지시켜서 음식물의 부패나 발효를 방지하는 것

32 승홍수에 대한 설명으로 틀린 것은?

① 금속을 부식시키는 성질이 있다.
② 피부 소독에는 0.1%의 수용액을 사용한다.
③ 염화칼륨을 첨가하면 자극성이 완화된다.
④ 살균력이 일반적으로 약한 편이다.

 승홍수
• 강한 살균력이 있어 살균 소독에 적합하다.
• 피부 소독에는 0.1%의 수용액을 사용한다.
• 금속을 부식시키는 성질이 있어 금속 기구 살균 소독에는 적합하지 않다.

33 자비 소독 시 금속 제품이 녹스는 것을 방지하기 위하여 첨가하는 물질이 아닌 것은?

① 2% 붕소
② 2% 탄산나트륨
③ 5% 알코올
④ 2~3% 크레졸 비누액

 자비 소독 시 1~2%의 붕소, 탄산나트륨 또는 2~5% 크레졸 비누액이나 페놀(석탄산)을 희석하여 사용하면, 세척 작용과 소독력이 높아지고 금속이 녹스는 것을 방지할 수 있다.

34 음용수 소독에 사용할 수 있는 소독제는?

① 요오드   ② 페놀
③ 염소   ④ 승홍수

 음용수 소독에는 염소 소독법을 사용한다.

35 E.O 가스의 폭발 위험성을 감소시키기 위하여 흔히 혼합하여 사용하게 되는 물질은?

① 질소   ② 산소
③ 아르곤   ④ 이산화탄소

 에틸렌옥사이드(E.O)는 가연성, 폭발성 액체로 이산화탄소나 프레온과 혼합하여 사용한다.

36 배설물의 소독에 가장 적당한 것은?

① 크레졸   ② 오존
③ 염소   ④ 승홍

 크레졸 소독은 배설물, 의복·침구류, 피혁, 손 등의 소독에 광범위하게 사용된다.

37 다음 중 살균보다는 세정의 효과가 더 큰 것은?

① 양성 계면 활성제
② 비이온 계면 활성제
③ 양이온 계면 활성제
④ 음이온 계면 활성제

 음이온 계면 활성제
• 물 속에서 이온화한 음이온 부분이 일반적으로 세정 작용이 강하여 계면 활성 작용을 나타내는 물질이다.
• 비누, 샴푸, 세안 크림, 일부 방수제 등에 사용된다.

38 화학적 소독제의 이상적인 구비 조건에 해당하지 않는 것은?

① 가격이 저렴해야 한다.
② 독성이 적고 사용자에게 자극이 없어야 한다.
③ 소독 효과가 서서히 증대되어야 한다.
④ 희석된 상태에서 화학적으로 안정되어야 한다.

 화학적 소독제는 소독 효과가 즉시 나타나야 이상적이다.

39 자외선의 파장 중 가장 강한 범위는?

① 200 ~ 220nm

② 260 ~ 280nm

③ 300 ~ 320nm

④ 360 ~ 380nm

 자외선은 260nm ~ 280nm 사이 파장에서 살균력이 가장 뛰어나다.

40 습열 멸균법에 속하는 것은?

① 자비 소독법　　② 화염 멸균법

③ 여과 멸균법　　④ 소각 소독법

 습열 멸균법에는 자비 소독법, 고압 증기 멸균법, 간헐 멸균법, 저온 소독법, 초고온 순간 멸균법 등이 있다.

41 백반증에 관한 내용 중 틀린 것은?

① 멜라닌 세포의 과다한 증식으로 일어난다.

② 백색 반점이 피부에 나타난다.

③ 후천적 탈색소 질환이다.

④ 원형, 타원형 또는 부정형의 흰색 반점이 나타난다.

 백반증은 몸속 멜라닌 색소의 파괴로 인한 결핍으로 발생하며 피부에 다양한 크기와 형태의 백색 반점이 생기는 후천성 탈색소 질환이다.

42 모발을 태우면 노린내가 나는데 이는 어떤 성분 때문인가?

① 나트륨　　　　② 이산화탄소

③ 유황　　　　　④ 탄소

 모발의 주성분은 황을 함유한 케라틴 단백질이다. 모발을 태우면 노린내가 나는 것은 모발의 구성 성분 중 다른 조직에 비해 황 성분이 다량 함유되어 있기 때문이다.

43 포인트 메이크업(point make-up) 화장품에 속하지 않는 것은?

① 블러셔　　　　② 아이 섀도

③ 파운데이션　　④ 립스틱

 파운데이션은 피부의 결점을 커버하고, 원하는 화장의 피부색을 만드는 베이스 메이크업 화장품이다.

44 무기질에 대한 설명으로 틀린 것은?

① 조절 작용을 한다.

② 수분과 산, 염기의 평형 조절을 한다.

③ 뼈와 치아를 공급한다.

④ 에너지 공급원으로 이용된다.

 우리 몸의 에너지 공급원은 탄수화물이다.

45 피부 본래의 표면에 알칼리성의 용액을 pH 환원시키는 표피의 능력을 무엇이라 하는가?

① 환원 작용

② 알칼리 중화능(中和能)

③ 산화 작용

④ 산성 중화능(中和能)

 알칼리 중화능: 피부에 알칼리성 물질이 닿으면 단시간에 정상 피부의 pH인 약산성으로 바꾸는 능력을 말한다.

46 진피의 4/5를 차지할 정도로 가장 두꺼운 부분이며, 옆으로 길고 섬세한 섬유가 그물 모양으로 구성되어 있는 층은?

① 망상층　　　　② 유두층

③ 유두하층　　　④ 과립층

망상층
- 진피층에서 가장 두꺼운 층으로 세포 성분과 세포간 물질로 이루어져 있다.
- 교원 섬유의 그물망 사이에 탄력 섬유가 치밀하게 구성되어 있다.
- 주성분은 콜라겐, 엘라스틴 등의 단백질이고 피부에 긴장과 탄력을 유지시켜 준다.

Ans

39 ②　40 ①　41 ①　42 ③　43 ③　44 ④　45 ②　46 ①

47 태선화에 대한 설명으로 옳은 것은?

① 표피가 얇아지는 것으로 표피 세포 수의 감소와 관련이 있으며 종종 진피의 변화와 동반된다.

② 둥글거나 불규칙한 모양의 굴착으로 점진적인 괴사에 의해서 표피와 함께 진피의 소실이 오는 것이다.

③ 질병이나 손상에 의해 진피와 심부에 생긴 결손을 메우는 새로운 결체 조직의 생성으로 생기며 정상 치유 과정의 하나이다.

④ 표피 전체와 진피의 일부가 가죽처럼 두꺼워지는 현상이다.

 태선화: 표피 전체와 진피의 일부가 가죽처럼 두꺼워지는 현상으로 피부는 광택을 잃고 유연성이 없어진다.

48 액취증의 원인이 되는 아포크린 한선이 분포되어 있지 않은 곳은?

① 배꼽 주변　　② 겨드랑이
③ 사타구니　　④ 발바닥

 아포크린 한선의 분포지
겨드랑이, 배꼽, 사타구니, 유두, 귀 주변

49 2도 화상에 속하는 것은?

① 햇볕에 탄 피부
② 진피층까지 손상되어 수포가 발생한 피부
③ 피하 지방층까지 손상된 피부
④ 피하 지방층 아래의 근육까지 손상된 피부

 2도 화상: 피부의 진피층까지 손상된 상태로 수포가 생기고, 붓고, 심한 통증이 동반된다.

50 공기의 접촉 및 산화와 관계있는 것은?

① 흰 면포　　② 검은 면포
③ 구진　　④ 팽진

검은 면포 여드름: 흰 면포 여드름이 공기와 접촉해서 검게 산화된 형태

51 이·미용 업소에서 이·미용 요금표를 게시하지 아니한 때의 1차 위반 행정처분 기준은?

① 경고 또는 개선 명령
② 영업 정지 5일
③ 영업 허가 취소
④ 영업장 폐쇄 명령

 이·미용 업소에서 이·미용 요금표를 게시하지 아니한 때 1차 위반 시 경고 또는 개선 명령, 2차 위반 시 영업 정지 5일, 3차 위반 시 영업 정지 10일, 4차 위반 시 영업장 폐쇄 명령의 행정처분이 내려진다.

52 면허증을 다른 사람에게 대여한 때의 2차 위반 행정처분 기준은?

① 면허 정지 6월　　② 면허 정지 3월
③ 영업 정지 3월　　④ 영업 정지 6월

 면허증을 다른 사람에게 대여한 경우 1차 위반 시 면허 정지 3개월, 2차 위반 시 면허 정지 6개월, 3차 위반 시 면허 취소의 행정처분이 내려진다.

53 공중위생 영업에 해당하지 않는 것은?

① 세탁업　　② 위생 관리업
③ 미용업　　④ 목욕장업

 공중위생 영업
세탁업, 이용업, 미용업, 목욕장업, 숙박업, 위생 관리 용역업

54 면허의 정지 명령을 받은 자는 그 면허증을 누구에게 제출해야 하는가?

① 보건복지부 장관
② 시·도지사
③ 시장·군수·구청장
④ 이·미용사 중앙 회장

 면허가 취소되거나 면허의 정지 명령을 받은 자는 지체 없이 관할 시장·군수·구청장에게 면허증을 반납하여야 한다.

55 행정처분 사항 중 1차 처분이 경고에 해당하는 것은?

① 귓불 뚫기 시술을 한 때
② 시설 및 설비 기준을 위반한 때
③ 신고를 하지 아니하고 영업소 소재를 변경한 때
④ 위생 교육을 받지 아니한 때

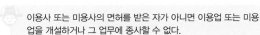

1차 위반 시 행정처분
• 점빼기·귓불 뚫기·쌍꺼풀 수술·문신·박피술 그 밖에 이와 유사한 의료 행위를 한 때: 영업 정지 2개월
• 시설 및 설비 기준을 위반한 때: 개선 명령
• 신고를 하지 아니하고 영업소의 소재지를 변경한 때: 영업장 폐쇄 명령

56 이·미용업을 개설할 수 있는 경우는?

① 이·미용사 면허를 받은 자
② 이·미용사의 감독을 받아 이·미용을 행하는 자
③ 이·미용사의 자문을 받아서 이·미용을 행하는 자
④ 위생 관리 용역업 허가를 받은 자로서 이·미용에 관심이 있는 자

 이용사 또는 미용사의 면허를 받은 자가 아니면 이용업 또는 미용업을 개설하거나 그 업무에 종사할 수 없다.

57 영업소 외의 장소에서 이용 및 미용의 업무를 할 수 있는 경우가 아닌 것은?

① 질병으로 영업소에 나올 수 없는 경우
② 혼례 직전에 이용 또는 미용을 하는 경우
③ 야외에서 단체로 이용 또는 미용을 하는 경우
④ 사회 복지 시설에서 봉사 활동으로 이용 또는 미용을 하는 경우

영업소 외에서의 이용 및 미용 업무
• 질병이나 그 밖의 사유로 영업소에 나올 수 없는 자에 대하여 이용 또는 미용을 하는 경우
• 혼례나 그 밖의 의식에 참여하는 자에 대하여 그 의식 직전에 이용 또는 미용을 하는 경우
• 사회 복지 시설에서 봉사 활동으로 이용 또는 미용을 하는 경우
• 방송 등의 촬영에 참여하는 사람에 대하여 그 촬영 직전에 이용 또는 미용을 하는 경우
• 특별한 사정이 있다고 시장·군수·구청장이 인정하는 경우

58 이·미용 업소의 시설 및 설비 기준으로 적합한 것은?

① 소독을 한 기구와 소독을 하지 아니한 기구를 구분하여 보관할 수 있는 용기를 비치하여야 한다.
② 소독기, 적외선 살균기 등 기구를 소독하는 장비를 갖추어야 한다.
③ 밀폐된 별실을 24개 이상 둘 수 있다.
④ 작업 장소와 응접 장소, 상담실, 탈의실 등을 분리하여 칸막이를 설치하려는 때에는 각각 전체 벽 면적의 2분의 1 이상은 투명하게 하여야 한다.

• 소독기, 적외선 살균기 등 이용 기구를 소독하는 장비를 갖추어야 한다.
• 영업소 안에서 별실, 그 밖에 이와 유사한 시설을 설치해서는 아니 된다.
• 작업 장소와 응접 장소, 상담실, 탈의실 등을 분리하여 칸막이를 설치하려는 때에는 각각 전체 벽 면적의 3분의 1 이상은 투명하게 하여야 한다.

59 위생 서비스 평가의 결과에 따른 조치에 해당되지 않는 것은?

① 이·미용업자는 위생 관리 등급 표지를 영업소 출입구에 부착할 수 있다.
② 시·도지사는 위생 서비스의 수준이 우수하다고 인정되는 영업소에 대한 포상을 실시할 수 있다.
③ 시장, 군수는 위생 관리 등급 별로 영업소에 대한 위생 감시를 실시할 수 있다.
④ 구청장은 위생 관리 등급의 결과를 세무서장에게 통보할 수 있다.

 시장, 군수, 구청장은 위생 서비스 평가 결과에 따른 위생 관리 등급을 공중위생 영업자에게 통보하고 이를 공표한다.

60 이·미용의 업무를 영업 장소 외에서 행하였을 때 이에 대한 처벌 기준은?

① 3년 이하의 징역 또는 1천만 원 이하의 벌금
② 500만 원 이하의 과태료
③ 200만 원 이하의 과태료
④ 100만 원 이하의 벌금

 영업소 외의 장소에서 이용 또는 미용 업무를 행한 자는 200만 원 이하의 과태료에 처한다.

Ans
55 ④ 56 ① 57 ③ 58 ① 59 ④ 60 ③

헤어 미용사 필기 기출문제 (2010. 7. 11. 시행)

자격 종목	코드	출제 문항 수	시험 시간	수험 번호	성명
헤어 미용사	7937	60문항	60분		

01 신징(singeing)의 목적에 해당하지 않는 것은?

① 불필요한 두발을 제거하고 건강한 두발의 순 조로운 발육을 조장한다.

② 잘라지거나 갈라진 두발로부터 영양 물질이 흘러나오는 것을 막는다.

③ 양이 많은 두발에 숱을 쳐내는 것이다.

④ 온열 자극에 의해 두부의 혈액 순환을 촉진시 킨다.

 모발의 길이에 변화를 주지 않고 양이 많은 두발에 숱을 쳐내는 것은 틴닝에 해당한다.

02 브러시의 종류에 따른 사용 목적이 틀린 것은?

① 덴멘 브러시는 열에 강하여 모발에 텐션과 볼 륨감을 주는 데 사용한다.

② 롤 브러시는 롤의 크기가 다양하고 웨이브를 만들기에 적합하다.

③ 스켈톤 브러시는 여성의 헤어스타일이나 긴 머리 헤어스타일 정돈에 주로 사용된다.

④ S형 브러시는 바람머리 같은 방향성을 살린 헤어스타일 정돈에 적합하다.

 스켈톤 브러시: 남성 스타일이나 쇼트 스타일에 사용한다.

03 블런트 커팅과 같은 뜻을 가진 것은?

① 프리 커트   ② 애프터 커트

③ 클럽 커트   ④ 드라이 커트

 블런트 커팅: 직선으로 커트하는 기법으로 '클럽 커트'라고도 한다.

04 퍼머넌트 웨이브의 제2액 주제로서 취소산나트륨 과 취소산칼륨은 몇 %의 적정 수용액을 만들어서 사용하는가?

① 1 ~ 2%   ② 3 ~ 5%

③ 5 ~ 7%   ④ 7 ~ 9%

 제2액은 3 ~ 5%의 수용액이 적당하다.

05 베이스(base)는 컬 스트랜드의 근원에 해당된다. 다음 중 오블롱(oblong) 베이스는 어느 것인가?

① 오형 베이스   ② 정방형 베이스

③ 장방형 베이스   ④ 아크 베이스

 오블롱(oblong) 베이스: 장방형 베이스로 측두부에 주로 사용

06 손톱의 상조피를 자르는 가위는?

① 폴리시 리무버   ② 큐티클 니퍼

③ 큐티클 푸셔   ④ 네일 래커

07 원 랭스(one length) 커트형에 해당되지 않는 것은?

① 평행 보브형(parallel bob style)

② 이사도라형(isadora style)

③ 스파니엘형(spaniel style)

④ 레이어형(layer style)

원 랭스 커트
모발에 층을 주지 않고 동일선상에서 커트하는 기법이다. 평행 보 브 커트, 이사도라 커트, 스파니엘 커트, 머시룸 커트 등이 있다.

Ans
01 ③ 02 ③ 03 ③ 04 ② 05 ③ 06 ② 07 ④

08 조선 시대 후반기에 유행하였던 일반 부녀자들의 머리 형태는?

① 쪽머리
② 푼기명머리
③ 쌍상투머리
④ 귀밑머리

 쪽머리
가르마를 타고 양쪽으로 곱게 빗어 뒤로 길게 한 줄로 땋아 비녀로 고정시킨 머리로, 조선 순조 중엽부터 일반화되었다.

09 콜드 퍼머넌트 웨이빙(cold permanent waving)시 비닐 캡(vinyl cap)을 씌우는 목적 및 이유에 해당되지 않는 것은?

① 라놀린(lanolin)의 약효를 높여 주므로 제1액의 피부염 유발 위험을 줄인다.
② 체온의 방산(放散)을 막아 솔루션(solution)의 작용을 촉진한다.
③ 퍼머넌트액의 작용이 두발 전체에 골고루 진행되도록 돕는다.
④ 휘발성 알칼리(암모니아 가스)의 산일(散逸) 작용을 방지한다.

 핫 오일 샴푸 시술 시 미리 따뜻하게 덥힌 올리브유, 라놀린 등을 탈지면이나 거즈에 적셔서 두피 전체에 골고루 바른 다음, 마사지를 하여 잘 스며들도록 한다.

10 물결상이 극단적으로 많은 웨이브로 곱슬곱슬하게 된 퍼머넌트의 두발에서 주로 볼 수 있는 것은?

① 와이드 웨이브
② 섀도 웨이브
③ 내로우 웨이브
④ 마셀 웨이브

 • 와이드 웨이브 : 크레스트와 리지가 뚜렷하고 자연스러운 웨이브
• 섀도 웨이브 : 리지가 거의 보이지 않는 느슨한 웨이브
• 마셀 웨이브 : 부드러운 S자 모양의 일반적인 웨이브

11 두발을 윤곽 있게 살려 목덜미(nape)에서 정수리(back) 쪽으로 올라가면서 두발에 단차를 주어 커트하는 것은?

① 원 랭스 커트
② 쇼트 헤어 커트
③ 그러데이션 커트
④ 스퀘어 커트

 • 원 랭스 커트 : 모발에 층을 주지 않고 동일선상에서 커트
• 쇼트 헤어 커트 : 목덜미에서 2 ~ 3cm 이내로 층이 많게 커트
• 스퀘어 커트 : 사각형의 박스형으로 각지게 연출해 주는 커트

12 고대 중국 당나라 시대의 메이크업과 가장 거리가 먼 것은?

① 백분, 연지로 얼굴형을 부각시킴.
② 액황을 이마에 발라 입체감을 살림.
③ 10가지 종류의 눈썹 모양으로 개성을 표현
④ 일본에서 유입된 가부키 화장이 서민에게까지 성행

 일본의 가부키 화장이 중국 당나라 서민에게 직접적인 영향을 미치지는 않았다.

13 헤어 파팅(hair parting) 중 후두부를 정중선(正中線)으로 나눈 파트는?

① 센터 파트(center part)
② 스퀘어 파트(square part)
③ 카우릭 파트(cowlick part)
④ 센터 백 파트(center back part)

 • 센터 파트 : 전두부의 헤어 라인 중심에서 두정부를 향한 직선 가르마로 앞가르마를 말함.
• 스퀘어 파트 : 이마의 양쪽에서 사이드 파트하여 두정부 근처에서 이마의 헤어 라인에 수평하게 나눈 파트
• 카우릭 파트 : 두정부의 가마로부터 방사상으로 나눈 파트

14 마셀 웨이브에서 건강모인 경우에 아이론의 적정 온도는?

① 80 ~ 100℃
② 100 ~ 120℃
③ 120 ~ 140℃
④ 140 ~ 160℃

15 퍼머넌트 웨이브 후 두발이 자지러지는 원인이 아닌 것은?

① 사전 커트 시 두발 끝을 심하게 테이퍼링한 경우
② 로드의 굵기가 너무 가는 것을 사용한 경우
③ 와인딩 시 텐션을 주지 않고 느슨하게 한 경우
④ 오버 프로세싱을 하지 않은 경우

 오버 프로세싱은 두발이 자지러지는 원인이다.

16 퍼머넌트 웨이브가 잘 나오지 않은 경우로 볼 수 없는 것은?

① 와인딩 시 텐션을 주어 말았을 경우
② 사전 샴푸 시 비누와 경수로 샴푸하여 두발에 금속염이 형성된 경우
③ 두발이 저항모이거나 불수성모로 경모인 경우
④ 오버 프로세싱으로 시스틴이 지나치게 파괴된 경우

 와인딩 시 텐션을 가해야 웨이브가 잘 나온다.

17 비듬 제거 샴푸로서 가장 적당한 것은?

① 핫오일 샴푸　　② 드라이 샴푸
③ 댄드러프 샴푸　④ 플레인 샴푸

- 핫오일 샴푸: 유분 공급에 적합한 샴푸
- 드라이 샴푸: 물 없이 사용하는 샴푸
- 플레인 샴푸: 모발과 두피를 세정하는 일반 샴푸

18 헤어 블리치제의 산화제로 오일 베이스제는 무엇에 유황유가 혼합되는 것인가?

① 과붕산나트륨　　② 탄산마그네슘
③ 라놀린　　　　　④ 과산화 수소수

헤어 블리치제
모발의 인공적·자연적 색채를 전체적 또는 부분적으로 탈색시키는 것으로, 과산화 수소수를 산화제로 사용한다.

19 브러시 손질법으로 부적당한 것은?

① 보통 비눗물이나 탄산 소다수에 담그고 부드러운 털은 손으로 가볍게 비벼 빤다.
② 털이 빳빳한 것은 세정 브러시로 닦아 낸다.
③ 털이 위로 가도록 하여 햇볕에 말린다.
④ 소독 방법으로 석탄산수를 사용해도 된다.

 털이 아래로 가도록 하여 응달에 말린다.

20 샴푸 시술 시의 주의 사항으로 틀린 것은?

① 손님의 의상이 젖지 않게 신경을 쓴다.
② 두발을 적시기 전에 물의 온도를 점검한다.
③ 손톱으로 두피를 문지르며 비빈다.
④ 다른 손님에게 사용한 타월은 쓰지 않는다.

 손톱으로 두피를 문지를 경우 두피가 손상될 수 있다.

21 법정 전염병 중 제3군 전염병에 속하는 것은?

① 후천 면역 결핍증　② 장티푸스
③ 일본 뇌염　　　　　④ B형 간염

- 장티푸스: 제1군 전염병
- 일본 뇌염, B형 간염: 제2군 전염병

22 하수 오염이 심할수록 BOD는 어떻게 되는가?

① 수치가 낮아진다.
② 수치가 높아진다.
③ 아무런 영향이 없다.
④ 높아졌다 낮아졌다 반복한다.

 하수 오염이 심할수록 BOD(생화학적 산소 요구량) 수치는 높아지고, DO(용존 산소량) 수치는 낮아진다.

23 분뇨의 비위생적 처리로 감염될 수 있는 기생충으로 가장 거리가 먼 것은?

① 회충　　　　　② 사상충
③ 십이지장충　④ 편충

 사상충은 모기로 전파되는 감염병이다.

24 대기 오염에 영향을 미치는 기상 조건으로 가장 관계가 큰 것은?

① 강우, 강설　② 고온, 고습
③ 기온 역전　　④ 저기압

기온 역전
상공으로 올라갈수록 기온이 올라가는 현상을 말하며, 이로 인해 대기 오염 물질의 확산이 이루어지지 못하게 되므로 대기 오염의 피해를 가중시키게 된다.

Ans
16 ①　17 ③　18 ④　19 ③　20 ③　21 ①　22 ②　23 ②
24 ③

25 환자의 격리가 가장 중요한 관리 방법이 되는 것은?

① 파상풍, 백일해　② 일본 뇌염, 성홍열
③ 결핵, 한센병　④ 폴리오, 풍진

 제3군 전염병은 환자와의 격리가 가장 중요한 질병으로 결핵, 한센병, 말라리아, AIDS 등이 포함된다.

26 어류인 송어, 연어 등을 날로 먹었을 때 주로 감염될 수 있는 것은?

① 갈고리촌충　② 긴촌충
③ 폐디스토마　④ 선모충

 송어나 연어 등을 날로 섭취하였을 경우 긴촌충인 광절열두조충에 감염될 가능성이 높다.

27 소음이 인체에 미치는 영향으로 가장 거리가 먼 것은?

① 불안증 및 노이로제
② 청력 장애
③ 중이염
③ 작업 능률 저하

 중이염은 유스타키오관의 기능 장애와 미생물에 의한 감염이 가장 중요한 원인 요소이다.

28 음용수의 일반적인 오염 지표로 사용되는 것은?

① 탁도　② 일반 세균 수
③ 대장균 수　④ 경도

 음용수의 일반적인 오염 지표로는 장내 세균의 하나인 대장균 수가 사용된다.

29 한 국가나 지역 사회 간의 보건 수준을 비교하는 데 사용되는 대표적인 3대 지표는?

① 영아 사망률, 비례 사망 지수, 평균 수명
② 영아 사망률, 사인별 사망률, 평균 수명
③ 유아 사망률, 모성 사망률, 비례 사망 지수
④ 유아 사망률, 사인별 사망률, 영아 사망률

 WHO(세계 보건 기구)에서 지정한 국가나 지역 사회 간의 보건 수준을 비교·평가하는 데 사용되는 대표적 지표는 영아 사망률, 비례 사망 지수, 평균 수명이다.

30 산업 피로의 본질과 가장 관계가 먼 것은?

① 생체의 생이적 변화
② 피로 감각
③ 산업 구조의 변화
④ 작업량의 변화

 산업 피로
산업에 종사하고 노동을 함으로써 생기는 신체적·정신적 피로에 의한 생체의 생이적 변화를 말하며, 피로의 요인은 작업 조건, 노동 시간 조건, 휴식 조건 및 개인 적응 조건 등이다. 산업 구조의 변화와는 직접적인 관계가 없다.

31 3% 소독액 1000mL를 만드는 방법으로 옳은 것은? (단, 소독액 원액의 농도는 100%이다.)

① 원액 300mL에 물 700mL를 더한다.
② 원액 30mL에 물 970mL를 더한다.
③ 원액 3mL에 물 997mL를 더한다.
④ 원액 3mL에 물 1000mL를 더한다.

 ・농도 = 용질/용액 × 100
・용질/1,000 × 100 = 3
・용질 = 30mL
・원액이 30mL이므로 물 970mL가 필요하다.

32 소독약에 대한 설명 중 적합하지 않은 것은?

① 소독 시간이 적당한 것
② 소독 대상물을 손상시키지 않는 소독약을 선택할 것
③ 인체에 무해하며 취급이 간편할 것
④ 소독약은 항상 청결하고 밝은 장소에 보관할 것

 소독약은 청결하고 그늘진 냉암소에 보관해야 한다.

33 물리적 살균법에 해당되지 않는 것은?

① 열을 가한다.
② 건조시킨다.
③ 물을 끓인다.
④ 포름알데히드를 사용한다.

 포름알데히드를 사용한 살균법은 화학적 살균법에 해당된다.

Ans
25 ③　26 ②　27 ③　28 ③　29 ①　30 ③　31 ②　32 ④
33 ④

34 비교적 가격이 저렴하고 살균력이 있으며 쉽게 증발되어 잔여량이 없는 살균제는?

① 알코올   ② 요오드
③ 크레졸   ④ 페놀

 에틸알코올인 에탄올은 인체에 무해하며, 보통 70 ~ 75% 농도로 사용해야 살균 효과가 가장 높으며, 가격이 저렴하고 잔여량이 남지 않는다.

35 질병 발생의 역학적 삼각형 모형에 속하는 요인이 아닌 것은?

① 병인적 요인   ② 숙주적 요인
③ 감염적 요인   ④ 환경적 요인

 질병 발생의 역학적 3대 결정 인자: 병인, 숙주, 환경

36 승홍수 사용 시 적당하지 않은 것은?

① 사기 그릇   ② 금속류
③ 유리   ④ 에나멜 그릇

 승홍수는 금속류를 부속시키므로 금속류의 사용은 적당하지 않다.

37 미생물 중 크기가 가장 작은 것은?

① 세균   ② 곰팡이
③ 리케차   ④ 바이러스

 미생물의 크기 순서
• 바이러스 〈 리케차 〈 세균 〈 효모 〈 곰팡이

38 방역용 석탄산의 가장 적당한 희석 농도는?

① 0.1%   ② 0.3%
③ 3.0%   ④ 75%

 석탄산은 보통 3% 희석 용액을 사용하며 손 소독 시에는 2%로 사용한다.

39 일광 소독법은 햇빛 중의 어떤 영역에 의해 소독이 가능한가?

① 적외선   ② 자외선
③ 가시광선   ④ 우주선

 파장이 가장 짧은 자외선은 260nm ~ 280nm 사이 파장에서 살균력이 가장 뛰어나며, 일광 소독법에 사용한다.

40 완전 멸균으로 가장 빠르고 효과적인 소독 방법은?

① 유통 증기법   ② 간헐 살균법
③ 고압 증기법   ④ 건열 소독

 고압 증기 멸균법은 고압 증기 멸균 장치를 이용한 완전 멸균 방법으로 가장 빠르고 효과적이다.

41 피부의 표피 세포는 대략 몇 주 정도의 교체 주기를 가지고 있는가?

① 1주   ② 2주
③ 3주   ④ 4주

 표피 세포의 교체 주기는 4주 정도이다.

42 자외선 B는 자외선 A에 비하여 홍반 발생 능력이 몇 배 정도인가?

① 10배   ② 100배
③ 1000배   ④ 10000배

43 신체 부위 중 피부 두께가 가장 얇은 곳은?

① 손등 피부   ② 볼 부위
③ 눈꺼풀 피부   ④ 둔부

 눈꺼풀 피부가 신체 부위 중 가장 얇다.

Ans
34 ①   35 ③   36 ②   37 ④   38 ③   39 ②   40 ③   41 ④
42 ③   43 ③

44 알레르기에 의한 피부의 반응이 아닌 것은?

① 화장품에 의한 피부염

② 가구나 의복에 의한 피부 질환

③ 비타민 과다 복용에 의한 피부 질환

④ 내복한 약에 의한 피부 질환

 비타민 과다 복용 시 설사나 복통, 위 쓰림 같은 증상이 나타날 수 있다.

45 사마귀 종류 중 얼굴, 턱, 입 주위와 손등에 잘 발생하는 것은?

① 심상성 사마귀 　② 족저 사마귀

③ 첨규 사마귀 　④ 편평 사마귀

 ・심상성 사마귀: 몸, 손, 다리 등에 발병하는 일반 사마귀
・족저 사마귀: 발바닥에 발병하는 사마귀
・첨규 사마귀: 성 접촉을 통해 전파되는 사마귀
・편평 사마귀: 이마, 턱, 코, 입 주위와 손등에 잘 나타남.

46 피부가 추위를 감지하면 근육을 수축시켜 털을 세우게 한다. 어떤 근육이 털을 세우게 하는가?

① 안륜근 　② 입모근

③ 전두근 　④ 후두근

 입모근: 피부가 추위를 감지하면 교감 신경의 지배를 받아 근육을 수축시켜 털을 세우게 하는 근육

47 단백질의 최종 가수 분해 물질은?

① 지방산 　② 콜레스테롤

③ 아미노산 　④ 카로틴

 단백질 가수 분해: 단백질의 펩티드 결합을 가수 분해하여 최종적으로 아미노산 또는 펩티드를 생성하는 화학 반응

48 여드름 발생 원인과 증상에 대한 것으로 틀린 것은?

① 호르몬의 불균형

② 불규칙한 식생활

③ 중년 여성에게만 나타남.

④ 주로 사춘기 때 많이 나타남.

 중년 여성은 여드름보다 주름이나 노화 촉진이 주요 증상이다.

49 케라토히알린(keratohyaline) 과립은 피부 표피의 어느 층에 주로 존재하는가?

① 과립층 　② 유극층

③ 기저층 　④ 투명층

 케라토히알린: 포유류 표피 과립층의 세포에서 볼 수 있는 불규칙한 외형을 갖는 대소부동의 과립

50 자외선 차단 지수는 무엇이라 하는가?

① FDA 　② SPF

③ SCI 　④ WHO

 자외선 차단 지수(SPF: Sun Protection Factor): 자외선 B(UVB)의 차단 효과를 표시하는 단위

51 이·미용사의 면허증을 대여한 때의 1차 위반 행정 처분 기준은?

① 면허 정지 3월 　② 면허 정지 6월

③ 영업 정지 3월 　④ 영업 정지 6월

 이·미용사의 면허증 대여 시 1차 위반 행정처분 기준은 면허 정지 3개월이다.

52 이·미용사의 면허를 발급하는 기관이 아닌 것은?

① 서울시 마포 구청장

② 제주도 서귀포 시장

③ 인천시 부평 구청장

④ 경기 도지사

 면허를 발급하는 기관은 시장·군수·구청장이다.

Ans

44 ③　45 ④　46 ②　47 ③　48 ③　49 ①　50 ②　51 ①

52 ④

53 공중위생 업소가 의료법을 위반하여 폐쇄 명령을 받았다. 최소한 어느 정도의 기간이 경과되어야 동일 장소에서 동일 영업이 가능한가?

① 3개월　　　② 6개월
③ 9개월　　　④ 12개월

 폐쇄 명령: 시장·군수·구청장은 관계 행정기관 장의 요청이 있는 때에는 6월 이내의 기간을 정하여 영업소 폐쇄 등을 명할 수 있다.

54 이·미용사 면허증을 분실하였을 때 누구에게 재교부 신청을 하여야 하는가?

① 보건복지부 장관
② 시·도지사
③ 시장·군수·구청장
④ 협회장

이·미용사 면허증의 재교부 신청을 하고자 하는 자는 신청서에 서류를 첨부하여 시장·군수·구청장에게 제출하여야 한다.

55 이·미용사가 면허증 재교부 신청을 할 수 없는 것은?

① 면허증을 잃어버린 때
② 면허증 기재 사항의 변경이 있는 때
③ 면허증이 못쓰게 된 때
④ 면허증이 더러운 때

이용사 또는 미용사는 면허증의 기재 사항에 변경이 있는 때, 면허증을 잃어버린 때 또는 면허증이 헐어 못쓰게 된 때에는 면허증의 재교부를 신청할 수 있다.

56 위생 관리 등급 공표 사항으로 틀린 것은?

① 시장, 군수, 구청장은 위생 서비스 평가 결과에 따른 위생 관리 등급을 공중위생 영업자에게 통보하고 공표한다.
② 공중위생 영업자는 통보받은 위생 관리 등급의 표지를 영업소 출입구에 부착할 수 있다.
③ 시장, 군수, 구청장은 위생 서비스 결과에 따른 위생 관리 등급 우수 업소에는 위생 감시를 면제할 수 있다.
④ 시장, 군수, 구청장은 위생 서비스 평가의 결과에 따른 위생 관리 등급별로 영업소에 대한 위생 감시를 실시하여야 한다.

시장, 군수, 구청장은 위생 서비스 결과에 따른 위생 관리 등급 우수 업소에 대하여 포상을 할 수 있다.

57 이용사 또는 미용사의 면허를 취소할 수 있는 대상에 해당되지 않는 자는?

① 정신 질환자　　　② 감염병 환자
③ 금치산자　　　　④ 당뇨병 환자

 이용사 또는 미용사의 면허를 받을 수 없는 자
· 금치산자
· 정신 질환자
· 공중의 위생에 영향을 미칠 수 있는 감염병 환자로서 보건복지부령이 정하는 자
· 마약 기타 대통령령으로 정하는 약물 중독자
· 면허가 취소된 후 1년이 경과되지 아니한 자

58 공중위생 영업을 하고자 하는 자는 위생 교육을 언제 받아야 하는가? (단, 예외 조항은 제외한다.)

① 영업소 개설을 통보한 후에 위생 교육을 받는다.
② 영업소를 운영하면서 자유로운 시간에 위생 교육을 받는다.
③ 영업 신고를 하기 전에 미리 위생 교육을 받는다.
④ 영업소 개설 후 3개월 이내에 위생 교육을 받는다.

공중위생 영업을 하고자 하는 자는 영업 신고를 하기 전에 미리 위생 교육을 받는다.

59 과태료 처분에 불복이 있는 자는 그 처분의 고지를 받은 날부터 며칠 이내에 처분권자에게 이의를 제기할 수 있는가?

① 5일　　　② 10일
③ 15일　　　④ 30일

과태료 처분에 불복이 있는 자는 그 처분의 고지를 받은 날로부터 30일 내에 처분권자에게 이의를 제기할 수 있다.

60 시·도지사 또는 시장·군수·구청장은 공중위생 관리상 필요하다고 인정하는 때에 공중위생 영업자 등에 대하여 필요한 조치를 취할 수 있다. 이 조치에 해당하는 것은?

① 보고　　　② 청문
③ 감독　　　④ 협의

시·도지사 또는 시장·군수·구청장은 공중위생 관리상 필요하다고 인정하는 때에는 공중위생 영업자 및 공중 이용 시설의 소유자 등에 대하여 필요한 보고를 하게 할 수 있다.

Ans
53 ②　54 ③　55 ④　56 ③　57 ④　58 ③　59 ④　60 ①

헤어 미용사 필기 기출문제 (2010. 10. 3. 시행)

자격 종목		코드	출제 문항 수	시험 시간	수험 번호	성명
헤어 미용사		7937	60문항	60분		

01 헤어 커팅의 방법 중 테이퍼링(tapering)에는 3가지의 종류가 있다. 이 중에서 노멀 테이퍼(normal taper)는?

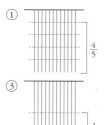
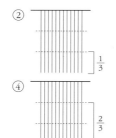

- 엔드 테이퍼링: 모발(스트랜드) 끝부분에서 1/3 정도 테이퍼링하는 기법(모발 양이 적을 때)
- 노멀 테이퍼링: 모발(스트랜드) 끝부분에서 1/2 정도 테이퍼링하는 기법(모발 양이 보통일 때)
- 딥 테이퍼링: 모발(스트랜드) 끝부분에서 2/3 정도 테이퍼링하는 기법(모발 양이 많을 때)

02 조선 중엽 상류 사회 여성들이 얼굴의 밑 화장으로 사용한 기름은?

① 동백기름
② 콩기름
③ 참기름
④ 피마자기름

조선 중엽부터 밑 화장으로는 참기름을 바른 후 닦았으며, 분화장은 장분을 물에 개어서 얼굴에 발랐다.

03 퍼머넌트 웨이브 시술 시 산화제의 역할이 아닌 것은?

① 퍼머넌트 웨이브의 작용을 계속 진행시킨다.
② 1액의 작용을 멈추게 한다.
③ 시스틴 결합을 재결합시킨다.
④ 1액이 작용한 형태의 컬로 고정시킨다.

산화제는 제1액의 작용을 멈추게 하고 끊어진 시스틴 결합을 재결합시키며, 제1액이 작용한 형태의 컬을 고정시켜 준다.

04 헤어 컬러링 시 활용되는 색상환에 있어 적색의 보색은?

① 보라색
② 청색
③ 녹색
④ 황색

보색 관계

- 적색 – 녹색
- 보라색 – 연두색
- 황색 – 청색

05 모발의 성장 단계를 옳게 나타낸 것은?

① 성장기 → 휴지기 → 퇴화기
② 휴지기 → 발생기 → 퇴화기
③ 퇴화기 → 성장기 → 발생기
④ 성장기 → 퇴화기 → 휴지기

모발의 성장 단계: 성장기 → 퇴화기 → 휴지기

06 스탠드 업 컬에 있어 루프가 귓바퀴 반대 방향으로 말린 컬은?

① 플랫 컬
② 포워드 스탠드 업 컬
③ 리버스 스탠드 업 컬
④ 스컬프처 컬

리버스 스탠드 업 컬: 컬의 루프가 얼굴 뒤쪽 귓바퀴 반대 방향으로 말린 컬

Ans
01 ③ 02 ③ 03 ① 04 ③ 05 ④ 06 ③

07 헤어 샴푸잉 중 드라이 샴푸 방법이 아닌 것은?

① 리퀴드 드라이 샴푸
② 핫 오일 샴푸
③ 파우더 드라이 샴푸
④ 에그 파우더 샴푸

 핫 오일 샴푸: 지방성 효과를 주로 한 웨트(wet) 샴푸 방법

08 컬의 목적이 아닌 것은?

① 플러프(fluff)를 만들기 위해서
② 웨이브(wave)를 만들기 위해서
③ 컬러의 표현을 원활하게 하기 위해서
④ 볼륨을 만들기 위해서

 컬러의 표현을 원활하게 하기 위해서는 헤어 컬러링을 한다.

09 손톱의 상조피를 부드럽게 하기 위해 비눗물을 담는 용기는?

① 에머리보드
② 핑거 볼
③ 네일 버퍼
④ 네일 파일

 핑거 볼: 습식 시술 시 큐티클을 빨리 제거하기 위해 미온수에 손을 담가 불리는 도구

10 매니큐어(manicure) 바르는 순서가 옳은 것은?

① 네일 에나멜 → 베이스 코트 → 탑 코트
② 베이스 코트 → 네일 에나멜 → 탑 코트
③ 탑 코트 → 네일 에나멜 → 베이스 코트
④ 네일 표백제 → 네일 에나멜 → 베이스 코트

11 삼한 시대의 머리형에 관한 설명으로 틀린 것은?

① 포로나 노비는 머리를 깎아서 표시했다.
② 수장급은 모자를 썼다.
③ 일반인은 상투를 틀게 했다.
④ 귀천의 차이가 없이 자유롭게 했다.

 삼한 시대의 미용
• 포로를 노예로 만들어 머리를 깎아 표시하였다.
• 수장급은 관모를 썼다.
• 마한의 남자는 결혼 후 상투를 틀었다.
• 마한과 변한에서는 글씨를 새기는 문신을 하였다. 이것은 주술적인 의미뿐만 아니라 신분과 계급을 나타내었다.

12 두상의 특정한 부분에 볼륨을 주기 원할 때 사용되는 헤어 피스(hair piece)는?

① 위글렛(wiglet)
② 스위치(switch)
③ 폴(fall)
④ 위그(wig)

 위글렛: 두부의 특정 부위를 높이거나 볼륨 등의 특별한 효과를 연출하기 위해서 사용

13 커트 시술 시 두부(頭部)를 5등분으로 나누었을 때 관계없는 명칭은?

① 톱(top)
② 사이드(side)
③ 헤드(head)
④ 네이프(nape)

 커트 블로킹에는 4, 5, 6, 7등분 블로킹이 있으며, 5등분 시 톱을 중심으로 크게 전두부와 후두부로 나뉜다.

14 다음 명칭 중 가위에 속하는 것은?

① 핸들
② 피봇
③ 프롱
④ 그루브

 핸들, 프롱, 그루브는 헤어 아이론의 명칭이다.

15 퍼머약의 제1액 중 티오글리콜산의 적정 농도는?

① 1 ~ 2%
② 2 ~ 7%
③ 8 ~ 12%
④ 15 ~ 20%

 티오글리콜산염의 종류는 티오글리콜산암모늄과 티오글리콜산이 있으며, 적정 농도는 2 ~ 7%이다.

16 두피에 지방이 부족하여 건조한 경우에 하는 스캘프 트리트먼트는?

① 플레인 스캘프 트리트먼트
② 오일리 스캘프 트리트먼트
③ 드라이 스캘프 트리트먼트
④ 댄드러프 스캘프 트리트먼트

 • 드라이 스캘프 트리트먼트: 건성 두피
• 플레인 스캘프 트리트먼트: 일반 두피
• 오일리 스캘프 트리트먼트: 지성 두피
• 댄드러프 스캘프 트리트먼트: 비듬성 두피

Ans
07 ② 08 ③ 09 ② 10 ② 11 ④ 12 ① 13 ③ 14 ②
15 ② 16 ③

17 헤어 블리치 시술상의 주의 사항에 해당하지 않는 것은?

① 미용사의 손을 보호하기 위하여 장갑을 반드시 낀다.
② 시술 전 샴푸를 할 경우 브러싱을 하지 않는다.
③ 두피에 질환이 있는 경우 시술하지 않는다.
④ 사후 손질로서 헤어 리컨디셔닝은 가급적 피하도록 한다.

 사후 손질로서 헤어 리컨디셔닝을 통해 모발의 알칼리화를 방지해 주는 게 좋다.

18 빗을 천천히 위쪽으로 이동시키면서 가위의 개폐를 재빨리 하여 빗에 끼어 있는 두발을 잘라 나가는 커팅 기법은?

① 싱글링(shingling)
② 틴닝 시저스(thinning scissors)
③ 레이저 커트(razor cut)
④ 슬리더링(slithering)

 싱글링: 빗을 천천히 위쪽으로 이동시키면서 가위의 개폐를 빨리 하여, 빗이 위쪽으로 갈수록 길게 자르는 커팅 기법

19 콜드 웨이브(cold wave) 시술 후 머리끝이 자지러지는 원인에 해당되지 않는 것은?

① 모질에 비하여 약이 강하거나 프로세싱 타임이 길었다.
② 너무 가는 로드(rod)를 사용했다.
③ 텐션(tension)이 약하여 로드에 꼭 감기지 않았다.
④ 사전 커트 시 머리끝을 테이퍼(taper)하지 않았다.

 사전 커트 시 머리끝을 테이퍼(taper)하지 않는 것이 머리끝이 자지러지는 직접적인 원인은 아니다.

20 고대 중국 미용에 대한 설명으로 틀린 것은?

① 하(夏) 시대에 분을, 은(殷) 주왕 때에는 연지 화장이 사용되었다.
② 아방궁 3천 명의 미희들에게 백분과 연지를 바르게 하고 눈썹을 그리게 했다.
③ 액황이라고 하여 이마에 발라 약간의 입체감을 주었으며, 홍장이라고 하여 백분을 바른 후 다시 연지를 덧발랐다.
④ 두발을 짧게 깎거나 밀어내고 그 위에 일광을 막을 수 있는 대용물로써 가발을 즐겨 썼다.

 가발은 고대 이집트인들이 처음 사용했다.

21 합병증으로 고환염, 뇌수막염 등이 초래되어 불임이 될 수도 있는 질환은?

① 홍역　　　　　② 뇌염
③ 풍진　　　　　④ 유행성 이하선염

 유행성 이하선염(볼거리): 발생 며칠 만에 자연 치유되는 게 일반적이지만, 드물게 고환염, 뇌수막염, 난소염, 췌장염, 부고환염, 청력 장애 등의 합병증이 올 수도 있다.

22 이상 저온 작업으로 인한 건강 장애인 것은?

① 참호족　　　　② 열경련
③ 울열증　　　　④ 열 쇠약증

 열경련, 울열증, 열 쇠약증은 고온다습한 환경에서 나타나는 질병이다.

23 단위 체적 안에 포함된 수분의 절대량을 중량이나 압력으로 표시한 것으로 현재 공기 1m³ 중에 함유된 수증기량 또는 수증기 장력을 나타낸 것은?

① 절대 습도　　　② 포화 습도
③ 비교 습도　　　④ 포차

 • 포화 습도: 공기가 함유할 수 있는 최대의 수증기량
• 비교 습도: 습공기의 절대 온도와 그 온도에 의한 포화 공기의 절대 습도와의 비율
• 포차: 일정 기온에서 그 온도에서의 최대 수증기량과 현재 수증기량의 차이

Ans
17 ④　18 ①　19 ④　20 ④　21 ④　22 ①　23 ①

24 보균자(carrier)는 전염병 관리상 어려운 대상이다. 그 이유와 관계가 가장 먼 것은?

① 색출이 어려우므로
② 활동 영역이 넓기 때문에
③ 격리가 어려우므로
④ 치료가 되지 않으므로

보균자: 감염증 병원체를 체내에 보유 또는 배설하면서도 아무런 증상을 나타내지 않는 사람을 말하나, 치료가 불가능한 것은 아니다.

25 기생충과 전파 매개체의 연결이 옳은 것은?

① 무구조충 – 돼지고기
② 간디스토마 – 바닷물고기 회
③ 폐디스토마 – 가재
④ 광절열두조충 – 쇠고기

무구조충은 소고기, 간디스토마는 민물고기, 광절열두조충은 송어·연어가 전파 매체이다.

26 공중 보건 사업의 대상으로 가장 적절한 것은?

① 성인병 환자
② 입원 환자
③ 암 투병 환자
④ 지역 사회 주민

공중 보건 사업: 조직적인 지역 사회 주민들의 노력을 통해서 질병을 예방하고 생명을 연장시키며, 신체적·정신적 효율을 증대시키는 사업

27 대기 오염을 일으키는 원인으로 거리가 가장 먼 것은?

① 도시의 인구 감소
② 교통량의 증가
③ 기계 문명의 발달
④ 중화학 공업의 난립

도시의 인구 감소는 대기 오염의 직접적인 원인과 거리가 멀다.

28 한 나라의 보건 수준을 측정하는 지표로서 가장 적절한 것은?

① 의과 대학 설치 수
② 국민 소득
③ 전염병 발생율
④ 영아 사망율

보건 수준 측정 지표: 영아 사망율, 조사망율, 질병 이환율, 평균 수명, 비례 사망 지수 등이 있다.

29 수인성(水因性) 전염병이 아닌 것은?

① 일본 뇌염
② 이질
③ 콜레라
④ 장티푸스

수인성 감염병: 장티푸스, 파라티푸스, 이질, 콜레라, 소아마비 등

30 법정 전염병 중 제3군 전염병에 속하지 않는 것은?

① B형 간염
② 공수병
③ 렙토스피라증
④ 쯔쯔가무시병

B형 간염은 예방 접종을 통하여 예방 및 관리가 가능하여 국가 예방 접종 사업의 대상이 되는 제2군 감염병에 속한다.

31 비교적 약한 살균력을 작용시켜 병원 미생물의 생활력을 파괴하여 감염의 위험성을 없애는 조작은?

① 소독
② 고압 증기 멸균
③ 방부 처리
④ 냉각 처리

• 멸균: 병원균, 아포 등의 미생물을 전부 사멸 또는 제거하는 것
• 방부: 병원성 미생물의 발육을 저지시켜서 음식물의 부패나 발효를 방지하는 것

32 금속성 식기, 면 종류의 의류, 도자기의 소독에 적합한 소독 방법은?

① 화염 멸균법
② 건열 멸균법
③ 소각 소독법
④ 자비 소독법

자비 소독법: 끓는 물 100℃ 이상에서 15 ~ 20분간 처리하는 소독법으로, 금속성 식기, 면 종류의 의류, 도자기의 소독에 적합

33 소독 약품으로서 갖추어야 할 구비 조건이 아닌 것은?

① 안전성이 높을 것
② 독성이 낮을 것
③ 부식성이 강할 것
④ 용해성이 높을 것

부식성이 강한 것은 소독 약품으로서 부적합하다.

Ans
24 ④ 25 ③ 26 ④ 27 ① 28 ④ 29 ① 30 ① 31 ①
32 ④ 33 ③

34 균체의 단백질 응고 작용과 관계가 가장 적은 소독 약은?

① 석탄산
② 크레졸 액
③ 알코올
④ 과산화 수소수

> 과산화 수소수는 강한 산화 작용을 이용하여 살균한다.

35 석탄산 계수(페놀 계수)가 5일 때 의미하는 살균력 은?

① 페놀보다 5배 높다.
② 페놀보다 5배 낮다.
③ 페놀보다 50배 높다.
④ 페놀보다 50배 낮다.

> 소독약이 석탄산(페놀)의 몇 배의 살균 효과를 갖는가를 측정하는 지수가 석탄산 계수(페놀 계수)이다. 즉, 석탄산 계수가 5라는 것은 살균력이 석탄산보다 5배 높다는 것을 의미한다.

36 소독약을 사용하여 균 자체에 화학 반응을 일으켜 세균의 생활력을 빼앗아 살균하는 것은?

① 물리적 멸균법
② 건열 멸균법
③ 여과 멸균법
④ 화학적 살균법

37 세균들은 외부 환경에 대하여 저항하기 위해서 아 포를 형성하는데, 다음 중 아포를 형성하지 않는 세 균은?

① 탄저균
② 젖산균
③ 파상풍균
④ 보툴리누스균

> • 젖산균은 당류를 분해하여 젖산을 생성하는 세균으로 유산균이 라고도 한다. '아포'를 형성하지는 않는다.
> • 아포: 특정한 세균의 체내에 형성되는 원형 또는 타원형의 구조 로서 '포자(胞子)'라고도 한다.

38 다음 ( ) 안에 알맞은 것은?

> 미생물이란 일반적으로 육안의 가시 한계를 넘 어선 ( )mm 이하의 미세한 생물체를 총칭하 는 것이다.

① 0.01
② 0.1
③ 1
④ 10

39 미생물의 성장과 사멸에 주로 영향을 미치는 요소 로 가장 거리가 먼 것은?

① 영양
② 빛
③ 온도
④ 호르몬

> 호르몬은 동물 체내에서 형성되어 특정 세포나 조직에 작용하여 몸의 생리 작용을 조절하는 물질로, 미생물의 성장과는 거리가 멀다.

40 이·미용실에서 사용하는 수건을 철저하게 소독하지 않았을 때 주로 발생할 수 있는 전염병은?

① 장티푸스
② 트라코마
③ 페스트
④ 일본 뇌염

> 소독하지 않는 타월 등을 사용할 경우 트라코마에 전염될 수 있 으며, 심하면 실명의 위험도 있다.

41 비늘 모양의 죽은 피부 세포가 엷은 회백색 조각으 로 되어 떨어져 나가는 피부층은?

① 투명층
② 유극층
③ 기저층
④ 각질층

42 파장이 가장 길고 인공 선탠 시 활용하는 광선은?

① UV - A
② UV - B
③ UV - C
④ γ 선

> UV-A: 315~400nm의 가장 긴 파장 영역을 가지는 자외선으 로, 인공 선탠 시 활용한다.

43 피부 표피층 중에서 가장 두꺼운 층으로 세포 표면 에는 가시 모양의 돌기를 가지고 있는 것은?

① 유극층
② 과립층
③ 각질층
④ 기저층

> 유극층은 피부 표피층 중에서 가장 두꺼운 층으로 세포 표면에는 가시 모양의 돌기를 가지고 있어 '가시층'이라고도 한다.

Ans.
34 ④ 35 ① 36 ④ 37 ② 38 ① 39 ④ 40 ② 41 ④
42 ① 43 ①

44 피부의 한선(땀샘) 중 대한선은 어느 부위에서 볼 수 있는가?

① 얼굴과 손발
② 배와 등
③ 겨드랑이와 유두 주변
④ 팔과 다리

 대한선은 체취선, 겨드랑이, 유두, 항문 주위, 대음순, 배꼽 등 한정된 부위에서 볼 수 있다.

45 혈색을 좋게 하는 철분이 많이 들어 있는 식품과 거리가 가장 먼 것은?

① 감자
② 시금치
③ 조개류
④ 콩

 소고기, 계란, 브로콜리, 체리 등에도 철분이 많이 들어 있다고 알려져 있다.

46 피부 발진 중 일시적인 증상으로 가려움증을 동반하여 불규칙적인 모양을 한 피부 현상은?

① 농포
② 팽진
③ 구진
④ 결절

 팽진은 피부의 홍반 반응으로 가려움을 동반하는 일시적인 피부 발진 현상으로, 시간이 지나면 사라진다.

47 피부의 색소 침착에서 과색소 침착 증상이 아닌 것은?

① 기미
② 백반증
③ 주근깨
④ 검버섯

 백반증은 멜라닌 색소 결핍으로 인한 피부 질환이다.

48 화상의 구분 중 홍반, 부종, 통증뿐만 아니라 수포를 형성하는 것은?

① 제1도 화상
② 제2도 화상
③ 제3도 화상
④ 중급 화상

49 천연 보습 인자 성분 중 가장 많이 차지하는 것은?

① 아미노산
② 피롤리돈 카복실산
③ 젖산염
④ 포름산염

 천연 보습 인자는 아미노산 40%, 피롤리돈 카복실산 12%, 젖산염 12% 등으로 구성되어 있다.

50 다음 중 바이러스성 피부 질환은?

① 기미
② 주근깨
③ 여드름
④ 단순 포진

 바이러스성 피부 질환에는 단순 포진, 대상 포진, 사마귀, 수두, 홍역, 풍진 등이 있다.

51 면허증을 다른 사람에게 대여하여 면허가 취소되거나 정지 명령을 받은 자는 지체 없이 누구에게 면허증을 반납해야 하는가?

① 시 · 도지사
② 시장 · 군수 · 구청장
③ 보건복지부 장관
④ 경찰서장

 면허증을 다른 사람에게 대여하여 면허가 취소되거나 정지 명령을 받은 자는 면허증을 지체 없이 시장·군수·구청장에게 반납해야 한다.

52 이 · 미용업의 영업자는 연간 몇 시간의 위생 교육을 받아야 하는가?

① 3시간
② 8시간
③ 10시간
④ 12시간

Ans
44 ③ 45 ① 46 ② 47 ② 48 ② 49 ① 50 ④ 51 ②
52 ①

53 영업소의 폐쇄 명령을 받고도 영업을 하였을 시에 대한 벌칙 기준은?

① 2년 이하의 징역 또는 3천만 원 이하의 벌금
② 1년 이하의 징역 또는 1천만 원 이하의 벌금
③ 200만 원 이하의 벌금
④ 100만 원 이하의 벌금

 영업소 폐쇄 명령을 받고도 계속하여 영업을 한 자는 1년 이하의 징역 또는 1천만 원 이하의 벌금에 처한다.

54 다음 (　) 안에 알맞은 것은?

시장·군수·구청장은 공중위생 영업의 정지 또는 일부 시설의 사용 중지 등의 처분을 하고자 하는 때에는 (　　)을/를 실시하여야 한다.

① 위생 서비스 수준의 평가
② 공중위생 감사
③ 청문
④ 열람

55 과태료의 부과·징수 절차로서 틀린 것은?

① 시장·군수·구청장이 부과·징수한다.
② 과태료 처분의 고지를 받은 날부터 30일 이내에 이의를 제기할 수 있다.
③ 과태료 처분을 받은 k가 이의를 제기한 경우 처분권자는 보건복지부 장관에게 이를 통보한다.
④ 기간 내 이의 제기 없이 과태료를 납부하지 아니한 때에는 지방세 체납 처분의 예에 따른다.

 과태료 처분을 받은 자가 이의를 제기한 때에는 처분권자는 지체 없이 관할 법원에 그 사실을 통보하여야 한다.

56 이·미용사의 면허증을 다른 사람에게 대여한 때의 1차 위반 행정처분 기준은?

① 영업 정지 2월
② 면허 정지 2월
③ 영업 정지 3월
④ 면허 정지 3월

이·미용사의 면허증을 다른 사람에게 대여한 때
1차 위반 시 면허 정지 3개월, 2차 위반 시 면허 정지 6개월, 3차 위반 시 면허 취소

57 공중위생 감시원의 자격에 해당되지 않는 자는?

① 위생사 자격증이 있는 자
② 대학에서 미용학을 전공하고 졸업한 자
③ 외국에서 환경기사의 면허를 받은 자
④ 3년 이상 공중위생 행정에 종사한 경력이 있는 자

 공중위생 감시원의 자격
• 위생사 또는 환경기사 2급 이상의 자격증이 있는 자
• 대학에서 화학·화공학·환경공학 또는 위생학 분야를 전공하고 졸업한 자 또는 이와 동등 이상의 자격이 있는 자
• 외국에서 위생사 또는 환경기사의 면허를 받은 자
• 3년 이상 공중위생 행정에 종사한 경력이 있는 자

58 건전한 영업 질서를 위하여 공중위생 영업자가 준수하여야 할 사항을 준수하지 아니한 때에 대한 벌칙 기준은?

① 1년 이하의 징역 또는 1천만 원 이하의 벌금
② 6월 이하의 징역 또는 500만 원 이하의 벌금
③ 3월 이하의 징역 또는 300만 원 이하의 벌금
④ 300만 원의 과태료

59 이·미용 업소 내에 게시하지 않아도 되는 것은?

① 이·미용업 신고증
② 개설자의 면허증 원본
③ 근무자의 면허증 원본
④ 이·미용 요금표

 • 이·미용업 종사자는 영업소 내부에 미용업 신고증 및 개설자의 면허증 원본을 게시하여야 한다.
• 이·미용업 종사자는 영업소 내부에 최종 지불 요금표를 게시 또는 부착하여야 한다.

60 공중위생 영업에 속하지 않는 것은?

① 식당 조리업
② 숙박업
③ 이·미용업
④ 세탁업

 공중위생 영업은 다수인을 대상으로 위생 관리 서비스를 제공하는 영업으로서 숙박업·목욕장업·이용업·미용업·세탁업·위생 관리 용역업을 말한다.

Ans
53 ② 54 ③ 55 ③ 56 ④ 57 ② 58 ② 59 ③ 60 ①

01 콜드 퍼머넌트 웨이브 시술 시 두발에 부착된 제1액을 씻어 내는 데 가장 적합한 린스는?

① 에그 린스(egg rinse)
② 산성 린스(acid rinse)
③ 레몬 린스(lemon rinse)
④ 플레인 린스(plain rinse)

 플레인 린스는 38~40℃의 미지근한 물로 헹구는 방법으로, 웨이브 시술 시 두발에 부착된 제1액을 씻어 내는 데 적합하다.

02 퍼머넌트 웨이브 시술 중 테스트 컬(test curl)을 하는 목적으로 가장 적합한 것은?

① 제2액의 작용 여부를 확인하기 위해서이다.
② 굵은 모발, 혹은 가는 두발에 로드가 제대로 선택되었는지 확인하기 위해서이다.
③ 산화제의 작용이 미묘하기 때문에 확인하기 위해서이다.
④ 정확한 프로세싱 시간을 결정하고 웨이브 형성 정도를 조사하기 위해서이다.

 테스트 컬은 제1액의 정확한 프로세싱 시간을 결정하고 웨이브 형성 정도를 조사하기 위해서 실시한다.(오버 프로세싱이 되지 않도록 주의)

03 스트로크 커트(stroke cut) 테크닉에 사용하기 가장 적합한 것은?

① 리버스 시저스(reverse scissors)
② 미니 시저스(mini scissors)
③ 직선날 시저스(cutting scissors)
④ 곡선날 시저스(r-scissors)

 스트로크 커트는 가위가 미끄러지듯이 커팅하는 방법으로 곡선날 시저스가 적당하다.

04 가는 로드를 사용한 콜드 퍼머넌트 직후에 나오는 웨이브로 가장 가까운 것은?

① 내로우 웨이브(narrow wave)
② 와이드 웨이브(wide wave)
③ 섀도 웨이브(shadow wave)
④ 허라이즌탈 웨이브(horizontal wave)

 내로우 웨이브는 리지와 리지의 폭이 좁고 급한 극단적인 웨이브로 가는 로드를 사용한 콜드 퍼머넌트 직후에 나타난다.

05 두발의 양이 많고, 굵은 경우 와인딩과 로드의 관계가 옳은 것은?

① 스트랜드를 크게 하고, 로드의 직경도 큰 것을 사용
② 스트랜드를 적게 하고, 로드의 직경도 작은 것을 사용
③ 스트랜드를 크게 하고, 로드의 직경은 작은 것을 사용
④ 스트랜드를 적게 하고, 로드의 직경은 큰 것을 사용

 굵고 양이 많은 두발의 경우 스트랜드를 적게 하고, 로드의 직경도 작은 것을 사용한다.

06 다음 중 손톱을 자르는 기구는?

① 큐티클 푸셔(cuticle pusher)
② 큐티클 니퍼(cuticle nippers)
③ 네일 파일(nail file)
④ 네일 니퍼(nail nippers)

• 큐티클 푸셔: 큐티클을 밀어 올리는 기구
• 큐티클 니퍼: 큐티클을 자를 때 사용하는 기구
• 네일 파일: 손톱의 단면을 매끄럽게 갈아서 정리하는 기구

Ans
01 ④ 02 ④ 03 ④ 04 ① 05 ② 06 ④

07 두발을 탈색한 후 초록색으로 염색하고 얼마 동안의 기간이 지난 후 다시 다른 색으로 바꾸고 싶을 때 보색 관계를 이용하여 초록색의 흔적을 없애려면 어떤 색을 사용하면 좋은가?

① 노란색　　　　② 오렌지색
③ 적색　　　　　④ 청색

 보색은 다른 두 가지 색을 적당한 비율로 혼합하여 무채색(흰색, 검정색, 회색)이 되는 색으로, 초록색의 보색은 적색이다.

08 헤어 린스의 목적과 관계없는 것은?

① 두발의 엉킴 방지
② 모발의 윤기 부여
③ 이물질 제거
④ 알칼리성의 약산성화

 이물질 제거는 샴푸의 주요 목적이다.

09 화장법으로는 흑색과 녹색의 두 가지 색으로 윗 눈꺼풀에 악센트를 넣었으며, 붉은 찰흙을 샤프란(꽃)을 조금씩 섞어서 이것을 볼에 붉게 칠하고 입술연지로도 사용한 시대는?

① 고대 그리스　　② 고대 로마
③ 고대 이집트　　④ 중국 당나라

 고대 이집트에서는 헤나, 샤프란 등을 사용하여 화장을 하였다.

10 현대 미용에 있어서 1920년대에 최초로 단발머리를 함으로써 우리나라 여성들의 머리형에 혁신적인 변화를 일으키게 된 계기가 된 사람은?

① 이숙종　　　　② 김활란
③ 김상진　　　　④ 오엽주

• 1920년대 이숙종의 높은머리, 김활란의 단발머리
• 1933년대 오엽주의 화신 미용실, 다나까 미용학교
• 해방 후 김상진 현대 미용학원 설립
• 한국 전쟁 후 권정희 정화 이용 기술학교 설립

11 업스타일을 시술할 때 백코밍의 효과를 크게 하고자 세모난 모양의 파트로 섹션을 잡는 것은?

① 스퀘어 파트
② 트라이앵귤러 파트
③ 카우릭 파트
④ 렉탱귤러 파트

12 원 랭스의 정의로 가장 적합한 것은?

① 두발의 길이에 단차가 있는 상태의 커트
② 완성된 두발을 빗으로 빗어 내렸을 때 모든 두발이 하나의 선상으로 떨어지도록 자르는 커트
③ 전체의 머리 길이가 똑같은 커트
④ 머릿결을 맞추지 않아도 되는 커트

원 랭스: 모발에 층을 주지 않고 동일선상에서 커트하는 기법으로 스파니엘 커트, 이사도라 커트, 페러럴 커트, 머시룸 커트 등이 있다.

13 고객이 추구하는 미용의 목적과 필요성을 시각적으로 느끼게 하는 과정은 어디에 해당하는가?

① 소재　　　　　② 구상
③ 제작　　　　　④ 보정

미용은 소재를 관찰하고 구상하여 제작한 후 마지막으로 고객이 추구하는 미용의 목적과 필요성을 보정하는 절차로 이루어진다.

14 플랫 컬의 특징을 가장 잘 표현한 것은?

① 컬의 루프가 두피에 대하여 0도 각도로 평평하고 납작하게 형성되어진 컬을 말한다.
② 일반적 컬 전체를 말한다.
③ 루프가 반드시 90도 각도로 두피 위에 세워진 컬로 볼륨을 내기 위한 헤어스타일에 주로 이용된다.
④ 두발의 끝에서부터 말아 온 컬을 말한다.

플랫 컬은 두피에 루프가 0°로 평평하고 납작하게 형성되어 있는 컬로 '스컬프처 컬'과 '핀 컬' 등이 있다.

Ans
07 ③　08 ③　09 ③　10 ②　11 ②　12 ②　13 ④　14 ①

15 눈썹에 대한 설명 중 틀린 것은?

① 눈썹은 눈썹머리, 눈썹산, 눈썹꼬리로 크게 나눌 수 있다.

② 눈썹산의 표준 형태는 전체 눈썹의 1/2 되는 지점에 위치하는 것이다.

③ 눈썹산의 전체 눈썹의 1/2 되는 지점에 위치해 있으면 볼이 넓게 보이게 된다.

④ 수평상 눈썹은 긴 얼굴을 짧게 보이게 할 때 효과적이다.

 눈썹산은 눈썹꼬리로부터 전체 눈썹의 1/3이 되는 지점에 위치하는 것이 표준 형태이다.

16 완성된 두발선 위를 가볍게 다듬어 커트하는 방법은?

① 테이퍼링(tapering)

② 틴닝(thinning)

③ 트리밍(trimming)

④ 싱글링(shingling)

 트리밍: 완성된 모발선을 최종적으로 정돈하기 위해 삐져나온 모발을 잘라 내는 것

17 레이저(razor)에 대한 설명 중 가장 거리가 먼 것은?

① 셰이핑 레이저를 이용하여 커팅하면 안정적이다.

② 초보자는 오디너리 레이저를 사용하는 것이 좋다.

③ 솜털 등을 깎을 때 외곡선상의 날이 좋다.

④ 녹이 슬지 않게 관리를 한다.

 오디너리 레이저: 일상용 면도날로 시간상 능률적이고, 세밀한 작업이 용이하나 지나치게 자를 우려가 있어 초보자에게는 부적합하다.

18 이마의 양쪽 끝과 턱의 끝 부분을 진하게, 뺨 부분을 엷게 화장하면 가장 잘 어울리는 얼굴형은?

① 삼각형 얼굴   ② 원형 얼굴

③ 사각형 얼굴   ④ 역삼각형 얼굴

 역삼각형 얼굴 화장법: 볼을 도톰하게 보이고 턱에 볼륨감이 있어 보이도록 이마의 양쪽 끝과 턱의 끝 부분을 진하게, 뺨 부분을 엷게 화장한다.

19 다공성 모발에 대한 사항 중 틀린 것은?

① 다공성모란 두발의 간충 물질이 소실되어 두발 조직 중에 공동이 많고 보습 작용이 적어져서 두발이 건조해지기 쉬우므로 손상모를 말한다.

② 다공성모는 두발이 얼마나 빨리 유액을 흡수하느냐에 따라 그 정도가 결정된다.

③ 다공성의 정도에 따라서 콜드 웨이빙의 프로세싱 타임과 웨이빙의 용액의 정도가 결정된다.

④ 다공성의 정도가 클수록 모발의 탄력이 적으므로 프로세싱 타임을 길게 한다.

 모발의 다공성의 정도가 클수록 모발의 탄력이 적으므로 프로세싱 타임을 짧게 한다.

20 언더 메이크업을 가장 잘 설명한 것은?

① 베이스 컬러라고도 하며 피부색과 피부 결을 정돈하여 자연스럽게 해 준다.

② 유분과 수분, 색소의 양과 질, 제조 공정에 따라 여러 종류로 구분된다.

③ 효과적인 보호막을 결정해 주며 피부의 결점을 감추려 할 때 효과적이다.

④ 파운데이션이 고루 잘 펴지게 하며 화장이 오래 잘 지속되게 해 주는 작용을 한다.

 언더 메이크업: 파운데이션이 고르게 잘 펴지고 피부를 매끄럽게 해 주며 화장을 오래 지속시켜 준다.

21 특별한 장치를 설치하지 아니한 일반적인 경우에 실내의 자연적인 환기에 가장 큰 비중을 차지하는 요소는?

① 실내외 공기 중 CO_2의 함량의 차이

② 실내외 공기의 습도 차이

③ 실내외 공기의 기온 차이 및 기류

④ 실내외 공기의 불쾌지수 차이

 자연의 에너지에 의한 환기를 자연 환기라고 하며, 공기의 기온 차이와 기류에 의해 진행된다.

Ans
15 ②   16 ③   17 ②   18 ④   19 ④   20 ④   21 ③

22 비타민 결핍증인 불임증 및 생식 불능과 피부의 노화 방지 작용 등과 가장 관계가 깊은 것은?

① 비타민 A
② 비타민 B 복합체
③ 비타민 E
④ 비타민 D

비타민 결핍증
• 비타민 A 결핍: 야맹증
• 비타민 B₁ 결핍: 각기병
• 비타민 B₁₂ 결핍: 악성 빈혈
• 비타민 D 결핍: 구루병

23 환경 오염의 발생 요인인 산성비의 가장 주요한 원인과 산도는?

① 이산화탄소 pH 5.6 이하
② 아황산가스 pH 5.6 이하
③ 염화불화탄소 pH 6.6 이하
④ 탄화수소 pH 6.6 이하

산성비는 수소 이온 농도(pH)가 5.6 이하인 산성도가 낮은 빗물로, 주요 원인 물질은 아황산가스 등 산성을 띤 대기 오염 물질이다.

24 세계 보건 기구(WHO)에서 규정된 건강의 정의를 가장 적절하게 표현한 것은?

① 육체적으로 완전히 양호한 상태
② 정신적으로 완전히 양호한 상태
③ 질병이 없고 허약하지 않은 상태
④ 육체적, 정신적, 사회적 안녕이 완전한 상태

세계 보건 기구(WHO)는 건강이란 질병이 없거나 허약하지 않은 상태만이 아니라 육체적, 정신적, 사회적 안녕이 완전한 상태라고 정의하고 있다.

25 주로 7 ~ 9월 사이에 많이 발생되며, 어패류가 원인이 되어 발병, 유행하는 식중독은?

① 포도상구균 식중독
② 살모넬라 식중독
③ 보툴리누스균 식중독
④ 장염 비브리오 식중독

장염 비브리오 식중독: 해수의 온도가 높아지는 여름철에 집중적으로 발생하며 어패류가 주요 원인

26 돼지와 관련이 있는 질환으로 거리가 먼 것은?

① 유구조충
② 살모넬라증
③ 일본 뇌염
④ 발진티푸스

발진티푸스는 리케차 감염에 의한 질병으로 이를 매개로 전파된다.

27 한 국가가 지역 사회의 건강 수준을 나타내는 지표로서 대표적인 것은?

① 질병 이환률
② 영아 사망률
③ 신생아 사망률
④ 조사망률

영아 사망률이란 출생아 1,000명당 1년간 생후 1년 미만 영아의 사망 수의 비율로, 한 국가의 건강 수준을 나타내는 대표적인 지표로 사용된다.

28 위생 해충의 구제 방법으로 가장 효과적이고 근본적인 방법은?

① 성충 구제
② 살충제 사용
③ 유충 구제
④ 발생원 제거

위생 해충의 가장 효과적인 방법은 발생원을 제거하고, 서식처를 제거하는 것이다.

29 파리에 의해 주로 전파될 수 있는 전염병은?

① 페스트
② 장티푸스
③ 사상충증
④ 황열

파리에 의해 전파 가능한 질병은 장티푸스, 이질, 소아마비, 파라티푸스, 콜레라, 결핵, 디프테리아 등이다.

Ans
22 ③ 23 ② 24 ④ 25 ④ 26 ④ 27 ② 28 ④ 29 ②

30 기온 측정 등에 관한 설명 중 틀린 것은?

① 실내에서는 통풍이 잘되는 직사광선을 받지 않은 곳에 매달아 놓고 측정하는 것이 좋다.

② 평균 기온은 높이에 비례하여 하강하는데, 고도 11,000m 이하에서는 보통 100m당 0.5~0.7도 정도이다.

③ 측정할 때 수은주 높이와 측정 자의 눈의 높이가 같아야 한다.

④ 정상적인 날의 하루 중 기온이 가장 낮을 때는 밤 12시 경이고, 가장 높을 때는 오후 2시 경이 일반적이다.

 정상적인 날의 하루 중 기온이 가장 낮을 때는 새벽 4~5시이고, 가장 높을 때는 오후 2시경이 일반적이다.

31 고압 멸균기를 사용하여 소독하기에 가장 적합하지 않은 것은?

① 유리 기구 ② 금속 기구
③ 약액 ④ 가죽 제품

 가죽 제품은 석탄산수나 크레졸수 등을 사용하여 소독한다.

32 소독의 정의를 가장 잘 표현한 것은?

① 미생물의 발육과 생활을 제지 또는 정지시켜 부패 또는 발효를 방지할 수 있는 것

② 병원성 미생물의 생활력을 파괴 또는 멸살시켜 감염 또는 증식력을 없애는 조작

③ 모든 미생물의 생활력을 파괴 또는 멸살 또는 파괴시키는 조작

④ 오염된 미생물을 깨끗이 씻어 내는 작업

 • 방부: 미생물의 발육과 생활을 제지 또는 정지시켜 부패 또는 발효를 방지할 수 있는 것
• 멸균: 모든 미생물의 생활력을 파괴 또는 멸살 또는 파괴시키는 조작
• 청결: 오염된 미생물을 깨끗이 씻어 내는 작업

33 병원성 미생물이 일반적으로 증식이 가장 잘 되는 pH의 범위는?

① 3.5~4.5 ② 4.5~5.5
③ 5.5~6.5 ④ 6.5~7.5

 병원성 미생물은 중성이나 약알칼리성인 pH 6.5~7.5에서 증식이 가장 잘된다.

34 일회용 면도기 사용으로 예방 가능한 질병은? (단, 정상적인 사용의 경우를 말한다.)

① 옴(개선)병 ② 일본 뇌염
③ B형 간염 ④ 무좀

 B형 간염: 혈액을 통해 감염되는 질병으로 감염된 사람의 혈액이나 체액에 노출되지 않도록 한다.

35 소독약의 살균력 지표로 가장 많이 이용되는 것은?

① 알코올 ② 크레졸
③ 석탄산 ④ 포름알데히드

석탄산 계수: 소독약의 살균력 지표로 가장 많이 이용되며, 석탄산 계수가 높을수록 소독 효과가 크다는 뜻이다.

36 산소가 있어야만 잘 성장할 수 있는 균은?

① 호기성균 ② 혐기성균
③ 통기혐기성균 ④ 호혐기성균

• 호기성균: 산소를 필요로 하는 균으로 곰팡이, 결핵균, 디프테리아균이 있다.
• 혐기성균: 산소를 필요로 하지 않는 균으로, 통성혐기성균(산소가 있더라도 이용하지 않는 균)과 편성혐기성균(산소가 있으면 생육에 지장을 받는 균)이 있다.

37 화학적 살균법이라고 할 수 없는 것은?

① 자외선 살균법 ② 알코올 살균법
③ 염소 살균법 ④ 과산화수소 살균법

• 화학적 살균법: 알코올 살균법, 염소 살균법, 과산화수소 살균법, 가스에 의한 멸균법 등이 있다.
• 자외선 살균법: 물리적 살균법에 속한다.

38 소독약의 구비 조건에 해당하지 않는 것은?

① 높은 살균력을 가질 것

② 인축에 해가 없어야 할 것

③ 저렴하고 구입과 사용이 간편할 것

④ 기름, 알코올 등에 잘 용해되어야 할 것

소독약은 물과 알코올 등에 잘 용해되어야 하며, 안정성이 있어야 한다.

39 세균의 단백질 변성과 응고 작용에 의한 기전을 이용하여 살균하고자 할 때 주로 이용되는 방법은?

① 가열   ② 희석
③ 냉각   ④ 여과

세균의 단백질 변성과 응고 작용에 의한 기전을 이용하여 살균하고자 할 때는 가열을 이용하며, 그 외 가열 살균법에는 화염 및 소각법, 자비 소독, 간헐 멸균법 등이 있다.

40 소독액을 표시할 때 사용하는 단위로 용액 100mL 속에 용질의 함량을 표시하는 수치는?

① 푼   ② 퍼센트
③ 퍼밀리   ④ 피피엠

• 푼: 용액 10mL 속 용질의 함량
• 퍼밀리: 용액 1,000mL 속 용질의 함량
• 피피엠: 용액 1,000,000mL 속 용질의 함량

41 피부의 구조 중 진피에 속하는 것은?

① 과립층   ② 유극층
③ 유두층   ④ 기저층

• 진피층: 유두층과 망상층으로 구성
• 유두층: 모세 혈관을 통해 표피 기저층에 영양과 산소를 공급해 주는 층으로 전체 진피의 10 ~ 20%를 차지

42 안면의 각질 제거를 용이하게 하는 것은?

① 비타민 C   ② 토코페롤
③ AHA   ④ 비타민 E

AHA(α – Hydroxy acid): 각질 제거 및 피부 재생 효과가 있다.

43 피부의 산성도가 외부의 충격으로 파괴된 후 자연 재생되는 데 걸리는 최소한의 시간은?

① 약 1시간 경과 후
② 약 2시간 경과 후
③ 약 3시간 경과 후
④ 약 4시간 경과 후

44 결핍 시 피부 표면이 경화되어 거칠어지는 주된 영양 물질은?

① 단백질과 비타민 A
② 비타민 D
③ 탄수화물
④ 무기질

45 세포 분열을 통해 새롭게 손·발톱을 생산해 내는 곳은?

① 조체   ② 조모
③ 조소피   ④ 조하막

조모: 손톱이 자라는 공장으로, 조모 세포군의 세포 분열을 통해 새롭게 손·발톱을 생산해 내는 곳

46 피부 색소의 멜라닌을 만드는 색소 형성 세포는 어느 층에 위치하는가?

① 과립층   ② 유극층
③ 각질층   ④ 기저층

기저층은 각질 형성 세포인 '케라틴'과 색소 형성 세포인 '멜라닌'으로 구성된다.

47 한선(땀샘)의 설명으로 틀린 것은?

① 체온을 조절한다.
② 땀은 피부의 피지 막과 산성 막을 형성한다.
③ 땀을 많이 흘리면 영양분과 미네랄을 잃는다.
④ 땀샘은 손, 발바닥에는 없다.

한선(땀샘)은 우리 몸 전체에 존재하며, 특히 소한선은 손, 발바닥, 겨드랑이 및 이마에 많이 존재한다.

48 피부의 면역 기능에 관계하는 것은?

① 각질 형성 세포   ② 랑게르한스 세포
③ 말피기 세포   ④ 머켈 세포

랑게르한스 세포는 피부 표피의 유극층에 존재하며, 피부 면역에 관련된 기능을 가진다.

Ans
39 ①   40 ②   41 ③   42 ③   43 ②   44 ①   45 ②   46 ④
47 ④   48 ②

49 세포의 분열 증식으로 모발이 만들어지는 곳은?

① 모모세포 ② 모유두
③ 모구 ④ 모표피

 모모세포: 모유두(毛乳頭) 조직 내에 있으면서 세포의 분열 증식으로 모발을 만들어 내는 세포

50 세안용 화장품의 구비 조건으로 부적당한 것은?

① 안정성 – 물이 묻거나 건조해지면 형과 질이 잘 변해야 한다.
② 용해성 – 냉수나 온탕에 잘 풀려야 한다.
③ 기포성 – 거품이 잘 나고 세정력이 있어야 한다.
④ 자극성 – 피부를 자극시키지 않고 쾌적한 방향이 있어야 한다.

 안정성: 보관 시 변질, 변색, 변취, 미생물 오염 등이 없어야 한다.

51 이·미용사의 면허를 받을 수 없는 자는?

① 전문대학에서 이용 또는 미용에 관한 학과를 졸업한 자
② 교육부 장관이 인정하는 이·미용 고등학교를 졸업한 자
③ 교육부 장관이 인정하는 고등 기술 학교에서 6개월 수학한 자
④ 국가 기술 자격법에 의한 이·미용사 자격 취득자

 이용사 또는 미용사가 되고자 하는 자는 다음에 해당하는 자로서 시장·군수·구청장의 면허를 받아야 한다.
• 전문대학 또는 이와 동등 이상의 학력이 있다고 교육부 장관이 인정하는 학교에서 이용 또는 미용에 관한 학과를 졸업한 자
• 대학 또는 전문대학을 졸업한 자와 동등 이상의 학력이 있는 것으로 인정되어 이용 또는 미용에 관한 학위를 취득한 자
• 고등학교 또는 이와 동등의 학력이 있다고 교육부 장관이 인정하는 학교에서 이용 또는 미용에 관한 학과를 졸업한 자
• 교육부 장관이 인정하는 고등 기술 학교에서 1년 이상 이용 또는 미용에 관한 소정의 과정을 이수한 자
• 국가 기술 자격법에 의한 이용사 또는 미용사의 자격을 취득한 자

52 다음 중 이·미용업 영업자가 변경 신고를 해야 하는 것을 모두 고른 것은?

ㄱ. 영업소의 소재지
ㄴ. 영업소 바닥 면적의 3분의 1 이상의 증감
ㄷ. 종사자의 변동 사항
ㄹ. 영업자의 재산 변동 사항

① ㄱ ② ㄱ, ㄴ
③ ㄱ, ㄴ, ㄷ ④ ㄱ, ㄴ, ㄷ, ㄹ

 공중위생 영업의 변경 신고 사항
• 영업소의 명칭 또는 상호
• 영업소의 소재지
• 신고한 영업장 면적의 3분의 1 이상의 증감
• 대표자의 성명(법인의 경우에 한한다.)
• 숙박업 업종 간 변경
• 미용업 업종 간 변경

53 영업소 외에서의 이용 및 미용 업무를 할 수 없는 경우는?

① 관할 소재 동지역 내에서 주민에게 이·미용을 하는 경우
② 질병, 기타의 사유로 인하여 영업소에 나올 수 없는 자에 대하여 미용을 하는 경우
③ 혼례나 기타 의식에 참여하는 자에 대하여 그 의식의 직전에 미용을 하는 경우
④ 특별한 사정이 있다고 인정하여 시장·군수·구청장이 인정하는 경우

 영업소 외에서의 이용 및 미용 업무
• 질병이나 그 밖의 사유로 영업소에 나올 수 없는 자에 대하여 이용 또는 미용을 하는 경우
• 혼례나 그 밖의 의식에 참여하는 자에 대하여 그 의식 직전에 이용 또는 미용을 하는 경우
• 사회 복지 시설에서 봉사 활동으로 이용 또는 미용을 하는 경우
• 방송 등의 촬영에 참여하는 사람에 대하여 그 촬영 직전에 이용 또는 미용을 하는 경우
• 특별한 사정이 있다고 시장·군수·구청장이 인정하는 경우

Ans
49 ① 50 ① 51 ③ 52 ② 53 ①

54 시장·군수·구청장이 영업 정지가 이용자에게 심한 불편을 주거나 그 밖에 공익을 해할 우려가 있는 경우에 영업 정지 처분에 갈음한 과징금을 부과할 수 있는 금액 기준은?

① 1천만 원 이하　　② 2천만 원 이하
③ 3천만 원 이하　　④ 4천만 원 이하

 시장·군수·구청장은 영업 정지가 이용자에게 심한 불편을 주거나 그 밖에 공익을 해할 우려가 있는 경우에는 영업 정지 처분에 갈음하여 3천만 원 이하의 과징금을 부과할 수 있다(공중위생 관리법 제11조의 2).

55 이·미용사 면허증을 분실하여 재교부를 받은 자가 분실한 면허증을 찾았을 때 취하여야 할 조치로 옳은 것은?

① 시·도지사에게 찾은 면허증을 반납한다.
② 시장·군수에게 찾은 면허증을 반납한다.
③ 본인이 모두 소지하여도 무방하다.
④ 재교부 받은 면허증을 반납한다.

 면허증을 잃어버린 후 재교부 받은 자가 그 잃어버린 면허증을 찾은 때에는 지체없이 관할 시장·군수·구청장에게 이를 반납해야 한다.

56 영업자의 지위를 승계한 자는 몇 월 이내에 시장·군수·구청장에게 신고를 하여야 하는가?

① 1월　　② 2월
③ 6월　　④ 12월

 영업자의 지위를 승계한 후 1월 이내에 신고하지 아니한 때에는 행정처분을 받는다.

57 이용사 또는 미용사의 면허를 받지 아니한 자 중, 이용사 또는 미용사 업무에 종사할 수 있는 자는?

① 이·미용 업무에 숙달된 자로 이·미용사 자격증이 없는 자
② 이·미용사로서 업무 정지 처분 중에 있는 자
③ 이·미용 업소에서 이·미용사의 감독을 받아 이·미용 업무를 보조하고 있는 자
④ 학원 설립·운영에 관한 법률에 의하여 설립된 학원에서 3월 이상 이용 또는 미용에 관한 강습을 받은 자

 이용사 또는 미용사의 면허를 받은 자가 아니면 이용업 또는 미용업을 개설하거나 그 업무에 종사할 수 없다. 다만, 이용사 또는 미용사의 감독을 받아 이용 또는 미용 업무의 보조를 행하는 경우에는 그러하지 아니하다.

58 이·미용 업소의 조명 시설은 얼마 이상이어야 하는가?

① 50룩스　　② 75룩스
③ 100룩스　　④ 125룩스

59 다음 위법 사항 중 가장 무거운 벌칙 기준에 해당하는 사람은?

① 신고를 하지 아니하고 영업한 자
② 변경 신고를 하지 아니하고 영업한 자
③ 면허 정지 처분을 받고 그 정지 기간 중 업무를 행한 자
④ 관계 공무원의 출입, 검사를 거부한 자

• 신고를 하지 아니하고 영업한 자: 1년 이하의 징역 또는 1천만 원 이하의 벌금
• 변경 신고를 하지 아니하고 영업한 자: 6개월 이하의 징역 또는 500만 원 이하의 벌금
• 면허 정지 처분을 받고 그 정지 기간 중 업무를 행한 자: 300만 원 이하의 벌금
• 관계 공무원 출입, 검사를 거부한 자: 1차 위반 시 영업 정지 10일, 2차 위반 시 영업 정지 20일, 3차 위반 시 영업 정지 1개월, 4차 위반 시 영업장 폐쇄

60 이·미용업 영업자가 위생 교육을 받지 아니한 때에 대한 1차 위반 시 행정처분 기준은?

① 경고
② 개선 명령
③ 영업 정지 5일
④ 영업 정지 10일

 이·미용업 영업자가 위생 교육을 받지 아니한 때: 1차 위반 시 경고, 2차 위반 시 영업 정지 5일, 3차 위반 시 영업 정지 10일, 4차 위반 시 영업장 폐쇄 명령

Ans
54 ③　55 ②　56 ①　57 ③　58 ②　59 ①　60 ①

01 물에 적신 모발을 와인딩한 후 퍼머넌트 웨이브 1제를 도포하는 방법은?

① 워터 래핑
② 슬래핑
③ 스파이럴 랩
④ 크로키놀 랩

 워터 래핑: 모발에 물을 적셔서 와인딩한 후 퍼머넌트 웨이브 1제를 도포하는 것으로, 모발의 손상을 줄일 수 있다는 장점이 있다.

02 한국 현대 미용사에 대한 설명 중 옳은 것은?

① 경술국치 이후 일본인들에 의해 미용이 발달했다.
② 1933년 일본인이 우리나라에 처음으로 미용원을 열었다.
③ 해방 전 우리나라 최초의 미용 교육 기관은 정화 고등 기술 학교이다.
④ 오엽주 씨가 화신 백화점 내에 미용원을 열었다.

 우리나라 최초의 미용사인 오엽주 씨는 일본에서 미용 연구를 하고 돌아와, 화신 백화점에 화신 미용원을 개설하였다.

03 퍼머넌트 제1액 처리에 따른 프로세싱 중 언더 프로세싱의 설명으로 틀린 것은?

① 언더 프로세싱은 프로세싱 타임 이상으로 제1액을 두발에 방치한 것을 말한다.
② 언더 프로세싱일 때에는 두발의 웨이브가 거의 나오지 않는다.
③ 언더 프로세싱일 때에는 처음에 사용한 솔루션보다 약한 제1액을 다시 사용한다.
④ 제1액의 처리 후 두발의 테스트 컬로 언더 프로세싱 여부가 판명된다.

 오버 프로세싱: 프로세싱 타임 이상으로 제1액을 두발에 방치하는 것으로, 모발이 지나치게 꼬불거리거나 푸석해질 수 있다.

04 헤어 컬러링 기술에서 만족할 만한 색채 효과를 얻기 위해서는 색채의 기본적인 원리를 이해하고 이를 응용할 수 있어야 하는데, 색의 3속성 중의 명도만을 갖고 있는 무채색에 해당하는 것은?

① 적색
② 황색
③ 청색
④ 백색

 무채색: 색상과 채도가 없고 명도만으로 구별되는 색으로 백색부터 회색, 검정까지 이어지는 색

05 아이론의 열을 이용하여 웨이브를 형성하는 것은?

① 마셀 웨이브
② 콜드 웨이브
③ 핑거 웨이브
④ 섀도 웨이브

• 마셀 웨이브: 아이론의 열에 의해서 웨이브를 형성하는 방법
• 콜드 웨이브: 콜드 웨이브 용액을 이용하여 웨이브를 형성하는 방법
• 핑거 웨이브: 세트 로션 또는 물을 사용해서 모발을 적시고 빗과 손가락으로 웨이브를 형성하는 방법
• 섀도 웨이브: 크레스트가 뚜렷하지 않은 가장 자연스러운 웨이브

06 산성 린스의 종류가 아닌 것은?

① 레몬 린스
② 비니거 린스
③ 오일 린스
④ 구연산 린스

 오일 린스: 지방성 린스의 한 종류이며, 샴푸 뒤 모발에 유분을 공급할 목적으로 사용

Ans
01 ① 02 ④ 03 ① 04 ④ 05 ① 06 ③

07 블런트 커트와 같은 의미인 것은?

① 클럽 커트
② 싱글링
③ 클리핑
④ 트리밍

 블런트 커트: 모발을 일직선상으로 뭉툭하게 커트하는 방법으로, 클럽 커트라고도 한다.

08 브러시 세정법으로 옳은 것은?

① 세정 후 털은 아래로 하여 양지에서 말린다.
② 세정 후 털은 아래로 하여 응달에서 말린다.
③ 세정 후 털은 위로 하여 양지에서 말린다.
④ 세정 후 털은 위로 하여 응달에서 말린다.

브러시는 세정 후 털의 변형을 방지하기 위하여 아래로 하여 응달에서 말린다.

09 콜드 퍼머넌트 시 제1액을 바르고 비닐 캡을 씌우는 이유로 거리가 가장 먼 것은?

① 체온으로 솔루션의 작용을 빠르게 하기 위하여
② 제1액의 작용이 두발 전체에 골고루 행하여지게 하기 위하여
③ 휘발성 알칼리의 휘산 작용을 방지하기 위하여
④ 모발을 구부러진 형태대로 정착시키기 위하여

모발을 구부러진 형태대로 정착시키는 것은 제2액의 작용이다.

10 미용의 특수성에 해당하지 않는 것은?

① 자유롭게 소재를 선택한다.
② 시간적 제한을 받는다.
③ 손님의 의사를 존중한다.
④ 여러 가지 조건에 제한을 받는다.

미용은 손님 신체의 일부인 두발을 미용의 소재로 삼기 때문에 소재를 선정하는 데 있어서 자유롭지 않다.

11 염모제로서 헤나를 처음으로 사용했던 나라는?

① 그리스
② 이집트
③ 로마
④ 중국

이집트인들은 모발을 다양하게 보이기 위하여 헤나 염료를 진흙에 개서 모발에 바르고 태양 광선에 건조시켰다고 한다.

12 빗의 보관 및 관리에 관한 설명 중 옳은 것은?

① 빗은 사용 후 소독액에 계속 담가 보관한다.
② 소독액에서 빗을 꺼낸 후 물로 닦지 않고 그대로 사용해야 한다.
③ 증기 소독은 자주 해 주는 것이 좋다.
④ 소독액은 석탄산수, 크레졸 비누액 등이 좋다.

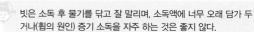 빗은 소독 후 물기를 닦고 잘 말리며, 소독액에 너무 오래 담가 두거나(휨의 원인) 증기 소독을 자주 하는 것은 좋지 않다.

13 유기 합성 염모제에 대한 설명 중 틀린 것은?

① 유기 합성 염모제 제품은 알칼리성의 제1액과 산화제인 제2액으로 나누어진다.
② 제1액은 산화 염료가 암모니아수에 녹아 있다.
③ 제1액의 용액은 산성을 띠고 있다.
④ 제2액은 과산화수소로서 멜라닌 색소의 파괴와 산화 염료를 산화시켜 발색시킨다.

제1액의 용액은 알칼리성이다.

14 비듬이 없고 두피가 정상적인 상태일 때 실시하는 것은?

① 댄드러프 스캘프 트리트먼트
② 오일리 스캘프 트리트먼트
③ 플레인 스캘프 트리트먼트
④ 드라이 스캘프 트리트먼트

 • 댄드러프 스캘프 트리트먼트: 비듬성 두피에 실시
• 오일리 스캘프 트리트먼트: 지성 두피에 실시
• 드라이 스캘프 트리트먼트: 건성 두피에 실시

15 땋거나 스타일링 하기에 쉽도록 3가닥 혹은 1가닥으로 만들어진 헤어 피스는?

① 웨프트
② 스위치
③ 폴
④ 위글렛

스위치는 땋거나 스타일링을 하기 쉽게 1~3가닥으로 구성된 헤어 피스이며, 모발의 길이는 보통 20cm 이상으로 한다.

Ans
07 ① 08 ② 09 ④ 10 ① 11 ② 12 ④ 13 ③ 14 ③
15 ②

16 다음 중 옳게 짝지어진 것은?

① 아이론 웨이브 – 1830년 프랑스의 무슈끄로
와뜨
② 콜드 웨이브 – 1936년 영국의 스피크먼
③ 스파이럴 퍼머넌트 웨이브 – 1925년 영국의
조셉 메이어
④ 크로키놀식 웨이브 – 1875년 프랑스의 마셀
그라또

• 아폴로 노트: 1830년 프랑스의 무슈끄로와뜨 고안
• 아이론 웨이브: 1875년 프랑스의 마셀 그라또 고안
• 스파이럴 퍼머넌트 웨이브: 1905년 영국의 찰스 네슬러 고안
• 크로키놀식 웨이브: 1925년 독일의 조셉 메이어 고안
• 콜드 웨이브: 1936년 영국의 스피크먼 고안

17 헤어스타일 또는 메이크업에서 개성미를 발휘하기
위한 첫 단계는?

① 구상　　　　　② 보정
③ 소재의 확인　　④ 제작

미용의 과정은 소재의 확인 → 구상 → 제작 → 보정의 순서를 거
쳐 완성된다.

18 두정부의 가마로부터 방사상으로 나눈 파트는?

① 카우릭 파트　　② 이어 투 이어 파트
③ 센터 파트　　　④ 스퀘어 파트

• 카우릭 파트: 두정부의 가마로부터 회오리 모양처럼 방사상으
로 나눈 형태의 파트
• 이어 투 이어 파트: 한쪽 귀 상부에서 두정부를 지나 다른 한쪽
귀 상부를 향해서 수직으로 나눈 파트
• 센터 파트: 전두부의 헤어 라인 중심에서 두정부를 향한 직선
가르마로 앞가르마 탄 파트
• 스퀘어 파트: 이마의 양각에서 사이드 파트하여 두정부에서 이
마의 헤어 라인과 수평으로 나눈 파트

19 컬의 목적으로 가장 옳은 것은?

① 텐션, 루프, 스템을 만들기 위해
② 웨이브, 볼륨, 플러프를 만들기 위해
③ 슬라이싱, 스퀘어, 베이스를 만들기 위해
④ 세팅, 뱅을 만들기 위해

컬: 두발에 볼륨을 만들고, 웨이브를 만들고, 플러프를 만드는 등
다양한 변화를 주는 미용 기술

20 코의 화장법으로 좋지 않은 방법은?

① 큰 코는 전체가 드러나지 않도록 코 전체를
다른 부분보다 연한 색으로 펴 바른다.
② 낮은 코는 코의 양측 면에 세로로 진한 크림
파우더 또는 다갈색의 아이 섀도를 바르고 콧
등에 엷은 색을 바른다.
③ 코끝이 둥근 경우 코끝의 양측 면에 진한 색
을 펴 바르고 코끝에는 엷은 색을 펴 바른다.
④ 너무 높은 코는 코 전체에 진한 색을 펴 바른
후 양측 면에 엷은 색을 바른다.

큰 코는 전체가 드러나지 않도록 코 전체를 다른 부분보다 진한
색으로 펴 바름으로써 단점을 커버할 수 있다.

21 간흡충(디스토마)의 제1중간 숙주는?

① 다슬기　　　　② 쇠우렁
③ 피라미　　　　④ 게

간흡충(디스토마)은 담수어를 통한 질병으로 제1중간 숙주는 쇠
우렁이며, 제2중간 숙주는 민물고기이다.

22 납 중독과 가장 거리가 먼 증상은?

① 빈혈　　　　　② 신경 마비
③ 뇌 중독 증상　④ 과다 행동 장애

납 중독에 따른 증상: 빈혈, 신경 마비, 뇌 중독 증상, 위통, 구토,
식욕 부진 등

23 간헐적으로 유행할 가능성이 있어 지속적으로 그
발생을 감시하고, 방역 대책의 수립이 필요한 감염
병은?

① 말라리아　　　② 콜레라
③ 디프테리아　　④ 유행성 이하선염

제3군 감염병
간헐적으로 유행할 가능성이 있어 지속적으로 그 발생을 감시하
고 방역 대책의 수립이 필요한 감염병으로, 말라리아, 결핵, 한
센병, 비브리오 패혈증, 공수병, 인플루엔자, 후천 면역 결핍증
(AIDS) 등이 있다.

Ans
16 ②　17 ③　18 ①　19 ②　20 ①　21 ②　22 ④　23 ①

24 수질 오염의 지표로 사용하는 "생물학적 산소 요구량"을 나타내는 용어는?

① BOD   ② DO
③ COD   ④ SS

25 국가의 건강 수준을 나타내는 지표로서 가장 대표적으로 사용하고 있는 것은?

① 인구 증가율   ② 조사망률
③ 영아 사망률   ④ 질병 발생률

 영아 사망율: 출생아 1,000명당 1년간 생후 1년 미만 영아의 사망자 수의 비율로 한 국가의 건강 수준을 나타내는 가장 대표적인 지표로 사용된다.

26 지역 사회에서 노인층 인구에 가장 적절한 보건 교육 방법은?

① 신문   ② 집단 교육
③ 개별 접촉   ④ 강연회

 지역 사회에서 노인층 인구에 대한 가장 적절한 보건 교육 방법은 개인별 다양한 편차를 고려한 개별 접촉 교육이 적합하다.

27 예방 접종에서 생균 제제를 사용하는 것은?

① 장티푸스   ② 파상풍
③ 결핵   ④ 디프테리아

 생균 제제
감염 예방의 목적으로 병원성을 약화시킨 미생물을 산 채로 제조한 예방 접종 백신으로 결핵, 홍역, 폴리오, 풍진, 광견병, 탄저, 두창 등의 예방 접종 백신에 사용한다.

28 저온 폭로에 의한 건강 장애는?

① 동상 – 무좀 – 전신 체온 상승
② 참호족 – 동상 – 전신 체온 하강
③ 참호족 – 동상 – 전신 체온 상승
④ 동상 – 기억력 저하 – 참호족

 저온 폭로 시 참호족(발이 오랜 시간 비위생적이며 차가운 상태에 노출될 때 나타나는 질병), 동상 및 전신 체온이 하강하는 건강 장애가 나타난다.

29 다음 식중독 중에서 치명률이 가장 높은 것은?

① 살모넬라증
② 포도상구균 중독
③ 연쇄상구균 중독
④ 보툴리누스균 중독

 보툴리누스균 중독
통조림의 불완전 열처리, 포장 식육이나 생선, 어패류의 혐기성 상태에서 발병하는 식중독으로 치명률이 가장 높다.

30 파리가 전파할 수 있는 소화기계 전염병은?

① 페스트   ② 일본 뇌염
③ 장티푸스   ④ 황열

 • 파리: 장티푸스, 파라티푸스, 이질, 콜레라, 결핵 등 전파
• 모기: 사상충증, 뎅기열, 황열, 말라리아, 일본 뇌염 등 전파

31 소독의 정의로서 옳은 것은?

① 모든 미생물 일체를 사멸하는 것
② 모든 미생물을 열과 약품으로 완전히 죽이거나 또는 제거하는 것
③ 병원성 미생물의 생활력을 파괴하여 죽이거나 또는 제거하여 감염력을 없애는 것
④ 균을 적극적으로 죽이지 못하더라도 발육을 저지하고 목적하는 것을 변화시키지 않고 보존하는 것

 • 멸균: 미생물을 전부 사멸 또는 제거하는 것
• 방부: 균을 적극적으로 죽이지 못하더라도 발육을 저지하고 목적하는 것을 변화시키지 않고 보존하는 것

32 AIDS나 B형 간염 등과 같은 질환의 전파를 예방하기 위한 이·미용 기구의 가장 좋은 소독 방법은?

① 고압 증기 멸균기
② 자외선 소독기
③ 음이온 계면 활성제
④ 알코올

 고압 증기 멸균기: 고압 증기 멸균 솥을 이용한 습열 멸균법

33 일반적으로 사용되는 소독용 알코올의 적정 농도는?

① 30% ② 70%

③ 50% ④ 100%

34 이·미용사의 손을 소독하려 할 때 가장 알맞은 것은?

① 역성 비누액 ② 석탄산수

③ 포르말린수 ④ 과산화 수소수

 역성 비누액: 양이온 계면 활성제로 이·미용사의 손 등 피부를 소독할 때 가장 적합하다.

35 음용수 소독에 사용되는 약품은?

① 석탄산 ② 액체 염소

③ 승홍 ④ 알코올

 염소는 멸균력이 크고, 각종 수인성 전염병을 예방할 수 있으며, 경제적이어서 음용수 소독 약품으로 사용된다.

36 소독에 영향을 미치는 인자가 아닌 것은?

① 온도 ② 수분

③ 시간 ④ 풍속

 소독에 영향을 미치는 인자: 온도, 수분, 시간

37 소독약의 구비 조건에 부적합한 것은?

① 장시간에 걸쳐 소독의 효과가 서서히 나타나야 한다.

② 소독 대상물에 손상을 입혀서는 안 된다.

③ 인체 및 가축에 해가 없어야 한다.

④ 방법이 간단하고 비용이 적게 들어야 한다.

 소독약은 가능한 빠른 시간 내 효과가 나타나야 한다.

38 소독제의 살균력 측정 검사의 지표로 사용되는 것은?

① 알코올 ② 크레졸

③ 석탄산 ④ 포르말린

 소독제의 살균력 측정 검사의 지표로 석탄산 계수가 사용되며, 석탄산 계수가 높을수록 소독 효과가 크다.

39 화장실, 하수도, 쓰레기통 소독에 가장 적합한 것은?

① 알코올 ② 염소

③ 승홍수 ④ 생석회

- 알코올: 피부 및 기구 소독
- 염소: 상수도, 하수도 소독
- 승홍수: 유리 기구, 도자기류, 목죽 제품 소독

40 상처 소독에 적당치 않은 것은?

① 과산화수소 ② 요오드딩크제

③ 승홍수 ④ 머큐로크롬

 승홍수: 금속을 부식시킬 만큼 살균력이 강하여 인체에 자극을 줄 수 있고, 인체에 축적되면 수은 중독을 일으킬 수 있으므로 상처 소독에 적합하지 않다.

41 생명력이 없는 상태의 무색, 무핵증으로서 손바닥과 발바닥에 주로 있는 층은?

① 각질층 ② 과립층

③ 투명층 ④ 기저층

 투명층: 생명력이 없는 상태의 무색, 무핵층으로 손바닥과 발바닥에서 주로 관찰되며 엘라이딘이 함유되어 수분 침투를 방지하고 피부를 윤기 있게 해 준다.

42 천연 보습 인자(NMF)에 속하지 않는 것은?

① 아미노산 ② 암모니아

③ 젖산염 ④ 글리세린

 천연 보습 인자(NMF)에는 아미노산(40%), 젖산염(12%), 암모니아(1.5%), 기타 피롤리돈 카복실산, 요소, 염소, 나트륨 등으로 구성된다.

Ans

33 ② 34 ① 35 ② 36 ④ 37 ① 38 ③ 39 ④ 40 ③

41 ③ 42 ④

43 즉시 색소 침착 작용을 하는 광선으로 인공 선탠에 사용되는 것은?

① UV-A
② UV-B
③ UV-C
④ UV-D

> UV-A: 315 ~ 400nm의 가장 긴 파장의 자외선으로 침투력이 좋아 즉시 색소 침착 작용을 하는 광선(과도할 경우 피부암이나 피부 노화를 촉진)

44 갑상선의 기능과 관계 있으며 모세 혈관 기능을 정상화시키는 것은?

① 칼슘
② 인
③ 철분
④ 요오드

> • 칼슘: 골격와 치아를 구성하며 부족 시 골다공증 유발
> • 인: 세포막의 인지질 구성 성분, 부족 시 무력증 유발
> • 철분: 헤모글로빈의 성분, 부족 시 빈혈 유발

45 피부의 생리 작용 중 지각 작용은?

① 피부 표면에 수증기가 발산한다.
② 피부에는 땀샘, 피지선, 모근은 피부 생리 작용을 한다.
③ 피부 전체에 퍼져 있는 신경에 의해 촉각, 온각, 냉각, 통각 등을 느낀다.
④ 피부의 생리 작용에 의해 생긴 노폐물을 운반한다.

> 피부의 지각 작용: 피부 전체에 퍼져 있는 신경에 의한 감각 작용

46 교원 섬유(collagen)와 탄력 섬유(elastin)로 구성되어 있어 강한 탄력성을 지니고 있는 곳은?

① 표피
② 진피
③ 피하 조직
④ 근육

> 진피는 교원 섬유(콜라겐으로 구성되어 피부 장력 제공), 탄력 섬유(엘라스틴으로 구성되어 신축성과 탄력성 제공) 및 기질로 구성되어 있다.

47 자외선의 영향으로 인한 부정적인 효과는?

① 홍반 반응
② 비타민 D 형성
③ 살균 효과
④ 강장 효과

48 피부에서 땀과 함께 분비되는 천연 자외선 흡수제는?

① 우로칸산
② 글리콜산
③ 글루탐산
④ 레틴산

> 우로칸산은 땀에 포함되어 있는 성분으로 자외선 흡수 작용을 하여 피부를 보호한다.

49 광 노화와 거리가 먼 것은?

① 피부 두께가 두꺼워진다.
② 섬유 아세포 수의 양이 감소한다.
③ 콜라겐이 비정상적으로 늘어난다.
④ 점다당질이 증가한다.

> 광 노화로 인해 콜라겐과 엘라스틴 같은 탄력 섬유가 비정상적으로 감소한다.

50 피지 분비와 가장 관계가 있는 호르몬은?

① 에스트로겐
② 프로게스테론
③ 인슐린
④ 안드로겐

> 피지 분비는 안드로겐 호르몬의 영향으로 증가된다.

51 이용 및 미용업 영업자의 지위를 승계한 자가 관계 기관에 신고를 해야 하는 기간은?

① 1년 이내
② 3월 이내
③ 6월 이내
④ 1월 이내

> 공중위생 영업자의 지위를 승계한 자는 1월 이내에 보건복지부령이 정하는 바에 따라 시장·군수 또는 구청장에게 신고하여야 한다.

Ans
43 ① 44 ④ 45 ③ 46 ② 47 ① 48 ① 49 ③ 50 ④
51 ④

52 이용업 및 미용업은 다음 중 어디에 속하는가?

① 공중위생 영업
② 위생 관련 영업
③ 위생 처리업
④ 위생 관리 용역업

53 다음 ( ) 안에 알맞은 내용은?

> 이·미용업 영업자가 공중위생 관리법을 위반하여 관계 행정 기관의 장의 요청이 있는 때에는 ( ) 이내의 기간을 정하여 영업의 정지 또는 일부 시설의 사용 중지 혹은 영업소 폐쇄 등을 명할 수 있다.

① 3월　　　　　② 6월
③ 1년　　　　　④ 2년

54 이·미용 업소 내 반드시 게시하여야 할 사항은?

① 요금표 및 준수 사항만 게시하면 된다.
② 이·미용업 신고증만 게시하면 된다.
③ 이·미용업 신고증 및 면허증 사본, 요금표를 게시하면 된다.
④ 이·미용업 신고증, 면허증 원본, 요금표를 게시하여야 한다.

55 이·미용사의 면허 정지를 명할 수 있는 자는?

① 행정 자치부 장관
② 시·도지사
③ 시장·군수·구청장
④ 경찰서장

56 이·미용 영업소에서 1회용 면도날을 손님 2인에게 사용한 때의 1차 위반 시 행정처분은?

① 시정 명령　　　② 개선 명령
③ 경고　　　　　④ 영업 정지 5일

 소독을 한 기구와 소독을 하지 아니한 기구를 각각 다른 용기에 넣어 보관하지 아니하거나 1회용 면도날을 2인 이상의 손님에게 사용한 때 1차 위반 시 경고, 2차 위반 시 영업 정지 5일, 3차 위반 시 영업 정지 10일, 4차 위반 시 영업장 폐쇄 명령을 한다.

57 관련 법상 이·미용사의 위생 교육에 대한 설명 중 옳은 것은?

① 위생 교육 대상자는 이·미용업 영업자이다.
② 위생 교육 대상자에는 이·미용사의 면허를 가지고 이·미용업에 종사하는 모든 자가 포함된다.
③ 위생 교육은 시·군·구청장만이 할 수 있다.
④ 위생 교육 시간은 분기당 4시간으로 한다.

58 이·미용사의 면허를 받을 수 없는 자는?

① 전문대학의 이·미용에 관한 학과를 졸업한 자
② 교육부 장관이 인정하는 고등 기술 학교에서 1년 이상 이·미용에 관한 소정의 과정을 이수한 자
③ 국가 기술 자격법에 의한 이·미용사의 자격을 취득한 자
④ 외국의 유명 이·미용 학원에서 2년 이상 기술을 습득한 자

59 신고를 하지 않고 영업소 명칭(상호)을 바꾼 경우에 대한 1차 위반 시의 행정 처분은?

① 주의
② 경고 또는 개선 명령
③ 영업 정지 15일
④ 영업 정지 1월

 신고를 하지 않고 영업소 명칭(상호)을 바꾼 경우 1차 위반 시 경고 또는 개선 명령, 2차 위반 시 영업 정지 15일, 3차 위반 시 영업 정지 1개월, 4차 위반 시 영업장 폐쇄 명령을 내린다.

60 과태료 처분 대상에 해당되지 않는 자는?

① 관계 공무원의 출입·검사 등 업무를 기피한 자
② 영업소 폐쇄 명령을 받고도 영업을 계속한 자
③ 이·미용 업소의 위생 관리 의무를 지키지 아니한 자
④ 위생 교육 대상자 중 위생 교육을 받지 아니한 자

 영업소 폐쇄 명령을 받고도 영업을 계속한 자는 1년 이하의 징역 또는 1천만 원 이하의 벌금에 처한다.

Ans
52 ①　53 ②　54 ④　55 ③　56 ③　57 ①　58 ④　59 ②
60 ②

헤어 미용사 필기 기출문제 (2011. 7. 31. 시행)

자격 종목		코드	출제 문항 수	시험 시간	수험 번호	성명
헤어 미용사		7937	60문항	60분		

01 다음 용어의 설명으로 틀린 것은?

① 버티컬 웨이브(vertical wave): 웨이브 흐름이 수평
② 리세트(reset): 세트를 다시 마는 것
③ 허라이즌탈 웨이브(horizontal wave): 웨이브 흐름이 가로 방향
④ 오리지널 세트(original set): 기초가 되는 최초의 세트

 버티컬 웨이브: 웨이브의 흐름이 수직으로 되어 있는 웨이브

02 핑거 웨이브(finger wave)와 관계없는 것은?

① 세팅 로션, 물, 빗
② 크레스트, 리지, 트로프
③ 포워드 비기닝(forward beginning), 리버스 비기닝(reverse beginning)
④ 테이퍼링(tapering), 싱글링(shingling)

 테이퍼링(끝을 가늘게 하는 커트 기법), 싱글링(빗이 위쪽으로 갈수록 길게 자르는 커트 기법)은 헤어 커트 기법이다.

03 스캘프 트리트먼트(scalp treatment)의 시술 과정에서 화학적 방법과 관련 없는 것은?

① 양모제　　　② 헤어 토닉
③ 헤어크림　　④ 헤어 스티머

 헤어 스티머는 수증기를 이용하여 모발을 가온시키는 기기이다.

04 빗(comb)의 손질법에 대한 설명으로 틀린 것은? (단, 금속 빗은 제외)

① 빗살 사이의 때는 솔로 제거하거나 심한 경우는 비눗물에 담근 후 브러시로 닦고 나서 소독한다.
② 증기 소독과 자비 소독 등 열에 의한 소독과 알코올 소독을 해 준다.
③ 빗을 소독할 때는 크레졸수, 역성 비누액 등이 이용되며, 세정이 바람직하지 않은 재질은 자외선으로 소독한다.
④ 소독 용액에 오랫동안 담가 두면 빗이 휘어지는 경우가 있어 주의하고 끄집어 낸 후 물로 헹구고 물기를 제거한다.

 빗의 소독: 금속이 아닌 빗의 소독 시 증기 소독과 자비 소독 등은 되도록 피한다.

05 헤어 블리치에 관한 설명으로 틀린 것은?

① 과산화수소는 산화제이고 암모니아수는 알칼리제이다.
② 헤어 블리치는 산화제의 작용으로 두발의 색소를 열게 한다.
③ 헤어 블리치제는 과산화수소에 암모니아수 소량을 더하여 사용한다.
④ 과산화수소에서 방출된 수소가 멜라닌 색소를 파괴시킨다.

 제2제인 과산화수소에서 방출된 산소가 멜라닌 색소를 파괴

06 네일 에나멜(nail enamel)에 함유된 주된 필름 형성제는?

① 톨루엔(toluene)
② 메타크릴산(methacrylic acid)
③ 니트로 셀룰로오스(nitro cellulose)
④ 라놀린(lanoline)

 네일 에나멜(nail enamel)에 함유된 주된 필름 형성제는 니트로 셀룰로오스이며, 1885년 개발되었다.

07 두발이 지나치게 건조해 있을 때나 두발의 염색에 실패했을 때의 가장 적합한 샴푸 방법은?

① 플레인 샴푸　　② 에그 샴푸
③ 약산성 샴푸　　④ 토닉 샴푸

 에그 샴푸: 손상된 모발이나 유분이 부족한 건조한 모발에 영양을 공급해 주는 계란을 이용한 샴푸

08 미용의 과정이 바른 순서로 나열된 것은?

① 소재 → 구상 → 제작 → 보정
② 소재 → 보정 → 구상 → 제작
③ 구상 → 소재 → 제작 → 보정
④ 구상 → 제작 → 보정 → 소재

 미용의 과정은 소재 확인 → 구상 → 제작 → 보정을 거쳐 완성된다.

09 커트를 하기 위한 순서로 가장 옳은 것은?

① 위그 → 수분 → 빗질 → 블로킹 → 슬라이스 → 스트랜드
② 위그 → 수분 → 빗질 → 블로킹 → 스트랜드 → 슬라이스
③ 위그 → 수분 → 슬라이스 → 빗질 → 블로킹 → 스트랜드
④ 위그 → 수분 → 스트랜드 → 빗질 → 블로킹 → 슬라이스

10 첩지에 대한 내용으로 틀린 것은?

① 첩지의 모양은 봉황과 개구리 등이 있다.
② 첩지는 조선 시대 사대부의 예장 때 머리 위 가르마를 꾸미는 장식품이다.
③ 왕비는 은 개구리 첩지를 사용하였다.
④ 첩지는 내명부나 외명부의 신분을 나타내는 중요한 표시이기도 했다.

 왕비는 도금한 봉황 첩지를 사용하였다.

11 레이어드 커트(layered cut)의 특징이 아닌 것은?

① 커트 라인이 얼굴 정면에서 네이프 라인과 일직선인 스타일이다.
② 두피 면에서의 모발의 각도를 90도 이상으로 커트한다.
③ 머리형이 가볍고 부드러워 다양한 스타일을 만들 수 있다.
④ 네이프 라인에서 탑 부분으로 올라가면서 모발의 길이가 점점 짧아지는 커트이다.

 커트 라인이 얼굴 정면에서 네이프 라인과 일직선인 스타일은 원랭스 커트이다.

12 두발 커트 시 두발 끝 1/3 정도를 테이퍼링하는 것은?

① 노멀 테이퍼링
② 딥 테이퍼링
③ 엔드 테이퍼링
④ 보스 사이드 테이퍼링

• 엔드 테이퍼링: 두발 끝부분에서 1/3 정도 테이퍼링하는 기법으로, 모발 양이 적을 때 사용한다.
• 노멀 테이퍼링: 두발 끝부분에서 1/2 정도 테이퍼링하는 기법으로, 모발 양이 보통일 때 사용한다.
• 딥 테이퍼링: 두발 끝부분에서 2/3 정도 테이퍼링하는 기법으로, 모발 양이 많을 때 사용한다.

13 시스테인 퍼머넌트에 대한 설명으로 틀린 것은?

① 아미노산의 일종인 시스테인을 사용한 것이다.
② 환원제로 티오글리콜산염이 사용된다.
③ 모발에 대한 잔류성이 높아 주의가 필요하다.
④ 연모, 손상모의 시술에 적합하다.

 시스테인 퍼머넌트 시 환원제로 시스테인이 사용된다.

14 영구적 염모제에 대한 설명 중 틀린 것은?

① 제1액의 알칼리제로는 휘발성이라는 점에서 암모니아가 사용된다.
② 제2제인 산화제는 모피질 내로 침투하여 수소를 발생시킨다.
③ 제1제 속의 알칼리제가 모표피를 팽윤시켜 모피질 내 인공 색소와 과산화수소를 침투시킨다.
④ 모피질 내의 인공 색소는 큰 입자의 유색 염료를 형성하여 영구적으로 착색된다.

 영구적 염모제의 제2제인 과산화수소는 산소를 발생시킴.

15 두피 타입에 알맞은 스캘프 트리트먼트(scalp treatment)의 시술 방법의 연결이 틀린 것은?

① 건성 두피 – 드라이 스캘프 트리트먼트
② 지성 두피 – 오일리 스캘프 트리트먼트
③ 비듬성 두피 – 핫 오일 스캘프 트리트먼트
④ 정상 두피 – 플레인 스캘프 트리트먼트

 비듬성 두피에는 댄드러프 트리트먼트가 적합

16 샴푸제의 성분이 아닌 것은?

① 계면 활성제　　② 점증제
③ 기포 증진제　　④ 산화제

산화제는 퍼머넌트 웨이브의 제2제로 정착 작용을 한다.

17 파운데이션 사용 시, 양 볼은 어두운 색으로 이마 상단과 턱의 하부는 밝은 색으로 표현하면 좋은 얼굴형은?

① 긴형　　　　② 둥근형
③ 사각형　　　④ 삼각형

18 가위에 대한 설명 중 틀린 것은?

① 양날의 견고함이 동일해야 한다.
② 가위의 길이나 무게가 미용사의 손에 맞아야 한다.
③ 가위 날이 반듯하고 두꺼운 것이 좋다.
④ 협신에서 날 끝으로 갈수록 약간 내곡선인 것이 좋다.

 가위 날은 날렵한 것이 좋다.

19 모발의 측쇄 결합으로 볼 수 없는 것은?

① 시스틴 결합(cystine bond)
② 염 결합(salt bond)
③ 수소 결합(hydrogen bond)
④ 폴리펩타이드 결합(Poly peptide bond)

 폴리펩타이드 결합은 주쇄 결합으로 결합력이 가장 강하다.

20 두발에서 퍼머넌트 웨이브의 형성과 직접 관련이 있는 아미노산은?

① 시스틴(cystine)　　② 알라닌(alanine)
③ 멜라닌(melanin)　　④ 티로신(tyrosin)

 퍼머넌트 웨이브는 시스틴 결합을 화학적으로 변화시켜 웨이브를 형성한다.

21 수질 오염을 측정하는 지표로서 물에 녹아 있는 유리 산소를 의미하는 것은?

① 용존 산소(DO)
② 생화학적 산소 요구량(BOD)
③ 화학적 산소 요구량(COD)
④ 수소 이온 농도(pH)

 용존 산소는 수질 오염을 측정하는 지표로서 물에 녹아 있는 유리 산소를 의미하며, DO가 높을수록 물의 오염도는 낮다.

22 출생률보다 사망률이 낮으며 14세 이하 인구가 65세 이상 인구의 2배를 초과하는 인구 구성형은?

① 피라미드형　　② 종형
③ 항아리형　　④ 별형

 피라미드형은 출생률보다 사망률이 낮으며 14세 이하 인구가 65세 이상 인구의 2배를 초과하는 인구 증가형이다.

23 보건 행정에 대한 설명으로 가장 올바른 것은?

① 공중 보건의 목적을 달성하기 위해 공공의 책임하에 수행하는 행정 활동
② 개인 보건의 목적을 달성하기 위해 공공의 책임하에 수행하는 행정 활동
③ 국가 간의 질병 교류를 막기 위해 공공의 책임하에 수행하는 행정 활동
④ 공중 보건의 목적을 달성하기 위해 개인의 책임하에 수행하는 행정 활동

24 콜레라 예방 접종은 어떤 면역 방법인가?

① 인공 수동 면역　　② 인공 능동 면역
③ 자연 수동 면역　　④ 자연 능동 면역

 인공 능동 면역: 인공적으로 항원을 체내에 투입하여 항체가 생성되도록 하는 방법으로, 콜레라, 일본 뇌염, 결핵 등의 예방 접종에 이용된다.

25 기생충의 인체 내 기생 부위 연결이 잘못된 것은?

① 구충증 - 폐
② 간흡충증 - 간의 담도
③ 요충증 - 직장
④ 폐흡충 - 폐

26 불량 조명에 의해 발생되는 직업병이 아닌 것은?

① 안정 피로　　② 근시
③ 근육통　　④ 안구 진탕증

 근육통의 원인은 과도한 근육 사용, 부적절한 자세, 신체적 스트레스, 타박상, 염좌 등이 있다.

27 주로 여름철에 발병하며 어패류 등의 생식이 원인이 되어 복통, 설사 등의 급성 위장염 증상을 나타내는 식중독은?

① 포도상구균 식중독
② 병원성 대장균 식중독
③ 장염 비브리오 식중독
④ 보툴리누스균 식중독

28 비타민(Vitamin)과 그 결핍증과의 연결이 틀린 것은?

① Vitamin B_2 - 구순염
② Vitamin D - 구루병
③ Vitamin A - 야맹증
④ Vitamin C - 각기병

 • Vitamin C 결핍증: 괴혈병
• Vitamin B_1 결핍증: 각기병

29 일반적으로 돼지고기 생식에 의해 감염될 수 없는 것은?

① 유구조충
② 무구조충
③ 선모충
④ 살모넬라

 무구조충: 소고기 생식으로 감염될 수 있다.

30 실내에 다수인이 밀집한 상태에서 실내 공기의 변화는?

① 기온 상승 - 습도 증가 - 이산화탄소 감소
② 기온 하강 - 습도 증가 - 이산화탄소 감소
③ 기온 상승 - 습도 증가 - 이산화탄소 증가
④ 기온 상승 - 습도 감소 - 이산화탄소 증가

 실내에 다수인이 밀집하면, 체온과 호흡으로 인한 기온 상승, 습도 증가, 이산화탄소 증가가 유발된다.

31 고압 증기 멸균법에서 20파운드(Lbs)의 압력에서는 몇 분간 처리하는 것이 가장 적절한가?

① 40분
② 30분
③ 15분
④ 5분

 고압 증기 멸균법 용량별 온도와 시간
• 10파운드: 110℃ 30분 가열
• 15파운드: 121℃ 20분 가열
• 20파운드: 125℃ 15분 가열

32 광견병의 병원체는 어디에 속하는가?

① 세균(bacteria)
② 바이러스(virus)
③ 리케차(rickettsia)
④ 진균(fungi)

 광견병의 병원체는 바이러스이며, 광견의 타액에 의해 전파된다.

33 열에 대한 저항력이 커서 자비 소독법으로 사멸되지 않는 균은?

① 콜레라균
② 결핵균
③ 살모넬라균
④ B형 간염 바이러스

 자비 소독법: 끓는 물 100℃에서 10 ～ 20분 사멸시키는 소독법으로, B형 간염 바이러스, 열 저항성 아포, 원충 등은 사멸되지 않는다.

34 레이저(Razor) 사용 시 헤어 살롱에서 교차 감염을 예방하기 위해 주의할 점이 아닌 것은?

① 매 고객마다 새로 소독된 면도날을 사용해야 한다.
② 면도날을 매번 고객마다 갈아 끼우기 어렵지만, 하루에 한번은 반드시 새 것으로 교체해야만 한다.
③ 레이저 날이 한 몸체로 분리가 안 되는 경우 70% 알코올을 적신 솜으로 반드시 소독 후 사용한다.
④ 면도날을 재사용해서는 안 된다.

35 손 소독과 주사할 때 피부 소독 등에 사용되는 에틸알코올(ethyl alcohol)은 어느 정도의 농도에서 가장 많이 사용되는가?

① 20% 이하
② 60% 이하
③ 70 ～ 80%
④ 90 ～ 100%

 에틸알코올은 70%에서 살균력이 가장 강하며, 60% 이하 또는 80% 이상에서는 살균력이 거의 없다.

36 이·미용 업소에서 일반적 상황에서의 수건 소독법으로 가장 적합한 것은?

① 석탄산 소독
② 크레졸 소독
③ 자비 소독
④ 적외선 소독

Ans

29 ②　30 ③　31 ③　32 ②　33 ④　34 ②　35 ③　36 ③

37 이·미용 업소에서 B형 간염의 전염을 방지하려면 다음 중 어느 기구를 가장 철저히 소독하여야 하는가?

① 수건　　　　　　② 머리빗
③ 면도칼　　　　　④ 클리퍼(전동형)

 B형 간염은 주로 혈액이나 체액을 통하여 감염된다.

38 소독제의 살균력을 비교할 때 기준이 되는 것은?

① 요오드　　　　　② 승홍
③ 석탄산　　　　　④ 알코올

 석탄산 계수는 소독제의 살균력을 비교하는 기준이 되며, 높을수록 소독 효과가 뛰어나다.

39 3%의 크레졸 비누액 900ml를 만드는 방법으로 옳은 것은?

① 크레졸 원액 270ml에 물 630ml를 가한다.
② 크레졸 원액 27ml에 물 873ml를 가한다.
③ 크레졸 원액 300ml에 물 600ml를 가한다.
④ 크레졸 원액 200ml에 물 700ml를 가한다.

40 소독약의 구비 조건으로 틀린 것은?

① 값이 비싸고 위험성이 없다.
② 인체에 해가 없으며 취급이 간편하다.
③ 살균하고자 하는 대상물을 손상시키지 않는다.
④ 살균력이 강하다.

 소독약은 경제적이며 위험성이 적어야 한다.

41 피부의 각질, 털, 손톱, 발톱의 구성 성분인 케라틴을 가장 많이 함유한 것은?

① 동물성 단백질　　② 동물성 지방질
③ 식물성 지방질　　④ 탄수화물

사람의 모발이나 손·발톱을 구성하는 케라틴은 동물성 단백질에 가장 많이 함유되어 있다.

42 노화 피부의 특징이 아닌 것은?

① 노화 피부는 탄력이 없고 수분이 없다.
② 피지 분비가 원활하지 못하다.
③ 주름이 형성되어 있다.
④ 색소 침착 불균형이 나타난다.

43 피부 진균에 의하여 발생하며 습한 곳에서 발생 빈도가 가장 높은 것은?

① 모낭염　　　　　② 족부백선
③ 붕소염　　　　　④ 티눈

 족부백선: 덥고 습한 곳에서 발생 빈도가 높은 피부 진균에 의한 일종의 무좀이다.

44 기미를 악화시키는 주요한 원인이 아닌 것은?

① 경구 피임약의 복용
② 임신
③ 자외선 차단
④ 내분비 이상

기미는 자외선에 의한 멜라닌 색소 침착이 주요한 원인이다.

45 피지선과 가장 관련이 깊은 질환은?

① 사마귀　　　　　② 주사(rosacea)
③ 한관종　　　　　④ 백반증

 주사: 코, 이마, 볼에 생기는 만성 피지선 염증으로, 일명 '딸기코'

Ans
37 ③　38 ③　39 ②　40 ①　41 ①　42 ①　43 ②　44 ③
45 ②

46 박하(peppermint)에 함유된 시원한 느낌으로 혈액 순환 촉진 성분은?

① 자일리톨(xylitol)
② 멘톨(menthol)
③ 알코올(alcohol)
④ 마조람 오일(majoram oil)

 박하의 주성은 멘톨이며, 혈액 순환 촉진, 두통 개선, 소화 불량 개선, 코막힘 현상 제거 등의 효능이 있다.

47 표피에 존재하며, 면역과 가장 관계가 깊은 세포는?

① 멜라닌 세포
② 랑게르한스 세포
③ 머켈 세포
④ 섬유 아세포

 • 멜라닌 세포: 멜라닌을 형성하는 색소 세포
• 머켈 세포: 촉감을 감지하는 피부 세포
• 섬유 아세포: 섬유성 결합 조직의 주요 성분이 되는 세포

48 필수 아미노산에 속하지 않는 것은?

① 트립토판　　② 트레오닌
③ 발린　　　　④ 알라닌

 필수아미노산(성인): 트립토판, 트레오닌, 발린, 이소류신, 류신, 리신, 메티오닌, 페닐알라닌

49 AHA(alpha hydroxy acid)에 대한 설명으로 틀린 것은?

① 화학적 필링
② 글리콜산, 젖산, 주석산, 능금산, 구연산
③ 각질 세포의 응집력 강화
④ 미백 작용

 AHA는 각질 세포를 제거하는 기능을 한다.

50 정유(essential oil) 중에서 살균, 소독 작용이 가장 강한 것은?

① 타임 오일(thyme oil)
② 주니퍼 오일(juniper oil)
③ 로즈메리 오일(rosemary oil)
④ 클레어리 세이지 오일(clary sage oil)

 타임 오일은 가장 강력한 살균·소독 작용이 있으며, 피부 염증 제거에도 도움이 된다.

51 영업 신고를 하지 아니하고 영업소의 소재지를 변경한 때의 행정처분은?

① 경고
② 면허 정지
③ 면허 취소
④ 영업장 폐쇄 명령

 영업 신고를 하지 아니하고 영업소의 소재지를 변경한 때에는 영업장 폐쇄 명령의 행정처분이 내려진다.

52 이·미용업에 있어 청문을 실시하여야 하는 경우가 아닌 것은?

① 면허 취소 처분을 하고자 하는 경우
② 면허 정지 처분을 하고자 하는 경우
③ 일부 시설의 사용 중지 처분을 하고자 하는 경우
④ 위생 교육을 받지 아니하여 1차 위반한 경우

 위생 교육을 받지 아니하여 1차 위반한 경우 바로 '경고 처분' 한다.

53 이·미용 업소에서의 면도기 사용에 대한 설명으로 가장 옳은 것은?

① 1회용 면도날만을 손님 1인에 한하여 사용
② 정비용 면도기를 손님 1인에 한하여 사용
③ 정비용 면도기를 소독 후 계속 사용
④ 매 손님마다 소독한 정비용 면도기 교체 사용

54 부득이한 사유가 없는 한 공중위생 영업소를 개설할 자는 언제 위생 교육을 받아야 하는가?

① 영업 개시 후 2월 이내
② 영업 개시 후 1월 이내
③ 영업 개시 전
④ 영업 개시 후 3월 이내

 공중위생 영업소를 개설할 자는 영업 개시 전 미리 위생 교육을 받아야 한다. 다만, 부득이한 사유로 미리 교육을 받을 수 없는 경우에는 영업 개시 후 보건복지부령이 정하는 기간 안에 위생 교육을 받을 수 있다.

55 공중위생 영업을 하고자 할 때 필요한 것은?

① 허가   ② 통보
③ 인가   ④ 신고

 공중위생 영업을 하고자 하는 자는 공중위생 영업의 종류별로 보건복지부령이 정하는 시설 및 설비를 갖추고 시장·군수·구청장에게 신고하여야 한다.

56 공중위생 영업자가 준수하여야 할 위생 관리 기준은 다음 중 어느 것으로 정하고 있는가?

① 대통령령   ② 국무총리령
③ 고용노동부령   ④ 보건복지부령

 공중위생 영업자가 준수하여야 할 위생 관리 기준은 보건복지부령으로 정한다.

57 이용 또는 미용의 면허가 취소된 후 계속하여 업무를 행한 자에 대한 벌칙 사항은?

① 6월 이하의 징역 또는 300만 원 이하의 벌금
② 500만 원 이하의 벌금
③ 300만 원 이하의 벌금
④ 200만 원 이하의 벌금

 면허가 취소된 후 계속하여 업무를 행한 자 또는 면허 정지 기간 중에 업무를 행한 자, 규정에 위반하여 이용 또는 미용의 업무를 행한 자는 300만 원 이하의 벌금에 처한다.

58 이·미용 영업자에게 과태료를 부과·징수할 수 있는 처분권자에 해당되지 않는 자는?

① 보건복지부 장관
② 시장
③ 군수
④ 구청장

59 대통령령이 정하는 바에 의하여 관계 전문 기관 등에 공중위생 관리 업무의 일부를 위탁할 수 있는 자는?

① 시·도지사
② 시장·군수·구청장
③ 보건복지부 장관
④ 보건소장

 보건복지부 장관은 대통령령이 정하는 바에 의하여 관계 전문 기관 등에 그 업무의 일부를 위탁할 수 있다(공중위생 관리법 제18조).

60 이·미용사의 면허증을 재교부 받을 수 있는 자는 다음 중 누구인가?

① 공중위생 관리법의 규정에 의한 명령을 위반한 자
② 간질병자
③ 면허증을 다른 사람에게 대여한 자
④ 면허증이 헐어 못쓰게 된 자

 이·미용사의 면허증 재교부 사유
• 면허증의 기재 사항에 변경이 있는 때
• 면허증을 잃어버린 때
• 면허증이 헐어 못쓰게 된 때

헤어 미용사 필기 기출문제 (2011. 10. 9. 시행)

자격 종목		코드	출제 문항 수	시험 시간	수험 번호	성명
헤어 미용사		7937	60문항	60분		

01 주로 짧은 헤어스타일의 헤어 커트 시 두부 상부에 있는 두발은 길고 하부로 갈수록 짧게 커트해서 두발의 길이에 작은 단차가 생기게 한 커트 기법은?

① 스퀘어 커트(square cut)
② 원 랭스 커트(one length cut)
③ 레이어 커트(layer cut)
④ 그러데이션 커트(gradation cut)

• 스퀘어 커트: 박스형으로 각지게 연출해 주는 커트
• 원 랭스 커트: 모발에 층을 주지 않고 동일선상에서 커트
• 레이어 커트: 두발의 길이가 점점 짧아지는 커트

02 한국의 고대 미용 발달사를 설명한 것 중 틀린 것은?

① 헤어스타일(모발형)에 관해서 문헌에 기록된 고구려 벽화는 없었다.
② 헤어스타일(모발형)은 신분의 귀천을 나타냈다.
③ 헤어스타일(모발형)은 조선 시대 때 쪽머리, 큰머리, 조짐머리가 성행하였다.
④ 헤어스타일(모발형)에 관해서 삼한 시대에 기록된 내용이 있다.

고구려 벽화에서도 여러 스타일의 헤어 연출 기법을 발견할 수 있다.

03 미용의 필요성으로 가장 거리가 먼 것은?

① 인간의 심리적 욕구를 만족시키고 생산 의욕을 높이는 데 도움을 주므로 필요하다.
② 미용의 기술로 외모의 결점 부분까지도 보완하여 개성미를 연출해 주므로 필요하다.
③ 노화를 전적으로 방지해 주므로 필요하다.
④ 현대 생활에서는 상대방에게 불쾌감을 주지 않는 것이 중요하므로 필요하다.

미용이 노화를 전적으로 방지하지는 못하며, 관리 시 노화에 대한 예방적 효과가 있다.

04 프라이머의 사용 방법이 아닌 것은?

① 프라이머는 한 번만 바른다.
② 주성분은 메타크릴산(methacrylic acid)이다.
③ 피부에 닿지 않게 조심해서 다루어야 한다.
④ 아크릴 볼이 잘 접착되도록 자연 손톱에 바른다.

네일 프라이머는 한번 바른 후, 마르면 한번 더 덧발라 준다.

05 동물의 부드럽고 긴 털을 사용한 것이 많고 얼굴이나 턱에 붙은 털이나 비듬 또는 백분을 떨어내는 데 사용하는 브러시는?

① 포마드 브러시　② 쿠션 브러시
③ 페이스 브러시　④ 롤 브러시

포마드 브러시, 쿠션 브러시, 롤 브러시 등은 헤어 브러시이다.

06 누에고치에서 추출한 성분과 난황 성분을 함유한 샴푸제로서 모발에 영양을 공급해 주는 샴푸는?

① 산성 샴푸(acid shampoo)
② 컨디셔닝 샴푸(conditioning shampoo)
③ 프로테인 샴푸(protein shampoo)
④ 드라이 샴푸(dry shampoo)

프로테인 샴푸: 누에고치에서 추출한 성분과 난황 성분을 함유한 샴푸제로서 모발에 영양을 공급하여 탄력을 회복하고 강도를 강하게 한다.

Ans
01 ④　02 ①　03 ③　04 ①　05 ③　06 ③

07 전체적인 머리 모양을 종합적으로 관찰하여 수정 보완시켜 완전히 끝맺도록 하는 것은?

① 통칙
② 제작
③ 보정
④ 구상

 미용의 과정: 소재의 확인 → 구상 → 제작 → 보정

08 과산화수소(산화제) 6%의 설명으로 맞는 것은?

① 10볼륨
② 20볼륨
③ 30볼륨
④ 40볼륨

 과산화수소 강도: 3% 10볼륨, 6% 20볼륨, 9% 30볼륨, 12% 40볼륨

09 헤어세트용 빗의 사용과 취급 방법에 대한 설명 중 틀린 것은?

① 두발의 흐름을 아름답게 매만질 때는 빗살이 고운 살로 된 세트빗을 사용한다.
② 엉킨 두발을 빗을 때는 빗살이 얼레살로 된 얼레빗을 사용한다.
③ 빗은 사용 후 브러시로 털거나 비눗물에 담가 브러시로 닦은 후 소독하도록 한다.
④ 빗의 소독은 손님 약 5인에게 사용했을 때 1회씩 하는 것이 적합하다.

 빗은 사용 후 항상 깨끗하게 소독하고 사용한다.

10 마셀 웨이브 시술에 관한 설명 중 틀린 것은?

① 프롱은 아래쪽, 그루브는 위쪽을 향하도록 한다.
② 아이론의 온도는 120~140℃를 유지시킨다.
③ 아이론을 회전시키기 위해서는 먼저 아이론을 정확하게 쥐고 반대쪽에 45° 각도로 위치시킨다.
④ 아이론의 온도가 균일할 때 웨이브가 일률적으로 완성된다.

 프롱은 위쪽을, 그루브는 아래쪽을 향하도록 한다.

11 모발의 결합 중 수분에 의해 일시적으로 변형되며, 드라이어의 열을 가하면 다시 재결합되어 형태가 만들어지는 결합은?

① S-S 결합
② 펩타이드 결합
③ 수소 결합
④ 염 결합

 수소 결합: 2개의 원자 사이에 수소 원자가 끼어들어 좌우의 원자들과 전기적으로 결합하는 것으로, 수분에 의해 일시적으로 변형되며, 드라이어의 열을 가하면 다시 재결합한다.(모발의 힘은 70% 수소 결합이 관여)

12 염색 시술 시 모표피의 안정과 염색의 퇴색을 방지하기 위해 가장 적합한 것은?

① 샴푸(shampoo)
② 플레인 린스(plain rinse)
③ 알칼리 린스(akali rinse)
④ 산성 균형 린스(acid balanced rinse)

13 원형 얼굴을 기본형에 가깝도록 하기 위한 각 부위의 화장법으로 맞는 것은?

① 얼굴의 양 관자놀이 부분을 화사하게 해 준다.
② 이마와 턱의 중간부는 어둡게 해 준다.
③ 눈썹은 활모양이 되지 않도록 약간 치켜 올린 듯하게 그린다.
④ 콧등은 뚜렷하고 자연스럽게 뻗어 나가도록 어둡게 표현한다.

 원형 얼굴 화장법
• 얼굴: 양쪽 관자놀이 부분에 진한 색을 발라 어둡게 처리한다.
• 이마와 턱: 밝게 처리한다.
• 콧등: 뚜렷하고 자연스럽게 뻗어 나가도록 밝게 표현한다.

14 두부 라인의 명칭 중에서 코의 중심을 통해 두부 전체를 수직으로 나누는 선은?

① 정중선
② 측중선
③ 수평선
④ 측두선

 • 측중선: 좌측 귀에서 우측 귀까지 이은 선
• 수평선: E.P(이어 포인트)의 높이를 수직으로 가른 선
• 측두선: 눈 끝을 수직으로 세워 머리 앞쪽에서 측중선까지의 선

15 스퀘어 파트에 대하여 설명한 것은?

① 이마의 양쪽은 사이드 파트를 하고, 두정부 가까이에서 얼굴의 두발이 난 가장자리와 수평이 되도록 모나게 가르마를 타는 것
② 이마의 양각에서 나누어진 선이 두정부에서 함께 만난 세모꼴의 가르마를 타는 것
③ 사이드(side) 파트로 나눈 것
④ 파트의 선이 곡선으로 된 것

 스퀘어 파트: 머리 위쪽에서 봤을 때 네모 모양으로 헤어 파팅한 형태이다.

16 헤어 샴푸의 목적과 가장 거리가 먼 것은?

① 두피와 두발에 영양을 공급
② 헤어트리트먼트를 쉽게 할 수 있는 기초
③ 두발의 건전한 발육 촉진
④ 청결한 두피와 두발을 유지

 두피와 두발에 영양을 공급하는 것은 샴푸의 주목적과는 거리가 멀며, 트리트먼트의 주목적이다.

17 건강 모발의 pH 범위는?

① pH 3 ~ 4
② pH 4.5 ~ 5.5
③ pH 6.5 ~ 7.5
④ pH 8.5 ~ 9.5

18 옛 여인들의 머리 모양 중 뒤통수에 낮게 머리를 땋아 틀어 올리고 비녀를 꽂은 머리 모양은?

① 민머리
② 얹은머리
③ 푼기명머리
④ 쪽머리

19 모발의 구조와 성질을 설명한 내용 중 맞지 않는 것은?

① 두발은 주요 부분을 구성하고 있는 모표피, 모피질, 모수질 등으로 이루어졌으며, 주로 탄력성이 풍부한 단백질로 이루어져 있다.
② 케라틴은 다른 단백질에 비하여 유황의 함유량이 많은데, 황(S)은 시스틴(cystine)에 함유되어 있다.
③ 시스틴 결합(S-S)은 알칼리에는 강한 저항력을 갖고 있으나 물, 알코올, 약 산성이나 소금류에 대해서 약하다.
④ 케라틴의 폴리펩타이드는 쇠사슬 구조로서, 두발의 장축방향(長軸方向)으로 배열되어 있다.

 시스틴 결합은 알칼리에는 약한 저항력을 갖고 있으나 물, 알코올, 약산성이나 소금류에 대해서 강한 저항력을 갖고 있다.

20 퍼머넌트 2액의 취소산 염류의 농도로 맞는 것은?

① 1 ~ 2%
② 3 ~ 5%
③ 6 ~ 7.5%
④ 8 ~ 9.5%

21 고기압 상태에서 올 수 있는 인체 장애는?

① 안구 진탕증
② 잠함병
③ 레이노이드병
④ 섬유 증식증

 잠함병
고압으로부터 갑자기 감압할 때에는 체액에 녹아 있던 질소가 기포를 형성하여 모세 혈관의 혈전 현상을 일으킨다. 이를 잠합병 또는 감압병이라 한다.

22 접촉자의 색출 및 치료가 가장 중요한 질병은?

① 성병
② 암
③ 당뇨병
④ 일본 뇌염

성병은 접촉자의 색출을 우선적으로 해야 하는 감염병이다.

23 기생충 중 산란과 동시에 감염 능력이 있으며 건조에 저항성이 커서 집단 감염이 가장 잘되는 기생충은?

① 회충 ② 십이지장충
③ 광절열두조충 ④ 요충

 요충: 산란과 동시에 감염 능력이 있으며 건조에도 저항성이 강하므로, 집단 구충을 통한 예방이 필요

24 보건 행정의 정의에 포함되는 내용과 가장 거리가 먼 것은?

① 국민의 수명 연장
② 질병 예방
③ 공적인 행정 활동
④ 수질 및 대기 보전

 보건 행정은 조직적인 지역 사회의 노력을 통해서 국민 수명 연장, 질병 예방, 신체적·정신적 효율을 증진시키는 공적인 행정 활동이다.

25 생물학적 산소 요구량(BOD)과 용존 산소량(DO)의 값은 어떤 관계가 있는가?

① BOD와 DO는 무관하다.
② BOD가 낮으면 DO는 낮다.
③ BOD가 높으면 DO는 낮다.
④ BOD가 높으면 DO도 높다.

 수질 오염이 심할수록 생물학적 산소 요구량(BOD)은 높아지고, 용존 산소량(DO)은 낮아진다. 반대로 수질이 깨끗할수록 생물학적 산소 요구량(BOD)은 낮아지고, 용존 산소량(DO)은 높아진다.

26 장티푸스, 결핵, 파상풍 등의 예방 접종은 어떤 면역 인가?

① 인공 능동 면역 ② 인공 수동 면역
③ 자연 능동 면역 ④ 자연 수동 면역

 인공 능동 면역: 인위적으로 항원을 체내에 투입하여 항체가 생성되도록 하는 면역 방법

27 식품을 통한 식중독 중 독소형 식중독은?

① 포도상구균에 의한 식중독
② 살모넬라균에 의한 식중독
③ 장염 비브리오에 의한 식중독
④ 병원성 대장균에 의한 식중독

 독소형 식중독은 포도상구균, 보툴리누스균, 바실러스 세레우스 등이 원인이다.

28 야간 작업의 폐해가 아닌 것은?

① 주야가 바뀐 생활
② 수면 부족과 불면증
③ 피로 회복 능력 강화와 영양 저하
④ 식사 시간, 습관의 파괴로 인한 소화 불량

 야간 작업은 피로 회복 능력을 약화시킨다.

29 일반적으로 이·미용 업소의 실내 쾌적 습도 범위로 가장 알맞은 것은?

① 10 ~ 20% ② 20 ~ 40%
③ 40 ~ 70% ④ 70 ~ 90%

30 환경 보전에 영향을 미치는 공해 발생 원인으로 관계가 먼 것은?

① 실내의 흡연
② 산업장 폐수 방류
③ 공사장의 분진 발생
④ 공사장의 굴착 작업

Ans
23 ④ 24 ④ 25 ③ 26 ① 27 ① 28 ③ 29 ③ 30 ①

31 소독과 멸균에 관련된 용어 해설 중 틀린 것은?

① 살균: 생활력을 가지고 있는 미생물을 여러 가지 물리·화학적 작용에 의해 급속히 죽이는 것을 말한다.

② 방부: 병원성 미생물의 발육과 그 작용을 제거하거나 정지시켜서 음식물의 부패나 발효를 방지하는 것을 말한다.

③ 소독: 사람에게 유해한 미생물을 파괴시켜 감염의 위험성을 제거하는 비교적 강한 살균 작용으로 세균의 포자까지 사멸하는 것을 말한다.

④ 멸균: 병원성 또는 비병원성 미생물 및 포자를 가진 것을 전부 사멸 또는 제거하는 것을 말한다.

 소독: 사람에게 유해한 병원성 미생물만을 사멸시키는 것이다.

32 이상적인 소독제의 구비 조건과 거리가 먼 것은?

① 생물학적 작용을 충분히 발휘할 수 있어야 한다.

② 빨리 효과를 내고 살균 소요 시간이 짧을수록 좋다.

③ 독성이 적으면서 사용자에게도 자극성이 없어야 한다.

④ 원액 혹은 희석된 상태에서 화학적으로는 불안정된 것이라야 한다.

 소독제는 물리적·화학적으로 안정되어야 한다.

33 소독약 10mL를 용액(물) 40mL에 혼합시키면 몇 %의 수용액이 되는가?

① 2%　　　　　② 10%
③ 20%　　　　④ 50%

 소독약 10mL를 용액(물) 40mL에 혼합시키면 20%의 수용액 50mL가 만들어진다.

34 건열 멸균법에 대한 설명 중 틀린 것은?

① 드라이 오븐(dry oven)을 사용한다.

② 유리 제품이나 주사기 등에 적합하다.

③ 젖은 손으로 조작하지 않는다.

④ 110~130℃에서 1시간 내에 실시한다.

 건열 멸균법은 170℃에서 1~2시간 실시한다.

35 이·미용 업소에서 종업원이 손을 소독할 때 가장 보편적이고 적당한 것은?

① 승홍수　　　　② 과산화수소
③ 역성 비누　　　④ 석탄수

 역성 비누: 무미·무해하여 자극성과 독성이 없고, 침투력, 살균력이 강하며 피부 소독, 식품 소독 등에 이용된다.

36 살균력이 좋고 자극성이 적어서 상처 소독에 많이 사용되는 것은?

① 승홍수　　　　② 과산화수소
③ 포르말린　　　④ 석탄산

37 음용수의 소독에 사용되는 소독제는?

① 표백분　　　　② 염산
③ 과산화수소　　④ 요오드팅크

 음용수 소독: 염소제(염소, 표백분, 차아염소산나트륨) 사용

38 음료수의 소독 방법으로 가장 적당한 방법은?

① 일광 소독　　　② 자외선등 사용
③ 염소 소독　　　④ 증기 소독

 음료수의 소독 방법으로 가장 적당한 방법은 염소 소독법으로, 염소 가스를 소량의 물에 녹인 염소수를 주입하는 습식이 많이 이용된다.

Ans
31 ③　32 ④　33 ③　34 ④　35 ③　36 ②　37 ①　38 ③

39 이·미용실의 기구(가위, 레이저) 소독으로 가장 적당한 약품은?

① 70~80%의 알코올
② 100~200배 희석 역성 비누
③ 5% 크레졸 비누액
④ 50%의 페놀액

 에틸알코올은 70~80%에서 살균력이 가장 뛰어나며 독성이 적고 세정력이 있어 이·미용실의 기구(가위, 레이저) 소독에 적당하다.

40 소독 작용에 영향을 미치는 요인에 대한 설명으로 틀린 것은?

① 온도가 높을수록 소독 효과가 크다.
② 유기 물질이 많을수록 소독 효과가 크다.
③ 접속 시간이 길수록 소독 효과가 크다.
④ 농도가 높을수록 소독 효과가 크다.

 유기 물질이 많을수록 소독 효과가 떨어진다.

41 탄수화물, 지방, 단백질의 3가지를 지칭하는 것은?

① 구성 영양소
② 열량 영양소
③ 조절 영양소
④ 구조 영양소

• 구성 영양소: 단백질, 무기질, 물
• 조절 영양소: 단백질, 무기질, 비타민

42 기초 화장품의 주된 사용 목적에 속하지 않는 것은?

① 세안
② 피부 정돈
③ 피부 보호
④ 피부 채색

43 상피 조직의 신진대사에 관여하며 각화 정상화 및 피부 재생을 돕고 노화 방지에 효과가 있는 비타민은?

① 비타민 C
② 비타민 E
③ 비타민 A
④ 비타민 K

비타민 A는 각화 정상화, 피부 재생, 노화 방지, 면역력 강화, 시력 건강 등에 효과가 있다.

44 일반적으로 건강한 모발의 상태는?

① 단백질 10~20%, 수분 10~15%, pH 2.5~4.5
② 단백질 20~30%, 수분 70~80%, pH 4.5~5.5
③ 단백질 50~60%, 수분 25~40%, pH 7.5~8.5
④ 단백질 70~80%, 수분 10~15%, pH 4.5~5.5

45 글리세린의 가장 중요한 작용은?

① 소독 작용
② 수분 유지 작용
③ 탈수 작용
④ 금속염 제거 작용

글리세린은 피부 수분 유지 작용이 탁월해 보습제로 사용된다.

46 멜라닌 색소를 함유하고 있는 부분은?

① 모표피
② 모피질
③ 모수질
④ 모유두

모피질에는 멜라닌 색소가 함유되어 모발의 색상을 결정한다.

47 피지선의 활성을 높여 주는 호르몬은?

① 안드로겐
② 에스트로겐
③ 인슐린
④ 멜라닌

 안드로겐: 피지선을 자극하여 피지 분비를 촉진하는 남성 호르몬

48 다음 중 식물성 오일이 아닌 것은?

① 아보카도 오일
② 피마자 오일
③ 올리브 오일
④ 실리콘 오일

실리콘 오일은 화학 물질로 만들어진 합성 오일이다.

Ans
39 ①   40 ②   41 ②   42 ④   43 ③   44 ④   45 ②   46 ②
47 ①   48 ④

49 피부의 기능이 아닌 것은?

① 피부는 강력한 보호 작용을 지니고 있다.
② 피부는 체온의 외부 발산을 막고 외부 온도 변화가 내부로 전해지는 작용을 한다.
③ 피부는 땀과 피지를 통해 노폐물을 분비, 배설한다.
④ 피부도 호흡한다.

> 피부는 환경이나 기온 상태가 변화하면 이에 발한이나 피부 혈관의 확장·수축에 의하여 열의 발산을 조절하여 체온을 항상 일정하게 유지한다.

50 여러 가지 꽃 향이 혼합된 세련되고 로맨틱한 향으로 아름다운 꽃다발을 안고 있는 듯, 화려하면서도 우아한 느낌을 주는 향수의 타입은?

① 싱글 플로럴(single floral)
② 플로럴 부케(floral bouquet)
③ 우디(woody)
④ 오리엔탈(oriental)

> • 싱글 플로럴: 한 종류의 향기만을 발산하는 향수
> • 우디: 나무껍질, 향목 등의 향기를 기본으로 발산하는 향수
> • 오리엔탈: 앰버, 바닐라, 발산 향기를 기본으로 발산하는 향수

51 공중위생 관리법에서 규정하고 있는 공중위생 영업의 종류에 해당되지 않는 것은?

① 이·미용업
② 위생 관리 용역업
③ 학원 영업
④ 세탁업

> 공중위생 영업은 다수인을 대상으로 위생 관리 서비스를 제공하는 영업으로서 숙박업·목욕장업·이용업·미용업·세탁업·위생 관리 용역업을 말한다.

52 영업소 외의 장소에서 이·미용 업무를 행할 수 있는 경우가 아닌 것은?

① 질병으로 영업소에 나올 수 없는 경우
② 결혼식 등의 의식 직전인 경우
③ 손님의 간곡한 요청이 있을 경우
④ 시장·군수·구청장이 인정하는 경우

> **영업소 외에서의 이용 및 미용 업무를 할 수 있는 경우**
> • 질병이나 그 밖의 사유로 영업소에 나올 수 없는 자에 대하여 이용 또는 미용을 하는 경우
> • 혼례나 그 밖의 의식에 참여하는 자에 대하여 그 의식 직전에 이용 또는 미용을 하는 경우
> • 사회 복지 시설에서 봉사 활동으로 이용 또는 미용을 하는 경우
> • 방송 등의 촬영에 참여하는 사람에 대하여 그 촬영 직전에 이용 또는 미용을 하는 경우
> • 특별한 사정이 있다고 시장·군수·구청장이 인정하는 경우

53 영업자의 지위를 승계한 자로서 신고를 하지 아니하였을 경우 해당하는 처벌 기준은?

① 1년 이하의 징역 또는 1천만 원 이하의 벌금
② 6월 이하의 징역 또는 500만 원 이하의 벌금
③ 200만 원 이하의 벌금
④ 100만 원 이하의 벌금

> 공중위생 영업자의 지위를 승계한 자로서 신고를 하지 아니한 자는 6월 이하의 징역 또는 500만 원 이하의 벌금에 처한다.

54 공익상 또는 선량한 풍속 유지를 위하여 필요하다고 인정하는 경우에 이·미용업의 영업 시간 및 영업 행위에 관한 필요한 제한을 할 수 있는 자는?

① 관련 전문 기관 및 단체장
② 보건복지부 장관
③ 시·도지사
④ 시장·군수·구청장

> 시·도지사는 공익상 또는 선량한 풍속을 유지하기 위하여 필요하다고 인정하는 때에는 공중위생 영업자 및 종사원에 대하여 영업 시간 및 영업 행위에 관한 필요한 제한을 할 수 있다.

55 이·미용사 면허를 취득할 수 없는 자는?

① 면허 취소 후 1년 경과자
② 독감 환자
③ 마약 중독자
④ 전과 기록자

 이·미용사 면허를 취득할 수 없는 자
- 금치산자
- 정신 질환자(다만, 전문의가 이용사 또는 미용사로서 적합하다고 인정하는 사람은 그러하지 아니하다.)
- 공중의 위생에 영향을 미칠 수 있는 감염병 환자로서 보건복지부령이 정하는 자
- 마약 기타 대통령령으로 정하는 약물 중독자
- 면허가 취소된 후 1년이 경과되지 아니한 자

56 처분 기준이 2백만 원 이하의 과태료가 아닌 것은?

① 규정을 위반하여 영업소 이외 장소에서 이·미용 업무를 행한 자
② 위생 교육을 받지 아니한 자
③ 위생 관리 의무를 지키지 아니한 자
④ 관계 공무원의 출입·검사·기타 조치를 거부·방해 또는 기피한 자

 관계 공무원의 출입·검사·기타 조치를 거부·방해 또는 기피한 자는 3백만 원 이하의 과태료에 처한다.

57 이·미용사 면허를 받을 수 없는 경우는?

① 전문대학 또는 동등 이상의 학력이 있다고 교육부 장관이 인정하는 학교에서 이용 또는 미용에 관한 학과 졸업자
② 교육부 장관이 인정하는 인문계 학교에서 1년 이상 이·미용사 자격을 취득한 자
③ 국가 기술 자격법에 의한 이·미용사 자격을 취득한 자
④ 교육부 장관이 인정한 고등 기술 학교에서 1년 이상 이·미용에 관한 소정의 과정을 이수한 자

 고등학교 또는 이와 동등의 학력이 있다고 교육부 장관이 인정하는 학교에서 이용 또는 미용에 관한 학과를 졸업한 자는 이·미용사 면허를 받을 수 있다.

58 이·미용 기구의 소독 기준 및 방법을 정한 것은?

① 대통령령
② 보건복지부령
③ 환경부령
④ 보건소령

59 이·미용 업자의 준수 사항 중 틀린 것은?

① 소독한 기구와 하지 아니한 기구는 각각 다른 용기에 넣어 보관할 것
② 조명은 75룩스 이상 유지되도록 할 것
③ 신고증과 함께 면허증 사본을 게시할 것
④ 1회용 면도날은 손님 1인에 한하여 사용할 것

 이·미용 업자는 영업소 내부에 미용업 신고증 및 개설자의 면허증 원본을 게시하여야 한다.

60 공중위생 관리법상의 위생 교육에 대한 설명 중 옳은 것은?

① 위생 교육 대상자는 이·미용업 영업자이다.
② 위생 교육 대상자는 이·미용사이다.
③ 위생 교육 시간은 매년 8시간이다.
④ 위생 교육은 공중위생 관리법 위반자에 한하여 받는다.

 공중위생 영업자는 매년 위생 교육을 받아야 하며, 위생 교육은 3시간이다.

Ans
55 ③ 56 ④ 57 ② 58 ② 59 ③ 60 ①

기본에 충실한 오분만

오답노트 분석하여 만점받자!

오분만 메이크업 미용사 필기

박지은 저
4×6배판 | 312쪽 | 25,000원

- 신설 종목인 메이크업 미용사 출제 기준에 따라 핵심적인 내용만 정리
- 실제 시험에서 접할 수 있는 유형과 난이도에 근접하게 구성하여 시험 적응성을 높인 모의고사 문제

오분만 헤어 미용사 필기

최경진, 지아람 저
4×6배판 | 440쪽 | 25,000원

- 기출문제를 철저히 분석해 시험에 출제되는 유형으로 평가문제 구성
- 이론 구성과 기출문제를 모듈화함으로써 연계학습이 되도록 설계

오분만 피부 미용사 필기

박하나 저
4×6배판 | 480쪽 | 25,000원

- 출제 비율에 따라 과목별 세부 항목 이론 구성
- 기출문제의 유형과 경향, 특징을 파악하여 가장 유사한 유형으로 평가문제 수록

오분만 네일 미용사 필기

마수진, 강혜영, 박수정 저
4×6배판 | 368쪽 | 25,000원

- 과목별 세부 항목의 출제 경향 분석
- 출제율이 높은 네일 개론과 네일 미용 기술 과목을 중점으로 공부할 수 있도록 구성